Galois' Theory of Algebraic Equations

갈루아 방정식원론

제2판

저자 Jean-Pierre Tignol

역자 박종률 김인수

(주)신한출판미디어

이 도서의 국립중앙도서관 출판예정도서목록(CIP)은 서지정보유통지원시스템 홈페이지(http://seoji.nl.go.kr)와 국가자료공동목록시스템(http://www.nl.go.kr/kolisnet)에서 이용하실 수 있습니다. (CIP제어번호 : CIP2020020316)

갈루아 방정식원론 제2판

인 쇄 | 2020년 7월 10일
발 행 | 2020년 7월 15일

저 자 | Jean-Pierre Tignol
역 자 | 박종률 김인수
발행인 | 채수봉
발행처 | (주)신한출판미디어

주 소 | 서울 마포구 동교로 276(연남동) 대웅빌딩 5층
대표전화 | (02) 338-5396
팩 스 | (02) 338-5293

홈페이지 | http://shinhanpub.com
E-mail | shinhanpub@shinhanpub.com

I S B N | 979-11-90854-00-9
정 가 | 33,000원

역자머리말

우리들은 중고등학교 시절 수학 시간에 어려운 문제들을 풀면서 흥미를 느끼기도 하고 공식을 이용하여 쉽게 풀어지면 신기해하기도 했던 경험이 있다. 어떤 사람은 그런 수학이 공식만 외우면 된다는 생각을 갖기도 하고 일부는 너무 어렵다고 외면하기도 한다.

이차방정식은 근의 공식을 이용해 모두 풀 수 있고, 삼차, 사차방정식도 복잡하지만 비슷한 공식이 있다는 말에 호기심을 가진 학생들은 수학사나 대학교재에서 그 풀이법을 찾아보기도 한다. 그러면서 5차 이상의 방정식은 일반해가 없다거나 그런 문제를 해결하고 요절한 천재 수학자 갈루아의 이야기를 듣고 감동하기도 한다.

수학은 과학문명의 발전에 기본이 되는 중요한 학문이기에 중고등학교에서 배우는 중요 교과목이어서 많은 사람이 잘하고 싶어 하고 관심이 많다. 그러나 추상적이고 논리가 강하기 때문에 사람들의 호불호가 분명하며, 한편으로는 수학교사나 수학자들을 특별하게 생각하기도 한다. 그런가 하면 수학은 어떻게 발전해 왔으며 어떻게 하는 것이고 아직도 수학에 연구할 것이 있을까 묻는 사람도 많다.

수학은, 특히 방정식 문제는 고대 바빌로니아와 그리스 시대, 인도와 아랍을 거쳐 중세 카르다노와 페라리 등에 의해 해법이 발전했다. 그러면서 5차 이상 대수방정식의 해법에 어려움이 있음을 알게 되고, 라그랑주, 드무아브르, 반데르몬드, 가우스, 아벨 등 많은 수학자들이 여러 연구를 하여 마침내 갈루아가 이론을 완성하였다. 방정식이론에 사용된 갈루아 이론은 지금도 현대수학의 다른 분야의 발전에 영향을 주고 있다.

이 책은 방정식이론을 주제로 고대에서 현대까지 수학이 어떻게 발전해 왔는지를 구체적으로 보여주고 있다. 이 책을 따라 오랜 세월 동안 발전해 온 과정을 살펴보노라면, 수학이 어떤 학문이며 어떻게 연구되고 발전하는지, 문제에 어떻게 접근하고 어떤 기법을 사용하여 해결하는지를 실감하면서, 특별한 수학적 지식이 없어도 심오한 아이디어를 이해하게 되고 현대대수의 기초개념에 이르게 된다.

그러므로 이 책은 중고등학교 수학교사에게는 방정식이론에 대한 구체적이고 풍부한 배경지식을 얻는데 도움이 되고, 수학에 관심이 많은 학생, 특히 수학영재학생, 대학에서 수학이나 수학교육을 전공하는 학생, 또는 일반인으로서 수학에 호기심과 관심이 많은 이들에게는 쉬운 접근으로 수학에 대한 이해를 크게 높일 수 있는 책이 될 것이다.

끝으로 이 책이 번역되어 출판되기까지 많은 도움과 할 수 있는 모든 일을 적극적으로 해주신 (주)신한출판미디어와 편집부 여러 분께 감사의 말씀을 드린다.

2020년 4월

박종률, 김인수

머리말

제목과 달리 이 책의 주제는 대수학이 아니다. 목차를 훑어보고 수학사라고 할 사람도 있겠지만, 그도 아니고 방법론이 주제다. 본래 수학을 배우는 대학생을 대상으로 해서 수학이 어떻게 창조되는지 그 아이디어를 알게 하는 것이 목적이었다. 그런 야심찬 계획에는 위대한 수학자 한 사람의 개인적 경험은 별 가치가 없고, 대신 수학자의 집단적 경험과 개인적 경험 사이에 밀접한 유사성이 있다는 전제 아래 수학자 세대의 집단적 경험에 의존하는 것이 적절하다고 생각하였다: 옛날 수학자를 힘들게 했던 문제는 오늘날 학생에게도 혼란을 일으키기 쉽고, 옛날 시도 했던 방법이 오늘날 (재능 있는) 학생에게도 자연스럽게 나타나기도 한다. 수학을 창조하는 방법은 수학이 만들어졌던 방법에서 가장 잘 배울 수 있다는 전제에서 역사적 관점을 바탕에 두었다.

일반적 방법론에 대한 실례로 사용할 주제가 방정식론이다. 고대의 기원부터 1830년경 갈루아가 완성시킬 때까지 방정식론이 진화한 주 무대를 살펴보고 논의할 것이다. 이 책의 목적에 비추어 방정식론은 여러 면에서 이상적인 주제라고 생각한다: 첫째, 아주 기본적이어서 사실상 문제를 설명하는데 수학적 배경 지식이 필요하지 않으면서도 심오한 아이디어와 현대대수의 기본개념에까지 이르게 한다. 둘째, 오랜 세월 동안 파란만장한 진화과정을 겪었기에 길을 따라 보석이 널려 있다. 거장다운 솜씨로 방정식론에 질서와 방법을 가져온 라그랑주의 1770년 논문이나, 특정한 고차방정식의 해에서 갈루아 논문이 나오기 60년 전에 갈루아 이론의 원리를 슬쩍 제시한 반데르몬드의 선견지명 같은 것들이 보석이다. 또 방법론적인 면에서는 카르다노, 치른하우스, 라그랑주, 아벨이 개발하고, 비에트, 드무아브르, 반데르몬드가 제시한 방법, 그리고 원을 등분할 때 발생하는 소위 원분 방정식이라고 하는 가우스의 의미 있는 예들이 있다. 이와 같은 두 방향의 성과는 대비되는 주제처럼 밀접하게 얽히면서 마침내 갈루아의 논문에서 해결되었다. 마지막으로, 방정식에 대한 대수적 이론은 오래 전에 완성되어 지금은 완전히 해

결된 주제다: 그러기 때문에 그 다양한 측면을 정당하게 평가할 수 있다. 물론 갈루아 이론에 대해서는 그렇지 않다. 갈루아 이론은 지금도 다양한 방향으로 독창적 연구에 영감을 주고 있다. 다만 여기서는 갈루아 이론을 방정식론에 대해서 다루고 체에 대한 갈루아 이론은 다루지 않겠다. 갈루아 이론에서 현대 갈루아 이론으로 발전하는 과정은 이 책의 범위를 벗어나고, 아마 또 다른 책 하나가 될 것이다.

이 책에서 제시하는 수학적 사실은 역사적 발달과정을 강조했으므로 체계적이라기보다 발생적이다. 이것은 대체로 연대 순서에 따라 이어서 발생하는 아이디어들을 되짚어 보는 것을 목적으로 했다는 의미이다. 그러므로 논리적으로 밀접한 결과들이 다른 장에 흩어져 있기도 하고, 어떤 주제는 한 번에 완벽하게 설명하는 대신 조금씩 여러 번 논의되기도 한다. 이렇게 다루는 것이 이론을 발달시킨 방법을 촉진한 이론의 내적 작동 방식에 대하여 더 나은 통찰을 얻을 수 있다고 생각한다.

물론, 과도한 우회적 논의를 피하기 위해 옛날 수학자들의 업적-특히 먼 옛날-에서 기호와 용어는 어느 정도 현대화 하였다. 수의 집합과 그 성질을 생각하는 것은 19세기 이전의 사고에는 분명히 생소한 패턴이지만 오늘날 학교 수학에서 기초적인 집합론을 배운다는 사실을 무시할 필요는 없다. 그러므로 가우스, 아벨, 갈루아의 발견의 가장 독창적인 빛이 조금 약해지지더라도, 체와 군같은 기본적인 대수적 구조를 정의하는데 집합을 자유롭게 사용하였다. 그러한 정의와 몇몇 증명을 간단히 하는데 필요한 선형대수의 기초적인 사실 외에는 기초적인 주제를 발생적으로 다룰 수 있도록 책의 내용을 독립적으로 완전하게 구성하였다.

방정식론은 오랜 기간의 발전과정에 대한 문헌이 잘 갖추어져 있어 공부하고자 하는 학생에게는 행운이다: 카르다노, 비에트, 데카르트, 뉴턴, 라그랑주, 웨어링, 가우스, 루피니, 아벨, 갈루아 등의 연구 업적 원본은 현대 출판된 서적을 통해, 일부는 영어 번역본까지도 쉽게 접할 수 있다. 이들 연구 원본과 지라르, 코테스, 치른하우스, 반데르몬드의 연구 원본 외에 일반적인 개요에는 주로 부르바키의 역사노트Note historique를 [6], 고대에 관해서는 반 데르 베르덴의 "과학의 눈뜸*Science Awakening*"을 [62], 그리고 갈루아 논문집에 있는 정리의 증명에 관해서는 에드워드의 "갈루아 이론*Galois theory*"를 [20] 이용하였다. 거듭제곱근에 의한 대수방정식의 해를 구하는데 적용하도록 갈루아

이론을 체계적으로 공부하려면 아틴의 고전적 서적 [2], 카플란스키의 논문 [35], 모란디 [44], 로트만 [50], 스튜워트 [56]의 저서, 또는 코온 [14], 제이콥슨 [33], [34], 반 데르 베르덴 [61]의 교재, 그리고 아마도 내가 알지 못하는 다른 많은 교재에서 대수와 관련된 부분을 참고하면 될 것이다. 그렇지만 이 책에서는 가우스를 따라서 원분 방정식을, 거듭제곱근을 이용하여 일반적인 5차 방정식의 불가해성에 대한 아벨의 정리를, 그리고 갈루아를 따라서 대수방정식의 가해 조건에 대하여 완벽한 증명과 함께 철저히 다루게 된다. 인용한 문헌과 다르게 실용적인 관점에서(원 논문보다 규모가 작을지라도), 곁에 있는 구체적인 문제에 집중하여 방정식을 푸는 것이다. 그런데 비교해 보면, 현대 갈루아 이론을 적용하여 대수방정식의 해를 얻으려면 곡예와도 같은 기법이 필요하다는 것을 알고 놀라게 된다.

일부 장의 끝에 있는 연습문제는 이론의 확장을 제시하거나 때로는 교재에서 언급한 전문적 사항에 대한 증명을 제시한다. 교재를 잘 이해하는데 반드시 필수적인 것은 아니다. 연습문제 가운데 일부 해는 책 뒷부분에 있다.

이 책은 1978년부터 1989년까지 루뱅 가톨릭 대학교*Universite catholique de Louvain*에서 강의했던 내용을 기초로 Longman Scientific & Technical에서 1988년에 처음 출판되었다. 루뱅라너브에서 지금은 없어진 카베이 판으로 1980년에 출판된 저서 “방정식론에 대한 강의*Lecons sur la theorie des equations*”를 완전히 개조하고 훨씬 확장한 것이다. Longman 판에서 몇 군데 문구를 바꿨지만 큰 변화는 없었다.

나는 1978년에 내가 첫 번째 강의를 할 수 있도록 초청 해준 프란시스 볼르소 *Francis Borceux*와 수년간 강의들을 잘 참아 준 많은 학생들과 1988년판에 대한 그들의 관점들을 함께 나눈 독자들에게도 큰 빚을 졌다. 그들의 값있는 비판과 격려의 말들이 내가 새로운 출판을 준비하도록 결정하는데 아주 중요했다. 이책은 여러번의 출판을 통해서 나는 적지않은 친구들로부터 특전의 도움을 받았다. 특히, Pasquale Mammone와 Nicole Vast는 원고의 여러부분을 읽어주었고, Murray Schacher와 David Saltman은 미국영어 사용에 충고를 주었다. 진심으로 이분들께 감사를 드린다. 나는 또한Longman판의 편집을 맡아준 T.S. Blyth과 Centre general de Documentation(루뱅 카톨릭대학교)의 스탭들 그리고, Bibliotheque Royale Albert 1^{er}(Brussels)에게 그들이 책들의 여러부분을 내가 재 출판하도록 허락해주고 협조해준것과 그의 풍부한 자료가 있는 서제에 접근할 수 있도록 해준 Nicolas Rouche에게도 특별한 감사를 드린다. TEXnical 측면에서, 나는 Suzanne D'Addato(1988년 판의 타자를 처준 것)와 그림들을 그리는데 협조해준 Camille Debieve에게도 감사를 드린다.

마지막으로, Celine, Paul, Eve 그리고 Jean에게 삶의 즐거움에 대한 공감과 Astrid에게 그녀의 인내와 변함없는 격려에 따뜻한 마음으로 감사드린다. 1988년 판 출판을 준비하는데 우리 작은 Paul의 생애 전부를 보내버렸다. 이 책을 그에 대한 추억으로 바치고자 한다.

Jean−Πerre Tignol

Universite Catholique de Louvain, Belgium

차례

1장. 이차방정식

1.1 첫 걸음 ··· 14
1.2 바빌로니아 대수 ··· 15
1.3 그리스 대수 ··· 19
1.4 아라비아 대수 ··· 22

2장. 삼차방정식

2.1 삼차방정식의 해법에 관한 우선권 논쟁 ··· 28
2.2 카르다노의 공식 ··· 31
2.3 카르다노의 공식에서 비롯된 발전 ··· 32

3장. 사차방정식

3.1 사차방정식의 부자연성 ··· 38
3.2 페라리의 방법 ··· 39

4장. 다항식의 창조

4.1 기호대수의 출현 ··· 44
4.1.1 정수론 ··· 46
4.1.2 해석법의 기초 ··· 48
4.2 근과 계수와의 관계 ··· 49

5장. 다항식에의 현대적 접근

5.1 정의 ······ 62
5.2 유클리드 호제법 ······ 64
5.3 기약 다항식 ······ 69
5.4 근 ······ 73
5.5 중근과 도함수 ······ 75
5.6 두 다항식의 공통근 ······ 79
부록 : 유리분수의 부분분수 분해 ······ 81

6장. 삼차방정식과 사차방정식에 대한 대안적 방법

6.1 삼차방정식에 대한 비에트 ······ 86
6.1.1 기약인 경우의 삼각함수 해 ······ 86
6.1.2 일반적 경우의 대수 해 ······ 88
6.2 사차방정식에 대한 데카르트 ······ 89
6.3 유리계수 방정식의 유리해 ······ 90
6.4 치른하우스의 방법 ······ 92

7장. 단위원의 근

7.1 들어가며 ······ 100
7.2 드무아브르의 공식의 기원 ······ 101
7.3 단위원의 근 ······ 108
7.4 원시근과 원분다항식 ······ 114
부록: 급수의 합에 대한 라이브니츠와 뉴턴 ······ 121
연습문제 ······ 123

8장. 대칭함수

8.1 들어가며 ···· 128
8.2 웨어링의 방법 ···· 132
8.3 판별식 ···· 138
부록: 오일러의 완전제곱역수 급수의 합 ···· 142
연습문제 ···· 144

9장. 대수학의 기본정리

9.1 들어가며 ···· 148
9.2 지라르의 정리 ···· 150
9.3 기본정리의 증명 ···· 152

10장. 라그랑주

10.1 방정식론이 성년이 되다 ···· 158
10.2 알려진 방법에 대한 라그랑주의 견해 ···· 162
10.3 군 이론과 방정식 이론의 처음 결과 ···· 174
연습문제 ···· 187

11장. 반데르몬드

11.1 들어가며 ···· 190
11.2 일반방정식의 해법 ···· 191
11.3 원분방정식들 ···· 196
연습문제 ···· 203

12장. 가우스의 원분방정식

12.1 들어가며 ······ 206
12.2 정수론의 기초 ······ 207
12.3 소수 지수의 원분다항식의 기약 ······ 215
12.4 원분방정식의 주기성 ······ 223
12.5 거듭제곱근에 의한 해법 ······ 235
12.6 원분방정식의 기약 ······ 239
부록: 정다각형의 자와 컴퍼스에 의한 작도 ······ 244
연습문제 ······ 251

13장. 일반방정식에 대한 루피니와 아벨

13.1 들어가며 ······ 254
13.2 거듭제곱근 확대 ······ 257
13.3. 자연적 부조리에 대한 아벨의 정리 ······ 266
13.4 차수가 4보다 큰 일반방정식의 불가해성의 증명 ······ 274
연습문제 ······ 277

14장. 갈루아

14.1 들어가며 ······ 282
14.2 방정식의 갈루아군 ······ 286
14.3 확대체 아래서의 갈루아군 ······ 307
14.4 거듭제곱근에 의한 방정식의 해법 ······ 319
14.5 응용 ······ 339
부록: 갈루아의 치환군에 대한 논의 ······ 357
연습문제 ······ 363

15장. 끝맺음

부록: 갈루아 이론의 기본정리 ········ 370

연습문제 ········ 380

연습문제 풀이 383

참고문헌 395

찾아보기 403

Chapter 1
이차방정식

제 1 장 이차방정식

1.1 첫 걸음

1차방정식 $aX=b$의 해를 구하는 데는 나눗셈만 사용하면 충분하므로, 방정식의 대수적 이론이라고까지 말하기 힘들고, 그래서 2차방정식

$$aX^2+bX+c=0 \quad (a \neq 0)$$

으로 시작하는 것이 좋겠다. 양변을 a로 나누면

$$X^2+pX+q=0$$

이고, 이 방정식의 해는 잘 알려져 있다: 양변에 $\left(\frac{p}{2}\right)^2$를 더하면 $X+\frac{p}{2}$의 제곱이 나와 방정식은

$$\left(X+\frac{p}{2}\right)^2+q=\left(\frac{p}{2}\right)^2$$

로 쓸 수 있다. (이 과정을 "완전 제곱"이라고 한다). 그러면 X 값은

$$X=-\frac{p}{2}\pm\sqrt{\left(\frac{p}{2}\right)^2-q}\,.$$

이 공식은 너무나 잘 알려져 있기 때문에 17세기 전까지 이런 형식으로 이차방정식의 해가 이런형식으로 알려지지 않았다는 것이 놀랍기조차 하다[1]. 그렇지만, 수학자들

1) 일반적인 이차방정식의 처음 해(계수 부호와 관계없다)는 1585년에 출판된 "L'Arithmetique"에

은 4천 년 전에도 이차방정식을 풀고 있었다. 제 1장에서는 이차방정식 이론의 초기 역사에 대하여 개략으로 살펴보기로 한다.

1.2 바빌로니아 대수

이차방정식의 해가 처음 알려진 것은 대략 기원 전 2000년경이다; 바빌로니아인의 표에 나와 있는 내용이다(반 데르 베르덴[62, p.69]을 보라).

> 정사각형의 넓이에서 변(의 길이)을 뺀다: 14.30. 계수 1을 둘로 나눈다: 30. 30과 30을 곱한다: 15. 이것을 14.30에 더하면 14.30.15이 되고, 그 근이 29.30. 29.30에 자신을 곱했던 30을 더한다: 30. 이것이 정사각형의 변이다.

이것은 분명히 넓이와 변(x라고 하자)의 차(즉, x^2-x)가 주어졌을 때 정사각형의 변을 구하는 과정을 제시하는 것으로, 바꿔 말하면 $x^2-x=b$의 해를 구하는 과정이다.

여기서, 바빌로니아인들이 사용한 낯선 산술이 혼란스럽다. 그들은 60진법을 사용했다: 그러니까 14.30은 $14 \cdot 60+30=870$이다, 더구나 없는 수, 또는 분수를 나타내는 기호를 사용하지 않았다. 예를 들어, 1을 2로 나누고 30이라고 표시했는데, 실제로는 $30 \cdot 60^{-1}$, 즉 0.5이다. 30의 제곱은 15이고 이것은 0.25를 의미한다. 그래서 14.30과 15의 합을 14.30.15이라고 적었다, 현대 표기로는 $870+0.25=870.25$.

표기상 모호함이 사라지면 바빌로니아인이 방정식 $x^2-x=870$을 정확하게 풀고 $x=30$을 얻었음을 알 수 있다. 바빌로니아인은 음수 개념이 없었고 다른 해 $x=-29$는 고려하지 않았다.

바빌로니아인은 이처럼 음수 개념이 없었으므로 계수의 부호에 따라 여러 형태의 이차방정식을 생각했다. 모두 세 가지 형태가 나왔다:

$$X^2+aX=b, \quad X^2-aX=b, \quad X^2+b=aX \text{ , 여기서 } a,\ b\ c\text{는 양수.}$$

서 Simon Stevin이 제시했다. 하지만 Stevin은 문자계수를 사용하지 않았는데, 문자계수는 수년 후 Francois Viete가 들어가며했다:제4장 §4.1을 보라.

(네 번째 형태 $X^2+aX+b=0$는 (양수) 해가 없다.)

바빌로니아인은 숫자 대신 문자를 사용하지 않았기 때문에 여러 형태의 방정식을 이와 같은 형식으로 적을 수 없었겠지만, 위의 예제가 적힌 같은 표의 많은 다른 예제로부터 그들이 다음 방정식의 해를 분명히 알았을 것이다.

$$X^2+aX=b\text{의 해는 } X=\sqrt{\left(\frac{a}{2}\right)^2+b}-\frac{a}{2}$$

와

$$X^2-aX=b\text{의 해는 } X=\sqrt{\left(\frac{a}{2}\right)^2+b}+\frac{a}{2}.$$

이 예제에서와 같이 현존하는 모든 예제에는 해를 구하는 과정만 있기 때문에 바빌로니아인이 해를 어떻게 얻었는지 알 수 없다. 아마 그들은 직사각형에서 가로와 세로의 길이 차이와 넓이를 알 때 가로와 세로의 길이를 구하는 것과 같은 기하 문제의 해를 알고 있었을 것이다. 직사각형의 세로와 가로의 길이를 각각 x와 y라고 하면, 이 문제는 다음 연립방정식 문제다.

$$\begin{cases} x-y=a \\ xy=b \end{cases}. \tag{1.1}$$

y를 소거하면, 이 연립방정식은 x에 대한 방정식이 된다:

$$x^2-ax=b. \tag{1.2}$$

만일 y 대신 x를 소거하면,

$$y^2+ay=b. \tag{1.3}$$

역으로, $y=x-a$ 혹는 $x=y+a$라고 놓으면 방정식 (1.2)와 (1.3)은 연립방정식 (1.1)과 동치다.

그들은 연립방정식 (1.1)에 해당하는 해를 이차방정식 (1.2)와 (1.3)에 대한 해로부터 다음과 같이 끌어냈을 것이다: z를 x와 y의 산술평균이라고 하자.

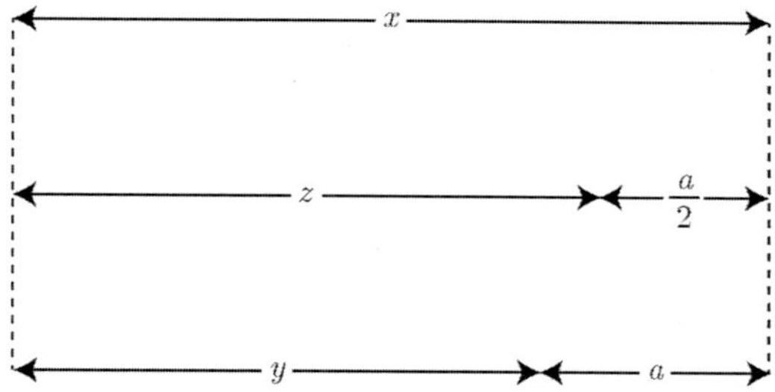

바꿔 말해, z는 주어진 직사각형과 둘레 길이가 같은 정사각형의 한 변이다:

$$z = x - \frac{a}{2} = y + \frac{a}{2}.$$

정사각형의 넓이(즉 z^2)와 직사각형의 넓이($xy = b$)를 비교해 보라.

$$xy = \left(z + \frac{a}{2}\right)\left(z - \frac{a}{2}\right)$$

이고, 따라서$b = z^2 - (\frac{a}{2})^2$ 이다. 그러므로 $z = \sqrt{(\frac{a}{2})^2 + b}$ 이고 또

$$x = \sqrt{\left(\frac{a}{2}\right)^2 + b} + \frac{a}{2} \quad \text{이고} \quad y = \sqrt{\left(\frac{a}{2}\right)^2 + b} - \frac{a}{2}.$$

이것으로 곧바로 이차방정식 $x^2 - ax = b$와 $y^2 + ay = b$의 해를 구한다.

바빌로니아인이 풀었던 여러 가지 이차방정식들을 보면, 기이한 사실이 보인다 : 세 번째 형태인 $x^2 + b = ax$가 분명하게 나타나지 않는다는 것이다. 바빌로니아 표에 연립 방정식

$$\begin{cases} x + y = a \\ xy = b \end{cases} \tag{1.4}$$

의 해를 구하는 것과 같은, 직사각형의 둘레와 넓이가 주어졌을 때 세로와 가로를 구하는 문제가 빈번히 나오는 것을 보면 더욱 이해하기 힘들다. 이 연립방정식에서 y를 소거하면 $x^2 + b + ax$이 된다. 그런데 바빌로니아인들은 연립방정식 (1.4)를 풀면서 왜 $x^2 + b = ax$ 같은 방정식은 생각하지 않았을까?

그들이 구한 연립방정식 (1.4)의 해에서 실마리를 찾을 수 있다. 그들은 변이 x, y인 직사각형을 변이 $\frac{a}{2}$인 정사각형과 비교해서 풀었을 것이다.:

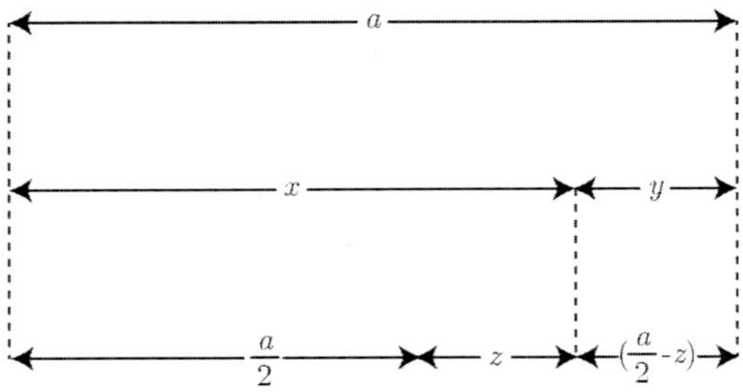

$x = \frac{a}{2} + z$라고 하면, $y = \frac{a}{2} - z$이 나오고 앞에서와 같이 해를 얻을 수 있다.

무슨 방법을 사용했던지 그들이 얻은 해는

$$x = \frac{a}{2} + \sqrt{\left(\frac{a}{2}\right)^2 - b}$$

$$y = \frac{a}{2} - \sqrt{\left(\frac{a}{2}\right)^2 - b}$$

이고, 각각 x와 y의 한 값이다. 여기서 x와 y는 연립방정식 (1.4)에서 교환할 수 있다: 그래서 $x \geqq y$라고 한다면,

$$x = \frac{a}{2} \pm \sqrt{\left(\frac{a}{2}\right)^2 - b}, \; y = \frac{a}{2} \mp \sqrt{\left(\frac{a}{2}\right)^2 - b}.$$

바빌로니아인들에게는 x와 y는 교환할 수 없었다: 직사각형의 세로와 가로에는 $x \geqq y$라는 암묵적 조건이 있었다. 간쯔*S. Gandz*[22, §9]에 의하면 $X^2 + b = aX$ 형태는 바빌로니아인들이 조직적으로 그리고 의도적으로 회피하였는데, 이유는 다른 두 형태와 달리 양수해를 두 개 가졌기 때문이다(직사각형의 세로와 가로). 하나의 양에 두 값이 있다는 생각은 바빌로니아인을 당혹스럽게 했을 테고, 그것은 비논리적이고 불합리한 것으로 단지 무의미한 것이라 생각했다.

그러나 2차 이상의 대수방정식이 여러 해를 갖는다는 것은 중요한 핵심이다: 그것은 갈루아 이론의 초석이며 우리는 라그랑주나 후대 수학자들이 이것을 얼마나 기발하게 사용하는지 살려볼 것이다.

앙드레 베유*Andre Weil*는 다른 주제와 관련해 다음과 같이 말했다[69, p.104]

이것이 바로 수학사의 특성이다. 정말로 이상하고 이해할 수 없는 것이 있으면, 언젠가는 그로부터 중요한 이론이 나오기 때문에 으레 세심한 주의를 받는다.

1.3 그리스 대수

그리스인은 증명의 유용성을 처음 인지한 사람들이기에 수학사에서 특별한 위치를 차지할 만하다. 그 전의 수학은 경험에 불과했다. 그리스인은 연역적 추론을 사용하여 거대한 기념비적 수학을 이룩했는데, 유클리드의 대저 "기하학 원론"(B.C.300년경)이 대표적인 예이다.

이 기간에 그리스인이 이룬 공헌은 대수학에 근본이 되었다. 그들은 수(정수나 유리수)에 대한 단순한 생각이 기하학적 크기를 설명하기에는 충분하지 않다는 것을 알았다. 예를 들어, 정사각형의 대각선과 변의 길이를 정수로 나타낼 수 있는 단위 선분은 존재하지 않는다: 변에 대한 대각선의 비는(즉 $\sqrt{2}$)는 유리수가 아니다. 이를 대각선과 변은 같은 단위로 잴 수 없다고 말한다.

무리수는 B.C.430에서 410년 사이에 피타고라스를 따르는 수학자가 발견한 것으로 추측된다[39, p.49]. 이 발견은 메타폰툼의 히파수스가 했다고 하는데, 피타고라스의 "만물은 수"라는 원칙에 결정적인 반례를 제시했다는 이유로 그를 바닷물 속에 처넣어버렸다고 한다. 그렇지만 확실한 기록이 남아 있지 않아 어떻게 발견 되었는지는 추측만 할 뿐이다. 같은 단위로 잴 수 없는 크기가 정사각형의 대각선과 변이 처음이었다고 대부분 생각했고, 증명을 크노르*Knorr*가 다음과 같이 재구성했다[39, p.27].

정사각형 $ABCD$의 변AB와 대각선AC가 동일한 단위 선분으로 잴 수 있다고 가정하자: 그러면 AB와 AC는 정수로 나타낼 수 있고, 정사각형$ABCD$와 정사각형$EFGH$(의 넓이)는 제곱수가 된다. 그림에서 $EFGH$가 $ABCD$의 두 배인 것을 (삼각형을 세어보면) 바로 알 수 있고, 따라서 $EFGH$는 짝수인 제곱수이고 변EF는 짝수다. 그러므로 EB는 정수이고 $EBKA$는 제곱수가 된다.

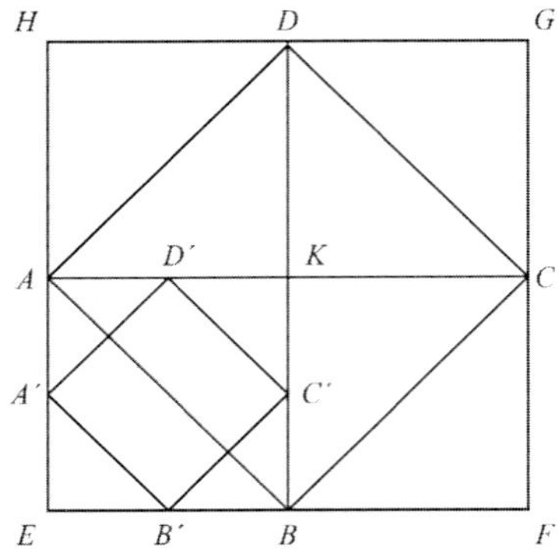

정사각형 $ABCD$는 분명히 정사각형 $EBKA$의 두 배이므로, 앞에서와 같은 논리로 AB는 짝수이고 따라서 $A'B'$은 정수다.

그래서 $A'B'$과 $A'C'(=EB)$은 정수로서 각각 AB와 AC의 절반이다: 그러나 $A'B'$과 $A'C'$은 (더 작은) 새로운 정사각형의 변과 대각선이므로, 앞에서와 같은 논리를 반복할 수 있다.

계속해서 이렇게 반복하면 AB와 AC가 나타내는 정수를 2로 무한정 나눌 수 있게 된다. 정수를 무한정 나누어도 정수가 된다는 것은 불가능한 것이므로 이 모순이 AB와 AC를 같은 단위로 잴 수 없음을 증명한다.

결과적으로 선분의 길이를 측정하는데 정수로는 충분하지 않다는 것을 알았다. 이 발견이 촉진제가 되어, 그리스인은 기하학적 크기의 비를, 정수 값을 부여하는 문제를 피하면서 논리적으로 일관되게 다룰 수 있는 새로운 기법을 개발했다. 그래서 "기하 대수"를 만들어 냈는데, 이것을 유클리드가 "원론"에서 체계적으로 가르쳤다.

이에 비해, 바빌로니아인은 기하문제를 다룰 때 무리수를 피할 수 없었다 해도, 무리수가 야기하는 이론적 어려움을 깨닫지 못한 것 같다: 그들은 간단히 유리수 근사값으로 대체했다. 예를 들면, 바빌로니아 표를 보면 $\sqrt{2}$의 근사값으로 다음 값이 나온다: 1.24.51.10, 즉 $1+24\cdot 60^{-1}+51\cdot 60^{-2}+10\cdot 60^{-3}$, 이것은 $1.41421296296296\cdots$인데 다섯째짜리까지 정확한 값이다.

유클리드가 이차방정식을 명시적으로 다룬 것은 아니지만, 원론에 있는 몇몇 명제에서 이차방정식의 해가 기하학적 형태로 논의 된다. 예를 들어, 원론 제 2권 명제5를 보면:

한 선분을 중점이 아닌 점으로 분할한다. 두 선분을 변으로 하는 직사각형의 넓이와 선분의 중점과 분점 사이의 선분을 변으로 하는 정사각형의 넓이의 합은 처음 선분의 절반을 변으로 하는 정사각형의 넓이와 같다.

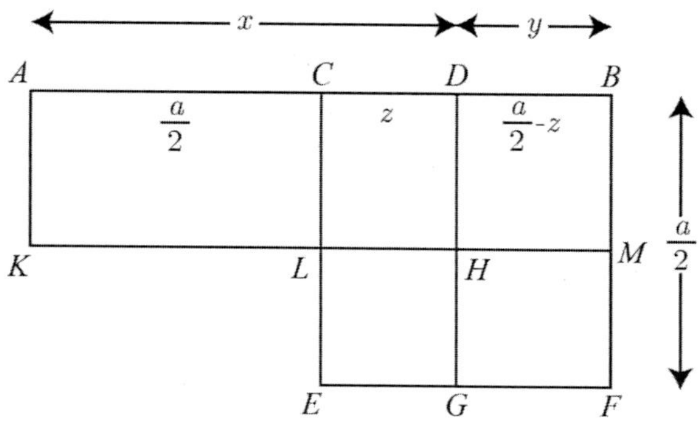

위의 그림에서 , 선분 AB의 중점은 C, 중점 아닌 분점은 D이다. 명제의 의미는 직사각형 AH와 정사각형LG (이것은 CD의 정사각형과 같다)의 합이 정사각형CF와 같다는 것이다.

주어진 선분 $AB=a$에서 중점이 아닌 분점을 갖는 선분의 길이를 모르기 때문에, 이 명제의 핵심은 연립방정식

$$\begin{cases} x+y=a \\ xy=b \end{cases}$$

의 해를 구하는 것이다. 실제로, "분점 사이 선분"을 $z=x-\frac{a}{2}$라고 하면, 명제는 $b+z^2=(\frac{a}{2})^2$이다. 그러므로

$$z=\sqrt{\left(\frac{a}{2}\right)^2-b},$$

따라서, 바빌로니아의 대수처럼

$$x=\frac{a}{2}+\sqrt{\left(\frac{a}{2}\right)^2-b} \text{ 이고 } y=\frac{a}{2}-\sqrt{\left(\frac{a}{2}\right)^2-b}.$$

뒤따라 나오는 명제에서 유클리드는

$$\begin{cases} x-y=a \\ xy=b \end{cases}$$

의 풀이도 가르쳤는데, 이는 $x^2 - ax = b$, 또는 $y^2 + ay = b$와 같다. 그는 같은 형태의 명제를 더 다듬어서 제4권 명제28과 명제29에서 다시 다룬다.(Kline[38, pp.76-77]과 반데르베르덴[62, p.121]을 비교해 보라).

고대 그리스 수학자들은 (양의) 실수 계수 방정식을 다루었으므로 일반적인 이차방정식의 해에 대하여 매우 높은 수준까지 도달했다. 그러나 19세기 전까지 실수를 엄밀히 다루는 방법은 기하 대수뿐이었지만 매우 어려웠다. 대수적인 면에서 자연스럽지 못한 형식은 큰 제약이 되었다: 예를 들어, 3차를 넘어가면 비례를 다루는데 엄청난 기술이 필요하다.

방정식 이론을 발전시키려면, 형식에 대해서 더 생각해야 하고 계수의 성질에 대해서는 조금만 생각해야 한다. 뒤에 헤로와 디오판투스 같은 그리스 수학자가 어느 정도 이 방향으로 발전시켰지만, 진정한 새로운 발전은 다른 문명에 의해서였다. 후에 인도인과 아랍인이 무리수 계산 기술을 발전시켰는데 그들은 무리수의 성질에 관련된 우려없이 무심히 다루었다. 예를 들어, 그들은 $(u+v)^2 = u^2 + v^2 + 2uv$에서 양변의 근을 구하고 u와 v를 $\sqrt{a}$와 $\sqrt{b}$로 각각 치환해서 얻은

$$\sqrt{a} + \sqrt{b} = \sqrt{a + b + 2\sqrt{ab}}$$

와 같은 식에 익숙했다. 그들의 수학의 엄밀성에 대한 생각은 그리스 수학자에 비해서 훨씬 느슨했지만, 이차방정식에 접근하는 데 보다 형식적(실제로 대수적)인 방법을 사용하였던 것이다(클라인[38, ch.9, §2]).

1.4 아라비아 대수

방정식 이론에서 다음으로 획기적인 일은 알크와리즈미*Mohammed ibn Musa al-Khowarizmi*가 저술한 "알 자브르 알 무카발라*Al-jabr w' al muqabala*"이다 (830년 A.D.경).

책 제목은 방정식에 관한 두 가지 연산을 의미한다. 첫째, al-jabr(이로부터 "algebra"란 용어가 유래했다)는 "복원" 또는 "회복"이라는 뜻이다. 여기서는 방정식의 한 변에서 제거한 음의 항을 다른 변에 더하여 등가성을 복원하는 것을 말한다. 예를 들어, 방정식

$$x^2 = 40x - 4x^2$$

은 al-jabr에 의해

$$5x^2 = 40x$$

로 바뀐다[36, p.105]. 두 번째 연산 al muqabala는 "반대" 또는 "균형"을 의미하는데, 방정식의 양변에서 비슷한 항을 제거하여 간단하게 하는 과정을 말한다. 예를 들어, al muqabala는

$$50 + x^2 = 29 + 10x$$

를

$$21 + x^2 = 10x$$

로 바꾼다[36, p.109].

이렇게 하여 알크와리즈미는 방정식을 푸는 옛날 방법들을 표준화 과정으로 정리하여 방정식 이론의 고전적 시대를 열었다. 예를 들어, 미지수가 여럿인 문제에서 체계적으로 미지수가 하나인 방정식을 만들어 낸 다음, 세 가지 형식의 이차방정식

$$X^2 + aX = b,\ X^2 + b = aX,\ X^2 = aX + b$$

을 완전제곱을 이용하여 풀고, $X^2 + aX = b$에 대하여 두 (양의) 해를 제시했다.

알크와리즈미는 바빌로니아인이 했었을 것처럼 먼저 과정을 설명한다:

> 다음은 제곱수와 제곱근이 어떤 수와 같은 예이다: 한 제곱수와 제곱근 10개가 39단위와 같다. 이런 형식의 방정식에서 문제는 다음과 같다: 10개의 제곱근과 합해서 모두 39가 되는 제곱수는 어떤 것인가? 이런 형태의 방정식을 푸는 방법은 주어진 제곱근의 수 절반을 택하는 것이다. 문제에서 주어진 제곱근의 수는 10이다. 그러니 5를 택하여 제곱하면 25이고, 이것을 39에 더하면 64가 된다.
>
> 제곱근을 취하면 8이고, 여기서 근(변)의 절반 5를 빼면 3이다. 그러므로 3이 이 제곱수의 한 제곱근이고, 이것의 자신은 물론 9이다. 9가 그 제곱수이다[36, pp.71-73].

그런데, 여섯 가지 형태 $mX^2 = aX,\ mX^2 = b,\ aX = b,\ mX^2 + aX = b,\ mX^2 + b = aX,\ mX^2 = aX + b$에 대하여 각각의 푸는 과정을 설명한 다음, 덧붙여서:

> 알크와리즈미가 말하기를, 우리는 여섯 가지 형태의 방정식에 관해 수가 관련되는 한 충분히 말했다. 이제 수를 가지고 설명한 사실을 동일한 문제에 대해 기하학적으로 증명해야할 필요가 있다[36, p.77].

그런 다음 그는, $x^2+10x=39$에 대한 다음 예에서와 같이, 완전제곱을 사용하여 마지막 세 가지 형식에 대한 그의 규칙을 기하학적으로 증명했다:

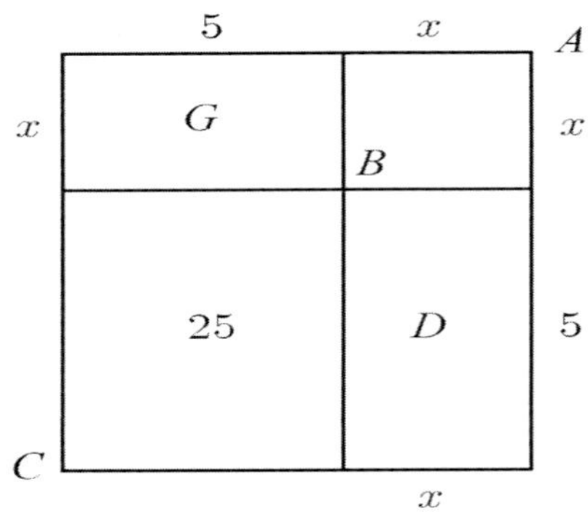

정사각형 AB를 x^2이라 하자. 그러고 $10x$를 두 직사각형 G와 D로 나누면, 각각이 $5x$이므로 정사각형 AB의 변x에 각각 붙인다. 그러면 가정에 의해 만들어진 도형의 값은 $x^2+10x=39$이다. 정사각형 AC의 남아 있는 빈 구석의 값은 $5^2=25$이다. 그러므로 25를 더하면 정사각형 $(x+5)^2$이 완성되고, 그 값은 $39+25=64$이다. 그러므로 $(x+5)^2=64$이고, 이로부터 $x+5=8$이고 따라서 $x=3$이다([36, p.81]을 보라).

이 과정에 들어 있는 기하학은, 유클리드의 원론 내용처럼 언역적 추론에 의해 논리적으로 소수의 공리에 연결되는 것이 아니라 직관적인 기하학적 증거에 의존하고 있기 때문에 훨씬 초보적이라는 것을 알아야 한다. 한편, 대수학적인 면에서 보면, 알크와리즈미의 업적은 유클리드보다 비할 수없이 앞선 것이어서, 그 후 독립된 분야로서 대수학의 발전에 준비를 해 놓은 것이다.

방정식 이론에서 아랍인의 또 다른 괄목할 만한 성취는 오마르 카얌*Omar Khayyam*에 의한 3차 방정식의 기하학적 풀이이다(1079년 경). 예를 들어, $x^3+b^2x=b^2c$의 해를 포물선 $x^2=by$와 포물선 꼭지점에서 포물선 축에 접하는 지름 c인 원과의 접점으로 구했다.

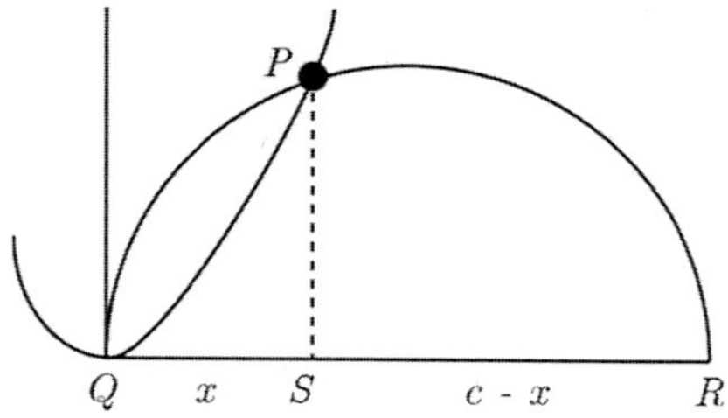

위의 그림에 나온 선분 x가 $x^3+b^2x=b^2c$를 만족하는 것을 보이기 위해, $x^2=b\cdot PS$라고 하자. 그러면

$$\frac{b}{x}=\frac{x}{PS}.$$

한편, 삼각형 QSP와 삼각형 PSR은 닮은 삼각형이므로,

$$\frac{x}{PS}=\frac{PS}{c-x},$$

이로부터

$$\frac{b}{x}=\frac{PS}{c-x}.$$

$PS=b^{-1}x^2$이므로, 방정식은

$$\frac{b}{x}=\frac{x^2}{b(c-x)}.$$

따라서 $x^3=b^2c-b^2x$.

오마르 카얌은 또 원추곡선의 교점을 이용하여 다른 형식의 3차 방정식에 대한 기하학적 해를 제시했으나, 이러한 탁월한 해법이 실질적 목적에는 별로 쓸모가 없었으므로 대수적 해법에 대한 요구가 계속되었다.

1494년, 루카 파치올리는 그의 저서 "*Summa de Arithmetica, Geometria, Proportione e Proportionalita*"(맨 처음 인쇄된 수학서적 중 하나)에서 $x^3+mx=n$과 $x^3+n=mx$의 해법은 원적문제와 마찬가지로 불가능하다고 했다(kleine[38, p.237], Cardano[11, p.8]를 보라}. 그러나 얼마 안가 예상하지 못한 발전이 이루어졌다.

Chapter 2
삼차방정식

제2장 삼차방정식

2.1 삼차방정식의 해법에 관한 우선권 논쟁

1515년경 볼로냐의 수학교수 스키피오네 델 페로*Scipione del Ferro*가 $X^3 + mX = n$의 대수적 해를 처음 얻었다. 페로에 대하여 알려진 것이 별로 없듯이 그의 해법에 대해서도 알려진 것이 없고, 그는 몇 가지 이유로 결과를 출판하지 않았다. 1526년 그가 사망한 후, 해법은 그의 제자에게 전해졌다.

해법의 두 번째 발견은, 브레시아 출신으로 "타르탈리아*Tartaglia*(말더듬이)"란 별명을 가진 니콜로 폰타나*Niccolo Fontana*(1550-1557년경)가 저자로서, 비록 자신의 설명에 의해서지만 훨씬 잘 알려졌다(Hankel[28, pp.360 ff]을 보라). 3차방정식의 매우 특별한 경우를 다루어 보았던 타르탈리아는, 1535년에 옛날 페로의 학생 안토니오 마리아 피오르*Antonio Maria Fior*로부터 공개적인 문제해결시합에서 도전을 받았다. 그는 피오르가 스승한테서 3차방정식의 해법을 전해 받았다는 소문을 들었다. 그래서, 전력을 다하여 혼신의 노력을 쏟아 제한 시간 내에 해법을 발견하여 피오르에게 굴욕적인 패배를 안겨 주었다.

타르탈리아가 3차방정식의 해법을 알아냈다는 소식은 매우 다재다능한 과학자이자, 의학, 점성술, 천문학, 철학 그리고 수학을 포함하여 넓고 다양한 주제에 관하여 많은 책을 저술한 지롤라모 카르다노*Girolamo Cardano*(1501-1576)에게도 전해졌다. 그러자

카르다노는 수론에 관한 논문에 포함하려고 타르탈리아에게 해법을 달라고 했는데, 타르탈리아 자신도 이 주제에 관한 책을 저술할 계획이었으므로 단호히 거절했다. 후에 타르탈리아는 적어도 부분적으로 생각을 바꾼 것으로 드러났는데, 왜냐하면 1539년에 카르다노에게 $X^3+mX=n$, $X^3=mX+n$의 해법을 넘겨주고 $X^3+n=mX$에 관한 매우 간단한 암시를 시로 써주었기 때문이다(Hankel[28, pp.364-365]).

Quando che'l cubo con le cose appresso
Se agguaglia a qualche numero discreto:
Trovan dui altri, differenti in esso.

Dapoi terrai, questo per consueto,
Che'l lor produtto, sempre sia eguale
Al terzo cubo delle cose neto;

El residuo poi suo generale,
Delli lor lati cubi, bene sottratti
Varra la tua cosa principale.

. . .

여기 인용한 시에는 $X^3+mX=n$에 대한 공식이 있다. 처음 두 연이 방정식을 나타낸다 : 세제곱과 물건들이 어떤 수와 같다. Cosa(=thing)는 미지수(물건)를 나타낸다. 계수가 곱해진 미지수를 나타내는데 타르탈리아는 간단히 복수형 le cose를 사용했다. 그리고는 과정을 다음과 같이 제시했다: 차가 주어진 수와 같고 곱이 물건(미지수) 수의 3분의 1을 세제곱한 것과 같은 두 수를 구하라. 그러면 이 두 수의 세제곱근들 사이의 차가 구하는 값이다.

오늘날 표기를 사용해서 표현하면,

$$X^3+mX=n$$

의 해를 구하기 위해서는

$$t-u=n \text{ 이고 } tu=\left(\frac{m}{3}\right)^3$$

을 만족하는 t, u를 구한다. 그래서 $X^3+mX=n$의 해를 구하는 공식을 얻는다:

$$X=\sqrt[3]{t}-\sqrt[3]{u}\,.$$

t와 u의 값은 쉽게 구할 수 있다(방정식 (1.1)을 보라).

$$t=\sqrt{\left(\frac{n}{2}\right)^2+\left(\frac{m}{3}\right)^3}+\frac{n}{2}$$

$$u=\sqrt{\left(\frac{n}{2}\right)^2+\left(\frac{m}{3}\right)^3}-\frac{n}{2}\quad .$$

그러므로, 다음과 같은 $X^3+mX=n$의 해를 구하는 공식을 얻는다:

$$X=\sqrt[3]{\sqrt{\left(\frac{n}{2}\right)^2+\left(\frac{m}{3}\right)^3}+\frac{n}{2}}-\sqrt[3]{\sqrt{\left(\frac{n}{2}\right)^2+\left(\frac{m}{3}\right)^3}-\frac{n}{2}}\,.$$

그렇지만, 시에는 이 공식에 대한 증명은 없다. 물론, 위에 주어진 X의 값이 방정식 $X^3+mX=n$을 만족하는지 체크해 보면 "충분"하겠지만, 16세기 수학으로 이것을 쉽게 해볼 수는 없었다.

가장 어려운 것은 입체를 3차원 공간에서 해체해야만 제대로 증명할 수 있는 공식

$$(a-b)^3=a^3-3a^2b+3ab^2-b^3$$

을 생각해 내는 일이었다.

카르다노는 타르탈리아의 시를 받아보고 연구에 착수했다: 그는 공식의 증명을 알아냈을 뿐 아니라 다른 형식의 3차방정식을 모두 풀었다. 그러고는 신기원을 이루는 저서 "위대한 술법, 대수의 규칙에 대하여*Ars Magna, sive de regulis algebraicis*" [11]에 타르탈리아와 델 페로의 공로를 밝히면서 그 결과를 출판했다. 그러자 타르탈리아는 카르다노가 그의 해법을 출판하지 않기로 굳게 맹서했다고 주장하고, 카르다노는 비밀유지에 대한 어떠한 문제도 없었다고 받아치며 두 사람 사이에 격렬한 언쟁이 발생하였다.

2.2 카르다노의 공식

카르다노가 13개 형식의 3차방정식을 열거하고 각각에 대하여 자세한 해법을 제시했지만, 이절에서는 현대식 표기를 사용하여 일반적인 3차방정식

$$X^3+aX^2+bX+c=0$$

에 대한 카르다노의 방법을 설명하겠다.

먼저, $Y=X+\frac{a}{3}$로 변수변환을 하면 방정식은 2차 항이 없는

$$Y^3+pY+q=0 \tag{2.1}$$

여기서

$$p=b-\frac{a^2}{3} \text{ 이고 } q=c-\frac{a}{3}b+2\left(\frac{a}{3}\right)^3 \tag{2.2}$$

가 된다. 만일 $Y=\sqrt[3]{t}+\sqrt[3]{u}$이면,

$$Y^3=t+u+3\sqrt[3]{tu}\left(\sqrt[3]{t}+\sqrt[3]{u}\right)$$

이고, 방정식 (2.1)은

$$(t+u+q)+(3\sqrt[3]{tu}=p)\left(\sqrt[3]{t}+\sqrt[3]{u}\right)=0$$

이 된다. 이 방정식은 유리수 부분 $t+u+q$와 무리수 부분 $\left(\sqrt[3]{t}+\sqrt[3]{u}\right)(3\sqrt[3]{tu}+p)$이 모두 0이거나 또는

$$\begin{cases} t+u=-q \\ tu=-\left(\frac{p}{3}\right)^3 \end{cases}$$

이면 분명히 성립한다. 이 연립방정식은 해가

$$t,\ u=-\frac{q}{2}\pm\sqrt{\left(\frac{p}{3}\right)^3+\left(\frac{q}{2}\right)^2}$$

이므로((1.4), p.17를 보라), 방정식 (2.1)의 한 해는

$$Y=\sqrt[3]{-\frac{q}{2}+\sqrt{\left(\frac{p}{3}\right)^3+\left(\frac{q}{2}\right)^2}}+\sqrt[3]{-\frac{q}{2}-\sqrt{\left(\frac{p}{3}\right)^3+\left(\frac{q}{2}\right)^2}} \tag{2.3}$$

이고, 처음 방정식 $X^3+aX^2+bX+c=0$의 한 해는 p와 q를 (2.2)에서 준 식으로 대입하면 나온다. 방정식 (2.3)은 3차방정식 (2.1)의 해에 대한 카르다노의 공식이라고 알려져 있다.

2.3 카르다노의 공식에서 비롯된 발전

3차방정식의 해법은 획기적인 성과였지만, 카르다노의 공식은 16세기 수학자들에게는 2차방정식의 공식에 비하여 확실히 당황스럽게 하는 몇 가지 결함이 있었기에 편리하게 사용할 수 없었다.

(a) 첫째, 어떤 해를 구하려고 할 때 항상 카르다노 공식으로 해야 하는 것은 아니었다. 이것은 카르다노가 그의 방법을 설명하기 위해

$$X^3+16=12X$$

와 같은 예제를 생각하고(Cardano[11, p.121]를 보라), 답이 2가 나왔을 때, 그도 알았을 것이다. 카르다노의 공식에 따르면

$$X=\sqrt[3]{-8}+\sqrt[3]{-8}=-4$$

이다. 왜 2가 아니고 -4가 나올까?

이와 같은 관찰은 우선 카르다노에게 훨씬 흥미로운 문제를 조사해 보게 하는 자극이 되었을 것이다: 3차방정식에는 해가 몇 개나 있을까? 그는 3차방정식이 3개의 해를 가질 수 있다는 데 이르렀고(카르다노의 용어로 "가짜" 혹은 "허구"라고 하는 음수 해를 포함해서, 그러나 허수는 제외), 이 해들 사이의 관계를 연구하였다(Cardano[11, 1장]을 보라).

(b) 다음으로, 유리수 해일 때, 카르다노의 공식에 의한 식이 매우 곤란했다. 예를 들어, 1이

$$X^3+X=2$$

의 해라는 것은 쉽게 알 수 있는 반면, 카르다노의 공식에 의하면

$$X=\sqrt[3]{1+\frac{2}{3}\sqrt{\frac{7}{3}}}+\sqrt[3]{1-\frac{2}{3}\sqrt{\frac{7}{3}}}$$

이다. 지금, 함수 $f(X)=X^3+X$는 단조증가이고(두 단조증가 함수의 합이므로), 따라서 값 2를 한 번만 갖기 때문에, 위의 방정식은 실근을 하나만 갖는다. 따라서 우리는

$$1 = \sqrt[3]{1 + \frac{2}{3}\sqrt{\frac{7}{3}}} + \sqrt[3]{1 - \frac{2}{3}\sqrt{\frac{7}{3}}} \tag{2.4}$$

을 얻게 되는데, 황당한 결론이다.

1540년에 이미 타르탈리아는 3차방정식의 해에서 제기되는 무리수 식을 단순화하려고 했다(Hankel[28, p.373]을 보라). 좀더 정확히 말하면, $\sqrt[3]{a + \sqrt{b}}$ 같은 무리수 식을 $u + \sqrt{v}$로 간단히 할 수 있는 조건을 확인하려고 하였다. 이 문제는 다음과 같이 해결할 수 있다(현대식 표기로) :

$$\sqrt[3]{a + \sqrt{b}} = u + \sqrt{v} \tag{2.5}$$

에서 양변을 세제곱하면

$$a + \sqrt{b} = u^3 + 3uv + (3u^2 + v)\sqrt{v}.$$

양변의 유리수 부분과 무리수 부분을 각각 같다고 하면(이는 a, b, u, v가 유리수일 경우 가능한데),

$$\begin{cases} a = u^3 + 3uv \\ \sqrt{b} = (3u^2 + v)\sqrt{v} \end{cases}. \tag{2.6}$$

첫째 식에서 둘째 식을 빼면

$$a - \sqrt{b} = (u - \sqrt{v})^3,$$

이로부터

$$\sqrt[3]{a - \sqrt{b}} = u - \sqrt{v}. \tag{2.7}$$

(2.5)와 (2.7)을 곱하면,

$$\sqrt[3]{a^2 - b} = u^2 - v. \tag{2.8}$$

이를 이용하여 (2.6)에서 v를 소거하면,

$$a = 4u^3 - 3(\sqrt[3]{a^2 - b})u.$$

그러므로, 만일 a와 b가 $\sqrt[3]{a^2 - b}$가 유리수가 되는 유리수이고 방정식

$$4u^3 - 3(\sqrt[3]{a^2 - b})u = a \tag{2.9}$$

가 유리수 해 u를 갖는다면,

$$\sqrt[3]{a + \sqrt{b}} = u + \sqrt{v} \text{ 와 } \sqrt[3]{a - \sqrt{b}} = u - \sqrt{v},$$

여기서 v는 방정식 (2.8)에 의해

$$v = u^2 - \sqrt[3]{a^2 - b},$$

이렇게 하면 $X^3 + pX + q = 0$의 해를 구하는 카르다노의 공식에 나오는 무리수 식

$$\sqrt[3]{-\frac{q}{2} \pm \sqrt{\left(\frac{p}{3}\right)^3 + \left(\frac{q}{2}\right)^2}}$$

을 효과적으로 단순화 할 수 있지만, 그러나 이 단순화는 3차방정식의 해에 관해서는 쓸모가 없다. 실제로, 만일 $a = -\frac{q}{2}$이고 $b = (\frac{p}{3})^3 + (\frac{q}{2})^2$이면, 방정식 (2.9)

$$4u^3 + pu = -\frac{q}{2}$$

의 유리수 해를 구해야 하는데, 이것은 변수변환 $X = 2u$와 관련되어 바로 처음 방정식 $X^3 + pX + q = 0$의 유리수 해를 구하는 것에 해당한다. 그렇지만, 이 과정을 사용하여, 예를 들어

$$\sqrt[3]{1 + \frac{2}{3}\sqrt{\frac{7}{3}}} = \frac{1}{2} + \frac{1}{2}\sqrt{\frac{7}{3}} \quad \text{이고} \quad \sqrt[3]{1 - \frac{2}{3}\sqrt{\frac{7}{3}}} = \frac{1}{2} - \frac{1}{2}\sqrt{\frac{7}{3}}$$

임을 보일 수 있고, 이로부터 (2.4)가 나온다.

(c) 카르다노의 공식에서 가장 심각한 결점은

$$X^3 = 15X + 4$$

와 같은 방정식을 풀려고 할 때 나타난다. 해가 $X = 4$임은 쉽게 알 수 있지만, 카르다노의 공식을 사용하면

$$X = \sqrt[3]{2 + \sqrt{-121}} + \sqrt[3]{2 - \sqrt{-121}}$$

와 같이 음수의 제곱근이 나와 몹시 당황스럽다. $(\frac{p}{3})^3 + (\frac{q}{2})^2 < 0$인 경우는 3차방정식의 "기약의 경우*casus irreducibilis*"라고 알려졌다. 오랫동안, 이 경우에 카르다노 공식의 유효성은 논란이 되었지만, 이 논쟁은 매우 중요한 부산물을 가져왔는데, 복소수의 사용을 촉발시킨 것이다.

복소수는 당시 까지 불합리하고 무의미한 것으로 무시되고 있었다. 이런 태도가 위대한 술법*Ars Magna* 제37장[11, p.219]에서 인용한 다음 예에서 명백하게 나타난다:

> 만일, 10을 두 부분으로 나누어 서로 곱한 값이 30 또는 40이 되도록 하라면, 이것은 당연히 불가능하다. 그럼에도 불구하고, ...하려고 한다

그러고는 카르다노는 주어진 자료로 보통 하던 과정을 적용하여, 그것은 $X^2 - 10X + 40 = 0$의 풀이를 설명하는 것인데, 해 $5 + \sqrt{-15}$와 $5 - \sqrt{-15}$를 얻는다. 결과를 그는 이렇게 해명한다:

> 내포된 정신적 고통은 한 쪽으로 치우고[2)], $5 + \sqrt{-15}$와 $5 - \sqrt{-15}$를 곱하여 $25 - (-15)$, 이것은 $+15$이므로, 이 곱은 40이다. ...... 이렇게 정교한 계산을 진행하여, 말했던 바와 같이, 마지막에 쓸모없는 것으로 정리되었다.

아무튼 3차방정식의 "정복불능 경우"와 함께 복소수가 수학자들에게 이용되었다. 복소수의 연산은 라파엘 봄벨리*Rafaele Bombelli*(1525-1573년 경)가 그의 영향력 있는 저서 "대수*Algebra*"(1572)에서 거의 현대적인 방식으로 알기 쉽게 가르쳤다. 이 책에서 봄벨리는 앞의 (b)에서와 같은 단순화 과정을 복소수의 세제곱근에 대담하게 적용하여, 예를 들면,

$$\sqrt[3]{2 + \sqrt{-121}} = 2 + \sqrt{-1} \quad \text{과} \quad \sqrt[3]{2 - \sqrt{-121}} = 2 - \sqrt{-1}$$

을 얻고, 이로부터 카르다노의 공식에 의하여 $X^3 = 15X + 4$의 실제 근 4를 얻었다.

복소수는 이처럼, 근이 부족한(그리고 필요성은 없었던) 2차방정식을 풀기 위해서가 아니라, 효율적으로 보이는 카르다노의 공식이 왜 어떤 경우에는 3차방정식의 기대하는 해를 제공하지 못하는가를 설명하기 위해 등장했다.

---

2) 원 교재에는:"dismissis incruciationibus". 아마 카르다노는 여기서 말유희를 한 듯하다. 왜냐하면 이 구절의 또 다른 번역이: 곱 $(5 + \sqrt{-15})(5 - \sqrt{-15})$에서 항 $5\sqrt{-15}$와 $-5\sqrt{-15}$이 상쇄되는 사실을 언급하며 "상쇄하는 교차 곱"이라 했기 때문이다.

Chapter 3
사차방정식

제3장 사차방정식

3.1 사차방정식의 부자연성

3차방정식의 해법에 뒤이어 곧바로 4차방정식의 해법이 발견되었다. 이 해법은 카르다노의 제자 루도비코 페라리*Ludovico Ferrari*(1522-1565)에 의한 것인데, "위대한 기법"에 처음 등장한다. 페라리의 방법은 주로 방정식의 변형을 이용하는 대단히 기발한 것이지만, 3차방정식의 해법만큼 흥미를 일으키지 못했다. 이것은 "위대한 기법"에서 차지하는 위치로 보아 쉽게 알 수 있다: 카르다노가 3차방정식은 여러 경우에 대하여 13개 장에서 논의한 반면, 페라리의 방법은 끝에서 두 번째 장에서 간략히 다루고 있다.

이렇게 상대적으로 소홀히 한 이유는 "위대한 기법" 서문에서 찾아볼 수 있다[11, p.9]:

> 그들(방정식)에 관하여 연속해서 길게 규칙들을 보탤 수 있고 장시간 논의도 하지만, 자세한 고려에 대한 결론은 3차방정식에 대하여 내리고, 다른 사항은 일반적인 경우라도 간단히 언급만 하고 지나간다. 왜냐하면 posito(첫째 힘)로서 직선이고, quadratum(정사각형)은 면이며, cubum(정육면체)은 입체를 말하는 것으로, 이를 넘어서는 것은 매우 어리석은 일일 것이다. 자연은 그것을 허용하지 않는다.

이 글을 보면 16세기 대수학의 모호한 위상을 알 수 있다. 그때까지 논리적 기초는 고대 그리스 시기처럼 기하학에 있었다: 이와 같은 체제에서는 모든 양은 차원을 가지며 같은 차원의 양끼리만 더하거나 비교할 수 있다. 예를 들어, $x^2+b=ax$같은 방정식은 x와 a가 선분이고 b가 넓이일 때만 의미 있고, 3차를 초과하는 방정식은 전혀 의미 없는 것이었다.[3)]

그렇지만, 수론의 관점에서 보면 양이란 몇 번이고 거듭 곱할 수 있고 아무 때나 등식으로 처리할 수 있는, 차원이 없는 수다, 이런 사고방식은 바빌로니아인 사이에서도 일반적이었다. 이는 그들의 문제 서술에서 바로 알 수 있는데: "정사각형의 변에서 넓이를 뺐더니 14.30"이라는 것은 기하학적 관점으로는 완전히 무의미하다. 아라비아 대수도, 알크와리즈미가 그의 규칙에 대한 증명을 기하학적으로 했지만 수론을 강조하고 있다(§1.4를 보라).

"위대한 기법"에는 방정식에 대한 기하학적 접근과 수론적 접근 둘 다 되어있다. 카르다노는, 한 편에는 유클리드의 "원론"에 그의 결과를 두려 하였고, 다른 한 편으로는 4차 방정식의 해법을 제시하였다. 또한 3차를 넘어서는 것은 어리석은 일이라고 애초에 말했으면서도 $X^9+3X^6+10=15X^3$와 같은 고차방정식의 해법도 내놓았다[11, p.159]. 그러나 결국 수론적 접근이 우세하지만, 17세기 초까지 논리적 기초의 부족으로 어려움을 겪어야 했다.(§4.1).

3.2 페라리의 방법

이 절에서는 현대적 표기를 사용하여 페라리의 4차방정식에 대한 해법을 알아보자. 임의의 4차방정식을

---

3) 이 난점에서 탈출하는 방법은 결국 데카르트가 찾았다. 1637년 출간된 "기하학*La Geometrie*"[16, p.5]에서 그는 다음과 같은 약정을 들어가며했다: 만일 단위 선분을 e로 택하면, 선분 x의 제곱 x^2은 x가 한 변인 정사각형과 같은 넓이를 갖는 직사각형의 한변을 e로 만든 그 직사각형의 다른변이다. 따라서, x^2은 한 변의 길이이고, x의 임의의 멱도 같은 방법으로 해석할수 있다.

$$X^4 + aX^3 + bX^2 + cX + d = 0$$

라고 하자. 변수변환 $Y = X + \frac{a}{4}$를 하면 3차항이 상쇄되어 다음 방정식이 된다.

$$Y^4 + pY^2 + qY + r = 0, \tag{3.1}$$

여기서

$$\begin{aligned} p &= b - 6\left(\frac{a}{4}\right)^2 \\ q &= c - \frac{a}{2}b + \left(\frac{a}{2}\right)^3 \\ r &= d - \frac{a}{4}c + \left(\frac{a}{4}\right)^2 b - 3\left(\frac{a}{4}\right)^4 \end{aligned} \tag{3.2}$$

이다. 1차 항을 우변으로 이항하고 좌변을 완전제곱꼴로 바꾸면,

$$\left(Y^2 + \frac{p}{2}\right)^2 = -qY - r + \left(\frac{p}{2}\right)^2.$$

만일 좌변의 제곱식 안에 어떤 양 u를 더하면,

$$\left(Y^2 + \frac{p}{2} + u\right)^2 = -qY - r + \left(\frac{p}{2}\right)^2 + 2uY^2 + pu + u^2. \tag{3.3}$$

아이디어는 우변도 완전제곱꼴이 되도록 u를 정하는 것이다. Y^2항과 Y항을 살펴보면 우변이 $\sqrt{2u}Y - \frac{q}{2\sqrt{2u}}$의 제곱일 것은 쉽게 알 수 있다. 그러므로

$$-qY - r + \left(\frac{p}{2}\right)^2 + 2uY^2 + pu + u^2 = \left(\sqrt{2u}\,Y - \frac{q}{2\sqrt{2u}}\right)^2 \tag{3.4}$$

이어야 하고, 등식이 성립할 필요충분조건은

$$-r + \left(\frac{p}{2}\right)^2 + pu + u^2 = \frac{q^2}{8u}$$

이고, 이를 분모가 없도록 다시 정리하면

$$8u^3 + 8pu^2 + (2p^2 - 8r)u - q^2 = 0. \tag{3.5}$$

그러므로, 이 3차방정식을 풀면, 식 (3.4)가 성립하는 u를 구할 수 있다. 그래서 방정식 (3.3)을 돌아오면,

$$\left(Y^2+\frac{p}{2}+u\right)^2=\left(\sqrt{2u}\,Y-\frac{q}{2\sqrt{2u}}\right)^2$$

이 되고, 이로부터

$$Y^2+\frac{p}{2}+u=\pm\left(\sqrt{2u}\,Y-\frac{q}{2\sqrt{2u}}\right)$$

이다. Y의 값은 위의 두 2차방정식(하나는 우변의 +에 해당하는 식이고 다른 하나는 -에 해당하는)을 풀면 얻어진다.

이제까지 $u\neq 0$라고 암묵적으로 가정하였기 때문에, 논의를 완결하기 위해서 $u=0$이 방정식 (3.5)의 근인 경우를 생각한다. 그런데 이 경우는 $q=0$일 때만 일어나므로 처음 방정식 (3.1)은

$$Y^4+pY^2+r=0$$

이 되고, 이것은 Y^2의 2차방정식이므로 쉽게 풀 수 있다.

요약하면, 방정식

$$X^4+aX^3+bX^2+cX+d=0$$

의 해는 다음과 같이 얻는다: p, q, r을 앞에서와 같다((3.2)를 보라)고 하고 u를 (3.5)이 해라고 하자. 만일 $q\neq 0$이면, 처음 4차방정식의 해는

$$X=\epsilon\sqrt{\frac{u}{2}}+\epsilon'\sqrt{-\frac{u}{2}-\frac{p}{2}-\frac{\epsilon p}{2\sqrt{2u}}}-\frac{a}{4}$$

이다. 여기서 ϵ과 ϵ'은 독립적으로 $+1$ 또는 -1이다. 만일 $q=0$이면, 해는

$$X=\epsilon\sqrt{-\frac{p}{2}+\epsilon'\sqrt{\left(\frac{p}{2}\right)^2-r}}-\frac{a}{4}$$

이다. 여기서 ϵ과 ϵ'은 독립적으로 $+1$ 또는 -1이다.

4차방정식의 해를 결정하는 방정식 (3.5)를 (주어진 4차방정식에 관한) 분해 3차방정식*resolvent cubic equation*이라고 한다. 방정식을 세우는 방법에 따라 다른 분해 3차방정식을 얻을 수 있다. 예를 들어, 방정식 (3.1)로부터

$$(Y^2+v)^2=(-pY^2-qY-r)+2vY^2+v^2,$$

여기서 v는 임의 양(앞 논의에서 $\frac{p}{2}+u$와 똑같은 역할을 하는)이다. 우변이 완전제곱 꼴이 되기 위한 v의 조건은

$$8v^3-4pv^2-8rv+4pr-q^2=0 \tag{3.6}$$

이다. 이 조건이 성립하도록 v를 정한 다음 앞에서와 같이 마무리하면 된다.

이 두 번째 방법은 변수변환 $v=\frac{p}{2}+u$에 의하여 분명히 앞의 것과 동치이다. 그러므로 변수변환에 의하여 (3.5)로부터 얻은 방정식 (3.6)도 분해 3차방정식이라고 부른다.

Chapter 4
다항식의 창조

제4장 다항식의 창조

4.1 기호대수의 출현

16세기 중반에 방정식론이 급속히 발전한 것에 비하면, 그 후 두 세기동안의 진보는 오히려 느렸다. 3차와 4차 방정식의 해법은 매우 중요한 돌파구였고, 이 해법으로부터 제기되는 새로운 아이디어들이 충분히 탐구되고 이해되어 새로운 진보가 가능하기까지에는 시간이 걸렸다.

무엇보다 방정식을 다루는데 적합한 표기를 고안해 내는 것이 필요했다. 3차나 4차방정식의 해법에서 카르다노는 대수적 체계의 역량을 가능한 한 최대로 이용하려고 온 힘을 기울였다. 실제로, 그가 사용한 표기는 초보적이었다: 그가 약어 표기에서 사용한 유일한 기호는 '덧셈'에 p :, "뺄셈"에 m :, "근(radix)"에 $\mathfrak{R}$와 같은 것이었다.

예를 들면, 방정식 $X^2+2X=48$은

$$1.\ \text{quad.}\ p:\ \text{pos,}\ \text{aeq.}\ 48$$

(quad.는 "사각형", pos.는 "자리", 그리고 aeq. 는 "제3자(aequatur)"), 그리고

$$(5+\sqrt{-15})((5-\sqrt{-15})=25-(-15)=40$$

은

$$
\begin{array}{l}
5p : \Re m : 15 \\
5m : \Re m : 15 \\
\text{---------} \\
25m : m : 15 \quad \tilde{q}d\; est\; 40
\end{array}
$$

라고 썼다(Cajori[10, §140]을 보라).

이 초기 표기를 사용하면 방정식의 변환은 힘든 곡예가 되고, 이 새로운 대수의 분야를 깨우치기 위해서 더욱 효율적인 표기를 개발해야 했다.

이렇게 개발한 것은 일정하지 않았다. 어떤 저자가 표기를 고안해도 다른 저자가 즉각 채택하지 않았기에 표기의 표준화는 긴 시간이 걸렸다. 예를 들어, +와 −는 이미 독일에서 15세기 말부터 사용하고 있었지만(Cajori[10, §201]), 17세기 초 이전까지는 널리 받아들여지지 않았고, 등호 = 는 1557년에 레코드*Recorde*가 처음 제안했지만, 데카르트의 기호 ∝와 거의 2세기 동안 경쟁해야 했다(Cajori [10, §267]).

이러한 일들은 상대적으로 사소한 것들인데, 왜냐하면 +, -, 그리고 =가 우리에게 편리한 만큼 카르다노에게는 p :, m :, 그리고 aeq.가 편리했을 거라고 생각할 수도 있기 때문이다. 그렇지만, 새로운 표기법이 필수적인 데가 하나 있었다. 실제로, 새 표기법은 새로운 수학적 대상인 다항식을 창조하는데 기여했다. 문제의 서술에 불과한

$$1.\ quad.\ p : pos,\ aeq.\ 48$$

와 같은 형식에서 $X^2+2X-48$과 같은 다항식으로 계산하는 것 사이에는 실제로 중요한 단계가 있으며, 이 단계는 적절한 표기법을 사용하면 매우 쉽게 올라설 수 있다.

중요하기도 하지만, 방정식에서 다항식으로의 발전은 오히려 미묘하다 할 수 있는데, 이 시절 지도적인 수학자들은 이 주제에 대한 그들의 견해를 명확히 할 기회가 별로 없었다. 다항식 개념의 등장은 방정식 이론에의 적용에 의해 자주 가려졌고, 단지 간접적인 표현으로만 수집할 수 있었다.

이 발전에서 두 저서 스테빈*Simon Stavin*(1548-1620)의 "정수론*L'Arithmetique*"(1585)와 비에트*Francois Viete*(1540-1603)의 "해석법의 기초*In Artem Analyticem Isagoge*"(1591)가 이정표가 되었다.

4.1.1 정수론

이 저서는 누네스*Pedro Nunes*(1502-1578)(Bomans[5, p.165]를 보라)가 이룬 이론적 진보와 함께 봄벨리*Bombelli*와 그보다 앞선 저자들(Cajori[10, §296]을 보라)에 의한 표기법의 발전을 결합하여 다항식에 관한 종합적인 논의를 제시하고 있다. 스테빈은 다항식을 "다항식*multinomials*"[55, p.521], 또는 "정수의 대수적 수*integral algebraic numbers*"[55, p.518](pp.570와 그 다음도 보라)라고 불렀는데, 그의 표기법은 현대적인 느낌이 들 정도로 놀랍다: 부정원을 ①로, 그 제곱을 ②, 세제곱을 ③ 등으로 표기하고, 독립항을 ⓪으로(때로는 생략) 표기함으로써 "다항식*multinomial*"은

3③ + 5② − 4① + 6⓪ (또는 3③ + 5② − 4① + 6)

와 같은 식이 되었다. 이러한 식은 (오늘날의 관점에서) 실수의 유한 수열, 나아가 유한개의 항을 제외한 항들이 모두 0인 실수의 수열이나, 혹은 지지집합*support*이 유한인 $\mathbb{N}$에서 $\mathbb{R}$로의 함수로 볼 수 있다(§5.1과 비교해 보라).

이 지수 표기법은(전례가 없는 것은 아니지만) 모든 차수의 미지수를 동등한 입장에 둠으로써 3차에 대한 심리적 장벽을(§3.1을 보라) 허무는데 도움이 되었을 것이다. 그렇지만 그것은 미지수가 여럿인 방정식에는 불행이었다.

가장 중요한 것은 "정수의 대수적 수*integral algebraic numbers*"에 대한 연산이 "integral arithmetic numbers"(=정수)에 대한 연산과 많은 특징을 공유한다는 점을 스테빈이 관찰했다는 것이다. 특히 그는 두 정수의 최대공약수를 구하는 유클리드 알고리즘을 거의 그대로 두 다항식의 최대공약수를 구하는데 적용할 수 있음을 보였다[55, Probleme 53, p.577](§5.2, 그리고 특히 p.44를 보라).

다항식의 개념은 꽤 분명하다고 해도, "정수론*L'Arithmetique*"에서 방정식을 세우는 방식은 오히려 불편했다. 방정식이 비율로 대체되고 스테빈은 방정식의 해법을 "세 양의 법칙"이라고 했다. 현대 표기로, 다음과 같은 방정식

$$X^2 - aX - b = 0$$

의 해법을 다음 문제로 대체하는 것이 요령이었다:

$$\frac{X^2}{aX+b} = \frac{X}{u}$$

에서 네 번째 비례하는 양 u를 구하라, 또는 좀 더 일반적으로,

$$\frac{X^2}{aX+b}=\frac{P(X)}{P(u)},$$

(여기서 $P(X)$는 임의의 X의 다항식)에서 $P(u)$를 구하라[55, p.595].(물론, 0인 해는 제외한다).

스테빈의 설명에는[55, p.595],

주어진 세 항에서, 그 중 첫 항이 ②, 둘째 항이 ①⓪, 셋째 항은 임의의 대수적 수인데, 넷째 비례항을 구하라.

스테빈이 다항식을 수학적으로 다룸으로써 이처럼 멋지게 방정식에 접근할 수 있었다:

$$X^2=aX+b$$

와 같은 등식은 다항식 X^2와 $aX+b$가 같다는 것을 의미했을 테지만, 다항식이 같다는 것은 두 다항식에서 차수가 같은 미지수의 계수가 서로 같음이 필요충분조건인데, 좌변에는 X^2이 나오지만 우변에는 없으므로, 여기서는 당연히 이 경우가 아니다. 스테빈 자신의 설명에서 [55, pp.581-582], 그렇게 설득력 있는 것은 아니지만, 적어도 이런 표기상의 어려움을 그가 충분히 알고 있었던 것으로 보인다:

> 셋의 법칙이라고 부르는 이유는, 또는 네 번째 비례량의 고안, 흔히 양의 방정식이라고 부르는데: [...] 왜냐하면 이 "방정식"이라는 단어는 초심자에게, 보통 산술에서 흔하지만, 주어진 세 항에 대하여 네 번째 비례항을 구해야 하기 때문에, 어떤 독특한 문제라고 생각하게 한다. 방정식이라고 부르는 그것이 절대량의 등식으로 구성되어 있지 않지만 그들 값이 동등함으로, 일상생활에서 흔한 일과 마찬가지로, 이 비례는 양의 값과 관계가 있다.

이러한 접근은 거의 성공하지 못했다. 스테빈의 연구를 처음 편집한 지라르*Albert Girard* 조차 스테빈이 자신의 연구에서 설정한 대로 따르지 않았으므로 이내 폐기되었다.

다항식에 대한 스테빈의 형식적 취급은 오히려 고립된 것이었고, 후의 연구에서 다항식은 형식적으로 유클리드 알고리즘처럼 연산을 수행했지만 자주 함수로 생각되었다. 예를 들면, 데카르트*Rene Descartes*(1596-1650)는 이렇게 방정식을 정의했다[16, p.156]:

> 방정식은 어떤 알려진 것과 미지인 것, 그 가운데 몇은 합해서 남은 것과 같은 몇 개의 항으로 구성되었다; 아니 더 정확히 말하면, 그들을 모두 합하면 0이 되는 것, 왜냐하면 이것이 흔히 생각하기에 가장 좋은 형식이기 때문이다.

그래서 다항식은 "방정식의 합"으로 등장하였다[16, p.159]. 전반적으로 17세기에 다항식에 대한 아이디어는 현대 개념과 크게 다르지 않았으므로, 오랫동안 보다 형식적인 정의에 대한 필요를 느끼지는 않았지만, 다음 "기하학*La Geomtrie*"(1637)[16, p.159]에서 인용한 글을 보면 데카르트의 견해와 우리 개념의 차이를 어느 정도 느낄 수 있다.

두 방정식 $x-2=0$과 $x-3=0$을 곱하면 $x^2-5x+6=0$, 또는 $x^2=5x-6$이다. 이것은 x의 값이 2인 동시에 3인 방정식이다.

4.1.2 해석법의 기초

표기법에 지대한 결과를 가져온 주된 발전은 비에트의 아이디어였는데, 문제에서 나오는 모든 양을, 기지수거나 미지수거나, 문자로 표현하자고 그의 저서 "해석학 입문 *Introduction to the Analytic Art*"(1591)에서 제안하였다. 일찍이 A.D. 3세기에 (알렉산드리아의 디오판투스가) 종종 미지수를 나타내는 데 문자를 사용했지만(Cajori[10, §101]을 보라), 기지 양을 문자로 나타내는 것은 매우 새로운 일이었다. 또한 매우 유용한 것으로 드러났는데, 여러 가지 수치의 예제들을 단일한 "일반적인" 예제로 대체하는 것이 처음으로 가능해졌기 때문이다. 일반적인 예제에서는 문자에 값을 부여하면 다른 모든 것들을 끌어낼 수 있다. 그렇지만, 비에트의 저서에서는 이러한 진보가 완전하게 이루어지지 못했다. 비에트가 음수를 완전히 무시했기 때문이다. 그가 사용한 문자는 언제나 양수만 나타냈다.

이러한 약간의 한계에도 불구하고, 그의 아이디어는 다른 중요한 결과를 가져왔다. 비에트는 기호를 표현의 주된 수단으로 사용하고 그 기호로 계산하는 법을 제시하여, 그가*logistice speciosa*[65, p.17](수를 다루는*logistice numerosa*와는 대조적으로)라고 불렀던, 대수적 수식을 완전히 형식적으로 다루기 시작하였다. 이 "기호 논리"가 대수적 계산에 어느 정도 본질과 적법성을 제공했는데, 이것으로 비에트는 그때까지 증명에 사용하던 기하 도형으로부터 자유로워질 수 있었다.

그렇지만 비에트는 한 방정식에서는 모든 항이 같은 차원을 갖는다는 식으로 모든 계수는 한 가지 차원을 가져야 한다는 생각에 잡혀서 계산하는데 다소 방해을 받았다: "방정식에서 주가 되고 영원한 법칙"은 "동질의 항은 반드시 동질의 항과 비교하여야 한다"는 것이다 [65, p.15]. 더욱이 비에트의 표기법은 잠재력에 비하면 충분히 발전하지 못했는데, 지수 표기를 사용하지 않았기 때문이다. 예를 들어,

$$A^3 + 3BA = 2Z \text{ 라고 하자,}$$

라고 하는 대신,

Proponatur A cubus $+\ B$ plano 3 in A aequari Z solido 2,

이렇게 적고 B와 Z가 각각 2차와 3차라고 하였다(Cajori[10, §177]를 보라).

이런 작은 단점은 얼마 안가 바로 잡혔다. "기하학"(1637)에서, 데카르트는 오늘날에도 사용되는 표기법을 확립했다(앞에서 말한 그의 등호에 대한 기호$\propto$ 말고는). 그래서 1세기도 안되어 대수 표기법은 극적으로 개선되어 일반성과 다양성이 우리가 사용하는 것과 같은 수준에 도달하였다. 이러한 표기법의 발전은 방정식의 성질을 더 깊이 이해하게 하여, 방정식 이론은 근의 개수라든가 근과 계수와의 관계 같은 중요한 사항들이 빠르게 발전하였다.

4.2 근과 계수와의 관계

3차방정식과 4차방정식의 근의 개수에 관한 카르다노의 견해는(§2.3을 보라) 대체로 다음 세기 동안 일반화 되었다. 평면 삼각법의 발달이 이 문제에 기대하지 않은 통찰을 주었다.

1593년, 로마누스*Adriaan van Roomen*(1561-1615)[4]는 그의 저서 "수학적 아이디어 *Ideae Mathematicae*"의 서문 말미에서 다음과 같은 문제를 "전 세계의 수학자들에게" 제안했다.

다음 방정식의 해를 구하라.

4) 당시 루뱅대학교 교수

$$45X-3795X^5-1138500X^7+7811375X^9-34512075X^{11}$$
$$+105306075X^{13}-232676280X^{15}+384942375X^{17}-488494125X^{19}$$
$$+483841800X^{21}-378658800X^{23}+236030652X^{25}-117679100X^{27}$$
$$+46955700X^{29}-14945040X^{31}+3764565X^{33}-740259X^{35}$$
$$+111150X^{37}-12300X^{39}+945X^{41}-445X^{43}+X^{45}=A.$$

그는 다음 예제를 제시했는데, 두 번째 것은 틀린 답이다.

(a) $A=\sqrt{2+\sqrt{2+\sqrt{2+\sqrt{2}}}}$ 이면 $X=\sqrt{2-\sqrt{2+\sqrt{2+\sqrt{2+\sqrt{3}}}}}$ 이고,

(b) $A=\sqrt{2+\sqrt{2-\sqrt{2-\sqrt{2-\sqrt{2-\sqrt{2}}}}}}$ 이면 [$A=\sqrt{2-\sqrt{2-\sqrt{2+\sqrt{2+\sqrt{2}}}}}$ 이어야 함]

$$X=\sqrt{2-\sqrt{2+\sqrt{2+\sqrt{2+\sqrt{2+\sqrt{2}}}}}} \text{ 이고}$$

$$X=\sqrt{2-\sqrt{2+\sqrt{2+\sqrt{2+\sqrt{2+\sqrt{3}}}}}} \text{ 이어야 함,}$$

(c) $A=\sqrt{2+\sqrt{2}}$

$$=\sqrt{3.4142135}\,623730950488016887242096980785696718753 75$$

이면,

$$X=\sqrt{2-\sqrt{2+\sqrt{\frac{3}{16}}+\sqrt{\frac{15}{16}}+\sqrt{\frac{5}{8}-\sqrt{\frac{5}{64}}}}}$$

$$=\sqrt{0.0027409304908522524310158831211268388180} \text{ 이다.}$$

그리고

$$A=\sqrt{\frac{7}{4}-\sqrt{\frac{5}{16}}-\sqrt{\frac{15}{8}-\sqrt{\frac{45}{64}}}}$$

일 때의 해를 물었다.

물론, 이것은 임의로 생각한 45차방정식이 아니고, 계수들을 주의 깊게 선택한 것이었다.

PROBLEMA MATHEMATICVM

omnibus totius orbis Mathematicis ad construendū propositum.

SI duorum terminorum prioris ad posteriorem proportio sit, ut 1 (1) ad 45 (1) -- 3795 (3) + 9, 5634 (5) -- 113, 8500 (7) + 781, 1375 (9) -- 3451, 2075 (11) + 1, 0530, 6075 (13) -- 2, 3267, 6280 (15) + 3, 8494, 2375 (17) -- 4, 8849, 4125 (19) + 4, 8384, 1800 (21) -- 3, 7865, 8800 (23) + 2,3603,0652 (25) --1,1767,9100 (27) + 4695, 5700 (29) -- 1494,5040 (31) + 376, 4565 (33) -- 74,0259 (35) + 11, 1150 (37) -- 1, 2300 (39) + 945 (41) -- 45 (43) + 1 (45), deturque terminus posterior, invenire priorem.

Exemplum primum datum.

SIt terminus posterior *r bin.* 2 + *r bin.* 2 + *r bin* 2 + *r* 2. quæritur terminus prior. SOLVTIO. Dico terminū priorem esse *r bin.* 2 - *r bin.* 2 + *r bin.* 2 + *r bin.* 2 + *r* 3.

Exemplum secundum datum.

Sit terminus posterior *r bin.* 2 + *r bin.* 2 - *r bin.* 2 - *r bin.* 2 - *r bin.* 2 - *r* 2. quæritur terminus prior. SOLVTIO. Terminus prior est *r bin.* 2 - *r bin.* 2 + *r bin.* 2 + *r bin.* 2 + *r bin.* 2 + *r* 2.

Exemplum tertium datum.

Sit terminus posterior *r bin.* 2 + *r* 2, quæritur terminus prior.
SOL. Terminus prior est *r bin.* 2 - *r quadrin.* 2 + *r* $\frac{3}{16}$ + *r* $\frac{15}{16}$ + *r bin.* $\frac{5}{8}$ - *r* $\frac{5}{64}$

Si in numeris absolutis solinomijs id proponere libuerit: Sit posterior terminus *r* 3 $\frac{4142,1356,2373,0950,4880,1688,7242,0969,8078,5696,7187,5375.}{10000,0000,0000,0000,0000,0000,0000,0000,0000,0000,0000,0000.}$

Quæritur terminus prior. SOLVTIO. Terminus prior erit

r $\frac{27,4093,0490,8522,5245,1015,8831,2112,6838,8180.}{10000,0000,0000,0000,0000,0000,0000,0800,0000,0000.}$

EXEMPLVM QVÆSITVM.

SIt posterior terminus *r trinomia* 1 $\frac{3}{4}$ -- *r* $\frac{5}{16}$ -- *r bin.* 1 $\frac{7}{8}$ -- *r* $\frac{45}{64}$. quæritur terminus prior. Hoc exemplum omnibus Mathematicis ad construendum sit propositum. Non dubito quin *Ludolf van Cullen* ejus solutionem, saltem in numeris solinomijs sit inventurus.

ME-

비에트에게 이 문제가 제시되자, 그는 이 방정식의 좌변이 $2\sin 45\alpha$를 $2\sin\alpha$의 함수로 나타낸 다항식임을 알아챘다(아래 방정식 (4.2)를 보라). 그러므로 $2\sin 45\alpha = A$가 되는 호 α를 구하면 충분하고, 로마누스 방정식의 해는 $X = 2\sin\alpha$가 된다. 로마누스의 예제에서는:

(a) $A = 2\sin\dfrac{15\pi}{2^5}$이고, $X = 2\sin\dfrac{\pi}{2^5 \cdot 3}$

(b) A는 $2\sin\dfrac{15\pi}{2^6}$이어야 하고, $X = 2\sin\dfrac{\pi}{2^6 \cdot 3}$

(c) $A = 2\sin\dfrac{3\pi}{2^3}$이고, $X = 2\sin\dfrac{\pi}{2^3 \cdot 3 \cdot 5}$이고,

제안한 문제에서는 $A = 2\sin\dfrac{\pi}{3 \cdot 5}$이므로 $X = 2\sin\dfrac{\pi}{3^3 \cdot 5^2}$이다. 로마누스의 예제들이 이 호들과 대응되는 것은 다음 공식을 사용하면 설명할 수 있다(7.6에서 언급한 것도 보라).

$$2\sin\frac{\alpha}{2} = \pm\sqrt{2 - 2\cos\alpha} \qquad 2\cos\frac{\alpha}{2} = \pm\sqrt{2 + 2\cos\alpha}$$

$$2\cos\frac{\pi}{3} = 1 \qquad 2\sin\frac{\pi}{3} = \sqrt{3}$$

$$2\cos\frac{2\pi}{5} = \frac{\sqrt{5} - 1}{2} \qquad 2\sin\frac{2\pi}{5} = \sqrt{\frac{5 + \sqrt{5}}{2}}$$

이 마지막 결과로부터 $\sin\dfrac{\pi}{15}$ 값과 $\cos\dfrac{\pi}{15}$ 값은, $\dfrac{\pi}{15} = \dfrac{2\pi}{5} - \dfrac{\pi}{3}$임으로, 덧셈공식을 이용하여 계산할 수 있다.

로마누스 방정식의 해 $2\sin\dfrac{\pi}{3^3 \cdot 5^2}$는 거듭제곱근으로도 나타낼 수 있음이 밝혀졌지만, 제곱근만 포함하는 것이 아니고 복소수근을 끌어내야하기 때문에 수치를 결정하는 데는 별로 쓸모가 없다(주목할 점 7.6 p.113를 보라). 9자리 근사치인 수치 값은 비에트가 제시했다. 그러나 비에트는 거기 머물지 않았다. 이 방정식이 23개의 양근을 갖는다는 것을 보이고, 지나가는 말로, 22개의 음근도 가지고 있다고 했다[64, Cap.6]. 실제로, α가 $2\sin 45\alpha = A$인 호라면,

$$\alpha_k = \alpha + k\frac{2\pi}{45}$$

라고 했을 때, 모든 $k=0,1,\cdots$에 대하여 $2\sin 45\alpha_k = A$이므로, $2\sin 45\alpha_k$는 로마누스 방정식의 근이다. 만일 $A \geq 0$ (그리고 $A \leq 2$)이면, 0과 $\frac{\pi}{90}$ 사이에서 α를 택하고, 이로부터

$$2\sin\alpha_k \begin{cases} \geq 0 & k=0,\cdots,22 \\ < 0 & k=23,\cdots,44 \end{cases}.$$

비에트의 멋진 해답의 또 다른 흥미로운 특징은[64], 로마누스 방정식을, 우리가 보았던 것처럼 호를 45개로 나누어 직접 푸는 대신, 문제를 분해했다: $45=3^2\cdot 5$이므로 호를 셋으로 나누고 그것을 다시 셋으로 나눈 다음 다섯으로 나누어 얻었다. 비에트가 증명한 대로, 홀수 n에 대하여, $2\sin(n\alpha)$는 n차 방정식에 의해 $2\sin\alpha$의 함수로 주어지고(아래 방정식 (4.2)를 보라), 이로부터 두 개의 3차방정식과 한 개의 5차방정식을 풀어서 로마누스 45차 방정식의 해를 얻는다. 방정식을 단계적으로 푸는 이 아이디어는 2백년 후 라그랑주와 가우스의 연구에서 중심적 역할을 하게 된다(10장과 12장을 보라).

호를 나누는 비에트의 결과를 현대적인 언어로는 다음과 같이 말할 수 있다: 임의의 정수 $n \geq 1$에 대하여, $[\frac{n}{2}]$를 $\frac{n}{2}$보다 작은(혹은 같은) 정수 중 가장 큰 정수라고 하고,

$$f_n(X) = \sum_{i=0}^{[\frac{n}{2}]} (-1)^i \frac{n}{n-i}\binom{n-i}{i} X^{n-2i}$$

라고 정의하자, 여기서 $\binom{n-i}{i} = \frac{(n-i)!}{i!(n-2i)!}$은 이항계수이다. 그러면, 모든 $n \geq 1$에 대하여

$$2\cos n\alpha = f_n(2\cos\alpha) \tag{4.1}$$

이고, 모든 홀수 $n \geq 1$에 대하여

$$2\sin n\alpha = (-1)^{(n-1)/2} f_n(2\sin\alpha) \tag{4.2}$$

이다.

공식 (4.1)은

$$2\cos(n+1)\alpha = (2\cos\alpha)(2\cos n\alpha) - 2\cos(n-1)\alpha$$

을 이용하여 귀납법을 n에 적용하여 증명할 수 있고, (4.2)는 (4.1)을 $\beta = \frac{\pi}{2} - \alpha$에, 이것은 $\cos\beta = \sin\alpha$인데, 적용함으로써 (4.1)에서 쉽게 나온다. (원 공식은 그렇게 썩 일반화된 것은 아니지만, 비에트는 f_n의 계수를 반복적으로 계산하는 방법을 제시했다. [64. Cap. 9], [65, pp.432 ff] 또는 Goldstine[27, §1.6]을 보라.)

정수 $n \geq 1$에 대하여

$$f_n(X) = A$$

이 n차 방정식이면, 로마누스의 방정식에 대해 했던 것과 같은 논리로 이 방정식은 n개의 해를 갖는다(적어도 $|A| \leq 2$일 때). 이 예제들은, $n = 3, 5, 7$에 대해서는 비에트의 저서[64, Cap. 9], [65, pp.445 ff]에서 매우 분명한데, n차 방정식이 n개의 근을 갖는다는 아이디어가, 비록 이 아이디어는 그때까지도 양근만 생각해야한다는 비에트의 생각 때문에 다소 흐릿했지만(§6.1도 보라), 점진적으로 나타나는데 영향을 주었을 것이다.

후에 비에트도 1615년 사후 출간된 "방정식의 이해에 대하여*De Recognitione Aequationum*'와 같은 저서에서, 근과 계수와의 관계를 말하며 방정식의 구조를 이해하는 것이 중요하다고 강조하였다. 그렇지만 그가 처리할 수 있는 이론적 방법이 충분히 개발되지 않았기 때문에 이러한 관계를 일반적으로 완전히 파악할 수는 없었다. 예를 들어, 비에트는 만일 (부정원 A의) 방정식

$$B^pA - A^3 = Z^s \tag{4.3}$$

이 두 근 A와 E를 갖는다면, $A > E$라고 할 때,

$$B^p = A^2 + E^2 + AE$$

$$Z^s = A^2E + E^2A$$

임을 보였다. 증명은 다음과 같다:

$$B^pA - A^3 = Z^s \text{ 이고 } B^pE - E^3 = Z^s$$

이므로, $B^pA - A^3 = B^pE - E^3$이고, 이로부터

$$B^p(A - E) = A^3 - E^3$$

이고, 양변을 $A-E$로 나누면,

$$B^p = A^2 + E^2 + AE$$

이다. 그러므로 Z^s에 대한 공식은 처음 방정식 (4.3)에 B^p를 대입하여 얻는다.

방정식의 구조는 결국 적절하게 일반화 되어 발견되고, 지라르*Albert Girard*(1595-1632)가 가장 단순한 형식으로 "대수학에서의 새로운 발명*Invention nouvelle en l'algebre*"(1629)에 발표하였다[26].

> 다음 정리에 새로운 용어가 필요하므로, 우선 정의를 한다. [26, p.E2 v°]

지라르는 방정식이 한 항 이상 부족하면 *incomplete*불완전 라고 부르고(즉, 적어도 계수 하나가 0이면); 여러 항들을 *minglings*"*mesles*"사귐 그리고 마지막 항을 *closure*마감라고 했다. 해의 *first faction*1차내분은 그들의 합이고, *second faction*2차내분은 두개씩 곱한 것의 합, *third*3차는 세개씩 곱한 것의 합이고 last *faction*마지막 내분는 그들의 곱이다. 마지막으로, 미지수의 홀수차가 등식의 한 변에 있고 짝수차는 다른 변에 있으며, 최고 차의 계수가 1이면 방정식이 *alternative order*교대순서에 있다고 한다.

그리고 지라르의 가장 중요한 정리는[26, p.E4] 다음과 같다.

> 모든 대수방정식은 불완전(incomplete)한 것을 제외하고 가장 높은 양의 지수가 나타내는 것과 같은 수의 해를 갖는다; 그리고 해의 1차내분은 1차사귐의 수와 같고, 2차내분은 2차사귐의 수와 같고; 3차는 3차와 같고 이하 마찬가지이다. 그래서 마지막 내분은 마감과 같다. 그리고 이것은 교대순서에서 알수있는 부호들에 따른다.

완전*complete* 방정식으로 제한하는 것은 설명하기가 쉽지 않다. 반쪽 뒤에서, 지라르는 불완전*incomplete* 방정식이 언제나 같은 수의 해를 갖는 것이 아니며 이 경우 일부 해는 허근임을 지적했다(지라르 자신의 말로는 "불가능*impossible*"). 그러나 완전 방정식조차 허근을 가질 수 있다는 것은 바로 알 수 있고(예를 들어 $x^2+x+1=0$를 생각해 보면), 이런 사실을 지라르도 놓치지 않았다.

어쨌든, 지라르는 이 경우에도 방정식에 계수가 0인 미지수 차를 더하여 방정식을 완전하게 만들면 근과 계수와의 관계가 성립한다고 주장한다. 그러므로, 정리는 모든 방정식

$$X^n + s_2X^{n-2} + s_4X^{n-4} + \cdots = s_1X^{n-1} + s_3X^{n-3} + s_5X^{n-5} + \cdots$$

또는

$$X^n - s_1X^{n-1} + s_2X^{n-1} - s_3X^{n-3} + \cdots + (-1)^n s_n = 0$$

은

$$s_1 = \sum_{i=1}^{n} x_i \ , \quad s_2 = \sum_{i<j} x_ix_j, \quad s_3 = \sum_{i<j<k} x_ix_jx_k, \quad \cdots, \quad s_n = x_1x_2\cdots x_n \tag{4.4}$$

인 n개의 근 $x_1, \cdots, x_n$을 갖는다고 주장하고 있다.

이 "정리"는 대수학의 기본정리의 현대적 공식화라고 할 정도로 정확하다고는 말할 수 없다는 것을 알아야 한다. 왜냐하면 지라르는 근들이 $a+b\sqrt{-1}$ 형식이라고 명시적으로 주장하지 않았기 때문이다. 그러므로 정리라기보다는 공준*postulate*이다: 다항식에 "불가능한" 근이 존재함을 주장하지만 (묵시적으로) 수처럼 계산할 수 있다는 것을 제외하고 이러한 근에 대하여 아무 것도 말하지 않았기 때문에 근본적인 증명을 할 수 없었다[5]. 물론, 모든 예제에서, 불가능한 근들은 $a+b\sqrt{-1}$ 형식인 것으로 드러났지만. 지라르는 그가 생각하고 있는 것을 아무 데서도 설명하지 않았다.

> 이러한 불가능한 해들이 무슨 소용이 있느냐고 말할 수 있겠지만, 나는 세 가지로 대답한다. 일반적 규칙에 대한 확신을 위해, 그리고 다른 해가 없기 때문에, 그리고 유용성을 위해서[26, p. F r°].

지라르는 불가능한 근의 유용성에 대하여 다음과 같이 자세히 설명했다: 만일 x가 $x^4 = 4x - 3$을 만족하는 값일 때, $(x+1)^2 + 2$의 (양의) 값을 구한다면, 방정식의 해가 $1,\ 1,\ -1+\sqrt{-2},\ -1-\sqrt{-2}$이므로 $(x+1)^2 + 2 = 6,\ 6,\ 0,\ 0$이고, 따라서 6이 유일

---

5) 적어도, 증명과, 그에 대한 것, 정리의 정확한 진술조차 17세기 수학자들의 범위 훨씬 너머에 있었다. §9.2를 보라.

한 결과다. 불가능한 해가 없이는 누구도 확신할 수 없다.

물론, 지라르는 그의 정리에 대한 증명을 전혀 보여주지 않았다. 적어도 그가 어떻게 방정식의 근과 계수 사이의 관계 (4.4)를 발견했는지 이해하는 일은 매우 흥미로웠을 것이다. 이 관계는

$$X^n - s_1X^{n-1} + s_2X^{n-2} - \cdots + (-1)^n s_n = (X-x_1)(X-x_2)\cdots(x-x_n)$$

에서 계수를 비교하면 바로 나오지만, 이 등식은 아마 지라르에게 알려지지 않았을 것이다. 실제로 지라르는 수 a가 다항식 $P(X)$의 근일 필요충분조건이 $X-a$가 $P(X)$를 나눈다는 사실임을 알았던 것으로 보이지 않는다. 이 사실은, 누네스*Nunes*가 1567년이나 아마 그보다 더 일찍 알았을 것으로 보지만(Bosmans[5, pp.164 ff]를 보라), 보통 데카르트에게 돌린다[16, p.159],

불가능한 근의 문제에 대하여, 데카르트는 우선 지라르보다 훨씬 조심스러웠던 것으로 보인다:

> 모든 방정식은 방정식에 있는 미지량의 차수와 같은 만큼의 서로 다른 근을 가질 수 있다.[16, p.159]

이것은 데카르트가 적어도 앞에서의 관찰로 증명했을 것이다(정리 5.15를 보라). 그렇지만 데카르트는 덧붙여서:

> 근이 언제나 실수라는 것은 참도 거짓도 아니다; 때로는 그들은 허근이다; 즉, 방정식에 이미 할당한 만큼 같은 수의 근을 언제나 생각할 수 있지만, 그렇게 생각한 근에 대응하는 확실한 양이 언제나 있는 것은 아니다.[16, p.175]

17세기 중엽에, 방정식의 해의 수가 차수와 같다는 사실은 증명 없이 받아들이고 질문도 하지 않는 하나의 수학적 "전통"처럼 상식이 되었다. 적어도, 그것은 잘 작동하는 가정이었기에, 수학자들은 방정식의 근을 그 성질에 대한 걱정 없이 형식적 계산을 하기 시작했다. 그러면서 지라르의 결과를 사용하여 방정식의 계수로부터 논리적으로 어떤 정보를 얻을 수 있는지를 알아내려고 했다.

지라르 자신도 계수로부터 근의 제곱의 합, 세제곱의 합, 네제곱의 합을 계산할 수 있다는 것을 증명했다[26, p.F2 r°]: 만일 $x_{1,} \cdots, x_n$이

$$X^n - s_1X^{n-1} + s_2X^{n-1} - s_3X^{n-3} + \cdots + (-1)^n s_n = 0$$

의 근일 때, 정수 k에 대하여

$$\sigma_k = \sum_{i=1}^{n} x_i^k$$

라고 하면,

$$\sigma_1 = s_1$$

$$\sigma_2 = s_1^2 - 2s_2$$

$$\sigma_3 = s_1^3 - 3s_1s_2 + 3s_3$$

$$\sigma_4 = s_1^4 - 4s_1^2s_2 + 4s_1s_3 + 2s_2^2 - 4s_4.$$

1666년경, 뉴턴*Issac Newton*(1642-1727)은 근의 임의 멱의 합에 대한 일반 공식을 이 발견했다[45, v.I, p.519](그는 아마 지라르의 연구를 알지 못했을 것이다: [45, v.I, p.518]에 있는 주석(12)을 보라). 뉴턴은 영리하게도, $s_1, \cdots, s_n$로 표현되는 $\sigma_1, \cdots, \sigma_n$에 대한 공식이 단순한 패턴이 아닌 것처럼 보였지만, σ_k를 $s_1, \cdots, s_n$과 $\sigma_1, \cdots, \sigma_n$으로 나타내는 간단한 공식이 있음을 관찰하였다. 이 공식을 반복적으로 사용해 여러 σ_k를 $s_1, \cdots, s_n$로 계산했다. 뉴턴의 공식은

$$\sigma_1 = s_1$$

$$\sigma_2 = s_1\sigma_1 - 2s_2$$

$$\sigma_3 = s_1\sigma_2 - s_2\sigma_1 + 3s_3$$

$$\sigma_4 = s_1\sigma_3 - s_2\sigma_2 + s_3\sigma_1 - 4s_4$$

$$\sigma_5 = s_1\sigma_4 - s_2\sigma_3 + s_3\sigma_2 - s_4\sigma_1 + 5s_5,$$

그리고, 일반적으로,

$$\sigma_k = \begin{cases} \Sigma_{i=1}^{k-1}(-1)^{i+1}s_i\sigma_{k-i} + (-1)^{k+1}ks_k & (k \le n) \\ \Sigma_{i=1}^{n}(-1)^{i+1}s_i\sigma_{k-i} & (k > n) \end{cases}.$$

이 공식($k \le n$에 대한)들은 "범용연산*Arithmetica Universalis*"(1707)에 증명 없이 출판되었다([45, vol.1, p.519; vol.V, p.361]도 보라). 그 뒤로 여러 기발한 증명이 제시되었다(예를 들어Bourbaki[6, App.ln°3]를 보라); 아래 제시한 기본적인 증명은 아마 뉴턴 자신의 계산과 크게 다르지 않을 것이다.

$1 \le a \le n$이고 $b \ge 1$인 임의의 정수 a, b에 대하여, $\tau(a,b)$를 $x_1^b x_2 \cdots x_a$로부터 $x_{1,} \cdots, x_n$를 치환하여 얻은 여러 다른 항들의 합이라고 하자; 그래서

$$\tau(a,1) = s_a, \qquad \tau(1,b) = \sigma_b$$

이고, 그리고 $a,b \ge 2$에 대하여

$$\tau(a,b) = \sum_{i_1=1}^{n} \sum_{i_2 < i_3 < \cdots < i_a,\ i_k \ne i_1} x_{i_1}^b x_{i_2} \cdots x_{i_a}$$

이다. $b \ge 2$에 대하여 각 항 $x_{i_1}^b x_{i_2} \cdots x_{i_a}$은 곱

$$x_{i_1}^b x_{i_2} \cdots x_{i_a} = (x_{i_1} x_{i_2} \cdots x_{i_a})(x_{i_1}^{b-1})$$

으로 나타낼 수 있으므로, 곱 $s_a \sigma_{b-1}$은 $\tau(a,b)$의 모든 항이 된다; 더욱이 이 곱은 또한, $a \le n-1$이면, $x_{i_1}^{b-1} x_{i_2} \cdots x_{i_{a+1}}$과 같은 항이 된다. 나아가, 이 뒷항들 각각은 $b > 2$이면 단 한 번 나오는 반면, $b = 2$이면 $(a+1)$번 나온다. 그러므로 다음과 같은 결과를 얻는다:

$$\tau(a,b) = s_a \sigma_{b-1} - \tau(a+1, b-1) \qquad a < n\text{이고 } b > 2 \tag{4.5}$$

$$\tau(a,2) = s_a \sigma_1 - (a+1) s_{a+1} \qquad a < n \tag{4.6}$$

$$\tau(n,b) = s_n \sigma_{b-1} \qquad b \ge 2 \tag{4.7}$$

$\tau(1,k) = \sigma_k$이므로, $a = 1$이고 $b = k$일 때 방정식 (4.5)에서

$$\sigma_k = s_1 \sigma_{k-1} - \tau(2, k-1)$$

이다. $a = 2$이고 $b = k-1$일 때 방정식 (4.5)를 사용하여 $\tau(2,k-1)$를 제거하면

$$\sigma_k = s_1 \sigma_{k-1} - s_2 \sigma_{k-2} + \tau(3, k-2)$$

이다. 다음으로, $\tau(3,k-2)$을 제거하기 위해 $a = 3$이고 $b = k-2$인 (4.5)를 사용하고, 이와 같이 계속한다. 어느 단계까지 하고 나면,

$$\sigma_k = s_1\sigma_{k-1} - s_2\sigma_{k-2} + \cdots + (-1)^k\tau(k-1,2) \quad k \le n$$

를 얻는다. 여기서 (4.6)을 사용하면

$$\sigma_k = s_1\sigma_{k-1} - s_2\sigma_{k-2} + \cdots + (-1)^k s_{k-1}\sigma_1 + (-1)^{k+1}ks_k$$

이다. 만일 $k > n$이면,

$$\sigma_k = s_1\sigma_{k-1} - s_2\sigma_{k-2} + \cdots + (-1)^{n+1}\tau(n,k+1-n)$$

이고 여기서, (4.7)에 의해

$$\sigma_k = s_1\sigma_{k-1} - s_2\sigma_{k-2} + \cdots + (-1)^{n+1}s_n\sigma_{k-n}$$

이므로, 이로써 증명이 끝났다.

이것은 물론, 방정식 이론에 대한 그의 공헌만을 생각한다 해도 뉴턴의 가장 두드러진 업적은 아니다. 실제로 뉴턴은 수치적 측면에 훨씬 더 많은 관심이 있었다(예를 들어 Goldstine[27, 제 2장]을 보라).

다항방정식의 근을 구하는 수치적 방법은 처음엔 방정식 이론의 여러 목적 가운데 하나였는데, 다른 면을 발전시킨 일부 저자가 발전시켰다: 예를 들어 카르다노의 "황금 규칙 *golden rule*"[11, 30장], 스테빈의 "대수학의 부록*Appendice algebraique*"[55, pp.740-745] 또는 비에트의 "*De numerosa Potestatum ad Exegesim Resolutione*'(방정식의 수학 해법과 수리적 분석*On the numerical resolution of powers by exegetics*)[65, pp.311-370]를 보라. 이런 수치적 방법은 "거듭제곱에 의한" 대수적 공식보다 명확한 수치 방정식의 해에 대하여 훨씬 더 성공적이었다; 실제로, 대수적 공식은 4차까지만 사용할 수 있었고, 수치적 방법보다 더 정확하지도 않았다(§2.3도 보라). 그리하여 방정식의 대수적 이론은 계속 정체되는 반면, 방정식의 수치해는 빠르게 수학의 새 분야로 발전하여 더 정확하고 강력하게 성장하였다.

수치적 방법에 대한 논의는 이 책의 범위를 벗어나고, 대수적으로는 활동이 상대적으로 저조한 시기가 되어 역사적 설명을 잠시 멈춘다. 다음 장에서는 뒷날의 결과들이 근거하는 수학적 기초를 보여주기 위해서 부정원이 하나인 다항식에 대하여 앞에서 언급한 결과들을 현대적으로 설명하려고 한다.

Chapter 5
다항식에의 현대적 접근

제5장

다항식에의 현대적 접근

5.1 정의

현대 용어로, 환*ring* A에서 계수를 갖는 한 부정원의 다항식은 지지집합 $\text{supp}\,P = \{\text{n} \in \mathbb{N} \mid P_n \neq 0\}$가 유한인 사상

$$P : \mathbb{N} \to A$$

으로 정의 한다. 다항식의 덧셈은 보통 사상의 덧셈

$$(P+Q)_n = P_n + Q_n$$

이고 , 곱은 합성곱*convolution product*

$$(PQ)_n = \sum_{i+j=n} P_i \cdot Q_j$$

이다. 모든 $a \in A$는 0을 a로, $n \neq 0$인 n을 0으로 사상하는 다항식 $a : \mathbb{N} \to A$로 동일시 한다. 1을 단위원 $1 \in A$로 그리고 다른 정수는 0으로 사상하는 다항식

$$X : \mathbb{N} \to A$$

로 표현하면, 모든 다항식 P는

$$P = \sum_{i \in \mathbb{N}} P_i \cdot X^i$$

와 같이 유일한 방법으로 써질 수 있음을 쉽게 알 수 있다. 그러므로 이후로는 $i \in \mathbb{N}$, $i = 0, \cdots, n$,를 a_i로 사상하고, $i > n$은 0으로 사상하는 다항식을 (보통!)

$$a_0 + a_1X + \cdots + a_nX^n \tag{5.1}$$

로 표기한다. 따라서, A에서 계수를 갖는 모든 다항식의 집합(또는 A 위의 다항식)은 $A[X]$라고 표기한다. $A[X]$는 환이며, A가 가환이면 $A[X]$도 가환이다.

같은 방식으로, A위의 부정원이 m개인 다항식 환은 $\mathbb{N}^m$에서 A로 가는 지지집합이 유한이며 합성곱이 있는 사상들의 환이라고 정의한다.

물론 위의 정의는 무척 자연스럽지 않다. 다항식을 단순하게 접근한다면, 부정원 또는 변수라고 부르는 무정의 된 대상 X를 사용하여 (5.1)과 같은 식을 생각하는 것이다. 결국 이 용어를 유지하겠지만, 어떤 다른 적절한 정의 없이 어떤 사물을 부정원 또는 변수라고 말하는 것은 정의라고 할 수 없다는 것을 알아야 한다. 더구나, 다항식

$$P(X) = a_0 + a_1X + \cdots + a_nX^n$$

과 $x \in A$를 $P(x) = a_0 + a_1x + \cdots + a_nx^n$ 위로 사상하는 연관된 다항 함수

$$P(\cdot): A \to A$$

를 더 혼동하게 한다. 똑같은 혼동이 일어날까 봐 A의 원소를 다항식으로 생각해 상수 *constant* 다항식이라는 용어를 사용한다. 이 혼동은 A가 무한원을 갖는 체*field*일 때는 그다지 심각하지 않지만(아래 따름정리 5.16, p.75를 보라), A가 유한일 때는 해로울 수 있다. 예를 들어, 만일 $A = \{a_1, \cdots a_n\}$ $(n \geq 2)$이면, 다항식 $(X - a_1)\cdots(X - a_n)$은 X^n의 계수가 1이기 때문에 영 다항식*zero polynomial*이 아니지만, 연관된 다항 함수는 A의 모든 원소를 0에 사상한다.

0이 아닌 다항식 P의 식에서 계수가 0이 아닌 X^n 중 가장 큰 정수 n을 P의 차수 *degree*라고 하고, 그 계수를 P의 선행계수*leading coefficient*라고 하며, 선행계수가 1인 다항식 P를 모닉*monic*이라고 한다.

P의 차수를 $\deg P$라고 표기한다. $\deg 0 = -\infty$이라고 하자, 그러면 만일 A가 정역 *domain*(즉, $ab = 0$이면 $a = 0$ 또는 $b = 0$가 되는 환)이면 다음이 성립한다:

$$\deg(P + Q) \leq \max(\deg P, \deg Q)$$

$$\deg PQ = \deg P + \deg Q.$$

A가 (가환)체이면, 환 $A[X]$가 다음과 같이 구성되는 분수체 $A(X)$를 갖는다: $A(X)$

의 원소는, $f, g \in A[X]$이고 $g \neq 0$일 때 동치관계*equivalence relation*

$$g'f = f'g \text{ 이면 } f/g = f'/g'$$

에서 짝 f/g의 동치류*equivalence class*이다. 동치류의 덧셈은

$$(f_1/g_1) + (f_2/g_2) = (f_1g_2 + f_2g_1)/g_1g_2$$

라고 정의하고 곱셈은

$$(f_1/g_1) \cdot (f_2/g_2) = (f_1f_2)/(g_1g_2)$$

라고 정의한다. $A(X)$가 체가 되는 것은 쉽게 알 수 있는데, 이를 체 A 위에서 한 부정원 X의 유리분수체*field of rational fractions*라고 부른다. 똑 같은 구성을 부정원이 m개인 다항식 환에 적용할 수 있고 그러면 체 A 위에 부정원이 m인 유리분수체가 된다.

그런데, 체 A 위에서 부정원이 하나인 다항식 환 $A[X]$는 특히 좋은 성질을 가지고 있어서 유클리드 호제법*Euclidean division algorithm*을 사용할 수 있다. 이 성질을 다음 절에서 살펴보자.

5.2 유클리드 호제법

지금부터는 체 F 위의 다항식만 생각한다.

5.1. 정리(유클리드 호제법). $P_1, P_2 \in F[X]$라고 하자. 만일 $P_2 \neq 0$이면,

$$P_1 = P_2Q + R \text{ 이고 } \deg R < \deg P_2$$

인 다항식 $Q, R \in F[X]$가 존재한다. 더욱이, 이 성질을 갖는 다항식 Q와 R은 유일하게 결정된다.

다항식 Q와 R은 각각 P_1을 P_2로 나눈 몫*quotient*과 나머지*remainder*라고 부른다.

증명. Q 와 R의 존재는 $\deg P_1$에 귀납법을 사용하여 증명한다. 만일 $\deg P_1 < \deg P_2$이면, $Q = 0$이고 $R = P_1$이라고 한다. 만일 $\deg P_1 - \deg P_2 = d \geq 0$일 때, P_1의 선행

계수를 P_2의 선행계수로 나눈 몫을 $c \in F$라고 하면

$$\deg(P_1 - cX^d P_2) < \deg P_1$$

이다. 그러므로 귀납 가정에 의해,

$$P_1 - cX^d P_2 = P_2 Q + R \text{ 이고 } \quad \deg R < \deg P_2$$

인 $Q, R \in F[X]$가 존재한다. 이것은

$$P_1 = P_2(Q + cX^d) + R$$

이고 이로부터 $Q + cX^d$와 R이 정리의 성질을 만족한다.

Q와 R의 유일성을 증명하기 위하여, $\deg R_1 < \deg P_2$이고 $\deg R_2 < \deg P_2$이면서

$$P_1 = P_2 Q_1 + R_1 = P_2 Q_2 + R_2$$

라고 가정하자. 그러면 $R_1 - R_2 = P_2(Q_2 - Q_1)$인데 이 등식은 양변이 0이 아니면 불가능하다. 왜냐하면 좌변의 차수는 $\deg P_2$의 차수보다 작은 반면, 우변의 차수는 적어도 $\deg P_2$와 같기 때문이다. ■

5.2. 정의. $P_1, P_2 \in F[X]$라고 하자. 만일 어떤 $Q \in F[X]$에 대하여 $P_1 = P_2 Q$이면, 또는 $P_2 \neq 0$일 때, P_1을 P_2로 나눈 나머지가 0이면 P_2가 P_1을 나눈다고 말한다.

P_1과 P_2의 최대공약수*greatest common divisor*(GCD)는 다음 두 성질을 만족하는 다항식 $D \in F[X]$이다:

(a) D는 P_1과 P_2를 나눈다,

(b) S가 P_1과 P_2를 나누는 다항식이면, S는 D를 나눈다.

P_1과 P_2의 GCD가 1이면, P_1과 P_2는 서로소*relatively prime*라고 한다.

어느 두 다항식 P_1, P_2가 GCD를 갖는다는 것을 곧바로 알 수 없기 때문에, 먼저 그러한 GCD를 구하는 방법을 찾고 그 존재를 증명해 보자. $\deg P_1 \geq \deg P_2$라고 (일반성을 잃지 않고) 가정하고, 두 정수의 GCD 또는 두 선분의 최대공통치를 구하는 유클리드 알고리즘에 밀접해서 따라간다.

$P_2 = 0$이면, P_1이 P_1과 P_2의 GCD이다. $P_1 \neq 0$이면, P_1을 P_2로 나눈다:

$$P_1 = P_2 Q_1 + R_1. \tag{E.1}$$

다음, P_2를 나머지 R_1으로, 0이 아닐 경우, 나누면

$$P_2 = R_1 Q_2 + R_2 \tag{E.2}$$

그리하여 첫 번째 나머지를 두 번째로 나누고, 나머지가 0이 아닌 한 이렇게 계속 한다:

$$R_1 = R_2 Q_3 + R_3 \tag{E.3}$$

$$R_2 = R_3 Q_4 + R_4 \tag{E.4}$$

$$\cdots \qquad \cdots$$

$$R_{n-2} = R_{n-1} Q_n + R_n \tag{E.n}$$

$$R_{n-1} = R_n Q_{n+1} + R_{n+1} \tag{E.n+1}$$

$\deg P_2 > \deg R_1 > \deg R_2 > \cdots$이므로 이 정수열은 무한정 가지 않고, 어떤 n에 대하여 $R_{n+1} = 0$이다.

주장: $R_{n+1} = 0$이면, R_n이 P_1과 P_2의 GCD이다. ($n = 0$이면, $R_n = P_2$이다.)

R_n이 P_1과 P_2를 나눈다는 것을 증명하기 위해 방정식 $(E.n+1)$을 보면, $R_{n+1} = 0$일 때 R_n이 R_{n-1}을 나눈다. 그러면 방정식 $(E.n)$으로부터 R_n이 R_{n-2}도 나눈다. 방정식 $(E.n)$, $(E.n-1)$, $(E.n-2)$, $\cdots$, $(E.2)$, $(E.1)$의 열을 거슬러 올라가면 귀납적으로 R_n이 R_{n-3}, $\cdots$, R_2, R_1, P_2, P_1을 나눈다는 결론에 이른다.

다음으로, P_1과 P_2 둘 다 어떤 다항식 S가 나눈다고 가정하자. 그러면 방정식 $(E.1)$에 따라 S는 R_1도 나눈다. 그러면 S는 P_2와 R_1을 나누기 때문에 방정식 $(E.2)$에 따라 R_2도 나눈다. 위의 방정식 열 $(E.2)$, $(E.3)$, $\cdots$, $(E.n)$을 따라 내려가면, 마지막에 S가 R_n을 나눈다는 것을 알게 된다. 이로써 R_n이 P_1과 P_2의 GCD임을 증명하였다.

아래 정리에서 보는 바와 같이, 두 다항식의 GCD가 유일하지는 않다(원소가 둘인 체 위에서인 경우 제외).

5.3. 정리. 함께 0이 아닌 두 다항식 $P_1, P_2 \in F[X]$에 대하여 D_1이 유일한 모닉인 최대공약수이고, 다항식 $D \in F[X]$가 P_1과 P_2의 최대공약수일 필요충분조건은 어떤 $c \in F^{\times}$ $(= F - \{0\})$에 대하여 $D = cD_1$이다. 더욱이, D가 P_1과 P_2의 최대공약수이면,

$$D = P_1 U_1 + P_2 U_2, \qquad U_1, U_2 \in F[X]$$

이다.

증명. 유클리드 호제법에 의한 P_1과 P_2의 최대공약수를 R_n이라고 하자. R_n을 그 선행계수로 나누면, P_1과 P_2의 모닉인 GCD를 얻는다. 이제, D와 D'이 P_1과 P_2의 GCD라고 가정하자. 그러면 D는 조건 (a)를 만족하고 D'은 조건 (b)를 만족하므로 D는 D'을 나눈다. D와 D'을 바꾸어 같은 논리로 D'은 D를 나눈다. 어떤 $Q, Q' \in F[X]$에 대하여 $D' = DQ$ 그리고 $D = D'Q'$라고 하자, 그러면 $QQ' = 1$이고 따라서 Q와 Q'은 상수이고 서로 역수이다. D와 D'은 $Q = Q' = 1$이 아닌 한 둘 다 모닉 다항식이 될 수 없기 때문에, 두 번째 명제와 P_1과 P_2의 모닉인 GCD의 유일성이 증명되었다.

D를 P_1과 P_2의 임의의 GCD라고 가정하면 D는 유클리드 호제법으로 구한 최대공약수 R_n과 어떤 $c \in F^{\times}$에 대하여 $D = cR_n$인 관계가 있다. 그러므로 R_n에 대하여 마지막 명제를 증명하면 충분하다. 그러기 위해, 방정식 열 $(E.1)$, $\cdots$, $(E.n)$을 다시 생각하자. 방정식 $(E.n)$으로부터

$$R_n = R_{n-2} - R_{n-1} Q_n$$

을 얻는다. 그리고 방정식 $(E.n-1)$을 이용하여 R_n의 이 식에서 R_{n-1}을 소거하면

$$R_n = -R_{n-3} Q_n + R_{n-2}(1 + Q_{n-1} Q_n).$$

그러므로 R_n이 R_{n-2}와 R_{n-3}의 배수의 합이다. 이제, $(E.n-2)$를 이용하여 R_{n-2}를 소거할 수 있다. 그렇게 해서 R_{n-3}와 R_{n-4}의 배수의 합으로 된 R_n의 식을 얻는다. 방정식 열$(E.n-3)$, $(E.n-4)$, $\cdots$, $(E.1)$을 따라 올라가면 마지막에 P_1과 P_2의 배수의 합으로 된 R_n의 식

$$R_n = P_1 U_1 + P_2 U_2, \quad U_1, U_2 \in F[X]$$

을 얻는다.

위의 성질은 간단한 행렬대수를 사용하면 보다 명백히 알아볼 수 있다. 방정식 $(E.1)$을 행렬로 다시 적으면

$$\begin{pmatrix} P_1 \\ P_2 \end{pmatrix} = \begin{pmatrix} O_1 & 1 \\ 1 & 0 \end{pmatrix} \begin{pmatrix} P_2 \\ R_1 \end{pmatrix},$$

방정식 $(E.2)$는 행렬로

$$\begin{pmatrix} P_2 \\ R_1 \end{pmatrix} = \begin{pmatrix} O_2 & 1 \\ 1 & 0 \end{pmatrix} \begin{pmatrix} R_1 \\ R_2 \end{pmatrix},$$

이와 같이 계속하여 방정식 $(E.n+1)$은 ($R_{n+1}=0$이고) 행렬

$$\begin{pmatrix} R_{n-1} \\ R_n \end{pmatrix} = \begin{pmatrix} Q_{n+1} & 1 \\ 1 & 0 \end{pmatrix} \begin{pmatrix} R_n \\ 0 \end{pmatrix}$$

으로 끝난다. 위의 행렬들을 결합하면

$$\begin{pmatrix} P_1 \\ P_2 \end{pmatrix} = \begin{pmatrix} Q_1 & 1 \\ 1 & 0 \end{pmatrix} \begin{pmatrix} Q_2 & 1 \\ 1 & 0 \end{pmatrix} \cdots \begin{pmatrix} Q_{n+1} & 1 \\ 1 & 0 \end{pmatrix} \begin{pmatrix} R_n \\ 0 \end{pmatrix}.$$

$\begin{pmatrix} Q_i & 1 \\ 1 & 0 \end{pmatrix}$은 모두 정칙행렬로서 역행렬이 $\begin{pmatrix} 0 & 1 \\ 1 & -Q_i \end{pmatrix}$이므로, 양변의 좌측에 차례로 $\begin{pmatrix} 0 & 1 \\ 1 & -Q_1 \end{pmatrix}$, $\begin{pmatrix} 0 & 1 \\ 1 & -Q_2 \end{pmatrix}$, $\cdots$ 을 곱하면,

$$\begin{pmatrix} 0 & 1 \\ 1 & -Q_{n+1} \end{pmatrix} \cdots \begin{pmatrix} 0 & 1 \\ 1 & -Q_2 \end{pmatrix} \begin{pmatrix} 0 & 1 \\ 1 & -Q_1 \end{pmatrix} \begin{pmatrix} P_1 \\ P_2 \end{pmatrix} = \begin{pmatrix} R_n \\ 0 \end{pmatrix}.$$

만일 $U_1, \cdots, U_4 \in F[X]$가

$$\begin{pmatrix} 0 & 1 \\ 1 & -Q_{n+1} \end{pmatrix} \cdots \begin{pmatrix} 0 & 1 \\ 1 & -Q_2 \end{pmatrix} \begin{pmatrix} 0 & 1 \\ 1 & -Q_1 \end{pmatrix} = \begin{pmatrix} U_1 & U_2 \\ U_3 & U_4 \end{pmatrix}$$

이면,

$$U_1P_1 + U_2P_2 = R_n$$

이 된다. (그리고 $U_3P_1 + U_4P_2 = 0$). ■

결과적으로 반복해서 사용하기 때문에 아래의 특별한 경우를 분명하게 제시해 둘 만하다:

5.4. 따름정리. P_1과 P_2가 $F[X]$에서 서로소인 다항식이면,

$$P_1U_1 + P_2U_2 = 1$$

인 다항식 $U_1, U_2 \in F[X]$가 존재한다.

5.5. 주목할 점. (a) 위 증명은 실질적이다: 유클리드 호제법으로 정리 5.3과 따름정리 5.4에서 다항식 U_1, U_2를 구성하는 절차를 알 수 있다.

(b) 간단한 계산(즉, 사칙 연산만 포함하는 계산)으로 두 다항식 $P_1, P_2 \in F[X]$의 GCD를 구할 수 있기 때문에, 체 F의 특정한 성질에 의존하지 않는다. 이는 체 F가 더 큰 체K에 매입되어 있으면 다항식 $P_1, P_2 \in F[X]$을 K 위의 다항식으로 볼 수 있지만, $K[X]$에서 그들의 모닉인 GCD는 $F[X]$에서 모닉인 GCD와 같다. 이것은, 뒤의 예 5.7(b)에서 분명한 것처럼, P_1과 P_2의 기약 인수가 기저 체 F에 의존한다는 점에 비추어 주목할 점이다.

5.3 기약 다항식

5.6. 정의. $\deg P > 0$인 다항식 $P \in F[X]$가 어떤 다항식 $0 < \deg Q < \deg P$인 어떤 다항식 $Q \in F[X]$에 의해서도 나누어지지 않을 때 P는 $F[X]$에서(또는 F 위에서) 기약*irreducible* 이라고 한다.

이 정의로부터, 다항식 D가 기약 다항식 P를 나눈다면 D는 상수이거나 $\deg D = \deg P$라고 할 수 있다. 후자인 경우 P를 D로 나눈 몫은 상수이고, D는 P에 0이 아닌 상수를 곱한 것이다. 특히, 모든 다항식 $S \in F[X]$에 대하여 1 또는 P가 P와 S의 GCD이다. 따라서, P가 S를 나누거나 P는 S와 서로소이다.

5.7. 예제. (a) 정의에서 차수가 1인 다항식은 모두 기약이다. 복소수체 위에서는 이 다항식만이 기약임을 후에 증명하겠다.

(b) 아래 정리 5.12 (P.73)는 차수가 2이상인 다항식이 기저체에서 근을 가지면 기약이 아님을 증명한다. 차수가 2 또는 3인 다항식에 대하여 역이 성립한다: 즉, 차수가 2 또는 3인 다항식이 기저체에서 근을 갖지 않으면 이 체 위에서 기약이다. 따름정리 5.13을 보라. 예로서, 다항식 X^2-2은 $\mathbb{Q}$ 위에서 기약이지만, $\mathbb{R}$ 위에서는 아니다. 그러므로 차수가 2이상인 다항식의 기약성은 기저체에 따라 달라진다(주목할 점5.5(b)와 비교하라).

(c) (차수가 4이상인) 다항식이 체 위에서 어떤 근을 갖지 않으면서 그 체 위에서 기약이 아닐 수도 있다. 예를 들어, $\mathbb{Q}[X]$에서 다항식 X^4+4는

$$X^4+4=(X^2+2X+2)(X^2-2X+2)$$

이므로 기약이 아니다.

주목할 점. 크로네커*Kronecker*가 생각해낸 체계적인 절차에도 불구하고, 반데르베르덴*Van der Waerden*[61, §32]을 보라, 주어진 유리계수 다항식이 $\mathbb{Q}$ 위에서 기약인지 아닌지를 결정하기는 어려울 수 있다. 이 절차는 유리계수 다항식의 유리근을 구하는데 사용하는 절차와 다르지 않다. §6.3을 보라.

5.8. 정리. 상수가 아닌 다항식 $P\in F[X]$은 유한곱

$$P=c\cdot P_1\cdot\ \cdots\ \cdot P_n$$

이다. 여기서 $c\in F^{\times}$이고, $P_1,\cdots,P_n$은 모닉인 기약다항식(서로 다를 필요는 없다)이다. 더욱이 이 인수분해는, 인수의 순서 말고는, 유일하다.

증명. 위 인수분해의 존재성은 $\deg P$에 귀납법을 적용하면 쉽게 증명된다. ■

$\deg P=1$, 또는 더 일반적으로 P가 기약이면, $P=c\cdot P_1$이다. 여기서 c는 P의 선행계수이며 $P_1=c^{-1}P$은 기약이고 선행계수가 1이다. P가 기약이 아니라면, P는 차수가

$\deg P$보다 작은 두 다항식의 곱으로 쓸 수 있다. 귀납법에 의하여, 이 두 다항식은 위에서와 같이 각기 유한 인수분해를 갖고, 이 두 인수분해를 곱하면 P의 인수분해가 된다. 인수분해의 유일성 증명에 다음 보조정리를 이용하려고 한다.

5.9.보조정리. 한 다항식이 r개 인수의 곱을 나누면서 처음 $r-1$개 인수와 서로소이면, 이 다항식은 마지막 인수를 나눈다.

증명. 일반적인 경우는 귀납법을 사용하면 되므로, $r=2$인 경우를 생각하면 충분하다.

다항식 S가 곱 $T\cdot U$를 나누면서 T와 서로소라고 가정하자. 따름정리 5.4에 의해, $SV+TW=1$인 다항식 V, W가 있다. 이 등식의 양변에 U를 곱하면

$$S(UV)+(TU)W=U.$$

지금, S는, 가정에 따라 TU를 나누기 때문에, 좌변을 나누고, 따라서 S는 U를 나눈다. ■

정리 5.8의 증명 마무리. 인수분해의 유일성(인수 순서는 무시하고) 증명하는 일이 남았다.

$$P=cP_1\cdots P_n=dQ_1\cdots Q_m, \tag{5.2}$$

여기서 $c,d\in F^{\times}$이고 $P_1,\cdots,P_n,Q_1,\cdots,Q_m$은 모닉인 기약다항식, 이라고 가정하자.

먼저, c와 d는 둘 다 P의 선행계수와 같기 때문에 $c=d$이다. 그러므로 (5.2)는

$$P_1\cdots P_n=Q_1\cdots Q_m \tag{5.3}$$

이다. 다음으로, P_1이 곱 $Q_1\cdots Q_m$을 나누므로, 보조정리 5.9로부터 모든 인수와 서로소일 수는 없다. 필요하면 $Q_1,\cdots,Q_m$의 번호를 바꾸어 P_1이 Q_1과 서로소가 아니라고 가정할 수 있고, D라고 표기하는 그들의 모닉인 GCD가 1이 아니라고 할 수 있다. D가 P_1을 나누는데, P_1은 기약이므로 P_1과 상수를 무시하면 같다.

그런데 D와 P_1은 모두 선행계수가 1이므로, 상수는 1이 되어 $D=P_1$이다.

같은 논리로 Q_1도 선행계수 1이고 기약이기 때문에 $D=Q_1$을 얻고, 이로부터

$$P_1 = Q_1$$

이다. 방정식 (5.3)에서 P_1 ($=Q_1$)을 소거하면

$$P_2 \cdots P_n = Q_2 \cdots Q_m$$

을 얻는다. 귀납적으로 같은 논리를 사용하여

$$P_2 = Q_2,\ P_3 = Q_3,\ \cdots\ ,\ P_n = Q_n$$

이고, 따라서 $n \le m$이다. 만일 $n < m$이면, (5.3)의 양변의 차수를 비교하면

$$\deg Q_{n+1} = \cdots = \deg Q_m = 0$$

인데, 이것은 Q_i, $i=1,\cdots,m$,이 기약이므로 모순이다. 그러므로 $n=m$이고 증명이 마무리 되었다. ■

보조정리 5.9에서 또 다른 결과를 얻을 수 있는데 뒤에서 반복해 사용되기 때문에 주목해 둘 만하다.

5.10. 명제. 다항식이 쌍마다 서로소인 다항식들로 나누어진다면 그 다항식은 그들의 곱으로 나누어진다.

증명. $P_1,\cdots,P_r$이 쌍마다 서로소인 다항식들로서 다항식 P를 나눈다고 하자. 귀납법을 r에 적용하자. 경우 $r=1$은 분명하다. 귀납 가정에 따라, 어떤 다항식 Q에 대하여

$$P = P_1 \cdots P_{r-1} Q$$

이다. P_r이 P를 나누기 때문에 보조정리 5.9로부터 P_r이 Q를 나누고 따라서 $P_1,\cdots,P_r$이 P를 나눈다. ■

5.4 근

앞 절에서와 같이 F는 체이다. 임의의 다항식

$$P = a_0 + a_1 X + \cdots + a_n X^n \in F[X]$$

에 대하여, $x \in F$를 $P(x) = a_0 + a_1 x + \cdots + a_n x^n$으로 사상하는 연관된 다항함수

$$P(\cdot) : F \to F$$

를 $P(\cdot)$라고 표기한다. 임의의 두 다항식 $P, Q \in F[X]$와 $x \in F$에 대하여,

$$(P+Q)(x) = P(x) + Q(x) \text{ 이고 } (P \cdot Q)(x) = P(x) \cdot Q(x)$$

가 성립함은 바로 알 수 있다. 그러므로, 사상 $P \mapsto P(\cdot)$은 환 $F[X]$에서 F에서 F로 가는 함수들의 환으로의 준동형사상*homomorphism*이다.

5.11. 정의. $P(a) = 0$인 원소 $a \in F$를 다항식 $P \in F[X]$의 근*root*이라고 한다.

5.12. 정리. 원소 $a \in F$가 다항식 $P \in F[X]$의 근일 필요충분조건은 $(X-a)$가 P를 나누는 것이다.

증명. $\deg(X-a) = 1$이므로, P를 $(X-a)$로 나눈 나머지는 상수 다항식이다. 방정식

$$P = (X-a)Q + R$$

의 각 양변과 연관된 다항함수들의 a에서 값을 구하면

$$P(a) = (a-a)Q(a) + R$$

이므로, 이로부터 $P(a) = R$이다. 이것은 $P(a) = 0$이 P를 $(X-a)$로 나눈 나머지가 0이기 위한 필요충분조건임을 말한다. 그러므로 $P(a) = 0$이면 $(X-a)$가 P를 나눈다. ■

5.13. 따름정리. $P \in F[X]$를 2차 또는 3차 다항식이라고 하자. 그러면 P가 F 위에서 기약일 필요충분조건은 P가 F 위에서 근이 없는 것이다.

증명. $\deg P$에 대한 가정이 P가 기약이 아니면 차수가 1인 $X-a$ 형식의 인수를 갖는다는 것을 정리가 의미하므로 이로부터 바로 결론이 나온다. ■

5.14. 정의. 0이 아닌 다항식 P를 나누는 $(X-a)$의 지수 가운데 가장 높은 것을 근 a의 중복도*multiplicity*라고 한다. 그러므로 $(X-a)^m$이 P를 나누지만 $(X-a)^{m+1}$는 나누지 못할 때 중복도가 m이다. 중복도가 1인 근을 단일근*simple*이라고 하고, 단일근이 아니면 중근*multiple* 이라고 한다.

P의 근으로서 a의 중복도를 P의 함수로서 생각할 때, a에서 P의 값매김*valuation*이라고도 부르고 $v_a(P)$로 표기한다: 그리고 a가 P의 근이 아니면 $v_a(P)=0$라고 한다. 편의상, $v_a(0)=\infty$라고 하면, 임의의 $P, Q\in F[X]$와 $a\in F$에 대하여

$$v_a(P+Q)\geq \min(v_a(P), v_a(Q)), \quad v_a(PQ)=v_a(P)+v_a(Q)$$

가 성립한다. 이 성질은 임의의 다항식을 차수의 반대수*opposite*로 사상하는 함수

$$-\deg: \ F[X]\rightarrow \mathbb{Z}\cup\{\infty\}$$

의 성질과 똑 같다. 이에 따라, $(-\deg)$는 때때로 "무한대"에서 값매김이라고 생각하기도 한다.

5.15. 정리. 모든 0이 아닌 다항식 $P\in F[X]$은 유한개의 근을 가진다. $a_1,\cdots,a_r$이 중복도가 각각 $m_1, \cdot, m_r$인 P의 근이면, $\deg P\geq m_1+\cdots m_r$이고 F에서 근을 갖지 않는 어떤 다항식 $Q\in F[X]$에 대하여

$$P=(X-a_1)^{m_1}+\cdots(X-a_r)^{m_r}Q$$

이다,

증명. 만일 $a_1,\cdots,a_r$가 F에서 중복도가 각각 $m_1, \cdot, m_r$인 P의 서로 다른 근이라면, 다항식 $(X-a_1)^{m_1}$, $\cdots$, $(X-a_r)^{m_r}$은 서로소이고 P를 나눈다, 그러므로 명제 5.10에 의해서 어떤 다항식 Q에 대하여

$$P=(X-a_1)^{m_1}+\cdots(X-a_r)^{m_r}Q$$

이다.

$$\deg P \geq m_1 + \cdots m_r$$

는 바로 알 수 있고, 그러므로 P는 무한히 많은 근을 가질 수 없다. 또한 $a_1, \cdots, a_r$이 F에서 P의 모든 근이면, Q는 근을 갖지 못한다. ■

5.16. 따름정리. $P, Q \in F[X]$ 라고 하자. 만일 F가 무한이면 $P = Q$일 필요충분조건은 연관된 다항함수 $P(\cdot)$와 $Q(\cdot)$가 같은 것이다.

증명. $P(\cdot) = Q(\cdot)$이면, F의 모든 원소가 $P - Q$의 근이고, F가 무한이기 때문에 이로부터 $P - Q = 0$이다. 역은 분명하다. ■

5.5 중근과 도함수

이 절에서는 실제로 근을 구하지 않고 다항식이 중근을 갖는지를 결정하고 근들의 중복도를 1로 줄이는 방법을 유도하려고 한다. (좀더 정확히 말하면, 이 방법으로 임의의 다항식 P에 대하여 모든 근이 중복도가 1이면서 P와 똑같은 근을 갖는 다항식 P_s를 구하는 것이다).

이 방법은 후데*Johann Hudde*(1633-1704)에 의한 것이다. 다항식의 도함수를 사용하는데, 이것은 후데가 그의 편지 "방정식의 축소에 관하여*De Reductione Aequationum*"(1657) [37]에서 순수히 대수적으로 들어가며한 것으로, 나중에 그의 편지 "최대값과 최소값에 대하여*De Maximis et Minimis*" (1658) [32]에서 다항식과 유리분수의 극대와 극소를 구하는데 적용되었다.

5.17. 정의. 체 F에서 계수를 갖는 다항식 $P = a_0 + a_1X + \cdots + a_nX^n$의 도함수 ∂P는 다항식

$$\partial P = a_1 + 2a_2X + 3a_3X^2 + \cdots + na_nX^{n-1}$$

을 말한다.

다음과 같은 (익숙한) 관계가 성립함은 계산해 보면 바로 알 수 있다:

$$\partial(P+Q) = \partial P + \partial Q, \quad \partial(PQ) = (\partial P)Q + P(\partial Q).$$

주목할 점. ∂P의 계수에 나오는 정수는 F의 원소라고 생각한다: 그러므로, n은 $1+1+\cdots+1$(n개 항)을 나타낸다. 여기서 1은 F의 단위원이다. 여기에서 조심할 점이 있는데, $n \neq 0$(정수로서)일 때조차 F에서 $n=0$일 수도 있기 때문이다. 예를 들어, 만일 F가 두 원소 $\{0,1\}$를 가진 체이면, F에서 $2=1+1=0$이므로, X^2+1과 같은 상수가 아닌 다항식이 F 위에서 0를 도함수로 갖게 된다.

5.18. 보조정리. $a \in F$를 다항식 $P \in F[X]$의 근이라고 하자. a가 P의 중근(즉, $v_a(P) \geq 2$)일 필요충분조건은 a가 ∂P의 근인 것이다.

증명. a가 P의 근이므로, 어떤 $Q \in F[X]$에 대하여 $P = (X-a)Q$이고, 이로부터

$$\partial P = Q + (X-a)\partial Q$$

이다. 이 등식을 보면 $X-a$가 ∂P는 나누는 것과 $X-a$가 Q를 나누는 것이 동치임을 알 수 있다. 이것은 $(X-a)^2$가 P를 나눈다는 것과 같으므로, 즉 $v_a(P) \geq 2$이므로 증명되었다. ■

5.19. 명제. 다항식 $P \in F[X]$가 F를 포함하는 어떤 체 K 위에서 일차 인수의 곱[6]으로 분해된다고 하자. K에서 P의 근이 모두 단근일 필요충분조건은 P와 ∂P가 서로소인 것이다.

증명. 만일 P의 어떤 근 a가 단근이 아니라면, 앞 보조정리에 따라 P와 ∂P는 $K[X]$에서 공통인수 $X-a$를 갖는다; 그러므로 그들은 $K[X]$에서 서로소가 아니고, 따라서 $F[X]$에서도 서로소가 아니다(주목할 점5.5(b)를 보라).

---

6) §9.2에서, 모든 (상수가 아닌) 다항식에 대하여 이 조건이 성립함을 증명한다.

역으로, 만일 P와 ∂P이 서로소가 아니라면, 그들은 $K[X]$에서 기약인 공통인수를 갖는데, $K[X]$에서 P의 기약인 인수는 모두 일차이기 때문에 차수가 1이다. 따라서 P와 ∂P를 나누는 다항식 $X-a \in F[X]$을 구할 수 있고, 앞의 보조정리로부터 a는 K에서 P의 중근이다. ■

보조정리 5.18을 개선하기 위해, F의 표수를 0이라고 가정하자. 이는 모든 0이 아닌 정수는 F에서 0이 아님을 의미한다. (체 F의 표수*characteristic*는 0 또는 F에서 $n=0$인 가장 작은 정수 $n>0$이다).

5.20. 명제. $\mathrm{char} F=0$ 이고 $a \in F$를 0이 아닌 다항식 $P \in F[X]$의 한 근이라고 하자. 그러면

$$v_a(\partial P) = v_a(P) - 1$$

이다.

증명. $m = v_a(P)$ 그리고 $P=(X-a)^m Q$라고 하고, 여기서 $Q \in F[X]$는 $x-a$로 나누어지지 않는다고 하자. 그러면

$$\partial P = (X-a)^{m-1}(mQ + (X-a)\partial Q),$$

그리고 F의 표수에 대한 가정으로부터 $mQ \neq 0$이다. 그러면 $X-a$가 Q를 나누지 않기 때문에 $mQ+(X-a)\partial Q$도 나누지 않고, 따라서 $v_a(\partial P) = m-1$이다.

이 결과를 적용하여 표수가 0인 체 F 위에서 0이 아닌 다항식 P의 근 중복도를 1 줄이는 후데의 방법을 유도해 보자. D를 P와 ∂P의 GCD라고 하고 $P_s = P/D$라고 하자. ■

5.21. 정리. K가 F를 포함하는 임의의 체라고 하자. K에서 P_s의 근은 P의 근과 같고, K에서 P_s의 근은 모두 단근, 즉 중복도가 1이다.

증명. P_s가 P의 몫이므로, P_s의 근이 모두 p의 근임은 분명하다. 역으로, $a \in K$가

중복도 m인 P의 근이라면, 앞의 명제에 따라 $v_a(\partial P)=m-1$이므로, $(X-a)^{m-1}$이 P와 ∂P를 모두 나누는 $X-a$의 최고차이다. 그러므로 이것이 D를 나누는 $X-a$의 최고차이다. 따라서 P_s는 $X-a$에 의하여 나누어지지만, $(X-a)^2$로는 나눌 수 없어서, a는 P_s의 단근이다. ■

5.22. 따름정리. $P\in F[X]$가 기약이면, F를 포함하는 체 K에서 P의 근은 모두 단근이다.

증명. P가 기약이고 ∂P를 나누지 않기 때문에, $\deg\partial P=\deg P-1$이기 때문에, P와 ∂P의 GCD는 상수 다항식 1이다. 그러므로 $P_s=P$이고 앞의 정리에 의하여 F를 포함하는 체 K에서 P의 근은 모두 단근이다. ■

이 따름정리는 $\mathrm{char}F\neq 0$이면 성립하지 않는다. 예를 들어, $\mathrm{char}F=2$이고 $a\in F$가 F에서제곱이 아니면, X^2-a는 $F[X]$에서 기약이지만, $F(\sqrt{a})$에서는 중근 $\sqrt{a}$를 갖는다. (표수가 2이기 때문에 $\sqrt{a}=-\sqrt{a}$임을 주시하라.)

5.23. 주목할 점. (a) P와 ∂P의 GCD는 유클리드 호제법으로 계산할 수 있으므로, P_s를 구하려고 P의 근을 구할 필요는 없다. 그래서 방정식 $P=0$를 풀 때 F에서 또는 F를 포함하는 임의의 체에서 P의 근이 모두 단근이라고 가정해도 별 문제가 없다.

(b) 후데는 그의 저서에서 도함수 다항식 ∂P를 명시적으로 들어가며 하지는 않았지만 간접적으로 도함수를 사용했다. 그는 다음과 같이 공식화했다[31, Reg. 10, pp.433 ff]: 다항식

$$P=a_0+a_1X+a_2X^2+\cdots+a_nX^n$$

의 근의 중복도를 1로 줄이려면, 임의의 등차수열 $m, m+r, m+2r, \cdots, m+nr$의 항들을 P의 계수들에 곱하여 새 다항식 P_1

$$P_1 = a_0 m + a_1(m+r)X + a_2(m+2r)X^2 + \cdots + a_n(m+nr)X^n$$

을 만든다. 그러면 P와 P_1의 최대공약수 D_1으로 P를 나눈 몫이 구하는 다항식이다.

$P_1 = mP + rX\partial P$이기 때문에, 이 규칙과 이것의 현대적 변형과의 관계를 쉽게 알 수 있다. 따라서, 0이 아닌 상수 인수에 관계치 않는다면 $D_1 = D$이고 만약 0이 P의 근이면 D_1에서 인수 X를 만든다. 그래서 후데의 방법은 후데의 방정식에 0이 초기 방정식의 한 근이면 언제나 0근이 없다는것만 제외하면 현대적 방법과 마찬가지로 단근을 갖는 동일한 방정식을 얻는다.

5.6 두 다항식의 공통근

앞 논의에서 보았듯이 두 다항식 P, Q가 서로소인지 아닌지를 결정하는 것이 때때로 유용하다. 가장 직접적인 방법은 물론 P와 Q의 GCD를 계산하는 것이지만, 오일러 *L. Euler*(1707-1783)가(다른 표기로) 제시한 또 다른 구성법: P와 Q의 종결식*resultant*이 있다. 이 구성법은 소거이론*elimination theory*에도 기본이 된다: §6.4 와 §10.1에서 사용할 것이다.

$$P = a_nX^n + a_{n-1}X^{n-1} + \cdots + a_1X + a_0 \qquad (a_n \neq 0)$$

$$Q = b_mX^m + b_{m-1}X^{m-1} + \cdots + b_1X + b_0 \qquad (b_m \neq 0)$$

을 체 F 의 다항식이라고 하자. 아래 $(m+n)\times(m+n)$행렬식이 P와 Q의 종결식이다:

$$R = \det \underbrace{\begin{bmatrix} a_n & 0 & \cdots & 0 \\ a_{n-1} & a_n & & \vdots \\ \vdots & a_{n-1} & \ddots & 0 \\ \vdots & \vdots & \ddots & a_n \\ a_1 & \vdots & & a_{n-1} \\ a_0 & a_1 & & \vdots \\ 0 & a_0 & \ddots & \vdots \\ \vdots & & \ddots & a_1 \\ 0 & \cdots & 0 & a_0 \end{bmatrix}}_{m\text{열}} \underbrace{\begin{bmatrix} b_m & 0 & \cdots\cdots & 0 \\ b_{m-1} & b_m & & \vdots \\ \vdots & b_{m-1} & \ddots & \vdots \\ b_1 & \vdots & \ddots\ddots & 0 \\ b_0 & b_1 & \ddots & b_m \\ 0 & b_0 & \ddots & b_{m-1} \\ \vdots & & \ddots\ddots & \vdots \\ \vdots & & \ddots & b_1 \\ 0 & \cdots & \cdots\ 0 & b_0 \end{bmatrix}}_{n\text{열}}$$

5.24. 정리. 다항식 P와 Q가 F를 포함하는 어떤 체 K 위에서 일차인수의 곱으로 분해된다고 가정하고[7], P와 Q의 종결식을 R로 나타내자. 그러면 다음 세 조건은 서로 동치이다:

(a) P와 Q는 서로소가 아니다

(b) P와 Q는 K에서 공통근을 갖는다

(c) $R=0$

증명. (a)⇒(b) D를 P와 Q의 GCD라고 하자. 가정에 따라 D는 상수가 아니다. 더구나 D가 K위에서 일차인수로 분해되는 P(그리고 Q)를 나누기 때문에, $K[X]$에서 D의 기약인수는 차수가 1이다. 그러므로 D는 K에서 적어도 한 근을 갖게 되고, 이것은 D가 P와 Q를 나누기 때문에 P와 Q의 공통근도 된다.

(b)⇒(c) $u\in K$를 P와 Q의 공통근이라고 하자.

$$P=(X-u)P_1, \qquad Q=(X-u)Q_1, \qquad \text{여기서 } P_1, Q_1\in K[X]$$

라고 하자. 그러면

$$PQ_1 = QP_1 \qquad \left(= \frac{PQ}{X-u} \right) \tag{5.4}$$

이다. 이 등식으로부터 항들의 계수를 비교하여 $m+n$ 연립방정식을 얻는다. 즉,

$$P=a_nX^n+a_{n-1}X^{n-1}+\cdots+a_1X+a_0,$$

$$Q=b_mX^m+b_{m-1}X^{m-1}+\cdots+b_1X+b_0$$

이고,

$$P_1=-(z_1X^{n-1}+z_2X^{n-2}+\cdots+z_{n-1}X+z_n)$$

$$Q_1=y_1X^{m-1}+y_2X^{m-2}+\cdots+y_{m-1}X+y_m)$$

이라면, PQ_1-QP_1에서 X^k의 계수는

$$\sum_{i+j=k}(a_iy_{m-j}+b_iz_{n-j}) = \sum_{r-s=k-m} a_ry_s + \sum_{t-u=k-n} b_tz_u$$

이다. (여기서 $r>n$ 또는 $r<0$ (resp. $t>m$ 또는 $t<0$)이면 $a_r=0$ (resp. $b_t=0$)

7) 정리 9.3, p.150에서 이 가정이 항상 성립함을 증명한다.

이라고 놓고, $s>m$ 또는 $s<1$ (resp. $u>n$ 또는 $u<1$)이면 $y_s=0$ (resp. $z_u=0$)이라고 놓는다.) 그러므로 방정식(5.4)는 아래 연립방정식과 동치이며, 그 좌변은 X^{n+m-1}, X^{n+m-2}, $\cdots$, X^n, X^{n-1}, $\cdots$, X의 계수들과 PQ_1-QP_1의 상수항이다:

$$\begin{cases} a_n y_1 & & +b_m z_1 & & =0 \\ a_{n-1}y_1+a_n y_2 & & +b_{m-1}z_1+b_m z_2 & & =0 \\ \vdots & \ddots & \vdots & & \vdots \\ & \cdots+a_n y_m & +b_1 z_1+\cdots & & =0 \\ & \cdots+a_{n-1}y_m & +b_0 z_1+\cdots & & =0 \\ & \vdots & \ddots & \vdots & \vdots \\ & a_0 y_m & & +b_0 z_n & =0 \end{cases} \tag{5.5}$$

이 연립방정식은 부정원이 $y_1,\cdots,y_m,z_1,\cdots,z_n$인 $m+n$ 동차 연립일차방정식이다. 이 연립방정식의 계수 행렬이 R의 정의에 나오는 행렬임은 쉽게 알 수 있다. 그래서 $y_1,\cdots,y_m,z_1,\cdots,z_n$이 이 연립방정식의 자명하지 않은 해이므로, $R=0$이다.

(c)⟹(a) 이제 $R=0$이라고 하자. 그러면 (b)⟹(c)의 증명 단계를 거꾸로 가면, 연립방정식 (5.5)가 자명하지 않은 해를 갖게 되어

$$PQ_1=QP_1,\quad \deg P_1\le n-1,\quad \deg P_1\le m-1$$

인 0이 아닌 다항식 P_1과 Q_1이 존재한다.

(부등호 $\deg P_1<n-1$과 $\deg Q_1<m-1$은 $y_1=z_1=0$일 때 성립). 맨 앞 등식이 P가 QP_1을 나눔을 보여준다. 만일 P가 Q와 서로소이면, p.71의 보조정리5.9에 의해, P는 P_1을 나눈다. 이것은 $\deg P_1<\deg P$이므로 불가능하고 따라서 P와 Q는 서로소가 아니다. ■

부록: 유리분수의 부분분수 분해

유리분수 $\dfrac{P}{Q}$ ($P, Q\in\mathbb{R}[X]$이고 $Q\neq 0$)의 원형을 구하려면, 관례적으로 다음과 같이 부분분수의 합으로 분해한다: Q를 기약인수들로 인수분해한다:

$$Q=Q_1^{m_1}\cdots Q_r^{m_r}.$$

여기서 $Q_1,\cdots,Q_r$은 서로 다른 기약다항식이다. 그러면

$$\frac{P}{Q} = P_0 + \frac{P_1}{Q_1^{m_1}} + \cdots + \frac{P_r}{Q_r^{m_r}}$$

이고 $\deg P_i < \deg Q_i^{m_i}$, $i = 1, \cdots, r$인 다항식 $P_0, P_1, \cdots, P_r$이 존재한다.

다항식 $P_0, \cdots, P_r$의 존재성은 아래 명제로부터 r에 대하여 귀납법을 적용하면 알 수 있다.

5.25. 명제. S_1과 S_2가 서로소이고 $Q = S_1 S_2$이면,

$$\frac{P}{Q} = P_0 + \frac{P_1}{S_1} + \frac{P_2}{S_2}$$

이고 $\deg P_i < \deg S_i$, $i = 1, 2$,인 다항식 P_0, P_1, P_2이 존재한다.

증명. S_1과 S_2가 서로소이므로, 따름정리5.4를 적용하면 적당한 다항식 T_1, T_2에 대하여

$$1 = S_1 T_1 + S_2 T_2$$

이다. 양변에 $\frac{P}{Q}$를 곱하면

$$\frac{P}{Q} = \frac{PT_1}{S_2} + \frac{PT_2}{S_1}.$$

PT_1은 S_2로 그리고 PT_2는 S_1으로 유클리드 호제법을 적용하면, $\deg P_i < \deg S_i$, $i = 1, 2$,인 적당한 다항식 U_1, U_2, P_1, P_2에 대하여

$$PT_1 = S_2 U_2 + P_2 \quad \text{그리고} \quad PT_2 = S_1 U_1 + P_1$$

이다. 앞 방정식의 PT_1과 PT_2에 대입하면

$$\frac{P}{Q} = (U_1 + U_2) + \frac{P_2}{S_2} + \frac{P_1}{S_1}.$$ ■

적분을 쉽게 하기 위해서 각 부분분수 $\frac{P}{Qm}$ (여기서 Q는 기약이고 $\deg P < \deg Q^m$)를

$$\frac{P}{Q^m} = \frac{P_1}{Q} + \frac{P_2}{Q^2} + \cdots + \frac{P_m}{Q^m}, \qquad \deg P_i < \deg Q,\ i = 1, \cdots, m$$

와 같이 더 분해한다.

이 분해를 얻기 위해 P를 Q^{m-1}로 유클리드 호제법을 적용한 몫을 P_1이라고 하면

$$P = P +_1 Q^{m-1} + R_1 \qquad \deg R_1 < \deg Q^{m-1}.$$

$\deg P < \deg Q^m$이므로 $\deg P_1 < \deg Q$이다. 그러고 나서 P_2를 R_1을 Q^{m-2}로 유클리드 호제법을 적용한 몫이라고 하고, 이와 같이 계속한다. 그러면

$$P = P_1 Q^{m-1} + P_2 Q^{m-2} + \cdots + P_{m-1} Q + P_m \tag{5.6}$$

이고 양변을 Q^m으로 나누면 구하는 분해를 얻는다.

주목할 점. (5.6)의 우변은 P의 "Q-adic" 전개식이다. P와 Q를 정수로 바꾸면, 방정식 (5.6)은 정수 P를 Q진법으로 $P_1 P_2 \cdots P_m$과 같이 표기한 것이다.

Chapter 6
삼차방정식과 사차방정식에 대한 대안적 방법

제6장 삼차방정식과 사차방정식에 대한 대안적 방법

기법의 개선과 더불어, 17세기 수학자들은 삼차와 사차방정식의 해법에 대한 새로운 방법을 생각해 냈다. 이 장에서는 이러한 진보의 일부, 특히 1683년 치른하우스 *Ehrenfried Walter Tschirnhaus*가 제안한 중요한 방법을 살펴보려고 한다.

6.1 삼차방정식에서 대한 비에트

삼차방정식에 대한 비에트의 공헌은 두 가지다: 그는 "방정식에 대한 이해*De Recognitone Aequationum*"에서 기약인 경우에 대한 삼각함수 해를 제시했고 "방정식에 대한 개정*De Emendatione Aequationum*"에서 단 하나의 세제곱근을 요구하는 일반적인 경우에 대한 해를 제시했다. 이 방법은 둘 다 사후 "De Aequatione Recognitione et Emendatione Tractatus Duo"(1615)("방정식의 이해와 개정에 관한 두 논문")에 출판되었다([65]를 보라)에 출판되었다.

6.1.1 기약인 경우의 삼각함수 해

삼차방정식

$$X^3 + pX + q = 0$$

이 기약인 경우는 $(\frac{p}{3})^3+(\frac{q}{2})^2<0$일 때이다(2.3절(c)를 보라). 이 부등식은 물론 $p<0$을 의미하므로, 위 방정식을

$$X^3-3a^2X=a^2b \tag{6.1}$$

와 같이 적으면 일반성을 잃지 않고 조건 $(\frac{p}{3})^3+(\frac{q}{2})^2<0$은 $a>|\frac{b}{2}|$이 된다. (주어진 방정식에 a^2만 나오기 때문에 $a>0$라고 가정해도 된다.)

호의 합의 코사인에 대한 공식으로부터(또는 제 4장의 일반적인 공식 (4.1) p.54로부터), 모든 $\alpha\in\mathbb{R}$에 대하여

$$(2a\cos\alpha)^3-3a^2(2a\cos\alpha)=2a^3\cos3\alpha$$

이다. 방정식 (6.1)과 비교하면, α가

$$\cos3\alpha=\frac{b}{2a}$$

인 호이면, 방정식 (6.1)의 한 해는 $2a\cos\alpha$이다. 다른 두 해는 이로부터 쉽게 유도된다: $\alpha_k=\alpha+k\frac{2\pi}{3}$, $k=1,2,$이면

$$\cos3\alpha_k=\frac{b}{2a}$$

도 되므로, 방정식 (6.1)의 해는

$$2a\cos\alpha$$

$$2a\cos(\alpha+\frac{2\pi}{3})=-a\cos\alpha-a\sqrt{3}\sin\alpha$$

$$2a\cos(\alpha+\frac{4\pi}{3})=-a\cos\alpha+a\sqrt{3}\sin\alpha\ .$$

비에트는 조직적으로 음수를 회피하였기 때문에, $b>0$이면 양수인 첫 번째 해만 제시했다9[65, p.174]를 보라). 그러나 그는 그 후 곧바로 방정식

$$3a^2Y-Y^3=a^2b$$

의 해가 $a\cos\alpha+a\sqrt{3}\sin\alpha$와 $a\cos\alpha-a\sqrt{3}\sin\alpha$임을 지적하였다. 이것으로 삼차방정식의 해의 개수에 대한 비에트의 개념을 분명히 알 수 있다.

6.1.2 일반적 경우의 대수 해

비에트는 ([65, p.287]에서) 방정식

$$X^3 + pX + q = 0 \tag{6.2}$$

을 풀기 위해 독창적인 변수변환을 제안했다. $X = \frac{p}{2Y} - Y$라고 하고 위 방정식에서 치환하여 Y에 관한 방정식

$$Y^6 - qY^3 - (\frac{p}{3})^3 = 0$$

얻고, 이로부터 이차방정식을 풀어 Y^3을 구했다.

$$Y^3 = \frac{q}{2} \pm \sqrt{\left(\frac{p}{3}\right)^3 + \left(\frac{q}{2}\right)^2}.$$

그러므로, 삼차방정식 (6.2)의 한 해는

$$X = \frac{p}{3Y} - Y,$$

이고, 여기서

$$Y^3 = \frac{q}{2} + \sqrt{\left(\frac{p}{3}\right)^3 + \left(\frac{q}{2}\right)^2}$$

이다.

주목할 점. (a) Y^3의 다른 결정값, 즉

$$Y'^3 = \frac{q}{2} - \sqrt{\left(\frac{p}{3}\right)^3 + \left(\frac{q}{2}\right)^2}$$

을 택하면, X의 값은 변하지 않는다. 실제로, $(YY')^3 = -(\frac{p}{3})^3$이므로,

$$\frac{p}{3Y} = -Y' \quad \text{그리고} \quad \frac{p}{3Y'} = -Y$$

이고, 이로부터

$$\frac{p}{3Y} - Y = \frac{p}{3Y'} - Y'.$$

부수적으로, 위 사실에서 비에트의 방법이 카르다노의 공식과 같은 결과라는 것을 알

수 있다. 왜냐하면, 공식 $X=-Y-Y'$에서 Y와 Y'을 치환하면

$$X=\sqrt[3]{-\frac{q}{2}+\sqrt{\left(\frac{p}{3}\right)^3+\left(\frac{q}{2}\right)^2}}+\sqrt[3]{-\frac{q}{2}-\sqrt{\left(\frac{p}{3}\right)^3+\left(\frac{q}{2}\right)^2}}$$

이기 때문이다.

(b) $Y=0$인 경우는 $p=0$일 때만 생긴다: 그러므로 이 경우는 바로 풀린다.

(c) 비에트는 한 해만 제시했다. 왜냐하면, 처음 공식에 나오는 방정식은[8)]

$$A^3+3B^pA=2Z^s$$

로서, 이것은 B^p가 양수이면, 함수 A^3+3B^pA가 단조증가이고 그래서 값 $2Z^s$를 한 번만 취하기 때문에, 단 한 개의 실근만 갖는다.

6.2 사차방정식에 대한 데카르트

다항식의 산술에서 방정식의 해법에 새로운 통찰이 일어났다. "기하학*La Geometrie*"에서 데카르트는 어떤 차수의 방정식이든지 다룰 수 있는 다음 방법을 추천했다: "먼저, 주어진 방정식을 차수가 더 낮은 다른 두 방정식의 곱으로 바꾸어라'[16, p.192]. 그는 자신이 이 방법을 사차방정식에 성공적으로 적용하는 방법을 보여주었다.[16, pp.180 ff].

삼차 항을 소거한 다음, 페라리의 방법에서와 같이(제 3장), 일반적인 사차방정식을

$$X^4+pX^2+qX+r=0 \tag{6.3}$$

의 형태로 정리하고, $q=0$이면 X^2의 이차방정식이어서 쉽게 풀 수 있으므로, $q\neq 0$라고 가정하자. 그리고

$$X^4+pX^2+qX+r=(X^2+aX+b)(X^2+cX+d)$$

가 되도록 a,b,c,d를 결정한다. 이 방정식에서 X의 같은 멱의 계수를 비교하면

$$0=a+c \tag{6.4}$$

$$p=b+d+ac \tag{6.5}$$

8) 지수 p,s는 plano와 solido를 나타낸다; 미지수는 언제나 모음으로 표기한다.

$$q = ad + bc \tag{6.6}$$

$$r = bd \tag{6.7}$$

방정식 (6.4), (6.5), (6.6)으로 부터, b, c, d의 값을 a로 나타내면:

$$c = -a$$

$$b = \frac{a^2}{2} + \frac{p}{2} - \frac{q}{2a}$$

$$d = \frac{a^2}{2} + \frac{p}{2} + \frac{q}{2a}.$$

($q \neq 0$이므로 $a \neq 0$임을 주시하라.) 방정식 (6.7)에서 b와 d에 대해 치환하면 a에 관한 방정식:

$$a^6 + 2pa^4 + (p^2 - 4r)a^2 - q^2 = 0 \tag{6.8}$$

을 얻는다. 이것은 a^2의 삼차방정식이고, 그래서 풀 수 있다. 만일 a가 이 방정식의 근이면, 주어진 방정식 (6.3)을 두 이차방정식

$$X^2 + aX + \frac{a^2}{2} + \frac{p}{2} - \frac{q}{2a} = 0 \text{와} \quad X^2 - aX + \frac{a^2}{2} + \frac{p}{2} + \frac{q}{2a} = 0$$

으로 인수분해하고 이로부터 해를 구한다.

6.3 유리계수 방정식의 유리해

임의의 차수의 유리계수를 가진 방정식의 유리해는 유한 번의 시행착오 과정으로 구할 수 있다. 이것은 지라르*Albert Girard*가 처음 알았던 것 같다[26, D.4 v°]; 또한 "기하학*La Geometrie*"에도 나온다[16, p.176].

유리계수 $a_i \in \mathbb{Q}$, $i = 0, \cdots, n$,를 갖는 방정식을

$$a_n X^n + a_{n-1} X^{n-1} + \cdots + a_1 X + a_0 = 0 \tag{6.9}$$

라고 하자. 필요하면 계수의 분모의 공배수를 양변에 곱하면 되므로, $a_i \in \mathbb{Z}$, $i = 0, \cdots, n$, 라고 가정한다. 양변에 a_n^{n-1}를 곱하면,

$$(a_nX)^n + a_{n-1}(a_nX)^{n-1} + a_{n-2}a_n(a_nX)^{n-2} + \cdots + a_1a_n^{n-2}(a_nX) + a_0a_n^{n-1} = 0.$$

$Y = a_nX$라고 놓으면, 모닉인 정계수 방정식

$$Y^n + b_{n-1}Y^{n-1} + b_{n-2}Y^{n-2} + \cdots + b_1Y + b_0 = 0 \qquad (b_i \in \mathbb{Z}) \tag{6.10}$$

이 된다.

6.1 정리. 모닉인 정계수 방정식의 모든 유리근은 독립된 항을 나누는 정수이다.

증명. 0인 근은 버리고 (6.10)의 좌변을 Y의 적당한 멱으로 나누어, $b_0 \neq 0$라고 할 수 있다. $y \in \mathbb{Q}$를 (6.10)의 유리근이라고 하자. $y = \dfrac{y_1}{y_2}$, 여기서 y_1, y_2는 서로소, 라고 하면,

$$\left(\frac{y_1}{y_2}\right)^n + b_{n-1}\left(\frac{y_1}{y_2}\right)^{n-1} + \cdots + b_1\left(\frac{y_1}{y_2}\right) + b_0 = 0$$

로부터, y_2^n를 곱하고 항을 정리하여

$$y_1^n = -y_2(b_{n-1}y_1^{n-1} + \cdots + b_1y_1y_2^{n-2} + b_0y_2^{n-1})$$

이다. 이 방정식에서 y_2의 소인수는 y_1^n을 나누므로 y_1도 나눈다; y_1과 y_2는 서로소이기 때문에 y_2가 소인수를 가지면 불가능하다. 그러므로 $y_2 = \pm 1$이고 $y \in \mathbb{Z}$이다.

y가 b_0의 약수임을 보이기 위해서, 방정식 (6.10)에서 상수항을 한 변으로 분리하면

$$b_0 = -y(y^{n-1} + b_{n-1}y^{n-2} + \cdots + b_1).$$

이 방정식에서 괄호 사이의 인수가 정수이므로 y는 b_0의 약수이다. ■

방정식 (6.9)에서 방정식 (6.10)으로 변환한 과정을 살펴보면 다음 결과를 얻는다:

6.2 따름정리. 정계수 방정식

$$a_nX^n + a_{n-1}X^{n-1} + \cdots + a_1X + a_0 = 0 \qquad (a_i \in \mathbb{Z})$$

의 모든 유리해는 ya_n^{-n} 형식이다. 여기서 $y \in \mathbb{Z}$는 $a_0a_n^{-n}$의 약수이다.

이 마지막 조건은 제시된 방정식이 $a_0 \neq 0$일 때 유리근을 구하기 위해 필요한 시행 횟수의 한계를 정해준다는 점에서 매우 유용하다. 물론, X의 적당한 멱으로 나눈 다음 해야 한다.

예를 들어, 정리 (또는 따름정리)에 의하면, 방정식

$$X^n + a_{n-1}X^{n-1} + \cdots + a_1 X \pm 1 = 0,$$

$a_i \in \mathbb{Z}$, $i = 1, \cdots, n-1$,은 $+1$ 또는 -1은 가능하지만, 그 외에는 유리근이 없다.

"다른 예제로, 한 때 매우 어려웠던 것인데"[26, E r°]:

$$x^3 = 7X - 6$$

의 유리해는 ± 1, ± 2, ± 3, ± 6 중에 있다. 이 값들을 시도해서, 근 1, 2, -3을 구한다.

6.4 치른하우스의 방법

17세기 말에는 방정식 이론에 관한 연구가 그렇게까지 활발하지 않았는데, 1683년 치른하우스*Tschirnhaus*[58]가 쓴 4쪽 자리 논문으로 상당한 진보가 이루어졌다. 이 논문에서 모든 차수의 방정식을 해결하는 일반적인 방법이 제안된다.

기본 아이디어는 매우 간단하다: 그것은 간단한 변수변환 $Y = X + \dfrac{a_{n-1}}{n}$으로 임의의 방정식

$$X^n + a_{n-1}X^{n-1} + \cdots + a_1 X + a_0 = 0$$

에서 두 번째 항을 항상 소거할 수 있다는 사실에서 출발한다.(e.g. 2.2절과 3.2절을 보라). 치른하우스는 좀 더 일반적인

$$Y = X^m + b_{m-1}X^{m-1} + \cdots b_1 X + b_0 \tag{6.11}$$

와 같은 변수변환을 함으로써 제시된 방정식에서 여러 항을 소거하려고 하였다. 더 자세히 말하면, 적절히 m개 매개변수 $b_0, b_1, \cdots, b_{m-1}$를 택하고 위와 같은 변수변환을 하여 m개 계수 c_i가 0이 되도록 택한

$$Y^n + c_{n-1}Y^{n-1} + \cdots + c_1 Y + c_0 = 0$$

형태의 Y의 방정식으로 바꾼다. 대략 말해서 이것은 m개 매개변수 $b_0, \cdots, b_{m-1}$가 m개의 조건을 충족하는 데 사용될 m차의 자유도를 제공하기 때문이다. 특히 $m=n-1$로 잡으면, 첫 항과 마지막 항을 제외한 모든 항을 제거할 수 있고, 따라서 Y의 방정식은

$$Y^n + c_0 = 0$$

의 형태가 되어 거듭제곱근으로 바로 풀 수 있다. 해 $Y = \sqrt[n]{-c_0}$를 방정식 (6.11)에 걸어서, 제시된 n차방정식의 해를 $m=n-1$차방정식, 즉

$$X^{n-1} + b_{n-2}X^{n-2} + \cdots + b_1 X + b_0 = \sqrt[n]{-c_0}$$

을 풀어서 얻는다. 차수에 귀납법을 적용함으로써 모든 차수의 방정식을 거듭제곱근으로 풀 수 있다.

그렇지만 심각한 장애가 있었는데, 얼마안가 라이프니츠가 알아냈다[43, p.449, p.403]: 모든 계수 $c_1, \cdots, c_{n-1}$가 0이어야 한다는 조건으로 매개변수 b_i의 여러 가지 차수의 연립방정식이 만들어졌고 이 연립방정식은 풀기가 매우 어려웠다. 실제로 이 연립방정식을 푸는 것은 $1 \cdot 2 \cdot \cdots \cdot (n-1) = (n-1)!$차방정식을 푸는 것과 맞먹었다. 그래서 이 방법은 $n > 3$에 대해서는, 결과로 나오는 $(n-1)!$차방정식이 n보다 작은 차수의 방정식으로 축소할 수 있는 특징이 없다면 적용할 수 없는 것으로 드러났다. $n=4$일 때 그런 경우가 생겼다: 결과로 나오는 6차방정식은 계수가 삼차방정식의 해인 이차인수의 곱으로 인수분해될 것으로 보이지만(라그랑주[40, Art. 41-45]을 보라), $n \geq 5$에 대하서는 그런 단순화가 분명하지 않다. (합성수 n에 대해서는 치른하우스의 방법을 달리, 그리고 더 쉽게 적용할 가능성도 있음을 주의하라. 예를 들어, $n=4$일 때, Y와 Y^3의 계수를 소거하여 Y의 방정식을 Y^2의 이차방정식으로 축소한다.)

치른하우스의 방법을 다소 자세히 논의하기 위해, 먼저 어떻게 Y의 방정식을 구하는가를 설명한다. 이것은 소거이론으로 다루는 문제의 일반적 형태의 특별한 예이다. 문제는 ($m < n$인) 두 방정식

$$X^n + a_{n-1}X^{n-1} + a_{n-2}X^{n-2} + \cdots + a_1X + a_0 = 0 \tag{6.12}$$

$$X^m + b_{m-1}X^{m-1} + b_{m-2}X^{m-2} + \cdots + b_1X + b_0 = Y \tag{6.13}$$

사이에서 부정원 X를 소거하는 것, 즉 결과방정식*resulting equation*이라고 부르는, 다음과 같은 성질을 갖는 방정식 $R(Y) = 0$을 구하는 것이다:

(a) x와 y가 방정식 (6.12)와 (6.13)을 만족하면 $R(y) = 0$이다,

(b) y가 $R(y) = 0$을 만족하면 방정식 (6.12)와 (6.13)은 공통근 x를 갖는다.

두 번째 성질은 만일 $R(Y) = 0$을 풀리면 방정식 (6.13)의 근 중에 방정식 (6.12)의 (적어도) 한 근이 있다는 것을 보여준다.

(6.12)와 (6.13)을 Y에서 유리분수 체의 계수를 갖는 X의 방정식으로 생각하면, $R(Y)$의 성질을 다음과 같이 말할 수 있다: $R(Y) = 0$일 필요충분조건은 다항식

$$P(X) = X^n + a_{n-1}X^{n-1} + \cdots + a_1X + a_0$$

와

$$Q(X) = X^m + b_{m-1}X^{m-1} + \cdots + b_1X + (b_0 - Y)$$

가 공통근을 갖는 것이다. 정리 5.24(p.79)에서 본 것처럼, 이 문제의 해는 아래 행렬의 행렬식으로 정의된 P와 Q의 종결식[9] $R(Y)$이다:

$$\left[\begin{array}{cccc|cccc}
1 & 0 & \cdots & 0 & 1 & 0 & \cdots\cdots & 0 \\
a_{n-1} & 1 & & \vdots & b_{m-1} & 1 & & \vdots \\
\vdots & a_{n-1} & \ddots & 0 & \vdots & b_{m-1} & \ddots & \vdots \\
\vdots & \vdots & \ddots & 1 & b_1 & \vdots & \ddots\ \ddots & 0 \\
a_1 & \vdots & & a_{n-1} & b_0 - Y & b_1 & \ddots & 1 \\
a_0 & a_1 & & \vdots & 0 & b_0 - Y & \ddots & b_{m-1} \\
0 & a_0 & \ddots & \vdots & \vdots & & \ddots\ \ddots & \vdots \\
\vdots & & \ddots & a_1 & \vdots & & \ddots & b_1 \\
0 & \cdots & 0 & a_0 & 0 & \cdots & \cdots\ 0 & b_0 - Y
\end{array}\right]$$

$$\underbrace{\qquad\qquad\qquad}_{m\text{열}} \qquad \underbrace{\qquad\qquad\qquad}_{n\text{열}}$$

9) 이 맥락에서 행렬식에 의지하는 것은 행렬식이 다소 후에 사용되었기 때문에 약간 시대착오적이지만, 소거이론에서의 실제 계산은 같고 사실상 행렬식을 발달시키는 동기가 되었다.

부정원 Y는 마지막 n열에만 나오기 때문에, R이 Y의 n차 다항식이라는 것을 쉽게 알 수 있다. 더욱이, 행렬식은 서로 다른 행과 열에 속하는 원소들 곱의 교대합이기 때문에 Y^{n-k}의 계수에는 k개만의 인수 b_i들의 곱이 있다. 그러므로

$$R(Y) = c_n Y^n + c_{n-1} Y^{n-1} + \cdots + c_1 Y + c_0$$

이다. 여기서 c_{n-k}는 $b_0, \cdots, b_{m-1}$의 k차 다항식이다. (실제로 $c_n = (-1)^n$.)

$c_{n-1}, c_{n-2}, \cdots, c_1$을 소거하기 위해, $m = n-1$을 생각하자.

앞서 논의에서 $c_{n-1} = c_{n-2} = \cdots = c_1 = 0$은 변수 $b_0, \cdots n_{n-2}$의 차수가 $1, 2, 3, \cdots, n-1$인 방정식 $n-1$개의 연립방정식이었다. 이 방정식들 사이에서 $n-2$개의 변수들이 소거된 후 나오는 한 변수 방정식은 차수가 $1 \cdot 2 \cdot 3 \cdot \cdots \cdot (n-1) = (n-1)!$이다 (예를 들어, Weber[67. §53]를 보라). 이것은 훨씬 뒤에야 베주*Bezout*가 증명했지만, 몇 개의 예를 생각해 보면 위의 연립방정식의 해는 결코 쉽지 않다는 것을 누구나 금방 알아차린다.

예로서 삼차방정식

$$X^3 + pX + q = 0 \qquad (p \neq 0) \tag{6.14}$$

를 생각하고

$$Y = X^2 + b_1 X + b_0 \tag{6.15}$$

라고 하자. 앞에서 설명한 방법대로 이 두 방정식 사이에서 X를 소거하면 다음 Y의 방정식이 나온다:

$$c_3 Y^3 + c_2 Y^2 + c_1 Y + c_0 = 0. \tag{6.16}$$

여기서

$$\begin{aligned} c_3 &= -1, \\ c_2 &= 3b_0 - 2p, \\ c_1 &= 4pb_0 - 3qb_1 - 3b_0^2 - pb_1^2 - p^2 \\ c_0 &= q^2 + p^2 b_0 - pqb_1 + 3qb_0 b_1 - 2pb_0^2 + b_0^3 - qb_1^3 + pb_0 b_1^2. \end{aligned}$$

그러므로 c_2와 c_1을 소거하려면, $b_0 = \dfrac{2p}{3}$라고 놓고 b_1에 대하여 이차방정식

$$pb_1^2+3qb_1-\frac{p^2}{3}=0$$

의 근, 예를 들어,

$$b_1=\frac{3}{p}\left(\sqrt{\left(\frac{p}{3}\right)^3+\left(\frac{q}{2}\right)^2}-\frac{q}{2}\right)$$

를 택하면 된다. 위에서 택한 b_0와 b_1에 대한 값과 $A=\sqrt{(\frac{p}{3})^3+(\frac{q}{2})^2}$ 라고 놓으면,

$$c_0=2^3A^3\left(\frac{3}{p}\right)^3\left(A-\frac{q}{2}\right)$$

이다. 그러므로 Y의 결과방정식 (6.16)의 한 근은

$$Y=\frac{6A}{p}\sqrt[3]{A-\frac{q}{2}}$$

이다. 그래서 제안된 삼차방정식 (6.14)의 한 근은 이차방정식 (6.15)을 풀어서 구하는데, 지금 이것은

$$X^2+\frac{3}{p}\left(A-\frac{q}{2}\right)X+\frac{2p}{3}=\frac{6A}{p}\sqrt[3]{A-\frac{q}{2}} \tag{6.17}$$

이다. 그렇지만, 일반적으로 이 이차방정식의 근 중 한 근만 제안된 삼차방정식 (6.14)의 근이다. (6.14)를 푸는 더 나은 방법은 (6.14)와 (6.17)의 공통근을 구하는 것인데, 이들은 그들의 최대공약수의 근이다.

$B=\sqrt[3]{A-\frac{q}{2}}$ 라고 하면, 유클리드의 호제법에 의하여(p.64) 다음 최대공약수를 얻는다. $A\neq 0$일 때,

$$2A\left(\frac{3}{p}\right)^2\left(B^2+\frac{p}{3}\right)\left(BX+\frac{p}{3}-B^2\right).$$

($A\neq 0$이고 $p\neq 0$이면 $B^2+\frac{p}{3}\neq 0$임은 쉽게 알 수 있다.) 그러므로 (6.14)와 (6.17)의 공통근은 단 하나 있다, 즉

$$X=\frac{B^2-\frac{p}{3}}{B}.$$

$$B = \sqrt[3]{-\frac{q}{2} + \sqrt{(\frac{p}{3})^3 + (\frac{q}{2})^2}} \text{ 이므로,}$$

$$-\frac{p}{3B} = \sqrt[3]{-\frac{q}{2} - \sqrt{\left(\frac{p}{3}\right)^3 + \left(\frac{q}{2}\right)^2}}$$

임은 쉽게 증명할 수 있다. 그러므로 X에 대한 위의 공식이 카르다노의 공식과 일치한다. (6.1절의 비에트의 방법과도 비교하라.)

만일 $A=0$이면, (6.17)의 좌변은 주어진 삼차다항식을 나누므로 (6.17)의 근 모든가 제안된 방정식의 근이다.

Chapter 7
단위원의 근

제7장 단위원의 근

7.1 들어가며

해석기하와 미적분학과 같은 수학의 새 분야가 17세기에 형성되었으므로 이 세기가 끝 무렵까지 방정식의 대수적 이론연구가 거의 정지 되었고, 드물게 치른하우스 같은 선두적 수학자들만이 연구했다는 것은 놀라운 일이 아니다. 그렇지만 다른 분야에서의 진보가 간접적으로 대수에 새로운 발전을 가져왔다. 좋은 예가 유명한 "드무아브르의 공식": 모든 정수 n과 $\alpha \in \mathbb{R}$ 에 대하여

$$(\cos\alpha + i\sin\alpha)^n = \cos(n\alpha) + i\sin(n\alpha) \tag{7.1}$$

라는 것인데, 이것은 n에 대하여 귀납법을 적용하여 쉽게 증명할 수 있다. 왜냐하면 사인과 코사인의 덧셈공식으로부터

$$(\cos\alpha + i\sin\alpha)(\cos\beta + i\sin\beta) = \cos(\alpha+\beta) + i\sin(\alpha+\beta) \tag{7.2}$$

가 바로 나오기 때문이다. 이 공식 (7.1)과 (7.2)를 이용한 그 증명은 1748년에 오일러가 처음 했지만(Smith[54, vol.2, p.450]을 보라), 그보다 일찍 코테스*Cotes*와 드무아브르*de Moivre*의 저서에 묵시적으로 나와 있었다. 실제로 앞의 증명은, 드무아브르의 공식에 이르는 느린 진보에 대한 기록이 없기 때문에, 보는 바와 같이 단순하고 속임수 같다. 이 장의 목적은 이 진보과정을 살펴보고 방정식의 대수이론에 대한 드무아브르의 공식의 의미를 논의하는 것이다.

7.2 드무아브르의 공식의 기원

미적분학이 라이프니츠와 뉴턴에 의해서 형성되었을 때, 유리분수의 적분(또는 원시화)은 피할 수 없었다. 이내

$$\int x^n dx = \frac{x^{n+1}}{n+1} \qquad n \neq -1$$

과

$$\int \frac{dx}{x} = \log x$$

에 해당하는 공식들이 익숙해졌고, 분모가 일차다항식의 멱인 유리 분수의 적분을 변수변환으로 쉽게 할 수 있게 되었다. 더욱이 1675년경 라이프니츠는

$$\int \frac{dx}{x^2+1} = \tan^{-1} x$$

를 알게 되어 이로부터 다른 유리분수의 적분을 유도할 수 있었다.

유리분수의 적분은 라이프니츠가 Acta Eruditorum of Leipzig에 게재한 1702년 논문: "합과 구적법에 관한 무한의 과학을 위한 해석학의 새로운 표본*Specimen novum Analyseos pro Scientia infiniti circa Summas et Quadraturas*"([42, n° 24])의 가장 큰 주제였다. 이 논문에서 라이프니츠는, 유리분수의 적분을 $\frac{dx}{x}$나 $\frac{dx}{x^2+1}$ 또는, 그의 말로, 쌍곡선이나 원의 구적으로 축소하려면 유리분수를 부분분수의 합으로 분해하는 것이 유용하다고 지적했다(5장의 부록을 보라). 이 분해를 하려면 분모를 기약다항식의 곱으로 인수분해 하는 것이 필요했으므로 그는 실계수 다항식의 인수분해를 연구하게 되었고, 모든 양수 차수의 실계수 다항식은 1차 또는 2차 인수의 곱이라는 "대수학의 기본정리"에 가까이 다가가게 되었다(9장을 보라).

> 이제 이것은 우리를 극히 중요한 문제로 이끈다: 모든 유리 구적법을 쌍곡선이나 원의 구적으로 축소할 수 있는가, 이 언급은 해석해 보면 다음에 해당 한다: 모든 대수방정식 또는 부정원이 유리수인 실적분공식이 단순하거나 평면 실수 인수[=차수가 1또는 2인 실수 인수]로 분해될 수 있는가.[42, p.359]

그런 다음 라이프니츠는 다음 반례를 제안했다:

$$x^4 + a^4 = (x^2 + a^2\sqrt{-1})(x^2 - a^2\sqrt{-1})$$

이므로,

$$x^4 + a^4 = (x + a\sqrt{\sqrt{-1}})(x - a\sqrt{\sqrt{-1}})(x + a\sqrt{-\sqrt{-1}})(x - a\sqrt{-\sqrt{-1}})$$

이다. 그는

$$\sqrt{\sqrt{-1}} = \frac{1+\sqrt{-1}}{\sqrt{2}} \quad \text{그리고} \quad \sqrt{-\sqrt{-1}} = \frac{1-\sqrt{-1}}{\sqrt{2}}$$

임을 알지 못했기에 앞의 4개 인수의 자명하지 않은 결합으로 $x^4 + a^4$의 실수 약수가 나오지 않는다는 틀린 결론을 끌어냈다.

> 그러므로, $\int \frac{dx}{x^4 + a^4}$는 앞의 해석으로는 원이나 쌍곡선의 제곱으로 축소할 수 없고 새로운 그 자체를 찾아야 한다.[42, p.360]

라이프니츠는 복소수에 관한 더 깊은 고려를 하지 않았다 해도 $2a^2x^2$를 더하고 빼면

$$\begin{aligned} x^4 + a^4 &= (x^2 + a^2)^2 - 2a^2x^2 \\ &= (x^2 + a^2 + \sqrt{2}\,ax)(x^2 + a^2 - \sqrt{2}\,ax) \end{aligned}$$

임을 생각했더라면[10] 이런 실수를 피할 수 있었을 것이다.

[45, v.IV, pp.205 ff]에 나와 있듯이, 뉴턴도 1676년경에 같은 문제를 시도해서 $x^4 + a^4$의 이 인수분해뿐 아니라, 여러 값의 정수 n에 대한 $1 \pm x^n$의 인수분해도 얻었지만,(부록을 보라), 1702년에 아마 그는 알고 있었지만 라이프니츠의 논문에서 실수를 더 지적하려 하지 않았던 것 같다.

라이프니츠의 주장을 코테스*Roger Cotes*(1682-1716)가 확실하게 반박하였는데, 그는 이항식 $a^n \pm x^n$의 인수분해를 철저히 연구하여 다음 공식을 얻었다:

10) 이것은 1719년에 Acta Eruditorium에서 베르누이N. Bernoulli가 지적했다.

$$a^{2m}+x^{2m}=\prod_{k=0}^{m-1}\left(a^2-2a\cos\left(\frac{(2k+1)\pi}{2m}\right)x+x^2\right), \tag{7.3}$$

$$a^{2m+1}+x^{2m+1}=(a+x)\prod_{k=0}^{m-1}\left(a^2-2a\cos\left(\frac{(2k+1)\pi}{2m}\right)x+x^2\right), \tag{7.4}$$

$$a^{2m}-x^{2m}=(a-x)(a+x)\prod_{k=1}^{m-1}\left(a^2-2a\cos\left(\frac{2k\pi}{2m}\right)x+x^2\right), \tag{7.5}$$

$$a^{2m+1}-x^{2m+1}=(a-x)\prod_{k=1}^{m}\left(a^2-2a\cos\left(\frac{2k\pi}{2m+1}\right)x+x^2\right). \tag{7.6}$$

이 공식들은 "Theoremata tum Logometrica tum Trigonometrica Datarum Fluxionum Fluentes exhibentia, per Methodum Mensuranum Ulterius extensam"(1722) ("더욱 발전된 측정법으로 주어진 유율의 유량을 구하는 정리, 로그함수, 삼각함수"[15, pp.113-114])이란 제목으로 코테스의 논문집에 매우 우아한 형식으로 나온다: $a^\lambda \pm x^\lambda$의 인수를 구하기 위하여 먼저 반지름이 a인 원을 AB, BC, CD, DE, EF 등으로 2λ 등분한다. 원의 중심을 O라고 하고 O에서 거리가 $OP=x$인 반지름 OA 위의 한 점을 P라고 한다. 그러면

$$a^\lambda - x^\lambda = OA^\lambda - OP^\lambda = AP \cdot CP \cdot EP \cdot \text{등},$$
$$a^\lambda + x^\lambda = OA^\lambda + OP^\lambda = BP \cdot DP \cdot FP \cdot \text{등}$$

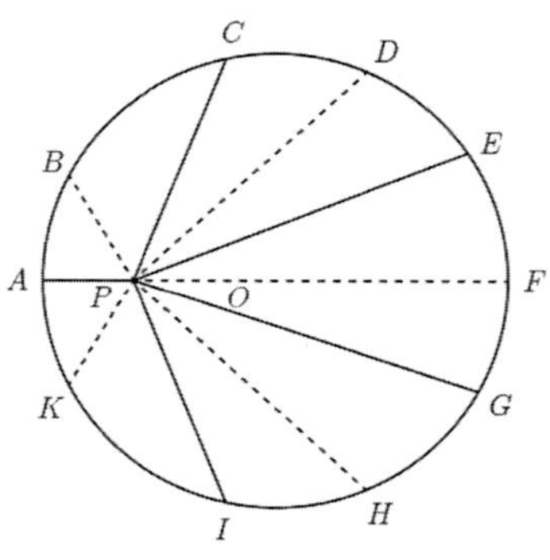

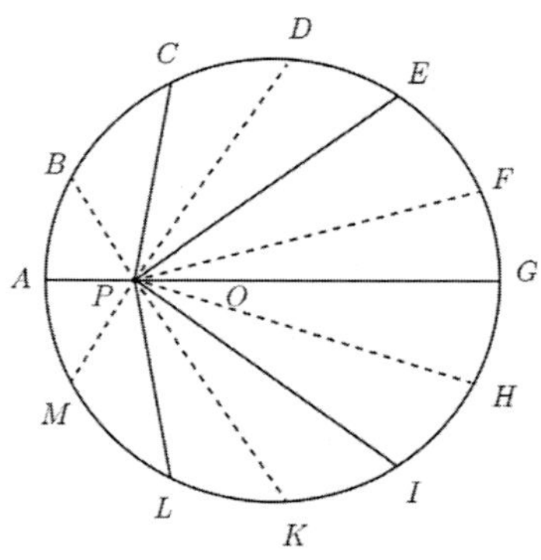

Exempli gratia ſi λ ſit 5, dividatur circumferentia in 10 partes æquales, eritque $AP \times CP \times EP \times GP \times IP = OA^5 - OP^5$ exiſtente P intra circulum: & $BP \times DP \times FP \times HP \times KP = OA^5 + OP^5$. Similiter ſi λ ſit 6, diviſa circumferentia in 12 partes æquales: erit $AP \times CP \times EP \times GP \times IP \times LP = OA^6 - OP^6$, exiſtente P intra circulum; & $BP \times DP \times FP \times HP \times KP \times MP = OA^6 + OP^6$.

이 공식이 앞의 것과 동치임을 확인하는 일은, 피타고라스 정리에 의하여, 아래 그림에서

$$CP^2 = PR^2 + RC^2$$

임을 확인하는 것으로 충분하다.

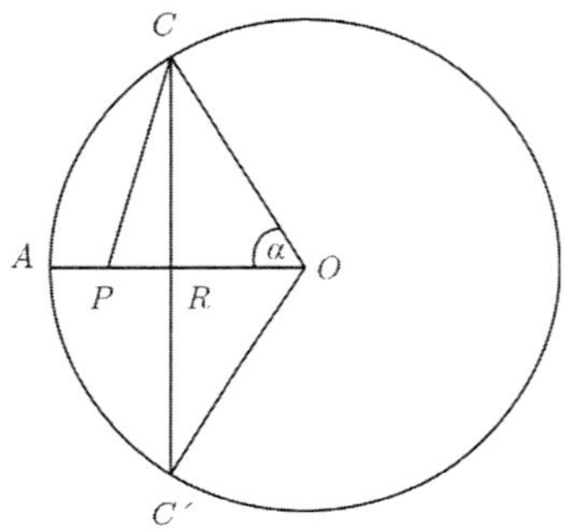

$$PR = OP - OR = x - a\cos\alpha \text{ 그리고 } RC = a\sin\alpha$$

이므로

$$CP = \sqrt{x^2 - 2ax\cos\alpha + \alpha^2}$$

이고, 그러므로

$$CP \cdot C'P = x^2 - 2ax\cos\alpha + \alpha^2$$

이다.

코테스는 공식을 증명 없이 제시했지만, 결국에 1730년 드무아브르*Abraham de Moivre*(1667-1754)가 증명을 제시했는데, 그는 이미 원의 분할에 관한 흥미로운 결과를 얻고 있었었다. 1707년 제목이 "Aequationum quaerundam Potestatis tertiae, quintae, septitae, novae, &c superiorum, ad infinitum ueque pergendo, in terminis finitid, ad imstar Regularum pro Cubicis quae vocantur, Cardani, Resolutio Analytica"("삼차에 대

한 카르다노의 방법과 유사한 방법에 의한, 유한 용어를 사용한 삼차, 오차, 칠차, 구차, 그리고 다른 고차인 특정 방정식의 해석적 해", Smith[54, 2권, pp.44` ff]를 보라)라는 논문에서, 그는, f_n이 $2\cos n\alpha$를 $2\cos\alpha$의 함수로 나타내는 다항식일 때(4장, p.54, 방정식 (4.1) 참조), 방정식

$$f_n(X) = 2a \qquad (n\text{은 홀수})$$

가 모든 a의 값에 대하여 해가

$$X = \sqrt[n]{a + \sqrt{a^2 - 1}} + \sqrt[n]{a - \sqrt{a^2 - 1}}$$

라는 것을 알았다. 특히, 이 공식은 드무아브르의 1707년 논문에 명시적으로 나오지는 않지만, $a = \cos n\alpha$이면

$$2\cos\alpha = \sqrt[n]{\cos n\alpha + \sqrt{-1}\sin n\alpha} + \sqrt[n]{\cos n\alpha - \sqrt{-1}\sin n\alpha} \tag{7.7}$$

이다.

드무아브르가 기본적으로 안 것은 방정식 $f_n(X) = 2a$가 두 방정식

$$1 - 2az^n + z^{2n} = 0 \tag{7.8}$$

$$1 - Xz + z^2 = 0 \tag{7.9}$$

에서 z를 소거하면 얻을 수 있다는 것이다.

실제로, 방정식 (7.9)는

$$1 + z^2 = Xz$$

이고, 양변을 제곱하면

$$1 + z^4 = (X^2 - 2)z^2.$$

마지막 방정식들은, $n = 1, 2$에 대하여,

$$1 + z^{2n} = f_n(X)z^n \tag{7.10}$$

임을 보여준다. 이 초기 단계들로부터 방정식 (7.10)이 모든 정수 n에 대하여 성립함을 점화공식

$$f_{n+1}(X) = Xf_n(X) - f_{n-1}(X) \tag{7.11}$$

을 사용하여 귀납법으로 쉽게 증명할 수 있다(§4.2를 보라). (7.10)을 (7.8)과 비교하면 $f_n(X) = 2a$이다. (7.9)의 양변을 z로 나누면 $X = z + z^{-1}$인데, (7.8)에서

$$z^n = a \pm \sqrt{a^2-1}$$

이다. 그러므로 X에 대하여 동치인 여러 식을 얻는다:

$$X = \sqrt[n]{a+\sqrt{a^2-1}} + \left(\sqrt[n]{a+\sqrt{a^2-1}}\right)^{-1}$$

$$\text{또는 } X = \sqrt[n]{a+\sqrt{a^2-1}} + \sqrt[n]{a-\sqrt{a^2-1}}$$

$$\text{또는 } X = \left(\sqrt[n]{a-\sqrt{a^2-1}}\right)^{-1} + \sqrt[n]{a-\sqrt{a^2-1}}$$

$$\text{또는 } X = \left(\sqrt[n]{a-\sqrt{a^2-1}}\right)^{-1} + \left(\sqrt[n]{a+\sqrt{a^2-1}}\right)^{-1}.$$

이 식들이 동치라는 것은 방정식

$$(a+\sqrt{a^2-1})(a-\sqrt{a^2-1}) = 1$$

으로부터 쉽게 나온다. 드무아브르는 저서 "Miscellanea Analutica"(1730)(Smith [54, vol.2, p.446]를 보라)의 1쪽에서 매우 분명하게 공식 (7.7)을 제시하면서 결국에는 되풀이하여 이 문제로 돌아온다. $X = 2\cos\alpha$와 $a = \cos n\alpha$에 대하여 방정식 (7.8)과 (7.9)를 풀어 얻은 z의 값들이

$$\sqrt[n]{a \pm \sqrt{a^2-1}} = \sqrt[n]{\cos n\alpha \pm \sqrt{-1}\sin n\alpha}$$

이고

$$\frac{X}{2} \pm \sqrt{\left(\frac{X}{2}\right)^2 - 1} = \cos\alpha \pm \sqrt{-1}\sin\alpha$$

이므로

$$\sqrt[n]{\cos n\alpha \pm \sqrt{-1}\sin n\alpha} = \cos\alpha \pm \sqrt{-1}\sin\alpha \tag{7.12}$$

이라는 것은 주목할 가치가 있는데, 드무아브르는 결코 이것을 명시적으로 기록해 놓지 않았다.

그럼에도 불구하고, 앞의 계산에서 조금만 더 나가면 코테스의 공식이 쉽게 증명되기 때문에 드무아브르의 접근은 매우 생산적임이 밝혀졌다(연습문제1을 보라).

1739년에, 드무아브르는 복소수의 삼각함수 표현과 아마 그 무렵엔 완전히 숙달했을 그의 공식도 사용해서 "불가능한 이항식 $a+\sqrt{-b}$"의 n-제곱근을 풀었다(Smith[54, vol.2, p.339] 참조). 그는 그 과정을 다음과 같이 말했다: φ를

$$\cos\varphi = \frac{a}{a^2+b}$$

인 각이라면, $a+\sqrt{-b}$의 n-제곱근은

$$\sqrt[2n]{a^2+b}\,(\cos\psi+\sqrt{\cos^2\psi-1})$$

이다. 여기서 ψ는 $\frac{\varphi}{n}, \frac{2\pi-\varphi}{n}, \frac{2\pi+\varphi}{n}, \frac{4\pi-\varphi}{n}, \frac{4\pi+\varphi}{n}$, 등이 n과 같을 때까지 값들이다. (이 결과는 허수부분의 부호까지 정확하다: 아래 명제7.1을 보라).

이 연구의 결과로서, 라이프니츠가 제기했던 반대에 확실한 답을 주었으므로 "대수학의 기본정리"의 신뢰성이 의미 있게 높아졌다: 복소수의 근 풀이가 새로운 종류의 허수를 만들지 않음이 분명했다. 더욱이, 사차 이하의 방정식은 거듭제곱으로 해결할 수 있기 때문에 드무아브르의 결과로부터 사차 이하의 다항식은 복소수체 위에서 일차 인수의 곱으로 분해된다. 대수학의 기본정리 의 증명에 대한 첫 시도는 그후 얼마 안가 이루어졌고(거듭제곱에 의한 고차 방정식의 해에 대한 공식 없이), 이 주제는 제 9장에서 다시 다루기로 한다.

영향력이 큰 또 다른 결과는 임의의 (0이 아닌) 수의 n-제곱근이 애매해졌다는 것이다: n개의 서로 다른 결정 값을 갖는다. 그러므로 근을 구하는 모든 공식은 어느 근을 택해야 하는지 해명이 필요하게 되었다. 이 견해는, 차후 반데르몬드가 연구의 시발점으로 두드러지게 사용하였는데, 거듭제곱에 의하거나 알려진 해에 대해서까지 방정식의 해법 문제에 완전히 새로운 빛을 비추었다. 실제로, 카르다노의 공식이, §2.2에 나온 것처럼(방정식 (2.3), p.31을 보라), 두 개의 세제곱근인 해를 포함하고 있다: 이 세제곱근의 여러 결정 값을 생각하면, 삼차방정식에 대한 해를 3개 얻는다: 이것이 §2.3(a)의 퍼즐을 해결한다[11].

더구나, 위 (7.12)에 나오는 드무아브르의 공식은 애매하기조차 하다. 제대로 표현하려면, $\cos n\alpha+\sqrt{-1}\sin n\alpha$의 n-제곱근을 구하는 대신 $\cos\alpha+\sqrt{-1}\sin\alpha$를 n제곱해야 한다. 오일러가 이 관점을 택하여, 저서 "무한해석 개론*Introductio in Analysin*

11) §2.2의 표기법으로는, §2.2에서 카르다노의 공식의 증명에서, 아니면 §6.1.2에서 비에트의 방법에서 나오듯이, 세제곱근은 그들의 곱이 $-\frac{p}{3}$이라는 것과 같은 방법으로 결정해야 한다.

Infinitorum"(1748) (Smith[54, vol.2, p,450]을 보라)에서 드무아브르의 공식 (7.1)을 §7.1 처럼 증명하고 있다.

후에 같은 책에서 지수함수와 사인 코사인 함수의 멱급수 전개를 비교하여

$$e^{\alpha\sqrt{-1}} = \cos\alpha + \sqrt{-1}\sin\alpha$$

도 언급하였는데, 드무아브르의 공식이 바로 나오는 관계식이다. 물론, 일단 드무아브르의 공식이 성립되면, 이 절의 다른 주요 결과와 특히 코테스의 공식은 쉬운 응용이라는 것을 알 수 있다. 다음 절에서는 이 방향으로 복소수의 근에 대한 드무아브르의 결과에 대하여 간략히 설명하겠다.

7.3 단위원의 근

a와 b를, 함께 0이 아닌, 실수라고 하고, a^2+b^2의 (양의 실수인) 제곱근을 $\sqrt{a^2+b^2}$ 라고 표기하자.

$$\left(\frac{a}{\sqrt{a^2+b^2}}\right)^2 + \left(\frac{b}{\sqrt{a^2+b^2}}\right)^2 = 1$$

이므로,

$$\cos\varphi = \frac{a}{\sqrt{a^2+b^2}} \quad \text{그리고} \quad \sin\varphi = \frac{b}{\sqrt{a^2+b^2}}$$

인 유일한 각 φ, $0 \le \varphi < 2\pi$, 가 존재한다. 그래서 복소수 $a+bi \ne 0$의 삼각함수식, 즉

$$a+bi = \sqrt{a^2+b^2}(\cos\varphi + i\sin\varphi)$$

을 얻는다.

7.1. 명제. 임의의 양의 정수 n에 대하여, $a+bi$의 서로 다른 n개 n-제곱근은

$$\sqrt[2n]{a^2+b^2}\left(\cos\frac{\varphi+2k\pi}{n} + i\sin\frac{\varphi+2k\pi}{n}\right), \qquad k=0,\cdots,n-1, \tag{7.13}$$

이다.

이 공식에서, $\sqrt[2n]{a^2+b^2}$은 a^2+b^2의 유일한 양의 실수 $2n$-제곱근이다.

증명. 드무아브르의 공식 (7.1)을 사용하면

$$\left(\sqrt[2n]{a^2+b^2}\left(\cos\frac{\varphi+2k\pi}{n}+i\sin\frac{\varphi+2k\pi}{n}\right)\right)^n = \sqrt{a^2+b^2}\,(\cos\varphi+i\sin\varphi)$$

이므로 식 (7.13)의 각각은 $a+bi$의 n-제곱근이다. 나아가 이 식들은, $k=0,\cdots,n-1$에 대하여 $\dfrac{\varphi+2k\pi}{n}$ 중 어느 두 각도 2π의 배수만큼 다를 수 없기 때문에, k의 값들에 대하여 서로 다르다는 것을 쉽게 알 수 있다. ■

7.2. 정의. 특정한 정수 n에 대하여 $\zeta^n=1$인 복소수 ζ를 단위원의 n-제곱근 n-th root of unity라고 한다.

단위원의 n-제곱근 전체의 집합을 μ_n이라고 표기하자. 그러면

$$X^n-1=\prod_{\zeta\in\mu_n}(X-\zeta).$$

앞의 명제에 의하여

$$\mu_n=\left\{e^{2k\pi i/n}=\cos\frac{2k\pi}{n}+i\sin\frac{2k\pi}{n} \mid k=0,\cdots,n-1\right\}$$

이므로,

$$X^n-1=\prod_{k=0}^{n-1}\left(X-\cos\frac{2k\pi}{n}-i\sin\frac{2k\pi}{n}\right). \tag{7.14}$$

이 공식은 X^n-1을 실수 인수로 인수분해 하는 데 사용할 수 있다: 실제로, $k+l=n$이면,

$$\cos\frac{2k\pi}{n}=\cos\frac{2l\pi}{n} \quad \text{그리고} \quad \sin\frac{2k\pi}{n}=-\sin\frac{2l\pi}{n}$$

이므로

$$\left(X-\cos\frac{2k\pi}{n}-i\sin\frac{2k\pi}{n}\right)\left(X-\cos\frac{2l\pi}{n}-i\sin\frac{2l\pi}{n}\right)=X^2-2\cos\left(\frac{2k\pi}{n}\right)X+1.$$

그러므로, (7.14)의 우변에 대응하는 인수의 쌍을 곱하면

$$X^n-1=(X-1)\prod_{k=1}^{\frac{n-1}{2}}\left(X^2-2\cos\left(\frac{2k\pi}{n}\right)X+1\right), \qquad n \text{ 홀수},$$

$$X^n - 1 = (X-1)(X+1)\prod_{k=1}^{\frac{n}{2}-1}\left(X^2 - 2\cos\left(\frac{2k\pi}{n}\right)X + 1\right), \qquad n \text{ 짝수},$$

이다.

이 공식에서 X에 a/x를 대입하고 각 변에 x^n를 곱하여 분모를 소거하면 코테스의 공식 (7.5)와 (7.6)을 다시 얻는다. 공식 (7.3)과 (7.4)는 같은 방법으로 1의 n-제곱근 대신 -1의 n-제곱근을 생각하여 얻을 수 있다.

직교좌표계에서, 복소평면 $\mathbb{C}$에서 단위원의 n-제곱근을 나타내는 점$(\cos\frac{2k\pi}{n}, \sin\frac{2k\pi}{n})$, $k = 0, \cdots, n-1$, 들은 변이 n개인 정다각형의 꼭짓점이다: 이들은 단위원을 n등분한다. 이런 이유로 단위원의 n-제곱근, 또는 정수 k, n에 대하여 $\frac{2k\pi}{n}$에서 코사인과 사인함수 값과 관련된 이론을 "원을 나눈다"(등분한다)는 뜻인 원분*cyclotomy*이라고 부른다.

마찬가지로, 임의의 0이 아닌 복소수의 n-제곱근은 명제7.1에서 본 것처럼 복소평면에서 정n-각형의 꼭짓점을 나타낸다.

1의 제곱근이 특별하다는 것은 특정한 복소수 v의 n-제곱근 u을 알게 되면 $\sqrt[n]{v}$의 여러 가지 결정값이 ωu이라는 사실이다. 여기서 ω는 단위원의 n-제곱근 집합의 임의의 원소이다. 이는

$$(\omega u)^n = \omega^n u^n = 1 \cdot u^n = v$$

로부터, 또는 명제 7.1로부터 쉽게 알 수 있다.

위에서 단위원의 n-제곱근을 삼각함수로 결정했지만, 이와 같은 단위원의 제곱근을 거듭제곱에 의한 식으로 결정하는 문제는 다루지 않았다. 이제 다음 드무아브르의 아이디어를 얘기한 후 이 문제에 대하여 생각해 보자:

7.3. 정리. n을 양의 정수라고 하자. n의 모든 소인수 p에 대하여 단위원의 p-제곱근을 거듭제곱근으로 표현할 수 있다면, 단위원의 n-제곱근을 거듭제곱근으로 표현할 수 있다.

이 정리는 다음 결과로부터 귀납법을 사용하여 증명할 수 있다:

7.4. 보조정리. r과 s를 양의 정수라고 하자. 만일 $\xi_1,\cdots,\xi_r$ (resp. $\eta_1,\cdots,\eta_s$)이 단위원의 r-제곱근 (resp. 단위원의 s-제곱근)이면, 단위원의 rs-제곱근은 $\xi_i\sqrt[r]{\eta_j}$, $i=1,\cdots,r$이고 $j=1,\cdots,s$ 꼴이다.

증명. Y^s-1의 인수분해로부터, $Y=X^r$이라고 놓으면,

$$X^{rs}-1=\prod_{j=1}^{s}(X^r-\eta_j)$$

이다. 그러므로 $j=1,\cdots,s$에 대하여 여러 η_j의 r-제곱근은 단위원의 rs-제곱근이다. ■

정리 7.3의 증명. n의 인수의 수에 대하여 귀납법을 사용하여 증명한다. 만일 n이 소수이면 이미 증명되었다. 양의 정수 $r,s\neq 1$에 대하여 $n=rs$라고 하자. 그러면 r (resp. s)의 인수의 개수는 n의 인수의 개수보다 작다. 그러므로 귀납법에 의하여 단위원의 r-제곱근 $\xi_1,\cdots,\xi_r$과 단위원의 s-제곱근 $\eta_1,\cdots,\eta_s$은 거듭제곱으로 표현된다. 단위원의 n-제곱근은 $\xi_i\sqrt[r]{\eta_j}$꼴이기 때문에 이들도 거듭제곱으로 표현할 수 있다. ■

7.5. 주목할 점. 물론, 이렇게 얻은 식이 실제로 근을 계산하기에 가장 간단하다거나 적절한 것일 필요는 없다. 예를 들어, 단위원의 4-제곱근은 ± 1과 $\pm\sqrt{-1}$이므로, 단위원의 8-제곱근은

$$\pm 1,\quad \pm\sqrt{-1},\quad \pm\sqrt{\sqrt{-1}},\quad \text{그리고}\quad \pm\sqrt{-\sqrt{-1}}$$

와 같지만, $\cos\frac{\pi}{4}=\sin\frac{\pi}{4}=\frac{1}{\sqrt{2}}$이므로

$$\pm 1,\quad \pm\sqrt{-1},\quad \frac{1\pm\sqrt{-1}}{\sqrt{2}},\quad \text{그리고}\quad -\frac{1\pm\sqrt{-1}}{\sqrt{2}}$$

와 같이 나타낼 수도 있다.

더구나, 보조정리 7.4의 결과는 r과 s가 서로소이면 개선된다: 이 경우에는 $\sqrt[r]{\eta_j}$의 한 결정값이 단위원의 s-제곱근 η_k이면 단위원의 rs-제곱근은 $\xi_i\eta_k$, $i=1,\cdots,r$이고 $k=1,\cdots,s$, 꼴의 곱이다. 주목할 점 7.13(p.118)과 Exercise 3을 보라.

정리 7.3은, 임의의 정수 n에 대하여 단위원의 n-제곱근을 구하는 거듭제곱을 이용하는 식을 얻으려면, n이 소수인 경우만 생각하면 충분하다는 것을 보여준다. 방정식 $X^n-1=0$은 분명한 근 $X=1$을 가지고 있기 때문에, X^n-1을 $X-1$로 나눌 수 있고, 그러면 문제는 다음 문제로 축소된다: 소수 n에 대하여, 거듭제곱을 사용하여 다음 방정식을 풀어라

$$X^{n-1}+X^{n-2}+\cdots+X+1=0. \tag{7.15}$$

이 방정식은 $n=2$와 3인 경우 바로 풀린다: $n=2$일 때 -1이고 $n=3$일 때 $\dfrac{-1\pm\sqrt{-3}}{2}$.

$n\geq 5$에 대해서는 (드무아브르에 의한) 다음 방법이 유용하다: $X^{\frac{n-1}{2}}$로 나눈 다음 변수변환 $Y=X+X^{-1}$으로 방정식 (7.15)를 Y의 $\dfrac{n-1}{2}$차방정식으로 변형한다. (이 방법은 다항식 (7.15)에서 중앙 항에 대하여 대칭인 항의 계수들이 같기 때문에 가능하다.) 그러므로, $n=5$일 때,

$$X^4+X^3+X^2+X+1=0$$

의 양변을 X^2로 나누고, $X^2+X+1+X^{-1}+X^{-2}=0$을 $Y=X+X^{-1}$으로 변수변환 하면

$$Y^2+Y-1=0.$$

그러므로

$$Y=\frac{-1\pm\sqrt{5}}{2}$$

이고, X의 값은 Y의 여러 값에 대한 $X+X^{-1}=Y$를 풀어서 얻는다. 그러므로 단위원의 (1 이외의) 5-제곱근은 방정식

$$X^2-\frac{-1+\sqrt{5}}{2}X+1=0 \quad \text{그리고} \quad X^2-\frac{-1-\sqrt{5}}{2}X+1=0$$

의 근으로서, 이들은

$$\frac{\sqrt{5}-1\pm\sqrt{-10-2\sqrt{5}}}{4} \quad \text{그리고} \quad \frac{-\sqrt{5}-1\pm\sqrt{-10+2\sqrt{5}}}{4}$$

이다. 같은 방법으로 $n=7$일 때, 드무아브르의 방법 $Y\ (=X+X^{-1})$을 사용하면 삼차 방정식

$$Y^3+Y^2-2Y-1=0$$

을 얻는데, 이것은 거듭제곱으로 풀 수 있다: 그래서 단위원의 7-제곱근을 거듭제곱으로 나타낼 수 있다.

그렇지만, 그 다음 소수 11은, 드무아브르의 방법으로 5차방정식이 되는데, 이에 대한 거듭제곱에 의한 일반 공식은 알려지지 않고 있다. 이 방정식의 해결은 반데르몬드의 가장 위대한 업적 가운데 하나였다(제 11장을 보라).

7.6. 주목할 점. (a) 방정식 (7.15)의 근이 $e^{2k\pi i/n}$, $k=1,\cdots,n-1$,이므로, $Y\ (=X+X^{-1})$의 방정식은 근은

$$e^{2k\pi i/n}+e^{-2k\pi i/n}=2\cos\frac{2k\pi}{n},\ k=1,\cdots,\frac{n-1}{2}$$

이다. 그러므로 위의 계산에서 $Y^2+Y-1=0$의 양근과 음근인 $2\cos\frac{2\pi}{5}$와 $2\cos\frac{4\pi}{5}$를 거듭제곱근으로 나타내면

$$2\cos\frac{2\pi}{5}=\frac{\sqrt{5}-1}{2} \quad \text{그리고} \quad 2\cos\frac{4\pi}{5}=-\frac{\sqrt{5}+1}{2}.$$

(b) 정리 7.3과 위의 결과로부터, 단위원의 $2\cdot 3^3\cdot 5^2$-제곱근을 거듭제곱근으로 나타낼 수 있다. 그래서

$$\sin\frac{\pi}{3^3\cdot 5^2}=\frac{1}{2i}\left(e^{2\pi i/2\cdot 3^2\cdot 5^2}-e^{-2\pi i/2\cdot 3^3\cdot 5^2}\right)$$

이기 때문에, $\sin\frac{\pi}{3^3\cdot 5^2}$도 거듭제곱근으로 나타낼 수 있다.

이것으로 반 루멘이 세 번째 예제에서 거듭제곱근으로 해를 제시할 수 있었던 이유를 알 수 있다. §4.2를 보라.

7.4 원시근과 원분다항식

이 절에서 드무아브르의 공식[12)]의 다소 직접적인 결과인 몇 가지 사실을 제시함으로써 단위원의 근에 관한 기본적 이론 논의를 끝내려고 한다. 이들은 이제까지 발전한 이론의 자연스런 결과물이며, 18세기 후반에 알려지게 되었다. 중심 개념은 다음과 같다:

7.7. 정의. 단위원의 근 ζ의 지수*exponent*란 $\zeta^e = 1$를 만족하는 가장 작은 정수 $e > 0$를 말한다. 예를 들어, 1은 모든 n에 대하여 단위원의 n-제곱근이고 -1은 모든 짝수 n에 대한 단위원의 n-제곱근이지만, 1의 지수는 1이고 -1의 지수는 2이다.

지수가 n인 단위원의 n-제곱근을 단위원의 원시*primitive* n-제곱근이라고 부른다.

이제 단위원의 원시 n-제곱근을 완전하게 설명하고, 단위원의 다른 n-제곱근들을 그것의 멱으로 얻을 수 있다는 의미에서, 실제로 원시적임을 증명하고자 한다. 증명하는데 기본적 요소는 다음과 같은 정수론의 성질이다:

7.8. 정리. 두 정수 n_1, n_2의 (양의) 최대공약수를 d라고 하자. 그러면

$$d = n_1 m_1 + n_2 m_2$$

를 만족하는 정수 m_1, m_2가 존재한다. 특히, n_1과 n_2가 서로소이면

$$n_1 m_1 + n_2 m_2 = 1$$

인 정수 m_1, m_2가 존재한다.

증명. 정리 5.3의 증명(p.67)에서 다항식 대신 정수로 바꾸어 그대로 논증하면 된다.

---

12) 더 정확히 말하면, 이 결과들은 단위원의 n-제곱근의 집합μ_n이 복소수 곱셈군의 유한부분군이란 사실로부터 나온다.

부언하면, 5.2절과 5.3절에서 다항식의 차수대신 정수의 절대값을 사용하면, 다항식대신 정수에 대하여 대부분의 주장을 할 수 있다는 것은 주목할 필요가 있다: 핵심은 정수에 대해서도 유클리드 호제법이 성립한다는 것이다: m과 n이 정수이고 $m \neq 0$이면

$$n = mq + r \text{ 이고 } \quad 0 \le r < |m|$$

인 정수 q, r이 존재한다. ■

더욱이, 정수 q와 r은 이 성질에 따라 유일하게 결정된다. 그러므로 5.2절과 5.3절의 증명을 따라하면 정수의 소인수분해에 대한 유일성을 증명할 수 있고 다른 유용한 결과도 얻는다: "한 정수가, r 인수들의 곱을 나누고 처음 $(r-1)$ 인수들과 서로소이면, 그 정수는 마지막 인수를 나눈다"(보조정리 5.9와 비교하라) 또는 "한 정수가 쌍마다 서로소인 정수로 나누어지면, 그 정수는 그들의 곱으로 나누어진다"(명제 5.10과 비교하라).

정리 7.8은 가끔 "베주의 정리"Bezout's theorem라고 알려져 있다. 이는 분명히 잘못된 명칭인데, 적어도 바셰*Bachet de Meziriac*의 저서 "수들에 의해 만들어진 즐겁고 재미있는 문제들*Problemes plaisans et delectables qui se font par les nombres*"(1625)까지 거슬러 올라갈 수 있기 때문이다. 그렇지만 베주의 명칭은 부정원이 하나 또는 다수인 유리분수체에서 계수를 갖는 다항식에 대한 유사한 명제와 관련짓는다면 공평할 것이다(즉, 특정한 체 K일 때 $F = K(X_1, \cdots, X_n)$인 정리 5.3). 이 마지막 결과는, 임의의 $n+1$개 부정원을 갖는 두 다항식 $P_1(X_1, \cdots, X_{n+1})$과 $P_2(X_1, \cdots, X_{n+1})$에 대하여

$$P_1 Q_1 + P_2 Q_2 = D$$

를 만족하는 다항식 $O_1(X_1, \cdots, X_{n+1})$, $Q_2(X_1, \cdots, X_{n+1})$, 그리고 $D(X_1, \cdots, X_n)$이 존재함을 의미한다. 부정원 X_{n+1}이 D에 나오지 않기 때문에, D를 P_1과 P_2 사이에서 X_{n+1}을 소거하여 얻는다고 말한다. (P_1의 종결식*resultant*과 P_2의 종결식의 관계는 (X_{n+1}의 다항식으로 생각하여) 연습문제 7에서 언급한다.)

이제 단위원의 제곱근으로 돌아와 단위원의 제곱근의 지수를 규정짓는 다음 결과를 보자:

7.9. 보조정리. 단위원의 제곱근 ζ의 지수를 e라고 하고 m을 정수라고 하자. 그러면 $\zeta^m = 1$일 필요충분조건은 e가 m을 나누는 것이다. 특히, 단위원의 n-제곱근의 지수는 n을 나눈다.

증명. e가 m을 나눈다고 하면, 어떤 정수 f에 대하여 $m = ef$이고, $\zeta^e = 1$이기 때문에, $\zeta^m = (\zeta^e)^f$이므로 $\zeta^m = 1$이다.

역으로, $\zeta^m = 1$이라고 하고 d를 m과 e의 최대공약수라고 하자. 정리 7.8에 의하여

$$mr + es = d$$

인 정수 r과 s가 존재한다. $\zeta^d = (\zeta^m)^r(\zeta^e)^s$이므로 $\zeta^d = 1$이다: 그러나 ζ의 멱이 1이 되는 가장 작은 지수가 e이기 때문에 $d \geq e$이어야 하고, d가 e를 나누므로 $d = e$이다. 그러므로 e는 m을 나눈다. ■

7.10. 명제. ζ와 η를 각각 지수가 e와 f인 단위원의 제곱근이라고 하자. 만일 e와 f가 서로소이면, $\zeta\eta$는 지수가 ef인 단위원의 제곱근이다.

증명. $\zeta^e = 1$이고 $\eta^f = 1$이므로,

$$(\zeta\eta)^{ef} = 1$$

이고, $\zeta\eta$의 지수를 k라고 하면, 앞의 보조정리로부터 k는 ef를 나눈다.

한편, $(\zeta\eta)^k = 1$로부터

$$\zeta^k = \eta^{-k}$$

이고 양변의 멱이 f가 되도록 하면

$$\zeta^{kf} = 1$$

이다. 앞의 보조정리에 의하면 e는 kf를 나눈다. 가정에서 e는 f와 서로소이기 때문에 e는 k를 나눈다. ζ와 η를 바꾸어 같은 방법으로 생각하면 f가 k를 나눈다, e와 f가 서로소이면서 k를 나누기 때문에 곱 ef도 k를 나눈다; 이미 k가 ef를 나누었으므로 $k = ef$. ■

이제 단위원의 원시 n-제곱근이 다른 단위원의 n-제곱근을 생성함을 보이자.

7.11. 명제. ζ가 단위원의 원시 n-제곱근이면, 단위원의 n-제곱근들은

$$\zeta^0 = 1, \zeta, \zeta^2, \cdots, \zeta^{n-1}$$

형태이다. 역으로, ζ가 단위원의 n-제곱근으로서 단위원의 모든 n-제곱근이 ζ의 멱이면 ζ는 원시 n-제곱근이다.

증명. ζ가 단위원의 n-제곱근이므로 ζ의 멱이 모두 단위원의 n-제곱근이고, 따라서 집합

$$S = \{\zeta^i | i = 0, 1, \cdots, n-1\}$$

의 원소는 모두 단위원의 n-제곱근이다. 즉 $S \subseteq \mu_n$. 단위원의 n-제곱근이 S에 원소임을, 즉 $S = \mu_n$임을 증명하려면 S의 원소가 n개의 서로 다른 원소임을 보이면 충분하다. 이것은 $i = 0, 1, \cdots, n-1$에 대하여 멱 ζ^i들이 쌍마다 서로 다르다는 것이다.

이를 증명하기 위해, $0 \le i < j \le n-1$인 특정한 i, j에 대하여 $\zeta^i = \zeta^j$라고 가정하자. 그러면 $\zeta^{j-i} = 1$이므로 보조정리 7.9에 의하여 ζ의 지수 n는 $j-i$를 나눈다. 이것은, $0 < j-i < n$이므로, 불가능하고 따라서 멱들이 쌍마다 서로 다르다는 것이 증명되었다.

역으로, 단위원의 n-제곱근이 모두 ζ의 멱이라고 하자. 만일 ζ가 원시 n-제곱근이 아니라면 특정한 정수 $m < n$에 대하여 $\zeta^m = 1$이다. 그러면 ζ의 모든 멱은, 그러므로 모든 단위원의 n-제곱근은, 단위원의 m-제곱근이다. 즉 $\mu_n \subseteq \mu_m$. 이것은 불가능하다 왜냐하면, 단위원의 m-제곱근의 수가 m개뿐인데 n개의 서로 다른 제곱근이 있다는 것이 되기 때문이다. ■

주목할 점. 위의 명제는 (곱셈)군 μ_n이 한 원소로 생성됨을 증명하고 있다: μ_n을 순환군*cyclic group*이라고 부른다. 명제는 또 μ_n의 생성원이 단위원의 원시 n-제곱근임도 증명한다.

단위원의 원시 n-제곱근을 완벽하게 기술하기 위해 다음 결과를 보자:

7.12. 명제. ζ를 단위원의 원시 n-제곱근이라고 하고 k를 정수라고 하자. 그러면 ζ^k가 원시 n-제곱근일 필요충분조건은 k가 n과 서로소인 것이다.

증명. 먼저 k와 n의 공통인수가 $d \neq 1$라고 가정하자. 그러면

$$(\zeta^k)^{n/d} = (\zeta^n)^{k/d}$$

이고, $\zeta^n = 1$이므로 $(\zeta^k)^{n/d} = 1$이다. 그러므로 ζ^k의 지수는 n/d를 나누고, 따라서 ζ^k는 단위원의 원시 n-제곱근이 아니다.

역으로, ζ^k가 원시 n-제곱근이 아니라고 하자; 그러면 $(\zeta^k)^m = 1$인 양의 정수 $m < n$이 존재한다. ζ의 지수가 n이므로, 보조정리 7.9로부터 n은 km을 나눈다. 만일 n이 k와 서로소이면 n은 m을 나눈다; 그러나 이것은 $m < n$이기 때문에 불가능하다, 그러므로 n과 k는 서로소가 아니다. ■

7.13. 주목할 점. r과 s를 서로소인 정수라고 하고 η를 단위원의 원시 s-제곱근이라고 하자. 명제 7.12에 의하여 η^r은 단위원의 원시 s-제곱근이므로, 명제 7.11에 따라 단위원의 s-제곱근은

$$\mu_s = \{\eta^{ri} | i = 0, 1, \cdots, s-1\}$$

이다. 그러므로 단위원의 모든 s-제곱근은 0과 $s-1$ 사이의 어떤 (유일한) 정수 i에 대하여 η^{ri}와 같이 쓸 수 있고, 단위원의 모든 s-제곱근은 μ_n에서 r-제곱근을 갖는다.

7.14. 따름정리. 단위원의 원시 n-제곱근은

$$e^{2k\pi i/n} = \cos\frac{2k\pi}{n} + i\sin\frac{2k\pi}{n}$$

여기서 k는 n보다 작은 n과 서로소인 양의 정수. 특히, n이 소수이면 1을 제외한 단위원의 모든 n-제곱근은 원시 n-제곱근이다.

증명. $\zeta = \cos\frac{2\pi}{n} + i\sin\frac{2\pi}{n}$이라고 하자.

$$\mu_n = \left\{\cos\frac{2k\pi}{n} + i\sin\frac{2k\pi}{n} \mid k = 0, \cdots, n-1\right\}$$

이므로, 드무아브르의 공식에 의하여

$$\mu_n = \{\zeta^k \mid k = 0, \cdots, n-1\}.$$

그러므로, 명제 7.11에 의해 ζ는 단위원의 원시 n-제곱근이고, 명제 7.12로부터 단위원의 모든 원시 n-제곱근은 ζ^k꼴이다. 이 때 k는 0과 $n-1$ 사이의 n과 서로소인 양의 정수이다. ■

이제 단위원의 원시 n-제곱근을 근으로 갖는 다항식을 들어가며하자. 원의 분할과 관계가 있기 때문에 이 다항식을 원분다항식*cyclotomic polynomials*이라고 부른다.

7.15. 정의. 원분다항식 Φ_n $(n = 1, 2, 3, \cdots)$을 $\Phi_1(X) = X - 1$, 그리고 $n \geq 2$에 대하여

$$\Phi_n(X) = \frac{X^n - 1}{\prod_{d|n,\, d \neq n} \Phi_d(X)}$$

이라고 귀납적으로 정의한다. 여기서 d는 $d \neq n$인 n의 약수를 망라한다.

특히, p가 소수이면,

$$\Phi_p(X) = \frac{X^p - 1}{X - 1} = X^{p-1} + X^{p-2} + \cdots + X + 1.$$

그러나 n이 소수가 아니면, Φ_n이 다항식인지 사전에 분명하지 않다. 이 점과 Φ_n의 근이 단위원의 원시 n-제곱근인지를 동시에 증명하기로 한다:

7.16. 명제. 모든 정수 $n \geq 1$에 대하여, 유리분수 Φ_n은 정수계수의 모닉인 다항식이고,

$$\Phi_n = \prod_{\zeta}(X - \zeta)$$

이다. 여기서 ζ는 단위원의 원시 n-제곱근을 망라한다.

증명. n에 귀납법을 사용하여 증명한다. $n=1$일 때 명제가 성립함이 자명하므로, $n-1$까지 모든 정수에 대하여 명제가 성립한다고 가정하자. 그러면 $d \neq n$인 n의 모든 약수 d에 대하여,

$$\Phi_d(X) = \prod_{\zeta}(X-\zeta) \in \mathbb{Z}[X]$$

이다. 여기서 ζ는 지수가 d인 단위원의 제곱근을 망라한다. 지수가 d인 단위원의 제곱근은 단위원의 n-제곱근이므로, Φ_d는 X^n-1을 나눈다. 더욱이, d_1과 d_2가 n의 서로 다른 약수이면 Φ_{d_1}과 Φ_{d_2}는 그들의 근이 서로 다르기 때문에 서로소이다. 그러므로 명제 5.10에 의하여, 곱 $\prod_{d}\Phi_d(X) \in \mathbb{Z}[X]$은 X^n-1을 나누고, $\Phi_n(X)$는 $\mathbb{Q}[X]$에서 다항식이며, X^n-1과 (n의 모든 진약수d에 대하여) Φ_d가 모닉인 다항식이므로 모닉인 다항식이다.

더욱이, 유클리드 호제법(정리 5.1, p.64)의 증명으로부터 $\mathbb{Z}[X]$에서 모닉인 다항식에 의한 $\mathbb{Z}[X]$에서 다항식의 몫은 $\mathbb{Z}[X]$에 속한다는 것을 알 수 있다. 그러므로 $\Phi_n(X) \in \mathbb{Z}[X]$.

이제, X^n-1을 $\prod_{d|n,\, d \neq n} \Phi_d(X)$로 나누면

$$X^n - 1 = \prod_{\zeta \in \mu_n}(X-\zeta)$$

에서 ζ의 지수가 $d \neq n$인 모든 인수 $X-\zeta$가 제거된다. 그러므로 $\Phi_n(X)$에는 ζ의 지수가 n인 모든 인수 $X-\zeta$ 들만 남게 된다. 그래서

$$\Phi_n(X) = \prod_{\zeta}(X-\zeta)$$

이고 ζ는 단위원의 원시 n-제곱근을 망라한다. ■

주목할 점. 모든 n에 대하여 Φ_n이 $\mathbb{Q}[X]$에서 기약임을 정리 12.31(p.241)에서 증명하게 된다. n이 소수이면 증명이 더 쉽다. 정리 12.10을 보라(p.215).

부록: 급수의 합에 관한 라이프니츠와 뉴턴

1675년경, 라이프니츠는 다음과 같은 결과를 얻고, 증명을 자랑스러워하였다:

$$1-\frac{1}{3}+\frac{1}{5}-\frac{1}{7}+\cdots=\frac{\pi}{4}.$$

그가 한 증명방법은 공식

$$\int\frac{dx}{x^2+1}=\tan^{-1}x \tag{7.16}$$

을 사용하여

$$\int_0^1\frac{dx}{x^2+1}=\frac{\pi}{4}$$

을 얻고, $(x^2+1)^{-1}$의 멱급수 전개식, 즉

$$\frac{1}{x^2+1}=1-x^2+x^4-x^6+x^8-\cdots$$

으로부터

$$\begin{aligned}\int_0^1\frac{dx}{x^2+1}&=\int_0^1 dx-\int_0^1 x^2dx+\int_0^1 x^4dx-\cdots\\&=1-\frac{1}{3}+\frac{1}{5}-\cdots\end{aligned}$$

를 얻었다.

물론, $(x^2+1)^{-1}$의 멱급수 전개식의 적분이 항의 적분들의 급수와 같다는 사실을 증명해야 하지만, 이것은 훨씬 뒤에 이루어졌다.

1676년, 뉴턴은 라이프니츠에게 피적분함수를 부분분수로 축소하는 것에 의존하는 간단한 힌트와 함께([45, v.IV, p.212]를 보라) 다음과 같은 변형을 보냈다:

$$1+\frac{1}{3}-\frac{1}{5}-\frac{1}{7}+\frac{1}{9}+\frac{1}{11}-\frac{1}{13}-\frac{1}{15}+\cdots=\frac{\pi}{2\sqrt{2}}.$$

뉴턴의 결과는 $\int_0^1\frac{(x^2+1)dx}{x^4+1}$을 계산해 얻은 것처럼 보였다. 실제로 유리분수 $\frac{x^2+1}{x^4+1}$을 부분분수로 분해하면:

$$\frac{x^2+1}{x^4+1}=\frac{1}{2}\frac{1}{X^2+\sqrt{2}X+1}+\frac{1}{2}\frac{1}{x^2-\sqrt{2}X+1}$$

이고, $Y=\sqrt{2}X+1$ (각각 $Y=\sqrt{2}X-1$)로 변수변환하면, (7.16)으로부터

$$\int\frac{dx}{x^2+\sqrt{2}x+1}=\sqrt{2}\tan^{-1}(\sqrt{2}x+1),$$

각각 $\displaystyle\int\frac{dx}{x^2-\sqrt{2}x+1}=\sqrt{2}\tan^{-1}(\sqrt{2}x-1).$

그러므로,

$$\int_0^1\frac{(x^2+1)dx}{x^4+1}=\frac{1}{\sqrt{2}}(\tan^{-1}(\sqrt{2}x+1)+\tan^{-1}(\sqrt{2}-1)$$

이고, $(\sqrt{2}+1)(\sqrt{2}-1)=1$이므로,

$$\tan^{-1}(\sqrt{2}+1)+\tan^{-1}(\sqrt{2}-1)=\frac{\pi}{2},$$

이로부터

$$\int_0^1\frac{(x^2+1)dx}{x^4+1}=\frac{\pi}{2\sqrt{2}}.$$

한편, 멱급수 전개식

$$\frac{1}{x^4+1}=1-x^4+x^8-x^{12}+x^{16}-\cdots$$

으로부터

$$\frac{x^2+1}{x^4+1}=1+x^2-x^4-x^6+x^8+x^{10}-\cdots$$

이고, 이로부터

$$\int_0^1\frac{(x^2+1)dx}{x^4+1}=\int_0^1 dx+\int_0^1 x^2dx-\int_0^1 x^4dx-\int_0^1 x^6dx+\cdots$$

$$=1+\frac{1}{3}-\frac{1}{5}-\frac{1}{7}+\cdots.$$

이것이 뉴턴의 결과에 대한 증명이다

연습문제

01 이 첫 번째 연습문제는 드무아브르의 계산을 다항식으로 따라서 하면서 코테스의 공식을 증명하는 것이 목표이다(7.2절). $f_n(2\cos\alpha)=2\cos n\alpha$를 만족하는 모닉인 n차 다항식을 $f_n(X)\in\mathbb{Q}[X]$라고 하고(제4장의 방정식 (4.1)참조, p53), $n=1,2,3,\cdots$에 대하여

$$P_n(X,z)=1-f_n(X)z^n+z^{2n}\in\mathbb{Q}[X,z]$$

라고 하자.

(a) 모든 n에 대하여 $\mathbb{Q}[X,z]$에서 $P_1(X,z)$가 $P_n(X,z)$를 나눔을 증명하라. [**힌트**: n에 대하여 귀납법과 점화관계 (7.11), p.105 를 사용하라.]

(b) $\alpha\in\mathbb{R}$에 대하여, $P_n(2\cos\alpha,z)=\prod_{k=0}^{n-1}P_1\left(2\cos\left(\alpha+\frac{2k\pi}{n}\right),z\right)$임을 증명하라. [**힌트**: (a)를 이용하고 $\alpha\notin\frac{\pi}{n}\mathbb{Z}$에 대하여 우변의 다항식이 쌍마다 서로소임을 관찰하여, 먼저 $\alpha\notin\frac{\pi}{n}\mathbb{Z}$에 대하여 증명하여라. 양변의 계수는 $\mathbb{R}$의 이산 부분집합 외부에서는 값이 같은 α의 연속함수이므로, 그들은 모든 $\alpha\in\mathbb{R}$에 대하여 같다.

(c) $\alpha=0$에 대하여 (b)의 관계식의 양변이 제곱임을 증명하여라. 양변의 제곱근을 풀고,

$$1-z^{2m}=(1-z)(1+z)\prod_{k=1}^{m-1}\left(1-2\cos\left(\frac{2k\pi}{2m}\right)z+z^2\right)$$

$$1-z^{2m+1}=(1-z)\prod_{k=1}^{m}\left(1-2\cos\left(\frac{2k\pi}{2m+1}\right)z+z^2\right)$$

임을 증명하라.

$\alpha=\frac{\pi}{n}$에 대하여, 유사한 공식

$$1+z^{2m}=\prod_{k=0}^{m-1}\left(1-2\cos\left(\frac{(2k+1)\pi}{2m}\right)z+z^2\right)$$

$$1+z^{2m+1}=(1+z)\prod_{k=0}^{m-1}\left(1-2\cos\left(\frac{(2k+1)\pi}{2m+1}\right)z+z^2\right)$$

을 유도하라.

코테스의 공식 (7.3)-(7.6) (p.103)은 z를 $\frac{x}{a}$로 치환하고 양변에 a의 적당한 멱을 곱하여 분모를 소거하면 나온다.

02 다음 연습문제는 연습문제1의 다항식 f_n의 놀라운 성질을 몇 가지를 보이는 것이 목표이다.

(a) $\alpha \in \mathbb{R}$ 에 대하여, $f_n(X) - 2\cos n\alpha = \prod_{k=0}^{n-1}(X - 2\cos(\alpha + \frac{2k\pi}{n}))$을 증명하라. [**힌트**: 연습문제 1(b)에서와 같이 증명하라.]

(b) 모든 정수 m, n에 대하여, $f_m(f_n(X)) = f_{mn}(X)$를 증명하라. [**힌트**: (a)를 이용하라.]

(c) 모든 정수 m, n에 대하여, $f_m(X) \cdot f_n(X) = f_{m+n}(X) + f_{|m-n|}(X)$를 증명하라. ($m = n$을 허용하려면 $f_0(X) = 2$로 놓아라.) [**힌트**: n에 귀납법을 적용하라. $n = 1$에는, 점화관계 (7.11)을 사용하라.]

03 $\mu_n = \{\xi_1, \cdots, \xi_r\}$, $\mu_s = \{\eta_1, \cdots, \eta_s\}$라고 하자. r과 s가 서로소일 때,

$$\mu_{rs} = (\xi_i \eta_j \mid i = 1, \cdots, r \quad \text{그리고} \quad j = 1, \cdots, s\}$$

을 증명하라. [**힌트**: 곱 $\xi_i \eta_j$가 쌍마다 서로 다르다는 것을 증명하면 된다. 정리 7.8을 사용하라.]

04 지수가 e인 단위원의 제곱근을 ζ라고 하고 k를 정수라고 하자. ζ^k의 지수를 구하라. (명제 7.12와 비교해 보라.)

05 단위원의 n-제곱근 ζ가 원시일 필요충분조건은 n의 모든 진약수 d에 대하여 $\zeta^d \neq 1$임을 증명하라.

06 p가 소수일 때, 다음을 증명하라.

$$\sum_{\omega \in \mu_p} \omega^i = \begin{cases} 0 & i \in \mathbb{Z}\text{가 } p\text{의 배수가 아닐 때} \\ p & i \in \mathbb{Z}\text{가 } p\text{의 배수일 때} \end{cases}.$$

[**힌트**: 제 4장의 뉴턴의 공식을 사용하라.]

07 $P = a_n X^n + a_{n-1} X^{n-1} + \cdots + a_1 X + a_0$, $Q = b_m X^m + b_{m-1} X^{m-1} + \cdots + b_1 X + b_0$ $(a_n, b_m \neq 0)$를 체 F 위의 다항식이라고 하고, A를 P와 Q의 종결식 R의 정의에 나오는 계수가 $m+n$인 정사각행렬이라고 하자($R = \det A$, 5.6절을 보라, p.79). 다음 행렬의 곱셈을 증명하라:

$$(X^{m+n-1} \quad X^{m+n-2} \quad \cdots \quad X \quad 1) \cdot A =$$
$$(X^{m-1}P \quad \cdots \quad XP \quad P \quad X^{n-1}Q \quad \cdots \quad XQ \quad Q).$$

이 행렬방정식의 양변에 A의 여인수행렬의 전치행렬을 곱하여라. 결과로 나오는 행렬의 마지막 원소를 보면 R은 $X^{m-1}P$, XP, P, $X^{n-1}P$, $\cdots$, XQ, Q의 일차결합이고, 따라서 $\deg U \leq m-1$, $\deg V \leq n-1$이고

$$PU + QV = R$$

인 다항식 $U, V \in F[X]$가 존재한다. 이 결과를 이용하여, 정리 5.24의 다른 증명을 제시하라.

08 이 마지막 연습문제에서는 오일러의 φ 함수*totient function*를 소개한다. 임의의 정수 $n \geq 2$에 대하여, 0과 $n-1$ 사이에 있는 n과 서로소인 정수의 개수를 $\varphi(n)$이라고 한다.

(a) $\varphi(n) = \deg \Phi_n$을 증명하고, $\varphi(n)$이 단위원의 원시 n-제곱근의 수와 같음을 증명하라.

(b) m과 n이 서로소이면 $\varphi(mn) = \varphi(m)\varphi(n)$임을 증명하라.

(c) 임의의 소수 p에 대하여 $\varphi(p^k) = p^{k-1}(p-1)$임을 증명하라.

(d) (b)와 (c)로부터 다음 공식을 유도하라: $n = p_1^{k_1} \cdots p_r^{k_r}$이면($p_1, \cdots, p_r$은 서로 다른 소수),

$$\varphi(n) = \prod_{i=1}^{r} p_i^{k_i - 1}(p_i - 1) = n \cdot \prod_{i=1}^{r}(1 - p_i^{-1}).$$

(e) $n = \sum_{d|n} \varphi(d)$를 증명하라. 여기서 d는 n의 약수(n을 포함)를 망라한다. [**힌트**: 정의 7.15와 비교하라.]

Chapter 8
대칭함수

제8장 대칭함수

8.1 들어가며

18세기 전반에, 예전에 비에트가 탐구했던 것처럼 (4.2절), 방정식의 구조는 점점 더 분명해졌다. 방정식의 근을 형식적으로 계산하면서, 수학자들은 방정식을 풀지 않고도 계수로부터 얻을 수 있는 정보에 대해서 알기 시작했다. 지라르가 증명했던 대로(4.2절), 임의의 다항식

$$X^n - s_1X^{n-1} + s_2X^{n-2} - \cdots + (-1)^n s_n = (X - x_1)(X - x_2)\cdots(X - x_n) \tag{8.1}$$

에 대하여,

$$\begin{aligned} s_1 &= x_1 + \cdots + x_n, \\ s_2 &= x_1x_2 + \cdots\ x_{n-1}x_n, \\ s_3 &= x_1x_2x_3 + \cdots + x_{n-2}x_{n-1}x_n, \\ &\cdots \\ s_n &= x_1x_2\cdots x_n. \end{aligned} \tag{8.2}$$

이다. 당연히 다음 질문이 나온다: $s_1,\cdots,s_n$으로부터 근이 $x_1,\cdots,x_n$인 어떤 함수를 계산할 수 있을까?

이 기간의 결과들을 제대로 번역하려면, 다항식의 근을 형식적으로 계산하는 확고한 토대 위에서, 근 $x_1,\cdots,x_n$를 어떤 기저체 F (보통, $F=\mathbb{Q}$, 유리수 체) 위의 독립적인

부정원으로 생각해야 한다. 실제로, 상수가 아닌 다항식에 의한 나눗셈을 포함하지 않는 모든 부정원의 계산은 기저체 F를 포함하는 체 K의 임의의 원소를 가지고 하는 것처럼 한다. 이것은 $\{x_1,\cdots,x_n\}$에서 K로의 모든 사상은, 다항식환*ring of polynomials* $F[x_1,\cdots,x_n]$에서 K로의 환 준동형사상*ring homomorphism* 즉, 다항식 $P(x_1,\cdots x_n)$을 $x_1,\cdots,x_n$에 K에서 할당된 그들의 값을 대입하여 얻은 K의 원소로 대응시키는 사상으로 (일의적으로) 확장할 수 있다는 사실을 느슨하게 번역한 것이다. (만일 상수가 아닌 다항식에 의한 나눗셈을 허용한다면, 분모가 K에서 0이 될 수도 있기 때문에 주의가 필요하다.) 그래서 다음 정의를 소개한다:

8.1 정의. $x_1,\cdots,x_n$을 기저체 F 위에서 독립된 부정원이라고 하면, 위의 다항식 (8.1)을 K 위의 일반적*general* (또는 포괄적*generic*) 모닉인 n차 다항식이라고 한다. 그러므로 이 일반적 다항식은 $F[x_1,\cdots,x_n]$에서 계수를 갖는 한 부정원 X의 다항식이다: 그래서 $F[x_1,\cdots,x_n,X]$에 속하는 원소로 볼 수 있다.

이 다항식은 다음과 같은 의미에서 일반적(포괄적)이다: 만일

$$P=X^n+a_{n-1}X^{n-1}+a_{n-2}X^{n-2}+\cdots+a_1X+a_0$$

이 F를 포함하는 체 F 위의 임의의 모닉인 n차 다항식이고, 이것이 K를 포함하는 어떤 체 L에서 일차인수의 곱으로 분해되어서[13], $u_i\in L,\ i=1,\cdots,n$인

$$P=(X-u_1)\cdots(X-u_n)$$

로 된다면, x_i를 u_i로, $i=1,\cdots,n$, 사상하는 준동형사상 $F[x_1,\cdots,x_n]\to L$이 존재한다. 이 환 준동형사상은 $x_1,\cdots,x_n$로 하는 모든 계산을 $u_1,\cdots,n_n$으로 하는 계산으로 번역한다. 예를 들면, 이 환 준동형사상은 $s_1,s_2,\cdots,s_n$를 $-a_{n-1},a_{n-2},\cdots,(-1)^na_0\in K$ 위로 사상함을 쉽게 알 수 있는데, 이것은

$$s_1(u_1,\cdots,u_n)=-a_{n-1}\qquad 즉,\qquad u_1+\cdots+u_n=-a_{n-1}$$

13) P가 K를 포함하는 어떤 체에서 일차인수의 곱으로 분해된다는 조건이 항상 만족되는 것을 뒤에 알게 된다, 9.2절을 보라. 하지만, 지금 여기서 이 단서를 뺄 수 없다 (주목할 점 8.8(a) 아래, p.137와 비교하라).

$$s_2(u_1,\cdots,u_n) = a_{n-2} \qquad \text{즉,} \qquad u_1u_2 + \cdots + u_{n-1}u_n = a_{n-2}$$

$$\cdots \qquad\qquad \cdots$$

$$s_2(u_1,\cdots,u_n) = (-1)^n a_0 \qquad \text{즉} \qquad u_1 \cdots u_n = (-1)^n a_0$$

을 의미한다.

임의의 원소에서 부정원으로, 이렇게 관점을 약간 바꾸면, 질문은 이렇게 된다: n개 부정원 $x_1,\cdots,x_n$의 유리분수 중에서 $s_1,\cdots,s_n$ (여기서 $s_1,\cdots,s_n$는 위에서 등식 (8.2)로 정의한 것) 의 유리분수로 나타낼 수 있는 것은 어느 것인가?

결정적 조건이 다음과 같이 드러난다:

8.2 정의. n개 부정원의 다항식 $P(x_1,\cdots,x_n)$이 그 부정원들을 임의로 치환해도 달라지지 않으면 즉, $1,\cdots,n$의 모든 치환 σ에 대하여

$$P(x_{\sigma(1)},\cdots,x_{\sigma(n)}) = P(x_1,\cdots,x_n)$$

이면, 대칭*symmetric*이라고 한다. 마찬가지로, n개 부정원의 유리분수 $\frac{P}{Q}$가 부정원들을 치환해도 달라지지 않으면 즉, $1,\cdots,n$의 모든 치환 σ에 대하여

$$\frac{P(x_{\sigma(1)},\cdots,x_{\sigma(n)})}{Q(x_{\sigma(1)},\cdots,x_{\sigma(n)})} = \frac{P(x_1,\cdots,x_n)}{Q(x_1,\cdots,x_n)}$$

이면, 대칭이라고 한다. 이것이 P와 Q가 모두 대칭을 의미하는 것은 아님에 주의해야 하는데, 왜냐하면 P와 Q 모두에 임의의 0이 아닌 다항식을 곱해도 분수 $\frac{P}{Q}$가 바뀌지 않기 때문이다. 그러나 다음에(p.136) 모든 대칭 유리분수는 대칭 다항식의 몫으로 나타낼 수 있음을 알게 된다.

다항식 $s_1,\cdots,s_n$들이 대칭이므로, $s_1,\cdots,s_n$의 유리분수도 $x_1,\cdots,x_n$의 대칭 유리분수이다. 그 역도 참이어서 다음 결과가 성립한다:

8.3. 정리. 체 F 위에서 n개 부정원 $x_1,\cdots,x_n$의 유리분수는 그것이 대칭일 때 그리고 그때만 $s_1,\cdots,s_n$의 유리분수로 나타낼 수 있다.

이 정리는 사실 다항식에 대한 유사한 결과에서 나온다:

8.4. 정리. 체 F 위에서 n개 부정원 $x_1,\cdots,x_n$의 다항식은 그것이 대칭일 때 그리고 그때만 $s_1,\cdots,s_n$의 다항식으로 나타낼 수 있다.

이들 정리는 각각 대칭분수의 기본정리 또는 대칭다항식의 기본정리라고 알려져 있다. 다항식 $s_1,\cdots,s_n$을 때로는 기본대칭다항식이라고 부르는데, 이는 다른 대칭다항식을 이들로 나타낼 수 있기 때문이다.

이 정리들은 18세기 수학자들 계산에 꾸준히 나오기 때문에 어느 특정한 사람의 공으로 돌리기가 어렵다. (어쨌든 증명이 어렵지 않기 때문에 돌릴 공도 크지 않다.) 이들은 1770년경 웨어링*Edward Waring*(1736-1798)의 "대수적 생각*Meditations Algebraicae*"와 반데르몬드*A.T.Vandermonde*의 "방정식 풀이에 대한 학술논문*Memoire sur la resolution des equations*"에, 그리고 아마도 다른 사람이 논문에 처음 출판되어 나왔던 것으로 보인다. 1770년 라그랑주가 대칭분수에 대한 기본정리가 "자명한" 것으로 인정한 것은 주목할 만하다[40, Art. 98, p.372].

그러므로 증명에 기대할 수 있는 가장 흥미로운 특징은 효율성이다: 증명은 모든 대칭다항식을 $s_1,\cdots,s_n$의 다항식으로 나타내는 방법을 제시해야 한다. 다음 절에서, 웨어링이 제안한[66, I장, 문제III, case 3] 특히 간단한 방법을 설명하고, 그런 다음 몇 가지 응용을 논의할 것인데, 우선 모든 항을 적어내지 않고 대칭다항식을 표기할 수 있는 편리한 표기법을 지적하겠다.

표기법. 부정원의 치환에 의해 $x_1^{i_1}x_2^{i_2}\cdots x_n^{i_n}$으로부터 다양하게 서로 다른 단항식을 얻어낸 항들로 이루어진 대칭다항식을 $\sum x_1^{i_1}x_2^{i_2}\cdots x_n^{i_n}$이라고 하자. 이 표기로는, 지수 $i_1,\cdots,i_n$의 일부가 0일수도 있기에 변수의 총수가 분명하지 않아, 이 표기는 약간 모호하다고 할 수 있다. 그러므로 변수의 총수는 문맥상 분명하지 않는 한 항상 제시되어야 한다. 예를 들어, 두 변수의 대칭다항식으로서

$$\sum x_1^2x_2 = x_1^2x_2 + x_1x_2^2$$

인 반면, 세 변수의 대칭다항식은

$$\sum x_1^2 x_2 = x_1^2 x_2 + x_1 x_2^2 + x_1^2 x_3 + x_1 x_3^2 + x_2^2 x_3 + x_2 x_3^2.$$

이 표기법으로 기본 대칭다항식을 간단히 다음과 같이 적는다:

$$s_1 = \sum x_1, \quad s_2 = \sum x_1 x_2, \quad \cdots \quad , \quad s_{n-1} = \sum x_1 \cdots x_{n-1},$$

그리고 $s_n = \sum x_1 \cdots x_n \quad (= x_1 \cdots x_n)$.

8.2 웨어링의 방법

n 부정원의 다항식의 차수를 정의하기 위하여, 정수의 n-조의 집합 $\mathbb{N}^n$에 사전식순서를 부여한다. 그러므로 열 $i_1 - j_1, \cdots, i_n - i_n$에서 첫 번째 0이 아닌 차가(만일 있다면) 양수일 때 $(i_1, \cdots, i_n) \geq (j_1, \cdots, j_n)$이다. 체 위의 n 부정원 $x_1, \cdots, x_n$의 임의의 0이 아닌 다항식 $P = P(x_1, \cdots, x_n)$에 대하여 P의 차수*degree*를 P에서 0이 아닌 계수 $x_1^{i_1} \cdots x_n^{i_n}$ 중에서 가장 큰 n-조 $(i_1, \cdots i_n) \in \mathbb{N}^n$라고 정의한다. 예를 들어,

$$\begin{aligned} \deg s_1 &= (1,0,0,\cdots,0) \\ \deg s_2 &= (1,1,0,\cdots,0) \\ &\cdots \\ \deg s_{n-1} &= (1,1,\cdots,1,0) \\ \deg s_n &= (1,1,\cdots,1,1) \end{aligned} \tag{8.3}$$

편의상 $\deg 0 = -\infty$이라고 하면, 한 부정원의 다항식에서와 똑 같은 관계가 성립한다, 즉

$$\deg(P+Q) \leq \max(\deg P, \deg Q) \tag{8.4}$$

$$\deg(PQ) = \deg P + \deg Q \tag{8.5}$$

정리 8.4의 증명. 대칭다항식 $P(x_1, \cdots, x_n)$을 $s_1, \cdots, s_n$의 다항식으로 나타내는 웨어링의 방법은 유클리드의 호제법과 매우 유사하다(정리 5.1, p.64). 아이디어는 P

에 P와 같은 차수를 갖는 $s_1,\cdots,s_n$의 다항식을 짝짓는 것이다. 선행계수를 조정하면 차이의 차수가 $\deg P$보다 작게 정리할 수 있고, 차수에 귀납법을 적용하여 끝낸다. ■

0이 아닌 대칭다항식을 $P\in F[x_1,\cdots,x_n]$라고 하고,

$$\deg P=(i_1,i_2,\cdots,i_n)\in \mathbb{N}^n$$

이라고 하자. 먼저 $i_1\ge i_2\ge\cdots\ge i_n$임을 보자. 실제로, P의 항 중 $ax_1^{i_1}\cdots x_n^{i_n}$ $(a\neq 0)$고 같은 항을 찾고, P가 대칭이므로, $x_1,\cdots,x_n$의 치환에 의해 이와 같은 항을 모두 찾는다. 이 항들의 차수는 원소들의 치환에 의해서 $(i_1,\cdots,i_n)$으로부터 얻은 여러 가지 n-조들이고, 이 n-조 가운데 가장 큰 것은 원소들이 증가하지 않는 순서로 있는 것이다.

그러므로

$$f=s_1^{i_1-i_2}s_2^{i_2-i_3}\cdots s_{n-1}^{i_{n-1}-i_n}s_n^{i_n}$$

이라고 놓을 수 있다. (8.3)과 (8.5)에 의하여,

$$\begin{aligned}\deg f&=(i_1-i_2)\deg(s_1)+(i_2-i_3)\deg(s_2)+\cdots+i_n\deg(s_n)\\&=(i_1-i_2,0,\cdots,0)+(i_2-i_3,i_2-i_3,0,\cdots,0)+\cdots+(i_n,\cdots,i_n)\\&=(i_1,i_2,\cdots,i_n).\end{aligned}$$

더욱이, f의 선행계수는 $x_1^{i_1}\cdots x_n^{i_n}$의 계수인데, 이것이 1임을 바로 증명할 수 있고, 그래서

$$f=x_1^{i_1}\cdots x_n^{i_n}+(\text{차수가 더 낮은 항})$$

이다. 그러므로 $a\in F^{\times}$가 P의 선행계수이면,

$$P=ax_1^{i_1}\cdots x_n^{i_n}+(\text{차수가 더 낮은 항})$$

이어서 $P_1=P-af$라고 놓으면, $\deg P_1<\deg P$임을 알 수 있다. 나아가, P와 f가 대칭이므로 P_1 (0도 가능)이 대칭이다. 그러므로 같은 논리를 P보다 차수가 작은 P_1에도 적용할 수 있다.

웨어링은 말했다:

> 해법의 첫 단계는 $S^a \times R^{b-a} \times Q^{c-b} \times P^{d-c} \cdots$를 구하는 것이다; 이 항들 중 한 특별한 곱이 구하는 합이다. 그리고 남은 항들을 같은 방법으로 확인해야 하고 나머지는 버린다.[66, p.13]

증명을 완결하려면, 초기 대칭다항식의 차수를 축소시킨 위의 과정이 유한 번의 단계로 종결된다는 것을 증명해야 한다. 이것은 다음 사실에서 바로 나온다:

8.5. 보조정리. N^n은 내림사슬조건을 만족 한다 즉, 어떤 무한 원소들의 단조감소수열도 포함하지 않는다.

증명. $n=1$일 때 보조정리는 분명하므로, n에 대하여 귀납법을 사용한다. 만일

$$(i_{11}, i_{12}, \cdots, i_{1n}) > (i_{21}, i_{22}, \cdots, i_{2n}) > \cdots > (i_{m1}, i_{m2}, \cdots, i_{mn}) > \cdots \tag{8.6}$$

이 N^n에서 무한단조감소수열이라면, 첫째 원소들의 수열은 증가수열이 아니므로

$$i_{11} \geq i_{21} \geq \cdots \geq i_{m1} \geq \cdots.$$

그러므로 이 수열은 결국 상수가 된다: 모든 $m \geq M$에 대하여

$$i_{m1} = i_{M1}$$

인 첨수 M이 존재한다. 그러면 수열 (8.6)에서 처음 $M-1$항을 제거하고, 남은 (무한) 수열의 원소에서 마지막 $n-1$ 원소를 생각하자:

$$(i_{M2}, i_{M3}, \cdots, i_{Mn}) >) i_{(M+1)2}, i_{(M+1)3}, \cdots, i_{(M+1)n}) > \cdots.$$

그래서 N^{n-1}에 속하는 원소들의 단조감소수열을 얻는다. 그런 수열의 존재는 귀납가정에 모순이다. ■

8.6. 예제. 세 변수의 대칭다항식

$$S = \sum x_1^4 x_2 x_3 + \sum x_1^3 x_2^3$$

(즉, $S = x_1^4 x_2 x_3 + x_1 x_2^4 x_3 + x_1 x_2 x_3^4 + x_1^3 x_2^3 + x_1^3 x_3^3 + x_2^3 x_3^3$, 8.1절(p.128 끝부분에서 정한 표기법을 보라)을 s_1, s_2, s_3의 다항식으로 나타내어보자. $(4,1,1) > (3,3,0)$이므로 S의 차

수는 $(4,1,1)$이고, 따라서 먼저 $s_1^{4-1}s_2^{1-1}s_3^1$을 계산하면,

$$s_1^3 s_3 = (\sum x_1)^3(x_1x_2x_3) = \sum x_1^4x_2x_3 + 3\sum x_1^2x_2^2x_3 + 6x_1^2x_2^2x_3^2,$$

따라서

$$S = \sum x_1^3x_2^3 - 3\sum x_1^3x_2^2x_3 - 6x_1^2x_2^2x_3^2 + s_1^3s_3.$$

차수 $(3,3,0)$인 다항식을 s_1, s_2, s_3으로 나타낼 일이 남았으므로, s_2의 세제곱을 계산하면

$$s_2^3 = (\sum x_1x_2)^3 = \sum x_1^3x_2^3 + 3\sum x_1^3x_2^2x_3 + 6x_1^2x_2^2x_3^2.$$

$\sum x_1^3x_2^3$에 대하여 앞의 S의 식을 대입하면

$$S = -6\sum x_1^3x_2^2x_3 - 12x_1^2x_2^2x_3^2 + s_1^3s_3 + s_2^3.$$

다음으로, $\sum x_1^3x_2^2x_3$을 소거하기 위해 $s_1s_2s_3$을 계산하면,

$$s_1s_2s_3 = (\sum x_1)(\sum x_1x_2)(x_1x_2x_3) = \sum x_1^3x_2^2x_3 + 3x_1^2x_2^2x_3^2,$$

따라서

$$S = 6x_1^2x_2^2x_3^2 + s_1^3s_3 + s_2^3 - 6s_1s_2s_3.$$

$x_1^2x_2^2x_3^2 = s_3^2$이므로, 마침내 구하는 결과를 얻었다:

$$S = s_1^3s_3 + s_2^3 - 6s_1s_2s_3 + 6s_3^2.$$

이 간단한 예제로부터, 웨어링의 방법을 사용하는데 있어 유일한 어려움은 적절한 계수와 함께 $s_1^{i} \cdots s_n^{i_n}$과 같은 곱으로 된 여러 가지 단항식을 써 내려가는 것임이 분명해졌다.

유리분수: 정리 8.3의 증명. P, Q를 유리분수 $\frac{P}{Q}$가 대칭인 n개 부정원 $x_1, \cdots, x_n$의 다항식이라고 하자. $\frac{P}{Q}$가 $s_1, \cdots, s_n$의 유리분수임을 증명하기 위하여, $\frac{P}{Q}$를 다음과 같이 $x_1, \cdots, x_n$의 대칭다항식의 몫으로 나타낸다: 만일 Q가 대칭이면, $\frac{P}{Q}$가 대칭이므로 P도 대칭이므로, 일은 끝난다. 그렇지 않으면, $Q_1, \cdots, Q_r$을 Q로부터 부정

원을 치환해서 얻은 (Q가 아닌) 여러 다른 다항식이라고 하자. 그러면 부정원의 치환은 인수를 치환한 것에 불과하기 때문에 곱 $QQ_1 \cdots Q_r$은 대칭이다. $\frac{P}{Q}$는 대칭이고 $\frac{P}{Q} = \frac{PQ_1 \cdots Q_r}{QQ_1 \cdots Q_r}$이므로, 다항식 $PQ_1 \cdots Q_r$도 대칭이다. 그래서 원하는 $\frac{P}{Q}$의 표현을 얻었다. 이제, 대칭다항식의 기본정리(정리 8.4)에 의하여

$$PQ_1 \cdots Q_r = f(s_1, \cdots, s_n) \text{ 와 } QQ_1 \cdots Q_r = g(s_1, \cdots s_n)$$

인 다항식 f, g가 존재하고, 따라서

$$\frac{P}{Q} = \frac{f(s_1, \cdots, s_n)}{g(s_1, \cdots, s_n)}. \qquad \blacksquare$$

대칭다항식의 기본정리에 의하면 모든 대칭다항식 $P(x_1, \cdots, x_n)$은 어떤 n 부정원의 다항식 f에 대하여

$$P(x_1, \cdots, x_n) = f(s_1, \cdots, s_n)$$

형태이다. 달리 말하면, n 부정원의 다항식 $f(y_1, \cdots, y_n)$이 존재하여 부정원 $y_1, \cdots, y_n$을 $s_1, \cdots, s_n$으로 치환하면 $P(x_1, \cdots, x_n)$이 된다. 그러나 P의 식이 $s_1, \cdots, s_n$의 다항식으로서 유일한지 또는 다른 말로, 위의 등식이 성립하는 다항식 f가 유일하게 존재하는지는 사전에 분명하지 않다. 인정하건데, 그 반대는 놀랄 일이지만, 가우스보다 앞서 아무도 f의 유일성을 증명하는데 주의를 기울인 것 같지 않았다. 가우스는 대수학의 기본정리에 대한 두 번째 증명(1815)에 그 증명이 필요했다[25, §5] (Smith[54, vol.I, pp.292-306]도 보라).

8.7. 정리. f와 g를 체 F 위에서 n 부정원 $y_1, \cdots, y_n$의 다항식이라고 하자. 만일 $y_1, \cdots, y_n$을 $s_1, \cdots, s_n$으로 치환했을 때 f와 g가 $x_1, \cdots, x_n$에서 똑같은 다항식 즉, $F[x_1, \cdots, x_n]$에서

$$f(s_1, \cdots, s_n) = g(s_1, \cdots, s_n)$$

이면, $F[y_1, \cdots, y_n]$에서

$$f(y_1,\cdots,y_n)=g(y_1,\cdots,y_n)$$

이다.

증명. 0이 아닌 단항식

$$m(y_1,\cdots,y_n)=ay_1^{i_1}\cdots y_n^{i_n}$$

의 차수 $(i_1,\cdots,i_n)$와 단항식

$$m(s_1,\cdots,s_n)=as_1^{i_1}\cdots s_n^{i_n}\in F[x_1,\cdots,x_n]$$

의 차수를 비교한다. (8.3)과 (8.5)에 의하여

$$\deg m(s_1,\cdots,s_n)=(i_1+\cdots+i_n,i_2+\cdots+i_n,\cdots,i_{n-1}+i_n,i_n).$$

$\mathbb{N}^n$에서 $\mathbb{N}^n$으로의 사상 $(i_1,\cdots,i_n)\mapsto(i_1+\cdots+i_n,i_2+\cdots+i_n,\cdots,i_n)$이 단사이므로, $y_1,\cdots,y_n$을 $s_1,\cdots,s_n$으로 치환했을 때 $F[y_1,\cdots,y_n]$에서 차수가 서로 다른 단항식은 $F[x_1,\cdots x_n]$에서 소거되지 않는다. 그러므로 모든 0이 아닌 다항식 $h\in F[y_1,\cdots,y_n]$은 $F[x_1,\cdots x_n]$에서 0이 아닌 다항식 $h(s_1,\cdots,s_n)$이 된다. 이 결과를 $h=f-g$에 적용하면 정리를 얻는다. ■

8.8. 주목할 점. (a) $\varphi:\ F[y_1,\cdots y_n]\to F[x_1,\cdots,x_n]$를 다항식 $h(y_1,\cdots,y_n)$을 $h(s_1,\cdots,s_n)$으로 사상하는 환 준동형사상이라고 하자. 앞 정리는 φ가 단사임을 말한다. 그러므로 φ의 이미지는 $s_1,\cdots,s_n$이 생성하는 $F[x_1,\cdots x_n]$의 부분환 $F[s_1,\cdots,s_n]$이며, φ에 의하여 n 부정원 다항식들의 환과 동형이다. 달리 말하면, $F[x_1,\cdots,x_n]$에서 다항식 $s_1,\cdots,s_n$은 독립적 부정원으로 볼 수 있다. 이 사실을 $s_1,\cdots,s_n$이 대수적으로 독립*algebraically independent*이라는 말로 표현한다.

이 주목할 점의 요점은 F 위에서 n차 포괄적 모닉다항식

$$X^n-s_1X^{n-1}+s_2X^{n-2}-\cdots+(-1)^n s_n$$

이 F를 포함하는 체 K 위에서 모든 n차 모닉다항식에 대해서 실제로 포괄적이라는 것

이다. 실제로, 만일 그와 같은 다항식이

$$X^n + a_{n-1}X^{n-1} + a_{n-2}X^{n-2} + \cdots + a_0$$

이면, $s_1, \cdots, s_n$을 F 위에서 독립적 부정원으로 볼 수 있으므로, $F[s_1, \cdots, s_n]$에서 K로 $s_1, s_2, \cdots, s_n$를 $-a_{n-1}, a_{n-2}, \cdots, (-1)^n a_0$로 사상하는 (유일한) 환 준동형사상이 존재한다. 이 준동형사상이 포괄적 다항식의 계수 계산을 임의의 다항식의 계수 계산으로 번역한다. 정의 8.1에 뒤 이은 논의와 대조하여, 여기서 기초 체의 확대체 위에서 일차인수의 곱으로 분해되는 다항식으로 제한할 필요 없다; 이것은 정확히 가우스의 논문[25]에서 정리 8.7이 중요한 이유인데, 이 연구의 목적이 다항식을 복소수체 위에서 일차인수의 곱으로 분해할 수 있음을 주장하는 대수학의 기본정리를 증명하는 것이기 때문이다.

(b) 검토해 보면, 웨어링의 방법에 대한 설명에서나 정리 8.7에서 모두 기초 환 F가 체라는 가정은 사용하지 않았다. 그러므로 정리 8.4와 정리 8.7은 모든 기초 환에서 성립한다. 정리 8.3도 모든 (가환) 정역 위에서 성립하지만, 이를 더 일반화 하려면 유리분수의 정의 자체에 얼마간 주의가 필요하다.

8.3 판별식

$$\Delta(x_1, \cdots, x_n) = \prod_{1 \le i \le j \le n} (x_i - x_j) \in \mathbb{Z}[x_1, \cdots, x_n]$$

이라고 하자. $x_1, \cdots, x_n$의 모든 치환은 그들 일부의 부호가 바뀌면서 자신들 사이의 인수 $x_i - x_j$들을 치환한다. 그래서, Δ는 치환에 의하여 바뀌지 않은 채 남거나 반대로 바뀌고, Δ^2은 대칭다항식이다. 정리 8.4(그리고 8.7)로부터 n차 포괄적 다항식이 판별식*discriminant*이라고 부르는, 적당히 (잘 정의된) 정계수 다항식 D에 대하여

$$\Delta(x_1, \cdots, x_n)^2 = D(s_1, \cdots, s_n)$$

이다.

그래서 체 F 위의 임의의 다항식

$$X^n + a_{n-1}X^{n-1} + a_{n-2}X^{n-2} + \cdots + a_0$$

의 판별식은, $s_1,\cdots,s_n$에 대한 다항식의 계수를 치환하여 $D(s_1,\cdots,s_n)$으로부터 얻은 F의 원소인, $D(-a_{n-1},a_{n-2},\cdots,(-1)^n a_0)$라고 정의한다,

2차에서는 바로

$$\Delta(x_1,x_2)^2=(x_1-x_2)^2=x_1^2+x_2^2-2x_1x_2$$

이고 이 대칭다항식은 기본대칭다항식을 사용하여

$$\Delta(x_1,x_2)^2=(x_1+x_2)^2-4x_1x_2=s_1^2-4s_2$$

와 같이 나타낼 수 있다. 그러므로 포괄적 이차다항식의 판별식은

$$D(s_1,s_2)=s_1^2-4s_2.$$

3차에 대해서는 계산을 간단히 하기 위해 책략을 사용한다. 단항식의 합으로 적어 내면, $\Delta(x_1,x_2,x_3)=(x_1-x_2)(x_1-x_3)(x_2-x_3)$는

$$A=x_1^2x_2+x_2^2x_3+x_3^2x_1 \quad \text{그리고} \quad B=x_1x_2^2+x_2x_3^2+x_3x_1^2$$

이라고 하면

$$\Delta(x_1,x_2,x_3)=A-B$$

이다. 그러므로

$$\Delta(x_1,x_2,x_3)^2=A^2+b^2-2AB=(A+B)^2-4AB. \tag{8.7}$$

이제, $A+B$와 AB는 s_1,s_2,s_3로 어렵지 않게 나타낼 수 있는 대칭다항식이다. 웨어링의 방법으로 곧바로 계산하면 다음 결과가 나온다(8.1절 끝부분(p.134)에서 제시한 표기법으로, 예제 8.6을 보라):

$$A+B=\sum x_1^2x_2=s_1s_2-3s_3,$$

$$AB=\sum x_1^4x_2x_3+\sum x_1^3x_2^3+3x_1^2x_2^2x_3^2=s_1^3s_3+s_2^3-6s_1s_2s_3+9s_3^2.$$

판별식 $D(s_1,s_2,s_3)$은, $\Delta(x_1,x_2,x_3)^2$와 같은데, 위의 방정식 (8.7)로부터 쉽게 계산된다. 구하면

$$D(s_1,s_2,s_3)=s_1^2s_2^2+18s_1s_2s_3-27s_3^2-4s_1^3s_3-4s_2^3$$

이다. 특히, X^3+pX+q의 판별식 $-27q^2-4p^3$ 임을 알 수 있다. 그래서 이 판별식을 d라고 표기하면,

$$d = -2^2 3^3\left(\left(\frac{p}{3}\right)^3 + \left(\frac{q}{2}\right)^2\right). \tag{8.8}$$

이제 판별식으로부터 실계수 다항식의 근에 관한 어떤 정보를 얻을 수 있는지 알아보기로 하자. 다음 쉬운 결과가 필요하게 된다:

8.9. 보조정리. $a \in \mathbb{C}$가 다항식 $P \in \mathbb{R}[X]$의 한 근이면, 켤레복소수 $\overline{a}$도 P의 한 근이다.

증명. P의 계수는 그들 자신의 켤레와 같기 때문에, 등식 $P(a) = 0$의 양변의 켤레를 취하하면 $P(\overline{a}) = 0$이다. ■

8.10. 정리. $P \in \mathbb{R}[X]$를 $\mathbb{C}$ 위에서 일차인수의 곱으로 분해되는[14] 실계수 모닉다항식이라고 하고, 그래서 $u_1, \cdots u_n \in \mathbb{C}$에 대하여

$$P = (X - u_1) \cdots (X - u_n)$$

이라고 하자. $d \in \mathbb{R}$를 P의 판별식이라고 하자. 등식 $d = 0$는 P가 $\mathbb{C}$에서 중복도가 적어도 2 이상인 근을 가지고 있을 때 그리고 그 때만 성립한다. 만일 P의 모든 근이 실근이면, $d \geq 0$이다. $n = 2, 3$일 때 그 역도 성립한다.

증명. 포괄적 다항식의 근으로 하는 계산은 P의 근 $u_1, \cdots, u_n$에 대해서도 성립하므로(정의 8.1에 이어지는 논의를 보라),

$$d = \Delta(u_1, \cdots u_n)^2 = \prod_{1 \leq i < j \leq n} (u_i - u_j)^2$$

이다. 이것이 곧바로 모든 근 $u_1, \cdots, u_n$이 실근이면 $d \geq 0$임을 의미한다. 만일 P가 중복도가 적어도 2 이상인 근을 가지고 있다면, $i \neq j$인 첨수 i, j가 있어서 $u_i - u_j = 0$이고, 이로부터 위의 곱이 0인 인수를 가지므로 $d = 0$이다. 만일 P의 근이 모두 단근이라면, 각 인수는 0이 아니므로 $d \neq 0$이다.

14) 대수학의 기본정리(정리 9.1, p.148)는 이것이 P에 대해서 제한이 되지 않음을 보여준다.

$n=2$에 대하여,

$$d=(u_1-u_2)^2.$$

만일 u_1이 실근이 아니면, 앞의 보조정리에서 $u_2=\overline{u_1}$이다.

그러므로 $\overline{(u_1-u_2)}=-(u_1-u_2)$이고, 따라서

$$(u_1-u_2)^2=-(u_1-u_2)\overline{(u_1-u_2)}=-|u_1-u_2|^2$$

이고 $d<0$이다.

같은 방법으로 $n=3$에 대하여,

$$d=(u_1-u_2)^2(u_1-u_3)^2(u_2-u_3)^2.$$

만일 근 중 하나, 가령 u_1이 실근이 아니면, u_2, u_3 중에 그 켤레복소수 $\overline{u_1}$이 있다. 일반성을 잃지 않고, $\overline{u_1}=u_2$라고 가정하자. 그러면 $(x-u_1)(X-u_2)\in\mathbb{R}[X]$이고, 따라서

$$X-u_3=\frac{P}{(X-u_1)(X-u_2)}\in\mathbb{R}[X].$$

이것이 $u_3\in\mathbb{R}$ 임을 증명한다. 이제

$$\overline{(u_1-u_2)}=-(u_1-u_2),\quad \overline{(u_1-u_3)}=(u_2-u_3),$$

그리고 $\overline{(u_2-u_3)}=(u_1-u_3)$.

그러므로,

$$\overline{(u_1-u_2)(u_1-u_3)(u_2-u_3)}=-(u_1-u_2)(u_1-u_3)(u_2-u_3)$$

이고, 이로부터

$$d=-|(u_1-u_2)(u_1-u_3)(u_2-u_3)|^2<0$$ ■

8.11. 주목할 점. (a) $n\geq 4$에 대하여 d의 부호가 4의 배수를 기준으로 P의 실근의 개수를 결정한다. 연습문제4를 보라.

(b) 앞의 정리에서 (중근에 관한) 처음 명제는 임의의 체 위에서 성립한다. 그러므로

모닉다항식이 기저체의 확대체에서 적어도 하나 이상의 중근을 갖기 위한 필요충분조건이 두 가지다: 판별식이 0이거나, 또는 동등하게, 다항식이 도함수와 함께 상수가 아닌 공통인수를 갖는 것이다(명제 5.19, p.76.를 보라). 이 두 조건의 동등성은 정리 5.24를 이용하여 직접 증명할 수 있다.. 실제로, 모닉다항식 P의 판별식은 P의 종결식과 그 도함수 ∂P와 (부호 기준으로)같다; 연습문제 6을 보라.

8.12. 따름정리. $p, q \in \mathbb{R}$ 이라고 하자. 방정식

$$X^3 + pX + q = 0$$

가 서로 다른 3개 실근을 가질 필요충분조건은 $(\frac{p}{3})^3 + (\frac{q}{2})^2 < 0$이다.

증명. $X^3 + pX + q = 0$의 판별식 d가

$$d = -2^2 3^3 \left(\left(\frac{p}{3} \right)^3 + \left(\frac{q}{2} \right)^2 \right)$$

이므로 앞의 정리로부터 바로 알 수 있다(방정식(8.8), p.140을 보라). ■

이 따름정리가 삼차방정식의 "기약인 경우*casus irreducibilis*"(2.3절 (c)를 보라)가 정확히 방정식이 3개의 서로 다른 실근을 갖는 경우임을 보여준다.

부록: 오일러의 완전제곱역수 급수의 합

1735년경, 오일러는 급수 $\sum_{k=1}^{\infty} \frac{1}{k^2}$이 합을 구하는데 성공해서 라이프니츠와 베르누이 *Jacques Bernoulli*(Bouer [8, ch..21, n°4]를 보라)를 당황케 했던 결과를 얻었다. 그의 방법은 다항식의 근과 계수 사이의 관계를 특정한 멱급수에 적용하는 것이었다.

포괄적 다항식

$$X^n - s_1 X^{n-1} + s_2 X^{n-2} - \cdots + (-1)^n s_n = (X - x_1) \cdots (X_- x_n)$$

에 대하여

$$s_1 = \sum x_1, \quad s_2 = \sum x_1 x_2, \quad \cdots \quad , \quad s_{n-1} = \sum x_1 \cdots x_{n-1},$$

그리고 $s_n = x_1 \cdots x_n$

임을 보았다. 그러므로 8.1절(p.132) 끝부분에서 정한 표기법을 유리분수에 사용하면,

$$\sum x_1^{-1} = s_{n-1} s_n^{-1}, \qquad \sum (x_1 x_2)^{-1} = s_{n-2} s_n^{-1}, \quad \cdots \quad ,$$

그리고 $\sum (x_1 \cdots x_{n-1})^{-1} = s_1 s_n^{-1}$.

4.2절 뉴턴의 공식에 대하여 같은 계산을 하면,

$$\sum x_1^{-2} = (\sum x_1^{-1})^2 - 2\sum (x_1 x_2)^{-1} = (s_{n-1}^2 - 2 s_{n-2} s_n) s_n^{-2}$$

$$\sum x_1^{-3} = (\sum x_1^{-1})(\sum x_1^{-2}) - (\sum (x_1 x_2)^{-1})(\sum x_1^{-1}) + 3\sum (x_1 x_2 x_3)^{-1}$$

$$= (s_{n-1}^3 - 3 s_{n-2} s_{n-1} s_n + 3 s_{n-3} s_n^2) s_n^{-3},$$

등을 얻는다. 이제, 만일 $u_1, \cdots u_n$이 임의의 (모닉일 필요 없는) 다항식

$$a_n X^n + a_{n-1} X^{n-1} + \cdots + a_1 X + a_0 \qquad (a_n \neq 0)$$

의 근이면, $u_1, \cdots u_n$는 모닉다항식

$$X^n + a_{n-1} a_n^{-1} X^{n-1} + \cdots + a_1 a_n^{-1} X + a_0 a_n^{-1}$$

의 근이다. 위 계산에서 $s_1, s_2, \cdots, s_n$에 $-a_{n-1} a_n^{-1}, a_{n-2} a_n^{-1}, \cdots (-1)^n a_0 a_n^{-1}$을 대입하면 ($a_0 \neq 0$일 때),

$$u_1^{-1} + \cdots + u_n^{-1} = -a_1 a_0^{-1} \tag{8.9}$$

$$u_1^{-2} + \cdots + u_n^{-2} = (a_1^2 - 2a_2 a_0) a_0^{-2} \tag{8.10}$$

$$u_1^{-3} + \cdots + u_n^{-3} = (-a_1^3 + 3a_2 a_1 a_0 - 3a_3 a_0^2) a_0^{-3} \tag{8.11}$$

오일러가 지적한대로 이 계산을, $0, \pm\pi, \pm 2\pi, \pm 3\pi, \cdots$를 근으로 갖는 사인함수를 "무한 다항식"

$$\sin z = z - \frac{z^3}{3!} + \frac{z^5}{5!} - \frac{z^7}{7!} + \cdots$$

로 생각하여 여기에 적용하면 흥미로운 결과가 나온다. 이 급수를 z로 나누어 근 0를 제거하고 $x = z^2$로 변수를 바꾸면, 근 $\pi^2, (2\pi)^2, (3\pi)^2, \cdots$을 가진 급수

$$1-\frac{x}{3!}+\frac{x^2}{5!}-\frac{x^3}{7!}+\cdots$$

를 얻는다. 그러면 $n=\infty, a_0=1, a_1=-\frac{1}{3!}, a_2=\frac{1}{5!}, a_3=-\frac{1}{7!}$, 등과 방정식 (8.9), (8.10), (8.11), 등에서

$$\sum_{k=1}^{\infty}(k\pi)^{-2}=\frac{1}{6},\ \sum_{k=1}^{\infty}(k\pi)^{-4}=\frac{1}{90},\ \sum_{k=1}^{\infty}(k\pi)^{-6}=\frac{1}{945},$$

등이 나온다. 양변에 π의 적절한 멱을 곱하면,

$$\sum_{k=1}^{\infty}\frac{1}{k^2}=\frac{\pi^2}{6},\ \sum_{k=1}^{\infty}\frac{1}{k^4}=\frac{\pi^4}{90},\ \sum_{k=1}^{\infty}\frac{1}{k^{6=}}\frac{\pi^6}{945},$$

등이 나온다. 오일러의 계산이 유효한 지는 물론 명확하지 않지만, 엄밀하게 증명할 수 있다. 핵심은 사인함수를 무한곱

$$\sin z = z\prod_{k=1}^{\infty}\left(1-\frac{z^2}{k^2\pi^2}\right),\ z\in\mathbb{C},$$

으로 나타낼 수 있는가이다. 위의 계산이 홀수 s에서 리만의 제타함수*Zeta function*

$$\zeta(s)=\sum_{k=1}^{\infty}\frac{1}{k^s}$$

의 값에 대한 어떠한 정보도 제시하지 못한다는 것도 주목하라. 실제로, 이 값들에 관해 알려진 것은 거의 없다. 최근까지, $\zeta(3)$가 유리수인지 아닌지조차 알지 못했었다. 이 문제는 1978년 아페리*Roger Apery*가 부정적으로 답했다(Van der Poorten[60]을 보라).

연습문제

01 다음 연습문제는 다항식의 판별식을 계산하는 대안적 절차를 제시한다.

$$P(X)=X^n-s_1X^{n-1}+\cdots+(-1)^n s_n=(X-x_1)\cdots(X-x_n)$$

이라고 하고, $\sigma_i=\sum_{j=1}^{n}=x_j^i$, $i=1,2,\cdots$이라고, 그리고 A와 B를 $n\times n$ 행렬

$$A=\begin{pmatrix} 1 & 1 & \cdots & 1 \\ x_1 & x_2 & \cdots & x_2 \\ \vdots & \vdots & & \vdots \\ x_1^{n-1} & x_2^{n-1} & \cdots & x_n^{n-1} \end{pmatrix}, \qquad B=\begin{pmatrix} n & \sigma_1 & \sigma_2 & \cdots & \sigma_{n-1} \\ \sigma_1 & \sigma_2 & \sigma_3 & \cdots & \sigma_n \\ \sigma_2^1 & \sigma_3 & \sigma_4 & \cdots & \sigma_{n+1} \\ \vdots & \vdots & \vdots & & \vdots \\ \sigma_{n-1} & \sigma_n & \sigma_{n+1} & & \sigma_{2n-2} \end{pmatrix},$$

이라고 하자.

(a) $\det A=\prod_{i>j}(x_i-x_j)$를 증명하라. (행렬 A를 반데르몬드 행렬이라고 부른다).

(b) $B=AA^t$를 증명하라 (여기서 A^t는 A의 전치행렬이다).

(c) (a)와 (b)로부터 $P(X)$의 판별식이

$$D(s_1,\cdots,s_n)=\det B$$

임을 유도하라.

(d) 이 결과를 사용하여 다항식 X^n+pX+q이 판별식이

$$(-1)^{\frac{n(n-1)}{2}}((-1)^{n-1}(n-1)^{n-1}p^n+n^nq^{n-1})$$

임을 증명하라.

02 x_1,x_2,x_3를 삼차방정식 $X^3+pX+q=0$의 근이라고 하자. $(x_1-x_2)^2$, $(x_1-x_3)^2$, $(x_2-x_3)^2$ 를 근으로 하는 방정식이

$$Y^3+6pY^2+9p^2Y+(4p^3+27q^2)=0$$

임을 증명하라. 이 방정식을 주어진 삼차방정식의 제곱차 방정식*equation of squared differences*이라고 부른다.

03 $P(X)=X^4-s_1X^3+s_2X^2-s_3X+s_4$

$$=(X-x_1)(X-x_2)(X-x_3)(X-x_4)$$

라고 하고

$$u_1=(x_1+x_2)(x_3+x_4), \qquad v_1=x_1x_2+x_3x_4,$$
$$u_2=(x_1+x_3)(x_2+x_4), \qquad v_2=x_1x_3+x_2x_4,$$

$$u_3 = (x_1 + x_4)(x_2 + x_3), \qquad v_3 = x_1x_4 + x_2x_3$$

라고 하자.

(a) u_1, u_2, u_3를 근으로 갖는 방정식이

$$Q(Y) = Y^3 - 2s_2Y^2 + (s_2^2 + s_1s_3 - 4s_4)Y - (s_1s_2s_3 - s_1^2s_4 - s_3^2) = 0$$

이고, v_1, v_2, v_3를 근으로 갖는 방정식이

$$R(Z) = Z^3 - s_2Z^2 + (s_1s_3 - 4s_4)Z - (s_1^2s_4 - 4s_2s_4 + s_3^2) = 0$$

임을 증명하라. (제 3장의 방정식 (3.5)와 (3.6), pp.40,42, 과 비교하라.)

(b) P, Q, R의 판별식이 모두 같음을 증명하라.

[**힌트**; $\Delta(X_1, X_2, X_3, X_4) = -\Delta(u_1, u_2, u_3) = -\Delta(v_1, v_2, v_3)$를 증명하라.]

04 $P \in \mathbb{R}[X]$를, $\mathbb{C}$ 위에서 일차인수의 곱으로 분해되어 $P = (X - u_1) \cdots (X - u_n)$, $u_i \in \mathbb{C}$,로 되는 모닉인 실계수다항식이라고 하자. P의 근 $u_1, \cdots, u_n$이 서로소라고 가정하고, $u_1, \cdots, u_n$ 중 실근이 개수를 r이라고 하고 P의 판별식을 d라고 하자. $n - r$이 $d > 0$일 때 그리고 그 때만 4의 배수인 짝수임을 증명하라,

05 $P = (X - x_1) \cdots (X - x_n)$ 그리고 $Q = (X - y_1) \cdots (X - y_m)$라고 하자. P와 Q의 종결식이

$$\prod_{i=1}^{n}\prod_{j=1}^{m}(x_i - y_j) = \prod_{i=1}^{n} Q(x_i) = (-1)^n \prod_{j=1}^{m} P(y_j)$$

임을 증명하라. [**힌트**: $x_1, \cdots, x_n, y_1, \cdots, y_m$을 부정원으로 생각하고 정리 5.24, p.79을 이용하라.]

06 $P = (X - x_1) \cdots (X - x_n)$; d를 P의 판별식, 그리고 R을 P의 종결식, ∂P를 그 도함수라고 하자. 다음을 증명하라.

$$R = \prod_{i \neq j}(x_i - x_j) = (-1)^{\frac{n(n-1)}{2}} d.$$

[**힌트**; $\partial P(x_i)$를 계산하여 연습문제 5를 이용하라.]

Chapter 9
대수학의 기본정리

제 9 장 대수학의 기본정리

9.1 들어가며

이 장의 제목은 다음 결과를 말하는 것이다:

9.1. 정리. 복소수 체 $\mathbb{C}$ 위에서 0이 아닌 다항식의 근의 개수는, 중근도 하나씩 각각 헤아릴 때, 다항식의 차수와 같다.

동등하게, 정리 5.15에 따르면, 대수학의 기본정리는 모든 다항식이 $\mathbb{C}[X]$에서 일차 인수의 곱으로 분해된다는 주장이다. 실다항식만의 동등한 표현도 있다:

9.2. 정리. 모든 (상수가 아닌) 실다항식은 1차 혹은 2차의 (실)다항식의 곱으로 분해할 수 있다.

이들 명제가 동치임은 뒤에 명제 9.6에서 증명할 것이다.

정리 9.1은 상당히 느슨한 형태로는 지라르까지 유래를 거슬러 올라갈 수 있다(4.2절, p.49를 보라). 실제로, 라이프니츠는 18세기 초에 그때까지도 증명이 아득함을 분명히 알게 하는 반례(7.2절, p.101)를 제시했다. 그렇지만, 그 세기 전반에 드무아브르의 연구로 복소수 연산에 대한 더욱 깊은 이해가 촉발되어 증명에 대한 첫 시도의 길이 열렸다.

$\mathbb{R}$ (또는 $\mathbb{C}$)의 근본적인 구조는 해석적이기 때문에, 1746년에 달랑베르*Jean le Rond d'Alembert*(1717-1783)가 출판한 증명의 처음 아이디어가 해석학적 기법을 사용했다는 것은 놀랄 일이 아니다. 그렇지만, 대수학적 정리라고 생각하는 것에 해석학적 증명은 만족스럽게 받아들여지지 않아서, 1749년에 오일러는 좀 더 대수적인 방법을 시도했다. 오일러의 아이디어는 정리 9.2와 동치인 것을 차수를 나누는 2의 가장 높은 멱에 귀납적 논리를 사용하여 증명하는 것이었다. 몇 가지 세부적인 비결을 빠뜨리고 오일러는 자신의 계획을 완전히 수행하지 못해서 그의 증명은 개략적 것에 불과했다. 오일러의 증명에서 몇 가지 단순화 된 것을 나중에 드폰센스*Daviet Francois de Foncenex*(1734-1799)가 제시했고, 마침내 1772년에 라그랑주가 오일러와 드폰센스의 아이디어를 상세화 하고 증명의 결함을 수정하여 완전한 증명을 내놓았다.

다만 한 가지. 가우스가 1799년 그의 취임논문에서 지적한 대로[23, §12], 중요한 결함이 남아 있었다. 17세기 수학자들에게 내려온 관습에 휘말려, 라그랑주는 임의의 n차 방정식의 n개 "허*imaginary*"근의 존재를 묵시적으로 당연하게 생각하고, 이 허근의 형태가 $a,b \in \mathbb{R}$ 인 $a+b\sqrt{-1}$ 이라는 것만 증명했다. 가우스 또한 오일러, 드폰센스, 달랑베르의 초기 증명들에 같은 비판을 할 수 있음을 보이고[23, §§6ff], 나아가 달랑베르의 증명의 선을 따라서 처음으로 대수학의 기본정리에 대하여 근본적으로 완전한 증명을 제시했다.

1815년, 가우스는 오일러-드폰센스-라그랑주 증명을 수정할 방법도 알아내고[25], 나중에 기본정리 9.1에 대한 두 가지 다른 증명을 제시했다.

우리가 보게 될 증명은 오일러-드폰센스-라그랑주 아이디어를 기본으로 한 것이다. 그렇지만, 가우스의 수정을 따르는 대신 19세기말에 허근(마치 그들이 수인 것처럼 이 근들에 연산을 할 수 있다는 것 말고는 아무 것도 알려진 것이 없는)의 존재에 관한 지라르의 첫 "정리*theorem*"의 증명에서 나오는 아이디어를 사용한다. 그래서 오일러의 증명이 암묵적으로 의지한 공준*postulate*을 정당화 하고 나서, 허근이 $a+b\sqrt{-1}$ $(a,b, \in \mathbb{R})$ 형태임을 증명하는 데 오일러의 논거를 좀 더 직접적으로 사용할 수 있다, 그리하여 사무엘*Samuel*[52, p.53]에도 나오는, 대수학의 기본정리에 대한 간소화되고 거의 완전한 대수학적 증명을 얻는다.

9.2 지라르의 정리

이 절에서, F를 임의의 체라고 하자. 지라르의 직감을 현대적으로 번역하면 다음과 같다:

9.3. 정리. 임의의 상수 다항식 $P \in F[X]$에 대하여, F를 포함하는 체 K가 존재하여 P가 K 위에서 일차인수의 곱, 즉 $K[X]$에서

$$P = a(X - x_1) \cdots (X - x_n)$$

으로 분해된다.

체 K는 이데알에 의한 다항식환의 연이은 몫에 의해 추상적으로 구성된다.

먼저 가환환 A에서 이데알*ideal*이란 A의 원소에 의한 곱셈에 안정적인, 즉 $a \in A$와 $x \in I$에 대하여 $ax \in I$인, A의 덧셈군의 부분군 I이다. I에 의한 A의 상환을 정의하기 위하여, $a \in A$에 대하여

$$a + I = \{a + x \mid x \in I\}$$

라고 하자. 이것은 A의 부분집합이고, I가 A의 덧셈군의 부분군이라는 가정으로부터, $a, b \in A$에 대하여

$$a + I = b + I \Leftrightarrow a - b \in I \tag{9.1}$$

이다.

그래서

$$A/I = \{a + I \mid a \in A\}$$

이라고 놓는다. I 가 이데알이라는 조건에서 A에서의 연산이

$$(a+I) + (b+I) = (a+b) + I \text{ 그리고 } (a+I)(b+I) = ab + I$$

에 의하여 A/I에 환구조를 갖는다. 환 A/I를 이데알 I에 의한 A의 상환*quotient ring*이라고 부른다.

이 상환에서 0 원소는 $0 + I\ (= I)$이고, 간단히 0으로 표기 한다; 그러므로 (9.1)에 의해 A/I에서

$$a+I=0 \quad \Leftrightarrow \quad a \in I. \tag{9.2}$$

이 구성에 다음 예가 필요하다: $A=F[X]$라고 하고 I를 다항식 P의 배수의 집합

$$(P)=\{PQ \mid Q \in F[X]\}$$

라고 하자. (P)가 $F[X]$의 이데알임은 바로 증명할 수 있으므로, 상환 $F[X]/(P)$을 구성할 수 있다. 이 구성은 비록 코시가 먼저 특별한 경우를 생각하였다고 해도(1847년에 코시는 $\mathbb{C}$를 상환 $\mathbb{R}[X]/(X^2+1)$으로 나타냈다), 근본적으로 크로네커*Kronecker*(1823-1897)에 기인한다.

지라르의 정리를 증명하는데 필요한 기본 보조정리는 다음과 같다:

9.4. 보조정리. $P \in F[X]$기 기약이면, $F[X]/(P)$는 F와 P의 근을 포함하는 체이다.

증명. $F[X]/(P)$가 체임을 증명하려면 $F[X]/(P)$의 모든 0이 아닌 원소 $Q+(P)$가 가역적임을 증명하면 된다. $Q+(P)\neq 0$이므로 위의 (9.2)로부터 $Q \notin (P)$, 즉 P는 Q를 나누지 않는다. P가 기약이므로, P와 Q는 서로소이고, 따름정리 5.4, p.69.에 의하여, $P_1, Q_1 \in F[X]$에 대하여

$$PP_1+QQ_1=1.$$

이 관계식은 QQ_1-1이 P로 나누어짐을 의미하므로, 위의 (9.1)에 의하여

$$QQ_1+(P)=1+(P).$$

그러므로,

$$(Q+(P))(Q_1+(P))=1+(P)$$

이고, 이것은 $F[X]/(P)$에서 $Q_1+(P)$가 $Q+(P)$의 역원임을 의미한다.

F의 0이 아닌 원소는 모두 P로 나눌 수 없으므로, F에서 $F[X]/(P)$로 가는 사상 $a \mapsto a+(P)$은 단사이다. 그러므로 이 사상은 $F[X]/(P)$ 안으로 F의 매장이고, 따라서 F는 $F[X]/(P)$의 부분체로 동일화 된다. 그래서 P를 $F[X]/(P)$ 위의 다항식으로 생각할 수 있고, P의 근이 $F[X]/(P)$에 포함되는 것만 증명하면 된다.

$F[X]/(P)$에서 연산의 정의로부터

$$P(X+(P)) = P(X)+(P)$$

이므로, 위 (9.2)에 따라

$$P(X+(P)) = 0$$

이고, 이로부터 $X+(P)$가 $F[X]/(P)$에서 P의 근이다. ■

정리 9.3의 증명. P를 $F[X]$에서 기약인 인수들의 곱으로 분해하여

$$P = P_1 \cdots P_r$$

라고 하고, $P_1,\cdots,P_r$ 중 일차인수들의 개수를 s라고 하자. 그러므로 정수 s는 F에서 중복도와 함께 헤아린 P의 근의 수이다(P가 F에서 근이 없다면 $s=0$일 수도 있다).

$(\deg P)-s$는 $P_1,\cdots,P_r$ 중 일차가 아닌 인수들의 곱의 차수와 같은데, 여기에 귀납법을 적용하자.

만일 $(\deg P)-s=0$이면, 인수 $P_1,\cdots,P_r$ 모두가 일차이고, $K=F$라고 하면 된다.

만일 $(\deg P)-s>0$이면, 인수 $P_1,\cdots,P_r$중 적어도 하나가 차수가 2 이상이다. 예를 들어$\deg P_1 \geq 2$라고 하고,

$$F_1 = F[X]/(P_1)$$

이라고 하자. P_1이 F_1에서 근을 가지므로, 정리 5.12, p.73.에 따라 F_1에서 P_1의 분해는 일차인수를 적어도 하나 포함하고, 그래서 F_1 위에서 P의 기약인수로의 분해에서 일차인수의 개수 s_1은 적어도 $s+1$이다. 그러므로 $(\deg P)-s_1 < (\deg P)-s$이고, 귀납가정에 따라 F_1을 포함하는 체 K가 존재하여 P가 K 위에서 일차인수로 분해된다. F_1이 F를 포함하기 때문에, 체 K도 F를 포함하고 모든 요건을 만족한다. ■

9.3 기본정리의 증명

정리 9.1을 직접 증명하는 대신, 실다항식을 사용하여 동치인 형식을 증명하기로 한다. 먼저 기본정리 9.1의 쉬운 특별한 경우를 살펴본다:

9.5. 보조정리. $\mathbb{C}$ 위에서 모든 이차다항식은 $\mathbb{C}[X]$에서 일차인수의 곱으로 분해된다.

증명. 모든 복소계수 이차방정식의 근은 복소수임을 증명하면 충분하다. 이것은 라디칼로 근을 구하는 보통 공식에서 바로 나온다. 왜냐하면 명제 7.1(p.108)에 따라 모든 복소수는 $\mathbb{C}$에서 제곱근을 갖기 때문이다. ■

이제 기본정리와 동치인 여러 형식들을 증명하자.

9.6. 명제. 다음 명제들은 동치이다:

(a) $\mathbb{C}$ 위에서 0이 아닌 다항식의 근수 개수는 그 차수와 같다(모든 근은 중복도와 함께 헤아린다).

(b) $\mathbb{R}$ 위에서 상수가 아닌 다항식은 $\mathbb{C}$에서 적어도 하나의 근을 갖는다.

(c) 모든 상수가 아닌 실계수 다항식은 일차 또는 이차의 (실)다항식의 곱으로 분해된다.

증명. (a) $\Rightarrow$ (b) 분명하다.

(b) $\Rightarrow$ (c) 정리 5.8(p.70)에 의하여, $\mathbb{R}[X]$에서 모든 기약다항식의 차수가 1또는 2임을 보이면 충분하다. P를 $\mathbb{R}[X]$에서 기약다항식이라고 하고 $a \in \mathbb{C}$를 P의 근이라고 하자.

만일 $a \in \mathbb{R}$이면 $X-a$는 $\mathbb{R}[X]$에서 P를 나누므로, 정의에 따라 기약다항식은 차수가 더 작은 상수가 아닌 다항식으로 나눌 수 없기 때문에 $\deg P = 1$이다.

만일 $a \notin \mathbb{R}$이면 $\bar{a} \neq a$이고, 보조정리 8.9 ,p.140,에 의하여, $\bar{a}$도 P의 근이다. 그러므로 명제 5.10,(p.72)에 의하여 P는 $\mathbb{C}[X]$에서 $(X-a)(X-\bar{a})$로 나누어진다. 그러나

$$(X-a)(X-\bar{a}) = X^2 - (a+\bar{a})X + a\bar{a}$$

이므로 $(X-a)(X-\bar{a})$는 $\mathbb{R}[X]$에 들어 있다. 따라서 P는 $R[X]$에서도 $(X-a)(X-\bar{a})$로 나누어지고(주목할 점 5.5(b),p.69.를 보라), 위에서와 같은 논리로 $\deg P = 2$이다.

(c) $\Rightarrow$(a) $P \in \mathbb{C}[X]$를 상수가 아닌 다항식이라고 하자. $\overline{X} = X$라고 놓아 $\mathbb{C}$에서 $\mathbb{C}$로 가는 복소켤레 동형사상을 $\mathbb{C}[X]$로 확장한다; 즉

$$\overline{a_0 + a_1 X + \cdots + a_n X^n} = \overline{a_0} + \overline{a_1} X + \cdots + \overline{a_n} X^n$$

라고 놓는다. 불변원소가 실계수다항식임은 바로 알 수 있으므로, $P\overline{P} \in \mathbb{R}[X]$이고 가정 (c)로부터 차수가 1또는 2인 적당한 다항식 $P_1, \cdots, P_r \in \mathbb{R}[X]$에 대하여

$$P\overline{P} = P_1 \cdots P_r$$

이 된다.

보조정리 9.5에 따라, 2차 실다항식은 $\mathbb{C}[X]$에서 일차인수의 곱으로 분해되므로, $P\overline{P}$는 $\mathbb{C}[X]$에서 일차인수의 곱이다. 그러므로 $\mathbb{C}[X]$에서 P의 기약인수는 모두 1차이고 따라서 P는 $\mathbb{C}[X]$에서 일차인수의 곱으로 분해되므로 (a)가 증명되었다. ■

이 장 시작에서 말했던 것처럼, 위상적 성질에 대한 언급 없이 $\mathbb{R}$(또는 $\mathbb{C}$)를 완전히 정의할 수 없기 때문에, 대수학의 기본정리의 모든 증명에는 어떤 부분에서 해석학적(또는 위상수학적) 논리가 사용된다. 우리가 증명에서 사용하게 될 유일한 해석학적 결과는 다음이다:

9.7 보조정리. 모든 홀수차수의 실다항식 P는 $\mathbb{R}$에서 적어도 하나의 근을 갖는다.

증명. $\deg P$가 홀수이므로, 다항함수 $P(\cdot) : \mathbb{R} \mapsto \mathbb{R}$는 변수가 $-\infty$에서 $+\infty$까지 변하는 동안 부호가 바뀌고, 그래서 연속함수이므로 값이 적어도 한번 0이 된다. ■

구간 위에서 부호가 바뀌는 모든 연속함수는 적어도 한번 값이 0이어야한다는 연속성 논리는 그것만으로 분명한 것처럼 보인다(그리고 오랫동안 그렇게 생각되었다). 이것은 가우스가 1799년에 기본정리를 증명하면서 사용한 직관적인 기하학적 논리에 대하여 볼차노*Bolzano*가 “산술적” 증명을 제시하려고 시도하면서 1817년 처음 증명하였다 (Dieudonne[18, p.340] 또는 클라인[38, p.952]를 보라).

기본정리의 증명. 상수가 아닌 실다항식은 $\mathbb{C}$에서 적어도 하나의 근을 갖는다는 명제 9.6의 동치인 형식 (b)를 증명하기로 한다.

$P \in \mathbb{R}[X]$를 상수가 아닌 다항식이라고 하자. 필요하면 P를 그 선행계수로 나누면 되므로 P의 모닉이라고 하자. P의 차수를

$$\deg P = n = 2^e m,$$

여기서 $e \geq 0$이고 m은 홀수, 라고 하자. 만일 $e = 0$이면 P의 차수는 홀수이고 앞의 보조정리에 따라 P는 $\mathbb{R}$에서 근을 갖는다. 그래서 e에 귀납법을 사용하자. $e \geq 1$이라고 가정하고 다항식의 차수를 나누는 2의 멱의 지수가 $e-1$이하에 대하여 이 성질이 성립한다고 가정하자.

$\mathbb{C}$를 포함하는 체를 K라고 하고, K 위에서 P가 일차인수의 곱으로 분해된다고 하자:

$$P = (X - x_1) \cdots (X - x_n).$$

(정리 9.3에서 그러한 체 K는 존재한다.) $c \in F$와 $i < j$인 $i, j = 1, \cdots, n$에 대하여

$$y_{ij}(c) = (x_i + x_j) + c x_i x_j$$

라고 하자. 또한

$$Q_c(Y) = \prod_{1 \leq i < j \leq n} (Y - y_{ij}(c))$$

라고 하자. Q_c의 계수는 근 $y_{ij}(c)$의 기본대칭다항식의 값들이다. 그래서 이 계수들은 실계수를 갖는 $x_1, \cdots, x_n$의 대칭다항식의 값들이므로, 대칭다항식의 기본정리(정리 8.4 ,p.131)에 의하여 $x_1, \cdots, x_n$의 기본 대칭다항식의 값들로 나타낼 수 있다. $x_1, \cdots, x_n$의 기본 대칭다항식의 값들이 P의 계수이고, 이들은 실수이므로 따라서 Q_c의 계수도 실수이다.

더욱이 Q_c의 차수가 $\dfrac{n(n-1)}{2}$이므로

$$\deg Q_c = 2^{e-1}(m(2^e m - 1))$$

이고, 괄호 사이 정수는 홀수이다. 그러므로 귀납가정을 적용하면 Q_c는 $\mathbb{C}$에서 적어도 한 근을 갖는다. 즉, 적당한 첨수 $r(c), s(c)$에 대하여 $y_{r(c),s(c)}(c) \in \mathbb{C}$이다. 실

수 c가 실수의 집합에서 모든 값을 취한다면, $\mathbb{R}$은 무한인데 첨수의 집합은 유한이므로 $y_{r(c),s(c)}(c) \in \mathbb{C}$인 첨수 $r(c), s(c)$가 모두 서로 다를 수는 없다. 그러므로 $r(c_1) = r(c_2)$이고 $s(c_1) = s(c_2)$인 서로 다른 실수 c_1, c_2를 구할 수 있다. 이 공통 첨수를 r과 s로 표기하면, $c_1, c_2 \in \mathbb{R}$, $c_1 \neq c_2$인

$$(x_r + x_s) + c_1 x_r x_s \in \mathbb{C} \quad \text{그리고} \quad (x_r + x_s) + c_2 x_r x_s \in \mathbb{C}$$

이다. 이 관계식은

$$(c_1 - c_2) x_r x_s \in \mathbb{C}$$

을 의미하고 이로부터 $x_r x_s \in \mathbb{C}$이다. 이 결과를 이것이 나오게 된 관계식과 비교하면 $x_r + x_s \in \mathbb{C}$도 나온다. 이것은 다항식

$$X^2 - (x_r + x_s)X + x_r x_s$$

의 계수가 복소수라는 것이고, 그러면 보조정리 9.5로부터 그 근 x_r과 x_s도 복소수이다. 그래서 K에서 P의 근 $x_1, \cdots, x_n$ 중 적어도 하나가 복소수임을 증명하였다. ■

9.8. 따름정리. $\mathbb{C}$ 위에서, 기약다항식은 일차다항식이다. $\mathbb{R}$ 위에서, 기약다항식은 일차다항식, 그리고 실근을 갖지 않는 이차다항식이다.

증명. 정리 5.12(p.73)에 따라 기초 체에서 근을 갖는 기약다항식은 차수가 1이므로, 기본정리 9.1, 또는 동치인 정리 9.2로부터 바로 나온다. ■

Chapter 10
라그랑주

제10장 라그랑주

10.1 방정식론이 성년이 되다

18세기 후반 방정식의 대수이론은 새롭게 발전할 기회가 무르익었다. 더욱이 다항식에 대한 기본적 사실이 잘 알려졌고 오늘날의 기준으로 보더라고 계산 기술도 매우 높았다. 더구나 드무아브르의 연구를 통해 (복소)수 근의 모호성에 대하여 더 깊은 이해가 가능해졌다. 거듭제곱근에 의한 방정식의 해법문제에 대한 이러한 이해의 타당성이 분명해서(7.2절의 끝부분 참조), 드무아브르의 연구가 방정식의 대수이론에서 새로운 연구를 향한 중요한 자극을 제공하였다고 생각하고 이에 도전하려고 하였다.

기원이 어찌 되든, 이 기간에 가장 중요한 연구의 정신은 카르다노와 그가 살던 시대와는 완전히 다르다: 수치 방정식의 해법에 대한 직접적인 적용을 생각하지 않고 현실적인 문제를 만드는 것에 대해 어떠한 암시조차 전혀 언급하지 않았다. 주제가 순수수학으로 되었고, 그 자체의 흥미를 추구했다. 한 세기도 못 걸려 천재 수학자 몇 사람 손 안에서 대수학의 주제 전체가 극적으로 변하는 급속한 발전을 겪었다.

이러한 선상에서 1760년대에 나타난 처음 연구는 오일러와 베주가 4차 이하 방정식의, 이것은 더 고차의 방정식으로 확장될 수도 있을 것으로 생각하고, 여러 가지 새로운 해법을 고안할 때였다. 이러한 방법 가운데 하나는 1765년에 베주가 제안한 것인데, 단위원의 근을 명확하게 이용하는 것이어서 특히 흥미를 끌었다; 실제로 오일러의 방법과 매우 가까웠고 치른하우스의 방법과 깊이 유사하였다.

아이디어는[15] 두 방정식

$$X = a_0 + a_1 Y + a_2 Y^2 + \cdots + a_{n-1} Y^{n-1} \tag{10.1}$$

$$Y^n = 1 \tag{10.2}$$

사이에서 부정원 Y를 소거하여, 치른하우스의 방법(6.4절을 보라)에서와 같이, X의 n차 방정식

$$R_n(X) = 0$$

를 만드는 것이다. 필요하면 R_n을 선행계수로 나누어 R_n을 모닉인 다항식이라고 생각하자. $R_n(X)$의 성질로부터 만일 x,y가 방정식 (10.1)과 (10.2)에 의해 연관되면 즉, 어떤 단위원의 n제곱근 ω에 대하여

$$x = a_0 + a_1\omega + a_2\omega^2 + \cdots + a_{n-1}\omega^{n-1}$$

이면, x는 $R_n(X)$의 근이고, 따라서 $R_n(X)$는 $X - (a_0 + a_1\omega + \cdots + + a_{n-1}\omega^{n-1})$로 나누어진다. $a_0, a_1, \cdots, a_{n-1}$을 독립적인 부정원들이라고 생각하고 단위원의 여러 n제곱근 ω에 대응하는 x의 값들이 모두 달라서, 명제 5.10(p72)에 따라

$$R_n(X) = \prod_{\omega} (X - (a_0 + a_1\omega + \cdots + a_{n-1}\omega^{n-1})) \tag{10.3}$$

이다. 여기서 곱은 n개의 서로 다른 단위원의 n제곱근 ω들에 대한 것이다. 그래서 $R_n(X) = 0$의 근을 알았다.

이제 임의의 n차 모닉방정식을 푸는 방법은 다항식 $R_n(X)$가 $P(X)$와 일치하도록 매개변수 $a_0, a_1, \cdots, a_{n-1}$을 결정하는 것이다. 그러면 $P(X) = 0$의 해는 $a_0 + a_1\omega + \cdots + a_{n-1}\omega^{n-1}$로부터 바로 나온다.

물론 R_n이 P와 일치하도록 $a_0, \cdots, a_{n-1}$에 적당한 값을 주는 것이 가능할 지는 전혀 분명하지 않지만, 이제 보게 되겠지만, $n = 2, 3, 4$에 대해서는 그런 경우이다.

방정식 (10.1)과 (10.2)에서 Y를 소거하여 $R_n(X)$를 구성하는 방법은 이미 6.4절에서

---

15) 베주가 제시한 바에 따르면; 오일러의 연구에서, 방정식 (10.2)를 $Y^n = b$로 하고, (10.1)에서 계수 a_i 중 하나를 1로 택한다. 치른하우스의 방법도 비슷한 식으로 제시할 수 있는데, 방정식 (10.2)를 $Y^n = b$로 하고, (10.1)을 $Y = a_0 + a_1 X + \cdots + a_{n-2} X^{n-2} + X^{n-1}$로 한다.

논의하였다. 작은 값 n에 대하여 다음 결과가 나왔다:

$$R_2(X) = (X-a_0)^2 - a_1^2$$

$$R_3(X) = (X-a_0)^3 - 3a_1a_2(X-a_0) - (a_1^3 + a_2^3)$$

$$R_4(X) = (X-a_0)^4 - 2(a_2^2 + 2a_1a_3)(X-a_0)^2 - 4a_2(a_1^2 + a_3^2)(X-a_0). \\ -(a_1^4 - a_2^4 + a_3^4 + 4a_1a_2^2a_3 - 2a_1^2a_3^2))$$

그렇지 않으면, 이 결과는 방정식 (10.3)으로부터 우변을 전개하여 얻을 수 있다.

삼차방정식

$$X^3 + pX + q = 0 \tag{10.4}$$

(일반적 삼차방정식은 일차 변수변환으로 이와 같이 축소된다, 2.2절을 보라)을 풀려면, $R_3(X)$가 X^3+pX+q 형식이 되도록 a_0, a_1, a_2에 값을 정해주면 된다. 그래서 $a_0=0$으로 택하고

$$-3a_1a_2 = p \tag{10.5}$$

$$-(a_1^3 + a_2^3) = q \tag{10.6}$$

에서 a_1과 a_2를 결정한다(2.2절과 비교하라). 첫 번째 방정식은 a_2의 값을 a_1의 함수로 준다:이 값을 두 번째 방정식에 대입하면 a_1^3의 이차방정식이 된다:

$$a_1^6 + qa_1^3 - \left(\frac{p}{3}\right)^3 = 0.$$

이 방정식의 한 근은 쉽게 구해진다: a_1으로 세제곱근 $-\frac{q}{2}+\sqrt{(\frac{p}{3})^3+(\frac{q}{2})^2}$ 또는 $-\frac{q}{2}-\sqrt{(\frac{p}{3})^3+(\frac{q}{2})^2}$ 을 택한다. 그래서 $a_2=-\frac{p}{3a_1}$라고 하면, 방정식 (10.5)와 (10.6)이 모두 성립하고, 이로부터 $R_3(X)=X^3+pX+q$이다. 그러면 방정식 (10.3)에 따라 방정식 (10.4)의 해가 $\omega a_1 + \omega^2 a_2$ 형식이다. 여기서 ω는 단위원의 세제곱근 모든 값들이다. 만일 ζ가 이 세제곱근 가운데 1이 아닌 하나라면, 단위원의 세제곱근은 $1, \zeta, \zeta^2$이므로, (10.4)의 해는

$$a_1 + a_2, \quad \zeta a_1 + \zeta^2 a_2, \quad \zeta^2 a_1 + \zeta a_2.$$

(**유의**: $\zeta^4 = \zeta$.)

주목할 점. $a_0=0$를 택할 수 있다는 사실은 제시된 삼차방정식 (10.4)이 X^2항이 없는 특별한 형식이란 점으로부터 나온다는 것이 분명하다. 일반적인 경우 결코 더 어렵지 않으며 같은 방법으로 해결할 수 있지만, 계산은 다소 분명하지 않다.

비슷하게,

$$X^4+pX^2+qX+r=0 \tag{10.7}$$

와 같은 사차방정식에 대하여, $R_4(X)=X^4+pX^2+qX+r$에 대한 a_0,a_1,a_2,a_3의 값을 구해보자. 앞에서처럼 $a_0=0$으로 택하면, 방정식

$$-2(a_2^2+2a_1a_3)=p \tag{10.8}$$

$$-4a_2(a_1^2+a_3^2)=q \tag{10.9}$$

$$-(a_1^4-a_2^4+a_3^4+4a_aa_2^2a_3-2a_1^2a_3^2)=r \tag{10.10}$$

이 남고, 세 번째 방정식 $a_1^4+a_3^4$에 $(a_1^2+a_3^2)^2-2a_1^2a_3^2$을 대입하면

$$-r=(a_1^2+a_3^2)^2-4a_1^2a_3^2+4(a_1a_3)a_2^2-a_2^4$$

를 얻는다. 그러면 이 방정식에서 방정식 (10.8)과 (109)를 사용하여 a_1과 a_3를 소거할 수 있다. 그렇게 해서 나온 방정식은 a_2^2의 삼차방정식이고 이것에서 a_2의 한 값을 결정할 수 있다. 그러면 a_1과 a_3의 값은 방정식 (10.8)과 (10.9)로부터 쉽게 구하고, 제시된 사차방정식 (10.7)의 근들은 $a_1\omega+a_2\omega^2+a_3\omega^3$의 형태로 얻는다. 여기서 ω는 단위원의 네제곱근이다. i를 -1의 제곱근이라 하면(보통처럼), 단위원의 4제곱근은 $1,i,-1,-i$이고, 사차방정식 (10.7)의 근은

$$a_1+a_2+a_3,\ \ ia_1-a_2-ia_3,\ \ -a_1+a_2-a_3,\ \ -ia_1-a_2+ia_3$$

이다. 앞에서 본 바와 같이, 이 방법의 원리는 그래서 그것의 어려움도 치른하우스의 방법과 크게 다르지 않다. 이름에 걸맞게, 그럼에도 불구하고 오일러와 베주의 방법이 계산하기가 더 쉽고 더 직접적이며, 훗날 연구에 더 중요한 것으로서 베주의 방법은 단위원의 제곱근의 중요성을 강조하고 있다. 이 모든 것들이 상당한 진보를 나타내는 것은 아니다.

방정식론에서 정말로 중요한 활동이 맨 처음 일어난 것은 불과 몇 년 뒤인 177년 경,

거의 동시에 출판된 라그랑주의 “대수방정식의 풀이에 대한 반성*Reflexions sur la resolution algebrique des equations*”와 반데르몬드의 “방정식의 풀이에 대한 학술논문 *Memoire sur la resolution des equations*”, 그리고 비교적 덜 중요한 웨어링의 “대수적 생각*Meditationes Algebricae*”, 이건 제8장에서 이미 인용했는데, 와 같은 연구와 함께였다. 이 시기의 모든 연구 가운데 라그랑주의 거대한 논문이 분명히 가장 명쾌하고 또 가장 종합적이다. 그러므로 가장 영향력 있는 것이라고 판명되었다. 더구나 라그랑주는 그 자신의 매우 독창적인 견해를 제시하기 전에, 삼차와 사차방정식에 대한 여러 방법과 그때까지 제시되었던 고차방정식에 대한 시도들에 대하여 처음으로 검토하여 뜻하지 않게 방정식론의 초기단계와 뒤따르는 시기 사이의 연결고리를 제공했다.

그래서 이 시기의 두 중요한 업적에 대하여 라그랑주의 논문으로 논의를 시작하고, 다음 장에서는 반데르몬드의 논문을 가지고 논의하려고 한다.

10.2 알려진 방법에 대한 라그랑주의 견해

이미 알려진 방법에 대한 라그랑주의 논의는 단순한 요약에 그치지 않고 이들에 대한 방대한 통합이며 재평가이다. 그의 분명한 목적은 방법이 어떻게*how* 적용되는지 만이 아니라 왜*why* 그래야 하는지도 결정하는 것이다.

> 나는 이 논문에서 지금까지 발견된 방정식의 대수적 해에 대한 다양한 방법을 검토하여 그들을 일반적인 원리로 축소하고 선험적으로 왜 이 방법들이 삼차와 사차에 대해서 성공적이지만 더 고차에 대해서는 실패하는가 검토할 것을 제안한다.
>
> 이 검토에는 이중의 이득이 있다: 한편으로는 알려진 삼차와 사차의 해에 더 위대한 빛을 비춰주는 것이고, 다른 한편으로는 고차의 해를 다루고 싶어 하는 이들에게 이를 위한 다양한 견해를 제공하고 무엇보다도 수많은 쓸모없는 단계와 시도를 줄여줌으로써 도움을 주는 것이다.[40, pp.206-207]

선험적*priori*이라는 용어는 라그랑주의 논문 전반에 걸쳐 되풀이 해 나온다. 이것은 그의 생산적인 새 방법론의 특징이다. 라그랑주는 다양한 방정식의 해법이 가진 공통적인 특징에 대한 오히려 분명한 관찰에서 시작하였다: 그들은 모두 문제를 어떤 차수가 작은 보조방정식의 해로 영리하게 변환하여 축소하는 것이다. 경험적으로, 이런 영리한 변환을 알았을 때는 그 방법이 이런 보조방정식으로부터 구하는 해를 제공하리라고 확신할 수 있지만, 이것이 고차방정식의 해에 대한 어떤 가치 있는 통찰도 주지 않는다. 실제로, 치른하우스의, 오일러의, 또는 베주의 방법을 고차방정식에 적용할 수 있다는 믿음을 지지해주는 유일한 증거는 모든 경우에 그 접근방법이 같고 첫 계산들이 병행하며, 그것이 이차, 삼차, 사차방정식에 효과가 있다는 것이다. 이것은 오히려 빈약한 증거다.

선험적으로 방법이 왜 효율적인지 알아내려는 라그랑주의 매우 독창적인 아이디어는 단계를 거꾸로 밟아가는 것으로, 제시된 방정식의 근들의 함수로서 보조방정식의 근을 결정하는 것이다. 그래서 보조방정식의 근의 성질이 분명해져서 이 근들이 왜 제시된 방정식의 근을 제공하는 지가 분명하게 보인다.

첫 번째 예로, 삼차방정식에 대한 카르다노의 방법인데, 라그랑주가 처음 검토한 방법이다. 라그랑주는 방법에 대해 조심스럽게 설명하면서 시작한다. 삼차방정식

$$X^3+aX^2+bX+c=0$$

은 먼저 변수변환 $X'=X+\frac{a}{3}$에 의해

$$X'^3+pX'+q=0$$

꼴로 축소된다. 그 다음, $X'=Y+Z$로 놓으면, 방정식은

$$(Y^3+Z^3+q)+(Y+Z)(3YZ+p)=0$$

이 된다. 그러면 연립방정식

$$\begin{cases} Y^3+Z^3+q=0 \\ YZ+p=0 \end{cases}$$

의 해로부터 삼차방정식의 해를 얻는다. 두 번째 방정식으로부터

$$Z=-\frac{p}{3Y} \tag{10.11}$$

가 나오고, 첫 번째 방정식에 대입하여

$$Y^3 - \left(\frac{p}{3Y}\right)^3 = q = 0$$

을 얻고, 이로부터

$$Y^6 + qY^3 - \left(\frac{p}{3}\right)^3 = 0 \tag{10.12}$$

이것이 카르다노의 방정식이 의존하는 보조방정식, 라그랑주 용어로 "축약"방정식이다. 이 방정식에서, 실제로 Y^3의 이차방정식이므로, Y의 값을 쉽게 얻는다. 대응하는 Z의 값은 (10.11)에서 끌어내고, 그러면 처음 방정식의 해는

$$X = -\frac{a}{3} + Y + Z.$$

축약방정식 (10.12)이 6차이므로, 근이 6개이고 그러면 처음 3차방정식에 대하여 6개의 근을 갖게 된다. 사실, 이 X의 6개 값들이 쌍으로 서로 같아서 삼차방정식의 각각의 근들이 두 번씩 얻어진 것이다. 실제로, $y_1, y_2, \cdots, y_6$이 (10.12)의 근이라고 하자. 이 방정식은 Y^3의 이차방정식이므로, $y_1^3, \cdots, y_6^3$에는 두 가지 값 v_1, v_2만 있고, (10.12)의 상수항이 $-(\frac{p}{3})^3$이므로, 그 곱이 $v_1v_2 = -(\frac{p}{3})^3$이다. 첨수를 적절히 바꾸어

$$y_1^3 = y_2^3 = y_3^3 = v_1 \text{ 그리고 } y_4^3 = y_5^3 = y_6^3 = v_2$$

라고 할 수 있다. 그래서 y_1, y_2, y_3(각각 y_4, y_5, y_6)가 v_1(각각 v_2)의 세제곱근이다. 그러므로 1이 아닌 단위원의 세제곱근을 ω로 표기하면,

$$y_2 = \omega y_1, \ y_3 = \omega^2 y_1 \text{ 그리고 } y_5 = \omega y_4, \quad y_6 = \omega^2 y_4$$

라고 할 수 있다. $v_1v_2 = -(\frac{p}{3})^3$이므로, 곱해서 $-\frac{p}{3}$이 되도록 v_1과 v_2의 세제곱근을 결정할 수 있다. 예를 들어,

$$y_1 y_4 = -\frac{p}{3}$$

이라고 하자. 그러면

$$y_2 u_6 = \omega^3 y_1 y_4 = -\frac{p}{3}$$

이고 같은 방법으로

$$y_3 y_5 = -\frac{p}{3}$$

이다. 그러므로 z_i를 (10.11)에 의하여 y_i에 대응하는 Z의 값이라고 하면

$$z_1 = y_4, \ z_2 = y_6, \ z_3 = y_5, \ z_4 = y_1, \ z_5 = y_3, \ z_6 = y_2$$

이고 이로부터 $y_i + z_i$는 세 가지 다른 값만 갖는다, 즉

$$y_1 + y_4, \quad y_2 + y_6 = \omega y_1 + \omega^2 y_4, \quad y_3 + y_5 = \omega^2 y_1 + \omega y_4.$$

이로부터 처음 삼차방정식의 세 근

$$x_1 = -\frac{a}{3} + y_1 + y_4$$
$$x_1 = -\frac{a}{3} + \omega y_1 + \omega^2 y_4 \tag{10.13}$$
$$x_1 = -\frac{a}{3} + \omega^2 y_1 + \omega y_4$$

이 나온다. 이렇게 해서 축약방정식*reduced equation*에서 어떻게 처음 삼차방정식의 해를 구하는지 경험적으로 보았다.

왜 그렇게 되는지 선험적으로 이해하기 위해서 라그랑주는 $y_1,\cdots,y_6$를 x_1,x_2,x_3의 함수로 결정하였다. 이것은 아주 쉽다: 연립방정식 (10.13)을 y_1과 y_4에 대하여 풀고, 다른 y_i들에 대해서는 y_1이나 y_4에 ω나 ω^2를 곱한 것으로 나타내면 된다. ω는 1이 아닌 단위원의 세제곱근이므로

$$\frac{X^3 - 1}{X - 1} = X^2 + X + 1$$

의 근이고 그래서 $\omega^2 + \omega + 1 = 0$임을 생각하면 더욱 쉽다. 그러므로 (10.13)이 두 번째 방정식에 ω^2를 곱하고, 세 번째에 ω를 곱하여 첫 번째에 더하면

$$x_1 + \omega^2 x_2 + \omega x_3 = -\frac{a}{3}(1 + \omega + \omega^2) + 3y_1 + (1 + \omega + \omega^2) y_4$$

이고 따라서

$$y_1 = \frac{1}{3}(x_1 + \omega^2 x_2 + \omega x_3)$$

이다. 마찬가지로

$$y_4 = \frac{1}{3}(x_1 + \omega x_2 + \omega^2 x_3)$$

이고 축약방정식의 다른 근은 y_1이나 y_4에 ω나 ω^2를 곱하여 얻는다. 그래서

$$y_2 = \frac{1}{3}(\omega x_1 + x_2 + \omega^2 x_3)$$

$$y_3 = \frac{1}{3}(\omega^2 x_1 + \omega x_2 + x_3)$$

$$y_5 = \frac{1}{3}(\omega x_1 + \omega^2 x_2 + x_3)$$

$$y_6 = \frac{1}{3}(\omega^2 x_1 + x_2 + \omega x_3).$$

그러므로 축약방정식의 근이 모두 x_1, x_2, x_3의 치환에 의하여 $\frac{1}{3}(x_1 + \omega x_2 + \omega^2 x_3)$로부터 얻은 식으로 되고, 이 식들을 결정하는 것이 축약방정식을 해결하는 목적이다.

이러한 관찰로부터 라그랑주는 몇 가지 재치 있는 결론을 내렸다. 첫째, 이것이 왜 축약방정식이 6차인지 설명해 준다. 실제로, 축약방정식의 계수가 제시된 방정식의 계수들의 함수이고 이들은 x_1, x_2, x_3의 기본대칭다항식이므로, 이 계수들도 대칭이다. 그러므로 x_1, x_2, x_3의 식이 축약방정식의 근이면, $x_1, x_2 x_3$의 치환에 의하여 이들로부터 얻은 다른 식도 모두 이 방정식의 근이다. y_4가 $x_1, x_2 x_3$의 치환에 의하여 6가지 값을 가지므로, 이 6개 값이 차수가 6인 축약방정식의 근이다.

더구나, 왜 축약방정식이 Y^3의 이차방정식인지를 설명해준다: 이것은 y_4^3가 $x_1, x_2 x_3$의 치환에 의하여 두 가지 값만 갖기 때문이다. 실제로, $\omega^3 = 1$이므로, 예를 들면

$$\omega x_1 + \omega^2 x_2 + x_3 = \omega(x_1 + \omega x_2 + \omega^2 x_3)$$

이고 그래서

$$(\omega x_1 + \omega^2 x_2 + x_3)^3 = (x_1 + \omega x_2 + \omega^2 x_3)^3.$$

마찬가지로,

$$(x_1 + \omega x_2 + \omega^2 x_3)^3 = (\omega x_1 + \omega^2 x_2 + x_3)^3 = (\omega^2 x_1 + x_2 + \omega x_3)^3$$

$$(x_1+\omega^2 x_2+\omega x_3)^3=(\omega^2 x_1+\omega x_2+x_3)^3=(\omega x_1+x_2+\omega^2 x_3)^3$$

을 얻는다. 그러므로 y_4^3이 두 값은

$$\left(\frac{1}{3}\right)^3(x_1+\omega x_2+\omega^2 x_3)^3 \qquad \text{그리고} \quad \left(\frac{1}{3}\right)^3(x_1+\omega^2 x_2+\omega x_3)^3$$

이고 이들이 이차방정식의 근이다.

이러한 논의 뒤에 나오는 일반적 결론은 다음과 같다:

10.1. 명제. f를 부정원 $x_1,\cdots,x_n$의 유리분수라고 하자. F가 부정원 $x_1,\cdots,x_n$의 가능한 모든 치환에 대해서 m가지 서로 다른 값을 갖는다[16]고 하면, f는 선행계수가 1이고 계수가 $x_1,\cdots,x_n$의 대칭식인 m차방정식 $\Theta=0$의 근이다. 그래서 (대칭분수의 기본정리, 정리 8.3, p.130에 의하여) 기본대칭다항식의 함수로 나타낼 수 있다. 나아가, f가 계수가 $x_1,\cdots,x_n$의 대칭식인 또 다른 방정식 $\Phi=0$ 근이면

$$\deg\Phi \geq m$$

이다.

증명. $f_1,f_2,\cdots,f_m$을 $x_1,\cdots,x_n$을 치환하여 얻은 f의 여러 값이라고 하고(가령, $f=f_1$),

$$\Theta(Y)=(Y-f_1)\cdots(Y-f_m)$$

이라고 하자. $x_1,\cdots,x_n$의 모든 치환은 f_i를 그들 가운데서 치환시키므로, $f_1,\cdots,f_m$의 기본대칭다항식인 Θ의 계수들은 부정원 $x_1,\cdots,x_n$의 치환에 대해서도 바뀌지 않는다.

그러므로 이 계수들은 $x_1,\cdots,x_n$에 대해서 대칭이고 방정식 $\Theta=0$은 필요한 성질을 만족한다.

만일 $\Phi(Y)$가 $\Phi(f)=0$이고 대칭 계수를 가진 또 다른 다항식이라면, 임의의

16) 정확히 말하자면, "f에서 $x_1,\cdots,x_n$의 치환으로 m가지 서로 다른 유리분수가 생긴다면"이라고 해야 한다. 하지만, 라그랑주가 사용한 "유리분수의 값들"이란 용어가 더 암시적이고 어떤 혼동도 일으키지 않을 것이기 때문에 계속 사용할 것이다.

$i=1,\cdots,m$에 대하여, f에 f_i 값을 주는 $x_1,\cdots,x_n$의 치환이 Φ의 계수를 변화시키지 않기 때문에 $\Phi(f)$를 $\Phi(f_i)$로 변환한다. 그래서, $i=1,\cdots,m$에 대하여 $\Phi(f_i)=0$이고 따라서 Φ는 m개의 서로 다른 근을 갖고 $\deg\Phi \geq m$이다(그리고, 실제로, 명제 5.10, p.72에 의해, Φ는 Θ로 나누어진다). ■

예를 들면, 다항식 $x_1+\omega x_2+\omega^2 x_3$는 x_1,x_2,x_3의 치환에 따라 6개의 서로 다른 값을 갖는다. 그러므로 이들은 대칭 계수를 가진 6차방정식의 근이고 차수가 더 작은 방정식의 근이 아니다. 한편, $(x_1+\omega x_2+\omega^2 x_3)^3$은 두 가지 서로 다른 근뿐이므로 이는 이차방정식의 근이다.

카르다노의 방법 다음으로, 라그랑주는 치른하우스의 방법을 조사하였다. 근이 x_1,x_2,x_3인 주어진 X의 삼차방정식을 변수변환

$$Y=b_0+b_1X+X^2$$

을 사용하여 $\sqrt[3]{c},\omega\sqrt[3]{c},\omega^2\sqrt[3]{c}$ (여기서 ω는 1이 아닌 단위원의 세제곱근이다)을 근으로 갖는 방정식으로 변환하면,

$$\begin{aligned} x_1^2+b_1x_1+b_0 &= \sqrt[3]{c} \\ x_2^2+b_1x_2+b_0 &= \omega\sqrt[3]{c} \\ x_3^2+b_1x_3+b_0 &= \omega^2\sqrt[3]{c} \end{aligned} \tag{10.14}$$

두 번째 방정식에 ω를 곱하고, 세 번째에 ω^2를 곱해서 첫 번째 방정식에 더하면,

$$(x_1^2+\omega x_2^2+\omega^2 x_3^2)+b_1(x_1+\omega x_2+\omega^2 x_3)+b_0(1+\omega+\omega^2)=\sqrt[3]{c}(1+\omega+\omega^2)$$

이고, $1+\omega+\omega^2=0$이므로

$$b_1=-\frac{x_1^2+\omega x_2^2+\omega^2 x_3^2}{x_1+\omega x_2+\omega^2 x_3} \tag{10.15}$$

이다. 이 유리분수는 x_1,x_2,x_3의 치환에 의해 두 가지 값만 가지므로

$$b_1=-\frac{x_1^2+\omega x_2^2+\omega^2 x_3^2}{x_1+\omega x_2+\omega^2 x_3} \quad \text{과} \quad b'_1=-\frac{x_1^2+\omega x_2^2+\omega x_3^2}{x_1+\omega^2 x_2+\omega x_3}$$

그러므로, b_1은 이차방정식

$$Y^2-(b_1+b'_1)Y+b_1b'_1=0$$

을 풀면 결정된다. 이 이차방정식의 계수는 x_1,x_2,x_3에 대해서 대칭이므로, 제시된 방정식의 계수로부터 계산할 수 있다. 한편, $1+\omega+\omega^2=0$임을 감안하고, (10.14)의 방정식들을 더하면

$$(x_1^2+x_2^2+x_3^2)+b_1(x_1+x_2+x_3)+3b_0=0$$

을 얻는다. $x_1^2+x_2^2+x_3^2$와 $x_1+x_2+x_3$는 x_1,x_2,x_3에 대하여 대칭이므로 제시된 방정식의 계수로부터 계산할 수 있다. 그러면 이 마지막 방정식으로 b_1과 제시된 방정식의 계수로부터 b_0를 계산할 수 있다. 같은 방법으로, (10.14)의 방정식들을 곱하면

$$c=(x_1^2+b_1x_1+b_0)(x_2^2+b_1x_2+b_0)(x_3^2+b_1x_3+b_0)$$

을 얻는다. 이 식은 x_1,x_2,x_3에 대하여 대칭이므로, b_1,b_0와 제시된 방정식이 계수로부터 계산할 수 있다. 일단 $b_{)},b_1,c$를 계산했으면 근 x_1,x_2,x_3는 6.4절(p.92)에서 설명한대로 계산할 수 있다. 그러므로 삼차방정식에 대한 치른하우스의 방법은 유리수 계산과 이차방정식의 해만 필요로 한다; 궁극적으로 이것은 (10.15)에서 유리분수 b_1이 두 가지 값만 갖기 때문이다.

그 후, 라그랑주는 오일러와 베주의 방법, 그리고 4차 방정식에 대한 여러 방법을 면밀히 검토하는데 성공하였다. 그때마다 그는 보조방정식의 근을 제시된 방정식의 근으로 어떻게 표현할 수 있는지 보이고 이 식들의 값의 개수가 제시된 방정식의 차수보다 작은지 관찰하였다.

4차에 대하여, 페라리의 방법은 사차방정식

$$X^4+pX^2+qX+r=0$$

을 적당한 u를 택하여

$$\left(X^2+\frac{p}{2}+u\right)^2=\left(\sqrt{2u}\,X-\frac{q}{2\sqrt{2u}}\right)^2$$

로 축약한다 (3.2절을 보라). 이 마지막 방정식을 두 이차방정식

$$X^2+\frac{p}{2}+u=\sqrt{2u}\,X-\frac{q}{2\sqrt{2u}} \quad \text{와} \quad X^2+\frac{p}{2}+u=-\left(\sqrt{2u}\,X-\frac{q}{2\sqrt{2u}}\right)$$

으로 분해하면 여기에서 제시된 사차방정식의 근 x_1, x_2, x_3, x_4이 나온다. 근의 첨수를 적당히 바꾸어 x_1과 x_2가 첫 번째 이차방정식의 근이고 x_3와 x_4가 두 번째 방정식의 근이라고 하자. 그러면 상수항은 근의 곱이므로,

$$x_1x_2=\frac{p}{2}+u+\frac{q}{2\sqrt{2u}} \quad \text{그리고} \quad x_3x_4=\frac{p}{2}+u-\frac{q}{2\sqrt{2u}}$$

이고 따라서

$$x_1x_2+x_3x_4=p+2u \tag{10.16}$$

이다. p가 사차방정식에서 X^2의 계수이므로, $x_{1,}x_2, x_3, x_4$의 두 번째 대칭다항식 즉,

$$p=x_1x_2+x_1x_3+x_1x_4+x_2x_3+x_2x_4+x_3x_4$$

이다. (10.16)의 p에 대입하여 u의 값을 구한다:

$$u=-\frac{1}{2}(x_1+x_2)(x_3+x_4).$$

이 식은 $x_{1,}x_2, x_3, x_4$를 치환할 때 세 가지 값만 나온다. 이것이 u가 삼차방정식의 근이 되는 이유다.

라그랑주는 치른하우스, 오일러, 그리고 베주의 방법들을 고차방정식에 적용해보고 그가 검토한 것에 대한 결론을 내렸다. 그리고 베주의 방법에 따르면(10.1절을 보라), 제시된 n차방정식의 근이 $a_0+a_1\omega+a_2\omega^2+\cdots+a_{n-1}\omega^{n-1}$, 여기서 ω는 단위원의 n-제곱근 모두인데, 형식인 것에 주목했다. 만일 ζ가 단위원의 원시 n-제곱근이면, 명제 7.11(p.117)에 의하여 단위원의 n-제곱근은 $1,\zeta,\zeta^2,\cdots,\zeta^{n-1}$ 이다. ω에 차례로 $1,\zeta,\zeta^2,\cdots,\zeta^{n-1}$를 대입하여 다음과 같이 근을 얻는다:

$$x_1=a_0+a_1+a_2+\cdots+a_{n-1}$$

$$x_2=a_0+a_1\zeta+a_2\zeta^2+\cdots+a_{n-1}\zeta^{n-1}$$

$$x_3=a_0+a_1\zeta^2+a_2\zeta^4+\cdots+a_{n-1}\zeta^{2(n-1)}$$

$$\cdots$$

$$x_n=a_0+a_1\zeta^{n-1}+a_2\zeta^{2(n-1)}+\cdots+a_{n-1}\zeta^{(n-1)^2},$$

그래서, 일반적으로

$$x_i = \sum_{j=0}^{n-1} a_j \zeta^{(i-1)j}\ , \quad i = 1, \cdots, n. \tag{10.17}$$

이 연립방정식은 $a_0, a_1, \cdots, a_{n-1}$에 대하여 쉽게 풀 수 있다: a_k의 값을 구하려면, 방정식 각각에 ζ의 적당한 멱을 곱하여 a_k의 계수를 1로 만들고 그렇게 나온 방정식들을 더하면 된다. 그러면

$$\sum_{i=1}^{n} \zeta^{-(i-1)k} x_i = \sum_{j=0}^{n-1} a_j \Big(\sum_{i=1}^{n} \zeta^{(j-k)(i-1)} \Big) \tag{10.18}$$

을 얻는다. $j \neq k$이면, ζ^{j-k}는 1이 아닌 단위원의 n-제곱근이다. 그러므로 ζ^{j-k}는

$$\frac{X^n - 1}{X - 1} = X^{n-1} + X^{n-2} + \cdots + X + 1$$

의 근이고, 그래서

$$\sum_{i=1}^{n} \zeta^{(j-k)(i-1)} = 0.$$

그러므로 (10.18)의 우변에서 첨수가 $j = k$인 항 na_k를 제외한 모든 항들이 0이다. 그래서 방정식 (10.18)에서

$$a_k = \frac{1}{n} \left(\sum_{i=1}^{n} \zeta^{-(i-1))k} x_i \right). \tag{10.19}$$

만일 $x_1, \cdots, x_n$을 독립적인 부정원으로 생각하면, $x_1, \cdots, x_n$의 여러 치환에 의해 얻어진 a_k의 모든 값들이 서로 다르다는 것은 바로 알 수 있으므로 a_k는 $n!$차 방정식의 근이다. 그러나 라그랑주는 a_k^n가 $(n-1)!$개 값만 가짐을 증명했다[17]. 더욱이, n이 소수이면, a_k^n는 계수가 한 $(n-2)!$차 방정식의 해로 결정되는 $n-1$차 방정식의 한 근이다. 그러므로 $n = 5$에 대하여 a_k^5에는 여전히 $3! = 6$차방정식의 해가 필요한 것이다.

만일 n이 소수가 아니면, 결과는 더 복잡해진다. n이 소수인 경우와 같은 논리를 사용하여 라그랑주는, 만일 p가 소수인 $n = pq$이며 q가 k의 약수이면, a_k^p는 $\dfrac{n!}{(p-1)p(q!)^p}$

---

17) 라그랑주의 증명은 초보적이지만, 적절한 표기법과 뒤이은 라그랑주의 결과와 관련지을 때 더 쉽게 설명할 수 있다. 그래서 이 결과의 증명은 다음절로 미룬다(명제 10.8, p.186를 보라).

차인 한 방정식에 계수가 의존하는 $p-1$차방정식의 근임을 증명하였다. $n=4$이면, a_2^2는 $\frac{4!}{1\cdot 2\cdot (2!)^2}=3$차방정식을 풀면 구할 수 있지만, $n=6$일 때는 a_3^2을 결정하려면 $\frac{6!}{1\cdot 2\cdot (3!)^2}=10$차방정식의 해가 필요하다. 이러한 결과로 라그랑주는 일반적인 5차 또는 그 이상 고차방정식을 대수적으로 해결할 가능성에 대하여, 비록 이런 가능성을 과도하게 단정적으로 거부하길 조심스럽게 회피했지만, 의심했다. 알려진 방법들에 대하여 그가 조사한 결론이 논문86[40, pp.355-357]에 나와 있는데, 라그랑주의 여유로운 글쓰기 스타일에 대한 아이디어를 알려 주려고 여기서 광범위하게 인용한다.

> 방정식 해를 구하는 주요 알려진 방법들에 대하여 방금 제시한 분석에서 분명해진 것처럼, 모든 방법이 동일한 일반적 원리로 줄어들었는데, 즉 제시된 방정식의 근들의 함수를 구하는 다음과 같은 것이다: 1° 방정식 또는 그에 의해 그들이 주어지는 방정식 즉, 그들이 그 근(흔히 축약방정식이라고 부르는 방정식)인, 제시된 방정식의 차수보다 작은 차수일 수도 있는, 또는 적어도 이 보다 더 작은 차수의 다른 방정식으로 분해할 수 있는; 2° 구하는 근의 값들이 쉽게 그들로부터 나온다.
>
> 그러므로 방정식을 해결하는 기술은 앞에서 언급한 성질을 가진 근들의 함수를 찾아내는 일로 이루어진다: 그러나 그러한 함수 찾기가 모든 차수의 방정식에 대하여 즉, 임의의 근의 수에 대해서도 언제나 가능할 것인가? 이 질문은 일반적으로 결정하기가 매우 어렵게 보인다.

사차 이하의 방정식에 대해서와 같이, 그들의 해가 나오는 가장 간단한 함수를 일반적인 공식

$$x_1+\omega x_2+\omega^2 x_3+\cdots+\omega^{n-1}x_n$$

으로 표현할 수 있다. $x_1, x_2, x_3, \cdots, x_n$은 n차 방정식의 근이고, ω는 1이 아닌 방정식

$$\omega^n-1=0$$

의 임의의 근이다. 즉, 방정식

$$\omega^{n-1}+\omega^{n-2}+\omega^{n-3}+\cdots+1=0$$

의 임의의 근이면, 삼차와 사차방정식의 해에 대한 처음 두 절에서 증명한 사실로부터

나오는 것과 같이 나온다.

그래서 귀납법에 의하여 이것으로부터 근이, 똑 같은 공식

$$x_1 + \omega x_2 + \omega^2 x_3 + \omega^3 x_4 + \cdots$$

으로 표현되는 축약방정식의 도움으로 모든 차수의 모든 방정식도 풀 수 있다는 결론을 내릴 수 있을 것으로 보인다. 그러나, 앞 절에서 그러한 축약방정식으로 바로 이끌었던, MM.오일러와 베주의 방법에 관하여 증명한 후로 이 결론이 5차 이상에는 결함이 있다고 확신하게 된 것 같다: 그래서 만일 오차 이상 방정식의 대수적 해가 불가능하지 않다면, 앞에서와는 다른 함수의 근에 의존해야 한다는 말이 된다.

ω가 단위원의 n-제곱근인,

$$x_1 + \omega x_2 + \omega^2 x_3 + \cdots + \omega^{n-1} x_n$$

형식의 다항식은 나중에 라그랑주 분해방정식*Lagrange resolvent*이라는 이름이 붙었다. 살펴본 바와 같이, 이들은 오일러와 베주의 연구로부터 비롯되었고, 뒤에 방정식의 갈루아 이론에서 두드러진 역할을 한다. 뒤에서 인용하기 편하도록 n차방정식의 근이 나오는 공식을 라그랑주 분해방정식의 용어를 사용하여 개괄한다.

공식. $t(\omega)$를 라그랑주 분해방정식이라 하고 하면,

$$t(\omega) = x_1 + \omega x_2 + \omega^2 x_3 + \cdots + \omega^{n-1} x_n,$$

여기서 ω는 단위원의 n-제곱근이다. $i = 1, \cdots, n$에 대하여

$$x_i = \frac{1}{n}\left(\sum_{\omega} \omega^{-(i-1)} t(\omega)\right),$$

이다. 여기서 합은 단위원의 모든 n-제곱근에 대한 것이다.

이것은 앞에서 증명하였다: 방정식 (10.17)과 (10.19)를 보라.

10.3 군 이론과 갈루아 이론의 처음 결과

라그랑주는 그의 논문 마지막 절에서, 제시된 방정식의 근들의 함수가 결정되는 방정식의 차수에 관한 일반적인 결론을 그의 연구로부터 끌어내었다. 앞의 명제 10.1(p.167)이 라그랑주가 살펴 본 첫 번째 예이지만, 결론에서 라그랑주는 훨씬 더 멀리 갔다. 사실상, 그는 근의 치환을 가지고 계산하기 시작해서 군 이론과 갈루아 이론의 처음 결과를 얻었다.

매우 주목할만하게, 치환에 대한 표기조차 고안하지 않은 채 이러한 성취를 이루었는데, 이것은 실제로 계산하기에 무척 새로운 대상이었다. 불행하게도 이것이 때때로 라그랑주의 논의를 따라가기 힘들게 한다. 라그랑주의 결과에 대한 설명을 용이하게 하기 위해, 현대적 표기도 마다하지 않겠다. 그래서 임의의 정수 $n \geq 1$에 대하여, $\{1,\cdots,n\}$ 위의 대칭군을, 즉 $1,\cdots,n$의 치환들의 군을 S_n이라고 표기한다. $\sigma \in S_n$와 임의의 n 부정원 $x_1,\cdots,x_n$의 유리분수 f에 대하여,

$$\sigma(f(x_1,\cdots,x_n)) = f(x_{\sigma(1)},\cdots,x_{\sigma(n)})$$

이라고 놓는다. 그래서 S_n을 $x_1,\cdots,x_n$의 치환군이라고 볼 수 있고 S_n은 부정원을 치환함으로써 $x_1,\cdots,x_n$의 유리분수 위에 작용한다. 임의의 유리분수 f에 대하여 f를 불변으로 남기는 치환 $\sigma \in S_n$ (때때로 f의 등방성군*isotropy group*이라고 부른다)들의 부분군을 $I(f)$라고 표기한다. 즉

$$I(f) = \{\sigma \in S_n \mid \sigma(f(x_1,\cdots,x_n)) = f(x_1,\cdots,x_n)\}.$$

유한집합 E의 원소의 개수를 일반적으로 $|E|$라고 표기하고, E가 군이면 $|E|$를 E의 위수*order*라고 부른다. 그래서 예를 들면

$$|S_n| = n!$$

이다. 라그랑주는 논문 97에서 다음 정리를 증명하고 있다:

10.2. 정리. $f = f(x_1,\cdots,x_n)$를 n 부정원의 유리분수라고 하자. f가 $x_1,\cdots,x_n$의 치환 아래 가질 수 있는 서로 다른 값의 수 m은 $n!$을 f를 불변으로 남기는 치환의 수로 나

는 몫과 같다,

$$m = \frac{n!}{|I(f)|}.$$

증명. $f_1,\cdots,f_m$을 f의 서로 다른 값(가령, $f=f_1$)이라고 하자. $i=1,\cdots,m$에 대하여, $I(f\mapsto f_i)$을 $\sigma(f)=f_i$인 치환 $\sigma\in S_n$의 집합이라고 하자; 그래서

$$I(f\mapsto f_1)=I(f)$$

이다. 이제, 어떤 $i=1,\cdots,m$와 $\sigma\in I(f\mapsto f_i)$를 고정한다. 만일 $\tau\in I(f)$이면,

$$\sigma\circ\tau(f)=\sigma(f)=f_i$$

이고, 그래서 $\sigma\circ\tau\in I(f\mapsto f_i)$이다. 역으로, 만일 $\rho\in I(f\mapsto f_i)$이면, $\sigma^{-1}\circ\rho\in I(f)$이다.

$$\rho=\sigma\circ(\sigma^{-1}\circ\rho)$$

이므로, $I(f\mapsto f_i)$에 있는 모든 원소는 $\tau\in I(f)$인 $\sigma\circ\tau$ 형태이다. 그러므로 왼쪽에서 σ로 합성하는 것이 $I(f)$에서 $I(f\mapsto f_i)$ 위로의 전단사함수를 정의하게 되고, 그러므로

$$|I(f)|=|I(f\mapsto f_i)|.$$

S_n의 모든 치환은 f를 그의 값 $f_1,\cdots,f_m$의 하나 위로 사상하므로, S_n의 분할이 분리합집합

$$S_n=\bigcup_{i=1}^{m} I(f\mapsto f_i)$$

이고, 그래서

$$|S_n|=\sum_{i=1}^{m}|I(f\mapsto f_i)|.$$

$|S_n|=n!$이고 우변의 각 항은 $|I(f)|$와 같으므로, 이 마지막 방정식은

$$n!=m\cdot|I(f)|$$

이다. ■

이제 여기 라그랑주 자신의 말이 있다(표기법을 이 절의 표기법에 맞추어 약간 바꾸고 자유롭게 번역한다). 아래 인용글을 이해하려면, Θ는 그 근이 $x_1,\cdots,x_n$의 치환에 의한 f의 값들인 다항식

$$\Theta(t)=\prod_{\sigma\in S_n}(t-\sigma(f(x_1,\cdots,x_n)))$$

이란 것을 알아야 한다(명제 10.1, p.167과 비교하라).

> 방정식 $\Theta=0$이 일반적으로 차수가 $1\cdot2\cdot3\cdot\cdots\cdot n=n!$일지라도, 이는 $x_1,\cdots,x_n$의 치환의 수와 같은데, 만일 함수가 우연히 하나 또는 여러 치환으로 인한 변화를 받지 않는 그런 함수라면 문제의 방정식은 필연적으로 더 작은 차수로 축약된다.
>
> 예를 들어, 함수 $f(x_1,x_2,x_3,x_4,\cdots)$가 x_1을 x_2로 바꾸고, x_2를 x_3로, x_3를 x_1로 바꾸어도 값이 같다고 하면. 그래서
>
> $$f(x_1,x_2,x_3,x_4,\cdots)=f(x_2,x_3,x_1,x_4,\cdots)$$
>
> 이면 방정식 $\Theta=0$은 이미 두 개의 같은 근을 갖는 것이 분명하지만, 나는 이 가정에서 다른 모든 근도 쌍으로 같음을 증명하려고 한다. 실제로 같은 방정식의 함수 $f(x_4,x_3,x_1,x_2,\cdots)$로 표현되는 임의의 근을 생각하자, 이것은 함수 $f(x_1,x_2,x_3,x_4,\cdots)$에서 x_1을 x_4로, x_2를 x_3로, x_3를 x_1으로, x_4를 x_2로 바꾸어 끌어낸 것이므로, x_4을 x_3로, x_3를 x_1로, x_1를 x_4로 바꾸면 같은 값을 유지한다; 그래서
>
> $$f(x_4,x_3,x_1,x_2,\cdots)=f(x_3,x_1,x_4,x_2,\cdots).$$
>
> 그러므로 이 경우에 양 Θ는 제곱 θ^2과 같아지고 따라서 방정식 $\Theta=0$는 이 $\theta=0$으로 축약되고 차원 $\frac{n!}{2}$을 갖게 된다.
>
> 마찬가지로, 함수 f가 그 자신의 성질에 의하여 근 $x_1,x_2,x_3,x_4,\cdots,x_n$의 서로 다른 둘, 또는 셋, 또는 더 많은 수의 치환을 해도 같은 값을 유지한한다고 하면, 방정식 $\Theta=0$의 근은 셋씩 같거나, 또는 넷씩 같거나, 또는 등으로 같을 것이다; 그래서 양 Θ는 세제곱 θ^3와 같거나, 또는 네제곱 θ^4과 같거나, 또는 등이고, 그러므로 방정식 $\Theta=0$는 $\theta=0$로 축약되고, 차수는 $\frac{n!}{3}$과 같거나, $\frac{n!}{4}$과 같이 되고, 이렇게 계속 될 것이다.

위 인용글의 라그랑주의 주장과 앞의 증명 사이의 연결고리를 알아보기 위해, $f=f(x_1,x_2,x_3,x_4,\cdots)$ 그리고 $f_i=f(x_4,x_3,x_1,x_2,\cdots)$라고 하고. σ를 $x_1\mapsto x_4$, $x_2\mapsto x_3$, $x_3\mapsto x_1$, $x_4\mapsto x_2$, $\cdots$로 하는 치환, 그래서

$$\sigma(f)=f_i \text{ 즉 } \sigma\in I(f\mapsto f_i)$$

이라고 하자. 라그랑주가 말한 것은, 만일 $\tau: x_1\mapsto x_2\mapsto x_3\mapsto x_1$이 $I(f)$에 속하면, $\sigma\circ\tau: x_1\mapsto x_3$, $x_2\mapsto x_1$, $x_3\mapsto x_1$, $x_4\mapsto x_2$, $\cdots$은

$$\sigma\circ\tau(f)=f_i, \text{ 즉 } \sigma\circ\tau\in I(f\mapsto f_i)$$

이라는 것이다. 이것은 실제로 이 증명에서 중요한 단계이다.

흔히 "라그랑주의 정리"로 불리는 이 정리는 오늘날엔 군의 부분군의 위수(즉, 원소의 수)를 다루고 있다. 다음과 같은 정리이다.

10.3. 정리. 유한군 G의 부분군을 H라고 하자. 그러면 $|H|$는 $|G|$를 나눈다.

증명. $g\in G$에 대하여,

$$gH=\{gh \mid h\in H\}$$

를 (좌)잉여류라고 정의한다. g로 곱하는 곱셈은 H에서 gH 위로 전단사 함수를 정의하므로 $|gH|=|H|$이다. $g=g1\in gH$이므로, G의 모든 원소는 어떤 잉여류의 원소임은 분명하다. 나아가, 만일 두 잉여류가 공통원소를 가지고 있다면 그 둘은 같다. 실제로, $x\in g_1H\cap g_2H$인 원소 $x\in G$가 있다 하자. 적당한 $h_1,h_2\in H$에 대하여 $x=g_1h_1=g_2h_2$라고 하면, 모든 $g_1h\in g_1H$는

$$g_1h=g_2(h_2h_1^{-1}h)\in g_2H$$

로 쓸 수 있고 따라서 $g_1H\subset g_2H$,이다. 첨자 1과 2를 바꾸면 $g_2H\subset g_1H$이고, 따라서$g_1H=g_2H$이다.

이것은 군 G가 잉여류의 분리합집합으로 분해되는 것을 증명한다. 각 잉여류의 원소 수는 $|H|$와 같으므로, $|H|$는 $|G|$를 나눈다(그리고 $|G|$를 $|H|$로 나눈 몫은 G의

분해 안에 들어있는 잉여류의 수인데, 이를 G에서 H의 지표*index*라고 부른다). ■

이 증명의 패턴이 정리 10.2의 증명과 매우 유사하지만 ($I(f\mapsto f_i)$가 $I(f)$의 좌잉여류임을 살펴보라), 라그랑주는 이런 일반성에 이르지 못하였을 뿐 아니라 그럴 필요도 없었다. 그의 주된 관심은 함수값의 수에 관한, 그래서 앞의 명제 10.1(p.167)에 의하여, 주어진 함수의 근을 결정할 수 있는 방정식의 차수에 관한 정보를 얻는 것이었다.

이 점에 있어서, 그의 성취는 놀랄만한 것이다: 그는 앞의 명제 10.1의 "상대적인 버전"을 증명했는데, 그것은 일반적인 다항식의 분해체*splitting field*에 대한 갈루아 이론의 기본정리의 일부로 볼 수 있다:

> 이제, 방정식 $\theta=0$에 의해서나 또는 다른 방법으로 근 $x_1,\cdots,x_n$으로 주어진 함수의 값을 구하자마자 같은 근을 갖는 또 다른 임의의 함수의 값을 구할 수 있다고, 일반적으로 말해서, 이차방정식, 또는 삼차방정식, 등을 요구하는 특별한 경우를 제외하고는 간단히 일차방정식에 의하여 구할 수 있다고 주장한다. 나는 이 문제가 방정식 이론에서 가장 중요한 문제 중 하나라고 생각하며 구하려고 하는 일반해는 대수학의 이 분야에 새로운 빛을 비춰줄 것이다.[40, Art. 100]

라그랑주의 결과를 더 정확하게 다음과 같이 진술할 수 있다.

10.4. 정리. n개 부정원 $x_1,\cdots,x_n$의 두 유리분수를 f와 g라고 하자. f가 g를 불변으로 하는 치환에 의해서 m가지 서로 다른 값을 갖는다면, f의 계수가 g와 그리고 기본 대칭다항식 $s_1,\cdots,s_n$의 유리분수로 된 m차방정식의 근이다.

특히, f가 g를 불변으로 두는 치환에 의해서 불변이면 f는 g와 $s_1,\cdots,s_n$의 유리분수이다.

증명. 앞의 특별한 경우부터 시작하자 즉, $m=1$이라고 가정한다. 그리고 $g_1,\cdots,g_r$를 $x_1,\cdots,x_n$의 치환 아래 g의 서로 다른 값이라고(가령, $g_1=g$) 하자. $x_1,\cdots,x_n$의 치환이 g에 주는 값이 (어떤 i에 대하여) g_i이면 f에 값 f_i를 주는 그런 의미로, $f_1=f,f_2,\cdots,f_r$을 f의 대응하는 값이라고 하자. 이와 같이 g의 값에서 f의 값으로의 대응을 정의할 수 있는 가능성은 g를 불변으로 남기는 치환에서 f가 불변이라는 가정에서 나온다. 실제로 이 가정은 $I(g) \subset I(f)$를 의미한다:

그래서 만일 σ와 ρ가 둘 다 g에 g_i값을 준다면, 정리 10.2의 증명이 $\rho = \sigma \circ \tau$, $\tau \in I(g)$, 임을 증명하고, 가정에서 $\tau \in (f)$이므로 $\rho(f) = \sigma(f)$이다. 그러므로 임의의 $\sigma \in S_n$에 대하여 $\sigma(g) = g_i$인 $f_i = \sigma(f)$를 정의할 수 있다.

$a_0, \cdots, a_{r-1}$이라고 표기한 다음 식을 생각하자:

$$
\begin{aligned}
a_0 &= f_1 + f_2 + \cdots + f_r \\
a_1 &= f_1 g_1 + f_2 g_2 + \cdots + f_r g_r \\
a_2 &= f_1 g_1^2 + f_2 g_2^2 + \cdots + f_r g_r^2 \\
&\cdots \\
a_{r-1} &= f_1 g_1^{r-1} + f_2 g_2^{r-1} + \cdots + f_r g_r^{r-1}.
\end{aligned}
\tag{10.20}
$$

f_i와 g_i의 정의로부터, $x_1, \cdots, x_n$의 모든 치환은 단지 $a_0, \cdots, a_{r-1}$의 항들을 치환하고, 그래서 이들 식 각각이 $x_1, \cdots, x_n$에서 대칭이고 그러므로 대칭분수의 기본정리에 의하여(정리 8.3, p.130), $s_1, \cdots, s_n$의 유리분수로서 계산할 수 있다.

이제, 아이디어는 연립방정식 (10.20)을 $f_1, \cdots f_r$에 대하여 푸는 것이다. 그러나, 보통 소거법으로는 f_1을 $a_0, \cdots, a_{r-1}$로(그래서 궁극적으로 $s_1, \cdots, s_n$으로), 그리고 또한 $g_1, \cdots, g_r$로 나타내 지는데, 여기서는 f_1을 $s_1, \cdots, s_n$과 g_1만으로 나타내는 식이 필요하다.

그래서 라그랑주는 다음과 같은 묘책을 썼다:

$$\theta(Y) = (Y - g_1)(Y - g_2) \cdots (Y - g_r) = Y^r + b_{r-1} Y^{r-1} + \cdots + b_0$$

이라고 하자. 이 다항식을 $Y - g_1$으로 나누면,

$$\psi(Y) = (Y - g_2) \cdots (Y - g_r) = Y^{r-1} + c_{r-2} Y^{r-2} + \cdots + c_0$$

이고, 계수 $c_0, c_1, \cdots, c_{r-2}$는 $b_0, b_1, \cdots, b_{r-1}$와 g_1의 유리분수이다. 이것은 명쾌하게 $\theta(Y)$를 $Y - g_1$로 나누어보면 쉽게 알 수 있다. 이제 θ의 계수 $b_0, b_1, \cdots, b_{r-1}$는 $g_1, \cdots, g_r$에서 대칭이고 그래서 $x_1, \cdots, x_n$에서도 대칭이어서 $s_1, \cdots, s_n$의 항으로 계산할

수 있다. 그러므로 $c_0, c_1, \cdots, c_{r-2}$은 g_1과 $s_1, \cdots, s_n$의 유리분수이다.

(10.20)의 첫 번째 방정식에 c_0를 곱하고, 둘째에 c_1을, 셋째에 c_2를 등, 그래서 마지막에 1을 곱하고, 그렇게 얻은 방정식들을 합하면, f_i의 계수가 $Y = g_i$에서 계산한 다항식 $\psi(Y)$인 방정식, 즉

$$a_0c_0 + a_1c_1 + \cdots + a_{r-1} = f_1\psi(g_1) + f_2\psi(g_2) + \cdots + f_r\psi(g_r)$$

을 얻는다. $\psi(g_2) = \cdots = \psi(g_r) = 0$이므로, 마침내 구하던 대로 g와 $s_1, \cdots, s_n$의 유리분수로 된 f_1의 식

$$f_1 = (a_0c_0 + a_1c_1 + \cdots + a_{r-1})\psi(g_1)^{-1}$$

을 얻었다.

이것이 정리 10.4에서 $m=1$인 특별한 경우의 증명이지만, 일반적인 경우는 쉽게 나온다. 실제로, 이제 f가 g를 불변으로 남기는 치환에서 m개의 값 $f_1, \cdots, f_m$을 갖는다고 하자. 그러면 f는 방정식

$$(Y - f_1) \cdots (Y - f_m) = 0$$

의 근이고, 이 방정식은 그 계수가 $f_1, \cdots, f_m$에서 대칭이므로 g를 불변으로 남기는 치환에 불변이고 그래서 필요한 성질을 만족하므로, 앞의 특별한 경우에 의해서 g와 $s_1, \cdots, s_n$의 유리분수이다. ■

라그랑주의 결과는, $x_1, \cdots, x_n$이 어떤 대수적 관계에 의해 관련된 경우 (이것은 $x_1, \cdots, x_n$이 일반적 n차방정식 대신 어떤 특별한 방정식의 근일 때 일어난다)도 고려하였기 때문에 위의 것보다 훨씬 더 일반적이지만, 위의 정리는 라그랑주의 증명의 풍미를 주고, 일반적인 방정식의 해를 연구하는 것이 그의 목적이었기 때문에 라그랑주가 머릿속에 지녔던 응용의 본질적 부분을 포함하고 있다.

라그랑주의 앞의 결과 (정리 10.4) 뒤로, 실제로 일반적 방정식의 해가 훨씬 개화되었다. 다음과 같은 전략이 출현했다: 일반적 n차 방정식을 풀려면, 첫 번째 함수 V_0가 $x_1, \cdots, x_n$에서 대칭이고, 마지막 함수 V_r이 근 중 하나, 가령 $V_r = x_1$이고, 그리고 $i = 1, \cdots, r$에 대하여 함수 V_i가

(1) $V_i^n = V_{i-1}$ 이거나

(2) V_{i-1}을 불변으로 남기는 치환에서 V_i의 값의 수가 n보다 작다는 두 조건중 하나를 만족한다.

경우 (1)에서는, n-제곱근을 구해서 앞선 것으로부터 함수 V_i를 계산할 수 있고, 경우 (2)에서는 정리 10.4에 의하여 n보다 작은 차수의 방정식을 풀어서 구할 수 있다. 마지막 함수가 제시된 방정식의 한 근이기 때문에, 이것은 차례로 구한 근과 더 낮은 차수의 방정식의 해에 의하여 한 근을 구할 수 있다는 의미다. 수열 $V_0, V_1, \cdots, V_r$은 계산을 정리할 수 있는 순서를 나타낸다. 다른 근도, $V_0, V_1, \cdots, V_r$에 유사한 함수를 대입하여 같은 방식으로 구할 수 있다. (더 자세히 말하면, 임의의 $\sigma \in S_n$에 대하여, 근 $\sigma(V_r)$을 수열 $\sigma(V_0) = V_0, \sigma(V_1), \cdots, \sigma(V_r)$에 의 하여 구할 수 있다.)

$n = 2$에 대하여,

$$V_0 = (x_1 - x_2)^2,$$

$$V_1 = x_1 - x_2,$$

$$V_2 = x_1$$

으로 택하자. 그러면 V_0의 제곱근을 구해 V_1을 구하고, $V_2 = \frac{1}{2}(V_1 + (x_1 + x_2))$이므로 V_2를 계산할 수 있다.

$n = 3$에 대하여, 임의의 대칭함수를 V_0로 택하고, 그 다음 (ω를 1이 아닌 단위원의 세제곱근이라고 하고)

$$V_1 = (x_1 + \omega x_2 + \omega^2 x_3)^3,$$

$$V_2 = x_1 + \omega x_2 + \omega^2 x_3,$$

$$V_3 = x_1.$$

V_1이 x_1, x_2, x_3의 모든 치환에 의해 두 가지 값만 갖기 때문에 이차방정식을 풀면 구할 수 있다. 다음, V_2는 V_1의 세제곱근을 구해서 구하고 마지막으로, V_3는 V_2를 불변으로 남기는 치환(항등원만 V_2를 불변으로 남긴다)에서 불변이므로, V_2로부터 계산하

면, 즉 일차방정식을 풀어서 결정할 수 있다. 마찬가지로 V_2로부터 x_2와 x_3를 결정할 수 있다.

$n=4$에 대하여, 임의의 대칭함수를 V_0로 택하고, 다음

$$V_1 = (x_1+x_2)(x_3+x_4)$$

$$V_2 = x_1+x_2,$$

$$V_3 = x_1.$$

실제로, V_1은 x_1, x_2, x_3, x_4의 치환에 의해 3가지 값만 가지므로 삼차방정식을 풀어서 결정할 수 있다. 다음, V_2는 V_1을 불변으로 남기는 치환에 의해 두 가지 값만 가지므로 이차방정식을 풀어 결정할 수 있고, 마지막으로 V_3는 V_2를 불변으로 남기는 치환에 의해 두 가지 값만 가지므로 이차방정식을 풀어 구할 수 있다. 그러면 근 x_2는 V_3 $(=x_1)$의 값을 구하는 이차방정식의 다른 근이기 때문에 바로 구할 수 있고, 다른 근 x_3와 x_4도 비슷하게 계산하여 구한다: x_3+x_4는 V_2의 값를 구하는 방정식의 다른 근이고, x_3, x_4는 이차방정식의 근이다. 이것은 페라리가 사차방정식의 해법으로 제안한 패턴이다. 물론, 다른 선택도 가능하다: 예를 들면, 라그랑주의 분해방정식을 사용하여,

$$V_1 = (x_1-x_2+x_3-x_4)^2,$$

$$V_2 = x_1-x_2+x_3-x_4,$$

$$V_3 = x_1.$$

을 택할 수 있다.

첫 번째 함수 V_1는 삼차방정식의 근이고, V_2, V_3는 두 이차방정식을 차례로 풀어서 얻는다.

> 이들은, 내가 실수하지 않았다면, 방정식 해법의 진짜 원리이고 해법에 이르는 가장 적절한 분석이다: 살펴본 바와 같이 모든 것은 일종의 조합의 계산으로 축약되고 이르게 될 결과에 의해서 선험적으로 구해진다. 그것을 해법이 지금까지 알려지지 않고 있는 오차나 고차 방정식에 적용하는 것이 시의적절할 것이다; 그러나 이 적용에는 너무 많은 양의 연구와 결합이 필요하고 그 성공은, 그 문제 때문에, 우리가 이 문제를 다루기에는 아직 불확실하다; 그렇지만 다른 때에 이 문제에 다시 돌아오길 바라면서, 우리

에게 새롭고 일반적으로 보이는 이론의 기초를 여기 닦아 놓았다면 만족할 것이다.[40, Art.109]

이 장의 결론을 위해, 이제 위 결과를 적용하여 “라그랑주 분해방정식”의 성질에 대한, 이것은 10.2절에서 지적했던 것인데, 적어도 n이 소수인 경우에 대하여 증명을 개략적으로 살펴본다, 규정된 군에서 불변인 유리분수의 존재성에 관한 다음 결과가 필요하다:

10.5. 명제. S_n에서 임의의 부분군 G에 대하여, $I(f)=G$인 n 부정원의 유리분수 f가 존재한다.

증명. 부정원의 모든(자명하지 않은) 치환에 대하여 불변이 아닌 단항식 m을, 예를 들면 $m=x_1x_2^2x_3^3\cdots x_n^n$, 택하고,

$$f=\sum_{\sigma\in G}\sigma(m)$$

이라고 하자. 임의의 $\tau\in G$에 대하여 곱들의 집합 $\{\tau\circ\sigma \mid \sigma\in G\}$은 G이므로,

$$\sum_{\sigma\in G}\tau\circ\sigma(m)=\sum_{\sigma\in G}\sigma(m)$$

이고, 그래서 모든 $\tau\in G$에 대하여

$$\tau(f)=f$$

이다. 따라서 $G\subset I(f)$.

한편, 만일 $\rho\not\in G$이면, 단항식 $\rho(m)$은 $\rho(f)$에 있지만 f에 있지 않는다. 그래서 $\rho(f)\neq f$이고, 따라서 $G=I(f)$이다. ■

이제부터 표기를 간단히 하기 위해 부정원의 첨자를 0부터 붙인다. 그래서 S_n을 $\{0,1,\cdots,n-1\}$의 치환군이라고 생각하고, 이제 라그랑주 분해식과 관련되어 흥미로운 성질을 가진 특정한 치환을 정의하자.

n과 서로소인 임의의 정수 k에 대하여,

$$\sigma_k : \{0,1,\cdots,n-1\} \to \{0,1,\cdots,n-1\}$$

라고 표기한 함수를 다음과 같이 정의한다: 임의의 $i \in \{0,1,\cdots,n-1\}$에 대하여, 상 $\sigma_k(i)$을 $ik-j$가 n으로 나누어지는(즉, $ik \equiv j \bmod n$, 12.2절에서 들어가며할 표기로는) 0과 $n-1$ 사이의 유일한 정수 j라고 정의한다. 달리 말해, j는 ik를 n으로 나눈 나머지이다.

10.6. 명제. n과 서로소인 임의의 정수 k에 대하여, 사상 σ_k은 $\{0,1,\cdots,n-1\}$의 한 치환이다.

증명. 정리 7.8 (p.114)에 의하여,

$$kl + mn = 1 \tag{10.21}$$

인 정수 l,m을 구할 수 있다. 임의의 $i \in \{0,1,\cdots,n-1\}$에 대하여, $\sigma_k(i)$의 정의에 의해서 n이 $ik-\sigma_k(i)$를 나누므로, n이 $ikl-\sigma_k(i)l$을 나눈다. imn을 더하면, 이것은 분명히 n으로 나누어지므로, $i(kl+mn)-\sigma_k(i)l$도 n으로 나누어진다. (10.21)에 의하여.

$$i-\sigma_k(i)l\text{은 } n\text{으로 나누어진다.} \tag{10.22}$$

이 마지막 관계식이 $\sigma_l(\sigma_k(i)) = i$를 의미하므로, $\sigma_l \circ \sigma_k$은 $\{0,1,\cdots,n-1\}$에서 항등치환이다. 앞의 논의에서 k와 l을 바꾸면, $\sigma_k \circ \sigma_l$도 $\{0,1,\cdots,n-1\}$에서 항등치환이다. 그러므로 σ_l과 σ_k는 $\{0,1,\cdots,n-1\}$ 위에서 자신으로 가는 역전단사이다. ■

지금부터, n을 소수라고 가정하자. 그래서 σ_i는 모든 $i=1,\cdots,n-1$에 대하여 정의된다. 순회치환 $0 \mapsto 1 \mapsto 2 \mapsto \cdots \mapsto n-1 \mapsto 0$을 τ라고 표기하고, $\sigma_1,\cdots,\sigma_{n-1},\tau$로 생성되는$S_n$의 부분군을 $GA(n)$이라고 하자. 그러면

$$|\,GA(n)\,| = n(n-1)$$

임을 증명할 수 있다(연습문제 5를 보라). 사실, 약간 초보적인 관점으로는, $GA(n)$을 원소가 n개인 체 위의 아핀선의 아핀변환군이라고 볼 수 있다: $\sigma_1,\cdots,\sigma_{n-1}$은 닮음변환인 반면 τ는 변환군을 생성한다.

V를 $I(V)=GA(n)$인 $x_0,x_1,\cdots,x_{n-1}$의 유리분수라고 하고(그와 같은 함수의 존재성은 명제 10.5에 의해 보장된다), 임의의 단위원의 n-제곱근 ω에 대하여, $t(\omega)$를 라그랑주 분해방정식

$$t(\omega)=x_0+\omega x_1+\omega^2 x_2+\cdots+\omega^{n-1}x_{n-1}$$

이라고 하자.

10.7. 정리. n이 소수라고 하자. 만일 $\omega\neq 1$이면, $t(\omega)^n$은, 계수가 V에서 유리분수이고 $x_0,\cdots,x_{n-1}$의 기본 대칭다항식인, $n-1$차방정식의 근이다. 더욱이, V는 계수가 기본 대칭다항식의 유리분수인 $(n-2)!$차방정식의 근이다.

증명. $I(V)$의 원소가 $n(n-1)$개이므로, V가 $(n-2)!$차방정식의 근이라는 사실은 명제 10.1과 정리 10.2에서 바로 나온다. 남은 부분을 증명하는 것은, 정리 10.4에 의하여, $t(\omega)^n$이 V를 불변으로 남기는 치환에 의해, 즉 $GA(n)$의 치환에 의해 $n-1$개의 값을 갖는다는 것을 보이면 충분하다.

먼저, σ_k의 작용을 생각하자:

$$\sigma_k(t(\omega))=x_0+\omega x_{\sigma_k(1)}+\omega^2 x_{\sigma_k(2)}+\cdots+\omega^{n-1}x_{\sigma_k(n-1)}.$$

$\omega^n=1$이므로, 관계 (10.22)에서

$$\omega^i=(\omega^l)^{\sigma_k(i)},\ i=0,1,\cdots,n-1.$$

그러므로,

$$\sigma_k(t(\omega))=x_0+(\omega^l)^{\sigma_k(1)}x_{\sigma_k(1)}+(\omega^l)^{\sigma_k(2)}x_{\sigma_k(2)}+\cdots+(\omega^l)^{\sigma_k(n-1)}x_{\sigma_k(n-1)}$$

이고, 이것은

$$\sigma_k(t(\omega))=t(\omega^l) \tag{10.23}$$

을 증명한다. 다음으로, τ의 작용을 생각하자.

$$\tau(t(\omega))=x_1+\omega x_2+\omega^2 x_3+\cdots+\omega^{n-1}x_0$$

이므로, 임의의 단위원의 n-제곱근 ω에 대하여

$$\tau(t(\omega)) = \omega^{-1}t(\omega).$$

$\omega^{-n}=1$이므로, 이 마지막 방정식에서

$$\tau(t(\omega)^n) = t(\omega)^n$$

이다. 이 결과는 (10.23)과 함께, 치환들 $\sigma_1,\cdots,\sigma_{n-1},\tau$의 어떤 곱에 의해서 함수 $t(\omega)^n$이 값 $t(\omega)^n, t(\omega^2)^n, \cdots, t(\omega^{n-1})^n$중, 이들은 $\omega \neq 1$이면 서로 다른데, 하나를 갖는다는 것을 증명한다. $GA(n)$은 $\sigma_1,\cdots,\sigma_{n-1},\tau$에 의해 생성되므로, 이것은 $t(\omega)^n$이 $GA(n)$의 치환들에서 $n-1$개 값을 갖는다는 것을 의미하므로 증명이 끝났다. ■

간단한 논증으로 $t(\omega)^n$의 값의 수를 얻는다:

10.8. 명제. 함수 $t(\omega)^n$는 $x_0,\cdots,x_{n-1}$의 치환에 의해서 $(n-1)!$개의 값을 갖는다.

증명. k를 $t(\omega)^n$의 값의 수라고 하자. 앞의 증명의 끝에서, $t(\omega)^n$이 τ에서 불변임을 보였고, 그래서 모든 멱 $\tau^2,\tau^3,\cdots,\tau^{n-1}$에 대해서도 불변이다. 그러므로, $|I(t(\omega)^n)| \geq n$이고, 정리 10.2에서

$$k \leq (n-1)!$$

이다. 한편, 명제 10.1 (p.167)로부터 $t(\omega)^n$이 k차방정식 $\Theta(Y)=0$의 한 근이다. 그러므로 $t(\omega)$는 kn차인 $\Theta(Y^n)=0$의 한 근이다. 그러나 $t(\omega)$는 변수들의 치환에 의해서 $n!$가지 다른 값을 갖기 때문에, 정리 10.1에 의하여 차수가 $n!$보다 작은 방정식의 근이 될 수 없다. 그러므로

$$k \geq (n-1)!$$

이다. ■

이 명제는 n이 소수가 아닐 때에도, 치환들 σ_k을 사용하지 않기 때문에, 똑 같은 증명으로 성립한다.

연습문제

01 제8장의 연습문제 3에서와 같이

$$u_1=(x_1+x_2)(x_3+x_4), \qquad v_1=x_1x_2+x_3x_4,$$
$$u_2=(x_1+x_3)(x_2+x_4), \qquad v_2=x_1x_3+x_2x_4,$$
$$u_3=(x_1+x_4)(x_2+x_3), \qquad v_3=x_1x_4+x_2x_3$$

라고 하자. v_1,v_2,v_3가 계수가 대칭인 u_1,u_2,u_3의 유리분수임을 증명하라. 이 결과를 사용하여 v_1,v_2,v_3를 근으로 갖는 삼차방정식이 u_1,u_2,u_3를 근으로 갖는 방정식과 어떻게 관련되는지 보여라 (제8장 연습문제 3과 비교하라).

v_1,v_2,v_3대신 $w_1=(x_1-x_2+x_3-x_4)^2$,

$w_2=(x_1+x_2-x_3-x_4)^2$, $w_3=(x_1-x_2-x_3+x_4)^2$에 대하여 같은 문제를 증명하라.

02 라그랑주의 정리의 증명에 있는 논리를(정리 10.4, p.178)사용하여 x_1x_2를 계수가 세 부정원 x_1,x_2,x_3에서 대칭인 x_1+x_2의 유리분수로 나타내어라. 이 식은 유일한가?

03 계수가 대칭인 f로부터 x_1,x_2,x_3를 유리식으로 나타낼 수 있고 f^3가 x_1,x_2,x_3의 치환에 의해서 두 가지 값만 갖는 다항식 $f=ax_1+bx_2+cx_3$ $(a,b,c\in\mathbb{C})$를 모두 구하라.

04 n을 소수라고 하자. 임의의 단위원의 n-제곱근 ω에 대하여,

$$t(\omega)=x_0+\omega x_1+\cdots\ \omega^{n-1}x_{n-1}$$

이라고 하자. 임의의 정수 k에 대하여, $t(\omega^k)t(\omega)^{-k}$가 $t(\omega)^n$에서 대칭인 계수를 갖는 유리분수임을 증명하라.

05 n을 소수라고 하고 명제 10.6과 그 뒤의 표기법을 사용한다. 어떤 k에 대하여 $\tau \circ \sigma_i = \sigma_i \circ \tau^k$임을 증명하라.

$$GA(n) = \{\sigma_i \circ \tau^j \mid i = 1, \cdots, n-1 \text{ 그리고 } j = 1, \cdots, n-1\}$$

과 $|GA(n)| = n(n-1)$임을 유도하라.

06 임의의 군 G와 임의의 부분군 H에 대하여, 사상 $g \mapsto g^{-1}$ (G의 반자기동형사상*anti-automorphism*)이 G에서 H의 좌잉여류의 집합과 H의 우잉여류의 집합사이에 전단사함수를 유도함을 증명하라.

Chapter 11
반데르몬드

제 11 장 반데르몽드

11.1 들어가며

반데르몽드*Alexandre − Theophile Vandermonde*(1735-1796)은 라그랑주나 오일러와 같은 계층에 속하는 수학자는 아니다. 그의 수학에 대한 기여는 영향력이 적고 미미하였다. 그렇지만 이상하게도, 그는 요사이 그의 논문 어디에서도 없는 그의 이름으로 된 행렬식 때문에 아주 자주 기억되고 있다: 반데르몽드 행렬식은 누군가 지수에 대하여 잘못 써진 지표 때문에 그렇게 명명된 것이다.[Lebesgue 41, pp.201-207]

그럼에도 불구하고, 르베그에 의해 주목할 만하게 기술된[41] 그의 업적은 일류계층의 수학자들도 나올 수도 없는 유창한 생각과 깊은 통찰력을 보여준다. 라그랑주의 여러 가지 생각들은 동시대에 또는 반데르몽드에 의해서 심지어 조금 더 일찍 발견되었다. 가장 유명한 것은, 반데르몽드 치환들을 갖고 계산하는것과 라그랑주 분해식이라 알려진 함수들을 간추려 낸 것이다. 그러니, 그의 논문은 다소 명료하지 않고, 라그랑주의 것보다 권위가 더 없었다.

더욱, 반데르몽드의 "방정식의 풀이에 대한 학술논문*Memoire sur la resolution des equations*"[59]는 발간의 지연으로, 라그랑주의 "대수방정식의 풀이에 대한 반성 *Reflexions sur la resolution algebrique des equations*"의 처음부분 보다 2년 후에 발표되었다. 라그랑주는 이미 그 당시 유명했었고, 반데르몽드 자신의 이야기를 보면(증명에

첨부한 주석에) 그의 논문에 대해서 악평을 확실하게 하지 않을 수 없었다. 사람들은 이 라그랑주의 논문과 내것의 약간의 유사성을 확인 할 것이다. 이것은 나로서는 기뻐할 수가 없는 것이다[59, p.365]

그러나, 반데르몬드는 방정식 이론은 한 진짜 획기적인 성공을 담보한 것이다: 원분방정식의 해법. 이것은 확실히 라그랑주보다 더 먼지 증명한 것이다.

우리는 반데르몬드의 논문을 두 부분으로 나누어 논의 하겠다: 라그랑주의 그것과 약간 유사한 일반방정식에 대한 논의와 원분방정식의 해법에 대한 것이다.

11.2 일반방정식의 해법

반데르몬드의 출발점은 방정식의 계수들의 관계를 사용하여 방정식의 해를 구하는 공식이 필연적으로 불분명하다는 것이다. 왜냐하면 그것은 여러 가지 근들의 값들을 사용해야만 한다. 그는 세 개의 "*heads*"로 해법을 나눈다.[59, p.370].

1^0 근들로 된 한 함수를 발견 하는것, 어떤 의미에서, 소위 사람들이 찾기 원하는 근들과 같은 것이다.

2^0 이 함수를 근들의 교환에 무관한 한 형식으로 바꾸는 것.

3^0 그것에 근들의 합, 서로 다른 곱들의 합, 등등의 값을 대입하는 것.

예를 들어 이차방정식의 해를 생각해보자.

$$X^2 - s_1 X + s_2 = 0,$$

여기서, x_1, x_2 는 근이다. 함수

$$F_2(x_1, x_2) = \frac{1}{2}\left((x_1 + x_2) + \sqrt{(x_1 - x_2)^2}\right)$$

는 1^0의 조건을 만족한다. 왜냐하면, 그 값은 x_1 또는 x_2 이기 때문이다. $(x_1 - x_2)^2$의 제곱근의 선택에 따라서 의존된다, 즉

$$\sqrt{(x_1 - x_2)^2} = \pm (x_1 - x_2).$$

더욱 $F_2(x_1,x_2)$는 근들 x_1 와 x_2의 교환해도 변하지 않기 때문에, 그것은 이미 2^0에서 말한 그런 형식이다. 마지막으로, 3^0은 s_1과 s_2에 관계된 $F_2(x_1,x_2)$의 계산값을 요구한다.

이것은 대단히 용이하다:

$$x_1+x_2=s_1 \text{ 이고 } (x_1-x_2)^2=s_1^2-4s_2$$

따라서

$$F_2(x_1,x_2)=\frac{1}{2}(s_1+\sqrt{s_1^2-4s_2}).$$

반데르몬드는 먼저 문제 3^0을 완전히 일반적으로 풀었다. 그는 대칭함수들에 대한 기본정리를 거기서 증명한다. 임의의 대칭함수는 기본대칭다항식들에 관한 식으로 계산될 수 있다는 것이다.(정리 8.3, p.130).

그는 다음과 같은 공식으로 전개하여 문제 1^0을 풀었다.

$$F_n(x_1,\cdots,x_n)=\frac{1}{n}((x_1+\cdots+x_n)+\sum_{i=1}^{n-1}\sqrt[n]{V_i^n}) \tag{11.1}$$

여기서,

$$V_i=\rho_1^i x_1+\cdots+\rho_n^i x_n$$

이고, $\rho_1,\cdots,\rho_n$은 단위원의 n차 제곱근들이다(1포함).

이 함수가 $head\,1^0$에 대한 답이라는 것을 보이기 위해, 우리는 임의의 $k=1,\cdots,n$에 대하여, n차 제곱근들 $\sqrt[n]{V_i^n}$이 그런 방법으로 $F_n(x_1,\cdots,x_n)=x_k$가 성립하게 선택되어 결정됨을 증명해야한다. 이것은 다음과 같다: $\sqrt[n]{V_i^n}=\rho_k^{-1}V_i$로 택하여, 즉

$$\sqrt[n]{V_i^n}=x_k+\sum_{j\neq k}(\rho_k^{-1}\rho_j)^i x_j$$

그러면,

$$F_n(x_1,\cdots,x_n)=\frac{1}{n}(nx_k+\sum_{j\neq k}(\sum_{i=0}^{n-1}(\rho_k^{-1}\rho_j)^i)x_j). \tag{11.2}$$

이제, $\rho_k^{-1}\rho_j$는 단위원의 n차 제곱근이고, 만약 $k \neq j$이면 1과 다르다. 따라서, 그것은 다음식의 근이다.

$$\frac{X^n - 1}{X - 1} = 1 + X + \cdots + X^{n-1}$$

따라서,

$$\sum_{i=0}^{n-1} (\rho_k^{-1}\rho_j)^i = 0$$

그리고 (11.2)식은 다음과 같이 단순화된다.

$$F_n(x_1, \cdots, x_n) = x_k.$$

물론, 만약, $n \geq 3$이면, 함수 $F_n(x_1, \cdots, x_n)$은 $x_1, \cdots, x_n$과 다른 결정을 갖지만, 이것은 반데르몬드에게는 별문제가 않되는 것 같다. 반데르몬드의 공식(11.1)은 라그랑주의 공식(p.173)과 비교하는 것이 도움이 될 것이다. 함수들 V_i는 라그랑주 분해식과 다름 아닌 것으로 판명된다. 이것을 설명하기 위해서, 단위원의 한 원시제곱근 ω를 택하여, $k = 1, \cdots, n$에 대하여 $\rho_k = \omega^{k-1}$라 할 수 있다. 그러면,

$$V_i = (\omega^0)^i x_1 + (\omega^1)^i x_2 + \cdots + (\omega^{n-1})^i x_n,$$

따라서,

$$V_i = x_1 + \omega^i x_2 + (\omega^i)^2 x_3 + \cdots + (\omega^i)^{n-1} x_n$$

그리고, V_i는 p.173의 공식에 있는 $t(\omega^i)$로 표기된 라그랑주분해식이 된다.

문제 1^0와 3^0는 반데르몬드에 의해서 완전하게 풀어졌다: 이 과정의 진짜 방해물은 문제 2^0이다. $n=3$에 대하여, 반데르몬드는 ω를 단위원의 3제곱근으로 1이 아닌 것으로 정하고, $\rho_1 = 1$, $\rho_2 = \omega$ 그리고 $\rho_3 = \omega^2$로 택하면, $F_3(x_1, x_2, x_3)$ 안에서 함수들, 그것들은.

$$V_1^3 = (x_1 + \omega x_2 + \omega^2 x_3)^3 \text{ 와 } V_2^3 = (x_1 + \omega^2 x_2 + \omega x_3)^3$$

으로, x_1, x_2, x_3의 모든 치환들 아래서 불변이 아니지만, 모든 치환은 V_1^3과 V_2^3는 불변

이거나 또는 V_1^3과 V_2^3를 교환 시킨다. 따라서, 함수 $F_3(x_1,x_2,x_3)$모든 순열들 아래서 불변하도록 만들기 위해서, V_1^3과 V_2^3의 값을 취한는 명료하지 않는 한 함수로 V_1^3과 V_2^3를 대입하면 충분하다. 전에 이차방정식의 풀이에서 발견된 한 함수; 그것은

$$F_2(V_1^2, V_2^3) = \frac{1}{2}((V_1^3 + V_2^3) + \sqrt{(V_1^3 - V_2^3)^2})$$

이다. 따라서, 문제 2^0은 $n=3$에 대해서는 풀렸다.

반데르몬드 $n=4$에 대해서도, $F_4(x_1,x_2,x_3,x_4)$을 이용하여 유사하게 설명했다. 그는 역시 이 경우, n이 소수가 아니므로, $F_4(x_1,x_2,x_3,x_4)$대신에 다른 함수를 택하여 지적해 냈다. 예를들어,

$$G_4(x_1,x_2,x_3,x_4) = \frac{1}{4}((x_1+x_2+x_3+x_4) + \sqrt{W_1^2} + \sqrt{W_2^2} + \sqrt{W_3^2})$$

여기서,

$$W_1 = x_1 + x_2 - x_3 - x_4$$

$$W_2 = x_1 - x_2 + x_3 - x_4$$

$$W_3 = x_1 - x_2 - x_3 + x_4$$

G_4를 이런 형식으로 대입하면 모든 치환은 W_1^2, W_2^2, W_3^2을 교환하기 때문에 x_1,x_2,x_3,x_4를 치환할때 불변이 되는 것은 용이하다. 그럼으로 $F_3(W_1^2, W_2^2, W_3^2)$으로 대입하는 것으로 충분하다. 그것은 W_1^2, W_2^2, W_3^2의 값을 취하여 앞에서 본바와 같이 대칭 형식으로 대입할 수 있다.

$n \geq 5$에 대해서는, 그 부정원들이 치환될 때 각 $i=1,\cdots,n-1$에 대해서 함수들 V_i^n이 그들 자신 상이에 불변이지 않다는 것이 문제이다. 사실상, 부정원들의 치환아래서 함수 V_1^n은 $(n-1)!$가지 함수값을 취한다.(명제 10.8, p.186).

그럼에도 불구하고, $n=5$에 대하여 반데르몬드는 V_1^5의 결정을 6차 방정식의 한 해로 유도하는데 성공하였다.(정리10.7, p.185). $n=6$ 에 대해서, 그는 그의 방법으로는

10또는 15차의 한 방정식의 해가 요구된다.

요령부득하지만, 이 단원은 흥미가 없는 것은 아니다. 왜냐하면, 반데르몬드가 치환들로 상당히 명확한 계산을 시작하여 신속하게 해내게 하기 때문이다. 그는 대칭다항식들을 부분형식*partial types*의 합으로 구성 한다. 사실, 그것은 치환군의 한 부분군 아래서 한 단항식으로 취한 값들의 합이다.

예를 들어, a, b, c 세 변수에 대하여 우리는 다음과 같이 표기한다.

$$\begin{bmatrix} \alpha\,\beta\,\gamma \\ 2\,3\,1 \end{bmatrix} = a^{\alpha}b^{\beta}c^{\gamma} + a^{\gamma}b^{\alpha}c^{\beta} + a^{\beta}b^{\gamma}c^{\alpha}$$

여기서 α, β, γ 는 서로 다른 정수이다.

그 라틴 문자는 두 번째 항의 지수들 α, β, γ가 다음과 같은 방법, 즉, γ가 첫 번째로, α는 두 번째로, 그리고, β는 세 번째로 대입하고: 세 번째 항은 두 번째항에서 첫 번째항에서 두 번째항을 구한것과 같은 방법으로 다음항을 구해간다. 그래서 이 과정에 의해 새로운 항을 계속 다음 항을 결정한다. 이렇게 만든 이 함수는 치환 $a \to b \to c \to a$에 의해서 생성된 S_3의 순환부분군 아래서 분명히 불변이다.(명제10.5, p.183.참조).

한때, 반데르몬드는 또한 더 일반적인 기호를 사용했다. 그것은 치환군과 같은 군 아래서 불변인 모든 부분형식들을 품고 있다. 그러나 그는 치환에 대한 기호를 고안하는 것을 짧게 줄였다. 예를 들어,

$$\begin{bmatrix} a & b & c & d & e \\ 5 & 1 & 4 & 2 & 3 \end{bmatrix}$$

(여기서, a, b, c, d, e는 부정원이다) 은 여러 가지 부분형식에 대한 한 일반적인 표기는 문자들 a, b, c, d, e를 라틴숫자에 의해 지적된 순서 b, d, e, c, a로 가는 한 치환 아래서 불변이다. 즉, 이 치환 아래서 $a \mapsto b \mapsto d \mapsto c \mapsto e \mapsto a$ 이다.

이 표기는 반데르몬드가 매우 복잡하고 명확한 계산을 조리있게 실행하도록 했다. 그러나, 기껏 5차 방정식에 대한 방법은 더 높은 차수의 방정식이 유도되어 기피할 수밖에 없었다. 그래서, 그것은 결국 활용할 수 없었다:

> 그것이 이 주제로 나에게 가르쳐 준 계산들 전부이다. 그리고, 나는 이 곤란한 것을 여기서 한번 감히 실행할 이 난문제에 대한 충분한 신념을 갖고 있지 않다. 나는 오직 다섯 문자들이 간여된 4차나 3차의 방정식에 의존되는 어떠한 부분형식도 발견하지 못했다는 것만 첨가할 것이다. 그리고 그러한 형식이 존재하지 않는다는 것을 확신한다.[59, p.414]

그러나, 그것이 이야기의 끝은 아니다. 그의 논문의 마지막 두 기사에서, 반데르몬드는 간략하게 원분방정식들에 대하여 논의했다.

11.3 원분방정식들

7.3(정리 7.3, p.110)으로부터 회상해보면, 단위원의 제곱근들의 거듭제곱근 표현을 결정하는 문제는 원분방정식들의 거듭제곱근에 의한 해법으로 귀착된다는 것이었다.

적당한 소수 p에 대한,

$$\Phi_p(X) = X^{p-1} + X^{p-2} + \cdots + X + 1 = 0$$

더욱, 기수 소수 p에 대하여, 드무아브르*de Moivre*는 변수의 변환 $Y = X + X^{-1}$으로 $\Phi_p(X) = 0$를 차수가 $\dfrac{p-1}{2}$인 방정식으로 바꾸었다. 그래서, $p = 11$인 경우, 원분방정식의 해는 다음 방정식의 해를 요구한다.

$$Y^5 + Y^4 - 4Y^3 - 3Y^2 + 3Y + 1 = 0$$

이것이 드무아브르*de Moivre*가 거듭제곱근의해 풀 수 없었던 것이다. 우리는 주목할 점 7.6(p.113)에서 말한 것이다, 왜냐하면, Φ_p의 근들이 복소수들 $e^{2k\pi i/11}(k = 1, \cdots, 10)$이기 때문이다. Y에 관한 방정식의 근들은 $2\cos\dfrac{2k\pi}{11}\,(k = 1, \cdots, 5)$의 값들로 된 근들이 된다.

반데르몬드는 사실상 변수변환 $Z = -(X + X^{-1})$을 사용하였다. 그것은 다음식을 얻는다.

$$Z^5 - Z^4 - 4Z^3 + 3Z^2 + 3Z - 1 = 0 \tag{11.3}$$

이 방정식의 근들은 a, b, c, d, e 로 표기하면 다음과 같다.

$$a = -2\cos\frac{2\pi}{11},\ b = -2\cos\frac{4\pi}{11},\ c = -2\cos\frac{6\pi}{11}$$
$$d = -2\cos\frac{8\pi}{11},\ e = -2\cos\frac{10\pi}{11}$$

반데르몬드는 다음 삼각함수 공식을 사용해서 편리하게.

$$2\cos\alpha\cos\beta = \cos(\alpha+\beta) + \cos(\alpha-\beta) \tag{11.4}$$

a, b, c, d, e 사이의 관계식을 구했다 예를 들어, $\frac{2\pi}{11}$에 α와 β를 대입해서 다음식을 얻었다.

$$2\cos^2\frac{2\pi}{11} = \cos\frac{4\pi}{11} + \cos 0$$

따라서,

$$a^2 = -b+2$$

이다. 같은 방법으로, $\frac{2\pi}{11}$에 α를 $\frac{4\pi}{11}$에 β를 대입하면,

$$ab = -c-a$$

이다. 등등, 따라서, α와 β에 대하여 계속적으로 여러 가지 각들 $\frac{2k\pi}{11}$ $(k=1,\cdots,5)$를 대입하여 삼각방정식 (11.4)은 근들의 곱에 대한 선형표현을 얻는다. 이 표현들을 살펴서, 반데르몬드는 놀라운 결론을 얻었다. 그로 하여금 단위원의 11차 제곱근에 대한 거듭제곱근 표현을 발견하게 되었다. 이것이 반데르몬드 자신의 이야기이다. 그의 논문에 대한 마지막 한개의 기사에서[59, pp.415-416]:

> 근들 사이의 방정식들이 있는 특별한 경우에는, 일반적인 풀이공식을 사용하지 않고 방금 설명한 방법으로 풀 수가 있다. 방정식 $r^{11}-1=0$은 한 예를 제공할 것이다 : 그것은 다음 식을 유도한다..

$$X^5 - X^4 - 4X^3 + 3X^2 + 3X - 1 = 0$$

그리고, 근들은 a, b, c, d, e 로 표기하면 다음식들을 얻는다.

$$\begin{aligned}
&a^2=-b+2,\ b^2=-d+2,\ c^2=-e+2,\ d^2=-c+2,\ e^2=-a+2,\\
&ab=-a-c,\ bc=-a-e,\ cd=-a-d,\ de=-a-b,\ ac=-b-d\\
&bd=-b-e,\ ce=-b-c,\ ad=-c-e,\ be=-c-d,\ ae=-d-e
\end{aligned}$$

그리고, 모든 부분형식 $\begin{bmatrix} a\ b\ c\ d\ e \\ 5\ 1\ 4\ 2\ 3 \end{bmatrix}$은 순수한 유리수값을 갖을 것이다. 따라서 논설 *XXVIII*에서 $\begin{bmatrix} \alpha\ \beta\ \epsilon\ \delta\ \gamma \\ 5\ 3\ 4\ 1\ 2 \end{bmatrix}$ 대신에 $\begin{bmatrix} \alpha\ \beta\ \gamma\ \delta\ \epsilon \\ 5\ 1\ 4\ 2\ 3 \end{bmatrix}$를 취하면,

$$X=\frac{1}{5}\left[1+\Delta'+\Delta''+\Delta'''+\Delta^{iv}\right]$$

여기서,

$$\Delta'=\sqrt[5]{\frac{11}{4}\left(89+25\sqrt{5}-5\sqrt{-5+2\sqrt{5}}+45\sqrt{-5-2\sqrt{5}}\right)}$$

$$\Delta''=\sqrt[5]{\frac{11}{4}\left(89+25\sqrt{5}+5\sqrt{-5+2\sqrt{5}}-45\sqrt{-5-2\sqrt{5}}\right)}$$

$$\Delta'''=\sqrt[5]{\frac{11}{4}\left(89-25\sqrt{5}-5\sqrt{-5+2\sqrt{5}}-45\sqrt{-5-2\sqrt{5}}\right)}$$

$$\Delta^{iv}=\sqrt[5]{\frac{11}{4}\left(89-25\sqrt{5}+5\sqrt{-5+2\sqrt{5}}+45\sqrt{-5-2\sqrt{5}}\right)}$$

*Oscar Luis Palacios Velez는 사적인 편지를 통해서 반데르몬드의 공식 Δ'와 Δ''에 오자가 있다고 지적했다, 그것들은 아래와 같다.

$$\Delta'=\sqrt[5]{\frac{11}{4}\left(89+25\sqrt{5}-5\sqrt{-5-2\sqrt{5}}+45\sqrt{-5+2\sqrt{5}}\right)}$$

$$\Delta''=\sqrt[5]{\frac{11}{4}\left(89+25\sqrt{5}+5\sqrt{-5-2\sqrt{5}}-45\sqrt{-5+2\sqrt{5}}\right)}$$

반데르몬드의 훌륭한(그러나 명확하지는 않지만) 관찰은 치환 $a\mapsto b\mapsto d\mapsto c\mapsto e\mapsto a$은

근들 사이의 관계를 보존한다는 것이다. 예를 들어, 이 치환을 적용하면 관계식

$$a^2 = -b+2$$

은 a를 b로 그리고, b를 d로 변환하면, 우리는

$$b^2 = -d+2$$

을 얻는다. 그리고 이 관계식은 실제로 성립한다!(연습문제 2 참조).

이것은 근들 사이의 관계식들을 a, b, c, d, e의 임의의 다항식들의 차수를 결과적으로 일차식의 표현으로 까지 변환되어 더 낮출 수 있기 때문에 큰 의미가 있다. 따라서, f를 다섯 개의 변수를 갖는 한 다항식이라 가정하자(임의의 차수). 근들 사이의 관계식을 사용하여 우린 다음 식을 발견할 수 있다.

$$f(a,b,c,d,e) = Aa+Bb+Cc+Dd+Ee+F \tag{11.5}$$

여기서, 어떤 수들 A, B, C, D, E, F 는 f의 계수들로부터 명확히 결정될 수 있는 것이다.

이제, 치환 $a \mapsto b \mapsto d \mapsto c \mapsto e \mapsto a$는 $f(a,b,c,d,e)$의 표현을 단순화하는데 사용되는 관계식들을 보존하기 때문에 우리는 각 단계마다 a를 b로, b를 d로, d를 c로, c를 e로, e를 a로 바꾸는 똑 같은 단순화 과정을 실행할 수 있다. 그래서, 우리는 다음식을 얻는다.

$$f(a,b,c,d,e) = Ab+Bd+Ce+Dc+Ea+F$$

이 점은 상당히 미묘하다, 왜냐하면, $f(a,b,c,d,e)$의 식 (11.5)의 표현은 유일하지 않기 때문이다. 정말로, 식(11.3)의 Z^4의 계수는 근들의 합의 반대 부호 값이다. 그것은

$$a+b+c+d+e = 1 \tag{11.6}$$

따라서, 우리는 예를 들어

$$\begin{aligned} &Aa+Bb+Cc+Dd+Ee+F = \\ &(A+F)a+(B+F)b+(C+F)c+(D+F)d+(E+F)e \end{aligned}$$

그러나, 이것은 우리가 $f(a,b,c,d,e)$을 단순화 하는 같은 과정과 $a \mapsto b \mapsto d \mapsto c \mapsto e \mapsto a$의 치환을 사용한 후 $f(b,d,e,c,a)$을 사용하는 한 문제가 되지 않는다.

만약 우리가 반데르몬드(라그랑주)분해식의 관찰에 적용하면 다음을 얻는다.

$$V_i(a,b,c,d,e)^5 = (\rho_1^i a + \rho_2^i b + \rho_3^i c + \rho_4^i d + \rho_5^i e)^5$$

여기서, $\rho_1, \cdots, \rho_5$는 단위원의 5차 제곱근들이다. 우리는

$$V_i(a,b,c,d,e)^5 = Aa + Bb + Cc + Dd + Ee + F \tag{11.7}$$

얻는다. 여기서 $A, B, \cdots, F$ 는 $\rho_1, \cdots, \rho_5$의 유리식 표현들이다.

치환을 4번 적용하여 다음을 얻는다.

$$V_i(b,d,e,c,a)^5 = Ab + Bd + Ce + Dc + Ea + F$$

$$V_i(d,c,a,e,b)^5 = Ad + Bc + Ca + De + Eb + F \tag{11.7}$$

$$V_i(c,e,b,a,d)^5 = Ac + Be + Cb + Da + Ed + F$$

$$V_i(e,a,d,b,c)^5 = Ae + Ba + Cd + Db + Ec + F$$

이제, 만약 우리가 ω가 단위원의 한 원시 5차제곱근일 때, $\rho_1 = 1$, $\rho_2 = \omega$, $\rho_3 = \omega^3$, $\rho_4 = \omega^2$, $\rho_5 = \omega^4$로 택하면,

$$V_i(a,b,c,d,e) = a + \omega^i b + \omega^{2i} d + \omega^{3i} c + \omega^{4i} e$$

이고, $\omega^5 = 1$이므로, 우리는

$$V_i(b,d,e,c,a) = \omega^{-i} V_i(a,b,c,d,e)$$

이다(정리 10.7, p.185 참조). 따라서,

$$V_i(b,d,e,c,a)^5 = V_i(a,b,c,d,e)^5$$

같은 방법으로, 등식 (11.7)과 (11.8)의 좌변은 $V_i(a,b,c,d,e)^5$와 같다. 따라서, 이 등식들을 모두 합하여 다음식을 얻는다.

$$5\,V_i(a,b,c,d,e)^5 = (A+B+C+D+E)(a+b+c+d+e) + 5F$$

(11.6)을 사용하여, 우리는

$$V_i(a,b,c,d,e)^5 = \frac{1}{5}(A+B+C+D+E) + F$$

$A, B, \cdots, F$는 거듭제곱근에 의해서 이미 표현된 ω로부터 유리식으로 계산될 수 있으

므로, 함수들 V_i^5은 거듭제곱근들에 의해서 표현할 수 있게된다.

따라서, a,b,c,d,e는 거듭제곱근들에 의해서 표현될 수 있다. 11.2와 식(11.6)의 $F_5(a,b,c,d,e)$의 공식을 사용하여, 우리는

$$a,b,c,d,e = \frac{1}{5}\,(1+\sum_{i=1}^{4}\sqrt[5]{V_i^5}\,)$$

을 얻는다.

뒤늦은 판단으로, 높은 차수의 원분방정식에 대한 가능한 일반화를 향한 관점은 위의 계산에서 결정적인 단계는 다음으로 나타난다.

(a) 근들의 다항식 표현으로 1차식으로 축약될 수 있다는 근들 사이의 관계식의 존재성;

(b) 위의 관계식을 보존하는 근들의 순환치환의 존재성.

(a)와 (b)가 주어지면, 우리는 근들을 순환치환의 방법으로 세고,

$$x_1 \mapsto x_2 \mapsto x_3 \mapsto \cdots \mapsto x_n \mapsto x_1$$

위의 똑 같은 논증에 따라, 각 라그랑주분해식의 n차 멱은 다음 형식으로 τ에 대한 유리식 표현이다.

$$t(\omega) = x_1 + \omega x_2 + \omega^2 x_3 + \cdots + \omega^{n-1} x_n$$

여기서 ω는 단위원의 임의의 한 n차 제곱근이다.

귀납적 논증에 따라, 우리는 거듭제곱근에 의한 표현이 ω에 대한 발견으로부터 되었다고 가정할 수 있다. 그러면, $t(\omega)^n$은 거듭제곱근들에 의해 표현되고 근들 $x_1,\cdots,x_n$은 라그랑주공식(p.173)에 의해서 역시 발견될 수 있다. 즉,

$$x_i = \frac{1}{n}(\sum_{\omega}\omega^{-(i-1)}t(\omega))$$

이제, (a)는 임의의 소수 p에 대한 원분방정식 Φ_p에 대하여 분명하다. 또는, 왜냐하면, 근들이 $k=1,\cdots,\dfrac{p-1}{2}$에 대하여 $2\cos\dfrac{2k\pi}{p}$ 이고, 드무아브르의 변수변환 $Y = X + X^{-1}$

에 의해서 얻어진 방정식이기 때문이다. 정말, 같은 삼각함수방정식(11.4)는 구하고자 하는 방정식을 얻게한다. 그러나, (b)는 분명한 것과는 거리가 멀다! 그러나, 반데르몬드는 단순히 다음과 같이 말하고 있다[59, p.416]

> 왜냐하면, 방정식을 풀기 위해서,
>
> $$X^m - X^{m-1} - (m-1)X^{m-2} + etc. = 0$$
>
> 질문은 기껏해야 그 근들 중 하나와 무관한 양을 결정해야 하는 것 이다. 그리고, 그 근들이 그자신들 사이의 교환에 무관한 그런 방법으로 배열을 결코 해낼 수 없다, 이 해법은 항상 매우 용이하다.

그리고 그는 그 정도에서 끝마쳤다.

그러나, 그는 확실히 그 관계식은 근들의 임의의 치환에 의해서 보존되지는 않는다는 것을 밝혔다. 관계식들이 보존되는 한 순환치환의 존재성은 대단히 주목할만한 것이다. 그리고, 반데르몬드의 호기심을 일깨워준것에 틀림없는 원분방정식의 성질은 매우 신비롭다.

만약 그가 이 성질을 이해할 수 있었다면, 그는 연분수이론을 가우스보다 약 30년전에 발견할 수 있었을 것이다.

더욱, 반데르몬드는 바로 갈루아정리의 기본생각을 정조준할 수 있었을 것이다: 한 방정식의 구조를 결정하기 위해서, 거듭제곱근들에 의해 풀릴지의 여부를 결정한것과 더 일반적으로 그것의 어려움을 판단하고, 근들의 치환들을 관찰해야만 한다는 것: 그러나, 우리는 근들 사이의 관계식을 보존하는 그런 치환들만 고려해야한다.[18)]

이것은 한 눈에 띄는 완전하게 낭비된 깊은 통찰력의 사례이다. 이 장을 마무리 하기 위해서, 나는 르베그[41, p.222-223]을 인용하는 것보다 더 좋을 것 없다고 생각한다.

> 확실히, 정말로 중요한 어떤 것을 발견한 사람은 누구나 그 자신의 발견을 후세에 남긴다; 그는 그 자신 그것을 잘 이해하지는 못했고, 그리고 단지 오랫동안 그것을 깊

---

18) 이런 제한은 그 근들이 독립 변수이기 때문에 일반방정식에 대해 나타나지 않는다. 이 경우, 보존과는 아무런 관계도 없고, 따라서 모든 치환이 적용가능하다.

이 생각했었다. 그러나, 반데르몬드는 결코 그의 대수적 고찰로 돌아가지 않았다 왜냐하면 그는 첫째로 그것들의 중요성을 깨닫지 못했고, 만약 나중에도 그것들을 이해하지 못했다면 그것은 분명 그것들을 깊게 반추하지 않았기 때문일 것이다. 그는 여러가지것들에 관심이 많았다. 그는 모든 것들로 매우 바빴다. 그는 어떤것의 밑바닥까지 천천히 다가 갈수가 없었다.[⋯]. 반데르몬드가 무엇을 보고, 이해하고 그리고 그가 무엇을 알지 못했고 하는 정확한 평가를 위해 우리는 18세기에 한 사람의 마음가짐 뿐만아니라, 반데르몬드의 마음 까지도 재구성 해봐야할 것이다. 그리고, 그의 천재적인 면목은 그 당시 그 시대보다 훨씬 앞서갔다. 그렇게 하다보면, 반데르몬드에게 너무 치나친 칭찬를 하기도하고 또는 지나친 혹평을 하기도 할 것이다.

연습문제

01 다음 부분형식들의 항들을 나열하라.

$$\begin{bmatrix} \alpha & \beta & \gamma & \delta & \epsilon \\ 5 & 3 & 4 & 1 & 2 \end{bmatrix}, \begin{bmatrix} \alpha & \epsilon & \delta & \beta & \gamma \\ 5 & 3 & 4 & 1 & 2 \end{bmatrix}, \begin{bmatrix} \alpha & \gamma & \beta & \epsilon & \delta \\ 5 & 3 & 4 & 1 & 2 \end{bmatrix}, \begin{bmatrix} \alpha & \delta & \epsilon & \gamma & \beta \\ 5 & 3 & 4 & 1 & 2 \end{bmatrix}$$

이 모든 부분형식들의 합은 부분형식이 됨을 보여라. 이 새로운 부분형식을 불변하게 하는 S_5의 부분군은 무엇인가?

02 치환 $a \mapsto b \mapsto c \mapsto d \mapsto c \mapsto a$은

$a = 2\cos\frac{2\pi}{11}$, $b = 2\cos\frac{4\pi}{11}$, $c = 2\cos\frac{6\pi}{11}$, $d = 2\cos\frac{8\pi}{11}$, $e = 2\cos\frac{10\pi}{11}$ 사이의 관계식을 보존하지 않는 것을 보여라.

03 치환 $a \mapsto b \mapsto c \mapsto a$은 $a = 2\cos\frac{2\pi}{7}$, $b = 2\cos\frac{4\pi}{7}$, $c = 2\cos\frac{6\pi}{7}$ 사이의 관계식을 보존함을 보여라.

04 $k = 1, \cdots, 6$에 대한 수들 $2\cos\frac{2k\pi}{13}$에서 그들 사이의 관계식을 보존하는 한 치환을 찾아라.

Chapter 12
가우스의 원분방정식

제12장 가우스의 원분방정식

12.1 들어가며

가우스*Carl Friedrich Gauss*(1777-1855)의 방정식이론에 대한 업적은 그의 많은 다른 영역에 대한 업적보다도 한층 돋보이는 것으로 평가된다. 그러나 그것은 그의 어릴적의 성취이기 때문에 더욱 특별한 영역을 차지한다. 그것들은 대별해서 두가지 토픽: 제 9장에서 이미 논의한 대수학의 기본정리(1799) 와 원분방정식의 해법 이다.

원분방정식의 가우스의 결과는 어떻게 반데르몬드의 논법을 완수하는 단위원의 거듭제곱근의 귀납적인 표현을 제공하는 것이다(보조정리 12.29. p.238), 그러나, 그것은 이 목표를 훨씬 지나친다. 사실상, 그것은 저차원의 방정식들의 소수 지표를 갖는 원분방정식으로 가능한 한 변환을 거처 완전한 표현을 가저다 준다. 따라서, 유창한 방법으로, 그것은 라그랑주에 의해서 들어가며된 원분방정식에 대한 이 프로그램은 완수되었다: 그것은 근들의 계속되는 어떤 함수들을 결정하여 방정식을 푸는 것이다. 가우스는 $\Phi_p(X)=0$의 해가 $p-1$의 소수인수와 같은 차수의 방정식들의 해을 구하는 것으로 유도된다는 것을 보였다.

특별히, 17차 단위원의 거듭제곱근들은 연속된 4개의 이차방정식을 푸는 것으로 결정된다. 왜냐하면 $17-1=2^4$ 이다. 이결과의 한 적용으로, 정17각형의 한변의 길이를 자와 컴퍼스 만으로 작도가능하다 ;이 결과는 1796년에 가우스에 의해서 발견된 것이다.

그리고 이것은 그의 직업을 결정하는 계기였다(Buhler [9, p.10]) 이 적용은 이장의 부록에서 논의 할 것이다.

그의 원분방정식의 결과에 대한 결정적인 설명은 가우스의 수론에 대한 획기적인 논문 "수론 연구*Disquistiones Arithmeticae*"(1801)의 7장과 마지막장에 있다. 수론에 이 대수적 결과를 포함 시킨것에 대한 것은 가우스는 그의 서문(24, p.8)에서 언급하고 있다.

제 *VII* 장에서 취급하고 있는 원의 분할 또는 정다각형에 대한 이론은 Arithmetic에 그 자체가 포함되어있지도 않다. 그 원리들은 Arithmetic에도 발견되지도 않고 Higher Arithmetic에도 발견되지 않는다.:그것으로부터 유도되는 새로운 발견으로 예상 밖으로 기하학에서 발견된다. 그들이 보게 될 것이고 기쁨으로 알게 되기를 바란다.

따라서, 가우스의 결과에 대한 논의는 약간의 기초적 정수이론이 선행되어야한다. 여기서 우리는 7장으로 된 내용을 3장으로 나누어 논의한다: 첫째는 가우스의 결과의 열쇠가 되는 소수지수의 원분방정식의 기약성을 증명한다.

다음은 원분방정식의 축약가능성과 원분방정식과 그 보조방정식의 제곱근의 의한 방정식의 해법으로 끝 마친다. 가우스 정리에서 약간의 단계적으로 필요한 어떤 부수적인 것들은 마지막 장에서 알게 될 것이다.

우리는 방정식 이론에 직적접으로 관련된 수론 연구의 7장에 대한 결과들을 확인 하는 것 필요하다. 정수이론의 적용에 관한 의미 있는 자세한 설명은 여기서는 생각 하겠다.

12.2 정수론의 기초

수론 연구의 맨 처음에 가우스는 다음의 기호를 소개한다. 아주 넓게 받아드려지고 있으며 앞으로 계속 사용될 것이다: 만약 a,b 그리고 n은 정수이고 $n \neq 0$이다. 만약 $a-b$가 n으로 나누어지면, 표기로

$$a \equiv b \bmod n$$

정수 a와 b는 n를 법으로 합동*congruent moduo* n이라 한다.

합동에 대한 자세한 설명이 때때로 생략되기도 한다. 곧 바로 이 관계는 동치관계 *equivalence relation*이며, 정수에서 합과 곱에 대하여 보존된다. 즉,

만약 $a_1 \equiv b_1 \bmod n,\quad a_2 \equiv b_2 \bmod n$ 이면

$$a_1 + b_1 \equiv a_2 + b_2 \bmod n,\ \ a_1 b_1 \equiv a_2 b_2 \bmod n \text{ 이다.}$$

계속해서, n이 소수일 때 합동에 대하여 집중한다. 우리는 특히 가우스의 원분방정식에 대한 고찰의 중심 역할을 다음 결과를 증명할 것이다.

12.1 정리. 임의 소수 p에 대하여, 한 정수 g가 존재하여 다음 각 멱*powers*들 $g^0, g^1, g^2, \cdots, g^{p-2}$ 은 p를 법으로 $1, 2, 3, \cdots, p-1$과 합동이다(그 순서는 일정하지는 않는다)

이 정리의 증명하는 과정에서, 한 정수 g는 정리의 조건을 만족하기 위한 조건은

$$g^{p-1} \equiv 1 \bmod p,\ g^i \not\equiv 1 \bmod p\ \ i = 1, 2, \cdots, p-2$$

따라서, 이 조건은 만족하는 정수 g를 p의 원시근*primitive root of* p이라 부른다. (좀 더 짧게 표현 되지는 않지만, p를 법으로 1의 원시 (p-1)차 제곱근이라 부르는 것이 더 정확한 것이라 하겠다)

예를 들어, 2는 11의 한 원시근이다. 왜냐하면, 11를 법으로 계산하면 다음과 같다.

$$2^0 \equiv 1,\ 2^1 \equiv 2,\ 2^2 \equiv 4,\ 2^3 \equiv 8,\ 2^4 \equiv 5$$
$$2^5 \equiv 10, 2^6 \equiv 9, 2^7 \equiv 7, 2^8 \equiv 3, 2^9 \equiv 6$$

대조적으로, 3은 11의 원시근 되지 않는다, 왜냐하면, $3^5 \equiv 1 \bmod 11$ 이다. 따라서 $3^6 \equiv 3,\ 3^7 \equiv 3^2,\ 3^8 \equiv 3^3,\ \cdots$이다.

11를 법으로 3의 멱들은 단지 $3^0 \equiv 1,\ 3^1 \equiv 3,\ 3^2 \equiv 9,\ 3^3 \equiv 5,\ 3^4 \equiv 4$ 뿐 이다.

정리 12.1의 증명은 다음 장들에서 할 것이며, 그것은 가우스의 수론 연구[24,Art.55] 않에 포함된 두가지 증명 중 하나를 따를 것이다.

12.2 보조정리 (24, Art. 14). a, b가 정수이고, p를 소수라 하자. 만약

$$ab \equiv 0 \bmod p$$

이면 $a \equiv 0 \bmod p$ 이거나 $b \equiv 0 \bmod p$ 이다.

이것은 만약 한 소수가 두 정수의 곱을 나눈다면 두 인수 중에 하나를 나눈다는 잘

알려진 사실과 같다는 것이다.

이것을 증명하기 위해서, 보조정리 5.9 p.71을 모방해서 다항식에 대하여 정수로 치환하는 것으로 충분하다.

12.3 명제([24, Art.43]). p는 소수이고, $a_0, a_1, \cdots, a_d$은 정수이다.

만약 $a_d \neq 0 \bmod p$ 이면 합동방정식

$$a_d X^d + a_{d-1} X^{d-1} + \cdots + a_1 X + a_0 \equiv 0 \bmod p \tag{12.1}$$

은 p를 법으로 기껏해야 비 합동인 d개의 해를 갖는다.

증명. d에 대한 수학적귀납법을 적용하여 증명하자. $d=0$인 경우는 분명하다. 귀납법 가정에 따라 $d-1$차의 모든 합동방정식은 p를 법으로 기껏해야 $d-1$개의 근을 갖는다. 만약 (12.1)방정식이 p를 법으로 서로 다른 $d+1$개의 근 $x_1, x_2, \cdots, x_{d+1}$을 갖는다. 가정하고, 변수를 $Y = X - x_1$으로 바꾸면 방정식 (12.1)은 d차의 다음과 같은 다른 방정식이 된다.

$$a_d Y^d + a'_{d-1} Y^{d+1} + \cdots + a'_1 Y + a'_0 \equiv 0 \bmod p$$

이것은 최고차항이 a_d로 다음과 같은 $d+1$개의 근을 갖는다.

$$0, x_2 - x_1, \cdots, x_{d+1} - x_1$$

0 이 근 이므로 $a'_0 = 0 \bmod p$ 이다. Y에 관한 방정식은 다음과 같이 써진다.

$$Y(a_d Y^{d-1} + a'_{d-1} Y^{d-2} + \cdots + a'_1) \equiv 0 \bmod p$$

여기서, $x_2 - x_1, \cdots, x_{d+1} - x_1$은 이 방정식의 0이 아닌 근들이다. 따라서, 보조정리 12.2에 의해서 이것들은 두 번째 인수 $a_d Y^{d-1} + a'_{d-1} Y^{d-2} + \cdots + a'_1$의 근들 이다. 그런데 $d-1$차 다항식이다. 이것은 수학적귀납법 가정에 모순이다. ■

12.4 주목할 점. 다른 동치관계와 마찬가지로, 합동관계 일반적으로 집합론에서 동치류에 의해서 분할을 유도한다. 정수 m의 법 n에 대한 합동인 동치류는 $km+n$, $k\in Z$의 집합이다.

합동관계는 정수에서 합과 곱에 관하여 그 성질이 보존되므로, 정수 Z의 가환환의 구조를 동치류 집합도 갖게됨을 바로 확인 할 수 있다. n를 법으로 하는 동치류집합으로 된 환을 Z/nZ 로 표기한다(9.2장과 비교). 유한집합인 이 환은 n을 법으로 하는 동치류로 $0, 1, 2,\cdots, n-1$ 이다.

보조정리 12.2는 소수 p에 대하여 Z/pZ가 정역임을 말하고, 명제 12.3의 논증에서 더 자연스럽게 한 정역위에 계수를 갖는 d차의 방정식은 기껏해서 d개의 근을 갖는다.

사실, Z/nZ은 유한집합이므로 정역이면 체가 된다. 사실상, 만약 $aX=0 \bmod n$ 아면 ax곱은 x가 $0, 1, 2,\cdots, n-1$ 일 때 n을 법으로 서로 다른값이다. 따라서, 이 곱들 중 하나가 n법으로 1이 된다. 이것은 a가 n을 법으로 가역이고, 소수 p에 대하여 환 Z/pZ 는 체가 되며 F_p 로 표기한다.

정리12.1의 증명을 위해서 우리는 페르마*Pierre de Fermat*(1601-1665)가 제기한 다음 결과가 필요하며, 이것은 가우스[24,Art.50]에 의해서 증명된 것이다.

12.5 정리(페르마). p 는 한 소수이고 a는 정수이다.

만약 $a\neq 0 \bmod p$ 이면 $a^{p-1}\equiv 1 \bmod p$ 이다.

증명(오일러) 우리는 다음을 증명하면 된다. 임의의 정수 a에 대하여

$$a^p \equiv a \bmod p$$

임의의 정수 a에 대하여

$$a(a^{p-1}-1)\equiv 0 \bmod p$$

따라서, 보조정리 12.2에 따라서 만약 $a\neq 0 \bmod p$ 이면 $a^{p-1}-1\equiv 0 \bmod p$ 이다.

이항계수 $\binom{p}{i}=\dfrac{p!}{i!(p-i)!}$은 $i=1, 2,\cdots,p-1$ 에 대하여 모두 p로 나누어지므로 임

의의 정수 a에 대하여

$$(a+1)^p \equiv a^p + 1 \bmod p$$

a에 대한 수학적귀납법에 의해서 (12.2)가 성립한다.

음의정수 a에 대하여 $(-a)^p \equiv -a^p \bmod p$ 이다.($p=2$ 이면 $-1 \equiv 1 \bmod 2$) ■

12.6 따름정리. 소수 p에 대하여 한 정수 g에 대하여 다음 조건들은 서로 동치이다.

(a) $g^{p-1} \equiv 1 \bmod p$ and $g^i \neq 1 \bmod p$ for $i = 1, 2, \cdots, p-2$

(b) 멱원들 $g^0, g^1, \cdots, g^{p-2}$ 은 p를 법으로 $1, 2, \cdots, p-1$의 값을 갖는다.

증명. $(a) \Rightarrow (b)$ 만약 $g^{p-1} \equiv 1 \bmod p$ 이면 $g \neq 0 \bmod p$ 이고 보조정리 12.2에 의해서 p를 법으로 멱원들 $g^0, g^1, \cdots, g^{p-2}$은 $\{1, 2, \cdots, p-1\}$의 원소이다. 따라서 (b)를 증명하기 위해서는 멱원들 g^i가 p를 법으로 $i = 1, 2, \cdots, p-2$에 대하여 서로 다르다는 것을 보이면 된다.

만약 0과 $p-2$사이에 있는 두 정수 i, j에 대하여 $i < j$이고,

$$g^i \equiv g^j \bmod p$$

라 하자. 그러면

$$g^i(1-g^{j-i}) \equiv 0 \bmod p$$

따라서, 보조정리 12.2 에 의해

$$g^{j-i} \equiv 1 \bmod p$$

$j-i$는 1과 $p-2$사이의 값이므로 (a)의 가정에 모순이다.

$(b) \Rightarrow (a)$ (b)로부터 분명히 $g \neq 0 \bmod p$ 이다. 따라서, 정리 12.5에 의해서

$$g^{p-1} \equiv 1 \bmod p$$

더욱, 조건 (b)에 의해서

$$g^i \neq g^0 \text{ for } i = 1, 2, \cdots, p-2$$

(명제 7.11, p.117과 비교)

앞에서 언급한 바와 같이, 동치조건 (a), (b)를 만족하는 모든 정수 g값을 p에 대한 원시근*primitive root*라 한다.

우리는 여기서 기술적인 정의를 하겠다: 임의의 소수 p와 p와 서로소인 정수 a에 대하여 $a^e \equiv 1 \bmod p$ 인 최소의 양의정수 e를 a의 p를 법으로 하는 지수*exponent*라 한다.

따라서, 소수 p에 대하여 우리가 이미 확인한 지수 $p-1$인 정수는 p의 원시근이다. (정의 7.7. p.114과 비교) ■

12.7 보조정리. 소수 p를 법으로 p와 서로소인 정수 a의 지수를 e라 하고, m을 한 정수라 하자. 그러면 $a^m \equiv 1 \bmod p$ 이기위한 필요충분조건은 e가 m을 나눈다는 것이다. 특별히, e는 $p-1$를 나눈다.

증명. 보조정리 7.9, p.116을 적용하면 같은 방법으로 증명된다. ■

물론, $p-1$의 모든 약수 e에 대하여 지수 e가 존재한다는 것이 명료하지는 않다. 정리12.1의 증명의 처음 단계에서와 같이 우리는 e값이 한 소수의 멱인 경우에 그 존재성을 보이겠다.

12.8 보조정리 ([24, Art.55]). p 와 q 를 소수라 하자 만약 q의 한 멱 q^m이 $p-1$를 나눈다면 p를 법으로 지수 q^m인 정수가 존재한다.

증명. 명제 12.3에 의해서, 합동방정식 $X^{(p-1)/q} \equiv 1 \bmod p$ 는 기껏해야 p를 법으로 $(p-1)/q$개의 근을 갖는다. 따라서 이 방정식의 근이 되지 않고 p와 서로소인 한 정수 x을 찾을 수 있다. $a = x^{(p-1)/q^m}$라 하자. 그러면,

$$a^{q^m} \equiv 1 \bmod p$$

보조정리 12.7에 의해서 a 의 지수는 q^m을 나눈다. 한편,

$$a^{q^{m-1}} = x^{(p-1)/q} \neq 1 \bmod p$$

따라서 a의 지수는 q^{m-1}를 나누지 않는다. q가 소수이므로, q^m을 나누는 양의 정수는 q^{m-1}아니면 q^m뿐이다. 따라서 a의 지수는 q^m과 같다. ■

정리 12.1의 증명. $p-1 = q^{m_1} \cdots q_r^{m_r}$을 $p-1$의 소인수분해라 하자. 여기서 $q_1,\cdots,q_r$은 서로 다른 소수들이다. 보조정리 12.8에 의해서 우리는 p를 법으로 $q^{m_1},\cdots,q_r^{m_r}$의 각각의 지수 $a_1,\cdots,a_r$을 찾을 수 있다. 이 정리를 증명하기 위해 우리는 $a_1,\cdots,a_r$의 곱이 지수가 $p-1$임을 보이자. 따라서 이것은 p의 원시근이다.

e를 $a_1,\cdots,a_r$의 지수라 하자. 보조정리 12.7에 의해서 e는 $p-1$를 나눈다.

만약 $e \neq p-1$이면, e는 $p-1$의 소인수들 중 적어도 하나가 줄어든다, 따라서, 어떤 $i=1,\cdots,r$ 에 대하여 e가 $(p-1)/q_i$을 나눈다. 여기서는 예를 들어 e가 $(p-1)/q_1$이라고 하자.

그러면, 보조정리 12.7에 의해서,

$$(a_1 \cdots a_r)^{(p-1)/q_1} \equiv 1 \bmod p \tag{12.3}$$

여기서, $i = 2,\cdots,r$에 대하여 a_i의 지수 $q_i^{m_i}$는 $(p-1)/q_1$을 나누기 때문에

$$a_i^{(p-1)/q_1} \equiv 1 \bmod p \text{ for } i = 2,\cdots,r$$

따라서, 식 (12.3)은

$$a_1^{(p-1)/q_1} \equiv 1 \bmod p$$

이 합동식은 보조정리 12.7에 의해서 a_1 의 지수 $q_1^{m_1}$은 $(p-1)/q_1$이 나눈다. 따라서, $p-1$은 $q_1^{m_1+1}$로 나누어진다. 이것은 모순됨으로 $e \neq p-1$라 가정하는 것은 부자연스럽다.(다른 방법으로는 명제 7.10. p.116와 같은 논증으로 증명할 수도 있다) ■

12.9 주목할 점. (a) 만약 g를 기수 소수 p의 원시근 이라 하면, $g^{(p-1)/2} \equiv -1 \bmod p$

이다.

사실상,

$$(g^{(p-1)/2})^2 \equiv g^{p-1} \equiv 1 \bmod p$$

이기 때문에 $g^{(p-1)/2}$는 합동방정식 $X^2 \equiv 1 \bmod p$ 의 근이다.

이제, 이 방정식은 p를 법으로 1, -1 두 개의 근을 갖는다. (명제 12.3를 참조)

따라서, $g^{(p-1)/2} \equiv \pm 1 \bmod p$ 이다.

g가 원시근이기 때문에 $p-1$보다 적은 지수의 멱이 1과 합동일수 없다. 따라서, $g^{(p-1)/2} \equiv 1 \bmod p$는 불가능하다. 따라서 $g^{(p-1)/2} \equiv -1 \bmod p$ 가 성립한다.

(b) 페르마 정리(정리 12.5)의 증명은 라그랑주정리(정리 10.3, p.177)의 정교한 계산으로 가능하다: 곱셈군 G의 한 원소 a의 위수*order*는 G위에서 $a^e = 1$이 성립하는 최소의 양의 정수이다. 만약 a의 위수가 유한일 때 e로 표기한다. 그러면, 집합

$$\mathrm{S} = \{1, a, a^2, \cdots, a^{e-1}\} \subset G$$

은 G의 부분군이다. 보조정리 12.6 이나 명제 7.11(p.117)의 논증은 원소들 $1, a, a^2, \cdots, a^{e-1}$가 서로 다른 원소들 이므로 $|S| = e$ 이다. 라그랑주정리에 의해 e는 $|G|$를 나눈다. 특히, G가 유한이면 모든 $a \in G$ 에 대하여 $a^{|G|} = 1$ 이 성립한다.

페르마 정리는 곱셈군 $F_p^{\times} = F_p - \{0\}$에 적용한 결과이다.

(c) 정리 12.1의 증명을 추적해보면, F_p 에 대한 성질은 $F_p^{\times}$가 가환군이라는 성질을 포함해서 방정식 $X^{(p-1)/q} = 1$이 $(p-1)/q$개 이상의 근을 갖지 않는다는 것이다. 따라서 이 정리의 논증에서 다음 성질을 제공한다: 만약 한 유한가환군 G가 임의의 정수 n에 대한 방정식$X^n = 1$은 기껏해야 n개의 근을 갖는다면 G는 순환군이다. 다시 말해서, G는 한 원소 $a \in G$에 의해서 생성된다.

$$G = \{1, a, a^2, \cdots, a^{|G|-1}\}$$

특별하게, 체의 곱셈군의 유한 부분군은 순환군이다.

12.3 소수 지수의 원분다항식의 기약

이장의 목표는 다음 정리의 증명과 몇 가지 결과들을 제공하는데 있다.

12.10 정리. 임의의 소수 p에 대하여 원분다항식

$$\Phi_p(X) = X^{p-1} + X^{p-2} + \cdots + X + 1$$

은 유리수체 위에서 기약이다.

이 정리는 가우스의 수론 연구의 Article 341에서 최초로 증명되었다. 그 이래로 아이젠슈타인*Eisenstein*, 데데킨트*Dedekind*, 크로네커*Kronecker*, 메르텐스*Mertens*, 란도우*Landau*, 그리고 쉬러*Schur*을 포함하는 여러 수학자들에 의해서 일반화되고 증명이 더욱 단순하게 되었다. 다음은 여러 방면에서 세심한 분석을 요하는 가우스 자신의 증명보다는 아이젠슈타인의 착상은 더 단순하고 어떤 측면에서는 더 일반화된 것으로, 유리수체 Q위에서 기약성 판별에 대한 충분조건을 제공해 주는 것이다. 12.6장에서, 데데킨트와 크로네커를 따라 이 정리의 일반화를 논중할 것이다. 이 논증들은 정리 12.10의 또 다른 증명을 보여 줄 것이다. 이 모든 증명들의 출발점은 가우스보조정리*Gauss' lemma*[24,Art.42]로 알려진 것에서 시작한다.

12.11 보조정리(가우스). 만약 $Q[X]$의 한 모닉다항식*monic polynomial*이 정수계수를 갖는 모닉다항식을 나눈다면 그 계수들은 모두 정수이다.

증명. $f = X^n + a_{n-1}X^{n-1} + \cdots + a_1X + a_0 \in Q[X]$를 모닉다항식 $P \in Z[X]$로 나눈다고 하자. 그리고, $g \in Q[X]$가 존재하여

$$fg = P \in Z[X]$$

가 성립한다고 하자.

P와 f가 모닉이므로, g도 역시 모닉이다.

$$g = X^m + b_{m-1}X^{m-1} + \cdots + b_1X + b_0 \in Q[X]$$

라 하자.

우리는 계수들 $a_0, a_1, \cdots, a_{n-1}$가 모두 정수임을 밝히면 된다. 만약 이를 부정하고 모순을 찾아보자.

f의 계수들 $a_0, a_1, \cdots, a_{n-1}$의 각 분모들의 최소공배수를 d라 하자. 그러면,

$$f = \frac{1}{d}\left(dX^n + a'_{n-1}X^{n-1} + \cdots + a'_1X + a'_0\right)$$

여기서 $d, a'_{n-1}, \cdots, a'_0$는 서로소이다. 유사하게,

$$g = \frac{1}{e}\left(eX^m + b'_{m-1}X^{m-1} + \cdots + b'_1X + b'_0\right)$$

여기서 $e, b'_{m-1}, \cdots, b'_0$는 서로소이다.

p 를 d 의 소수인 약수라 하자. $d, a'_{n-1}, \cdots, a'_0$은 서로소이므로 p 가 나누지 않는 a_k'중 최대의 지수를 k 라 하자. 또한 p 가 나누지 않는 b_l'중 최대의 지수를 l이라 하자(만약 p가 e 를 나누지 않는다면, $l = m$이고 $b'_m = e$이다)

$fg = P \in Z[X]$ 이므로,

$$\left(dX^n + a'_{n-1}X^{n-1} + \cdots + a'_0\right)\left(eX^m + b'_{m-1}X^{m-1} + \cdots + b'_0\right) \in deZ[X]$$

이다.

특별히, 이 곱에서 X^{k+l}의 계수는 p가 d 를 나누기 때문에 p로 나누어진다.

즉, $\sum_{i+j=k+l} a'_i b'_j \equiv 0 \bmod p$

$a'_i \equiv 0 \bmod p$ for $i > k$, $b'_j \equiv 0 \bmod p$ for $j > l$ 이므로,

$$\sum_{i+j=k+l} a'_i b'_j \equiv a'_k b'_l \bmod p$$

따라서, 앞의 식은

$$a'_k b'_l \equiv 0 \bmod p$$

이것은 모순이다. 왜냐하면 p 는 a'_k 와 b'_l 를 나누지 않기 때문이다. ■

12.12 아이젠슈타인 정리. P 를 정수계수를 갖는 모닉다항식이라 하자.

$$P = X^t + c_{t-1}X^{t-1} + \cdots + c_1X + c_0 \in Z[X]$$

만약 한 소수 p 가 $i = 0, 1, 2, \cdots, t-1$에 대한 모든 c_i 를 나누고, p^2 이 c_0 를 나누지 않는다면 P는 Q 위에서 기약이다.

증명. 결론을 부정하여 모순을 찾자.

상수가 아닌 두 다항식 $f, g \in Q[X]$가 존재하여 각각 그 차수가 n, m이라 하고, $P = fg$가 성립한다고 하자. P가 모닉이므로, f, g가 모닉이다. 따라서, 가우스보조정리(보조정리 12.11)에 의해서 f, g는 모두 정수계수를 갖는다.

$$f = X^n + a_{n-1}X^{n-1} + \cdots + a_1X + a_0 \in Z[X]$$

$$g = X^m + b_{m-1}X^{m-1} + \cdots + b_1X + b_0 \in Z[X]$$

라 하자.

$a_0b_0 = c_0$이므로, p는 a_0 또는 b_0를 나누고, p^2이 c_0를 못나누기 때문에 둘 다는 나누지 못한다. f와 f는 교체 가능함으로, 일반성을 잃지않고, p가 a_0를 나누고, b_0는 못 나눈다고 가정하자.

i를 p가 a_k를 나누는 최대의 지표라 하자. 즉, p는 $k \leq i$인 a_k을 나누고, $k = i+1$일 때는 못 나눈다. ($i = n-1$이면 $a_{i+1} = 1$이라 하자). 이제, 가우스보조정리의 증명과 같은 생각으로 곱 fg의 계수들 중 X^{i+1}의 계수를 생각해 보자. 이것은

$$c_{i+1} = a_{i+1}b_0 + a_ib_1 + \cdots + a_0b_{i+1} \tag{12.4}$$

($b_m = 1$, 만약 $j > k$ 이면 $b_j = 0$이라 하자)

$i+1 \leq n < t$ 이므로, 가정에서 c_{i+1}은 p로 나누어 진다. 그러나, $a_i, a_{i-1}, \cdots, a_0$가 모두 p에 의해서 나누어지고, (12.4)에서 p가 $a_{i+1}b_0$를 나눈다. 이것은 모순이다. 왜냐하면 p는 a_i, b_0 둘다 나누지 못하기 때문이다. ■

정리 12.10의 증명. 만약 $\Phi_p(X)$가 기약이 아니라면, 상수가 아닌 두 다항식 $f, g \in Q[X]$가 존재하여

$$\Phi_p(X) = f(X)g(X)$$

가 성립한다.

변수 $X = Y+1$로 변환하면 이 식은

$$\Phi_p(Y+1) = f(Y+1)g(Y+1)$$

$f(Y+1), g(Y+1)$은 $Q[Y]$에서 상수 다항식이 아니므로 $\Phi_p(Y+1)$은 가약이다. 그러나,

$$\Phi_p(Y+1) = \frac{(Y+1)^p - 1}{(Y+1) - 1}$$

전개하면,

$$\Phi_p(Y+1) = Y^{p-1} + pY^{p-2} + \binom{p}{2}Y^{p-3} + \cdots + \binom{p}{2}Y + p$$

이 다항식은 아이젠슈인*Eisenstein* 판별법에 의해서 기약이다. 따라서, $\Phi_p(X)$도 기약이다. ■

이 정리의 중요성은 단위원의 p차 제곱근들의 분수식표현을 표준 형식으로 나타낼 수 있다는 것이다. 단위원의 p차 제곱근들의 집합을 μ_p로 표기하자. 7.3장과 같이 $Q(\mu_p)$는 이 단위원의 p차 제곱근들의 분수식으로 표현된다.

$$\mu_p = \{\rho_1, \rho_2, \cdots, \rho_p\}$$

라 하자.

$$Q(\mu_p) = \left\{ \frac{f(\rho_1, \cdots, \rho_p)}{g(\rho_1, \cdots, \rho_p)} \mid f, g \in Q[X_1, \cdots, X_p]\, g(\rho_1, \cdots, \rho_p) \neq 0 \right\}$$

이 집합은 복소수체 C 부분체이다. 명제 7.11, p.117(따름정리 7.14, p.118)를 생각해 보며, 만약 ζ를 1이 아닌 임의의 단위원의 p차 제곱근이라 하면, 모든 단위원의 p차 제곱근은 ζ의 0과 $p-1$사이의 차수 멱으로 표현된다. 따라서,

$$\mu_p = \{1, \zeta, \zeta^2, \cdots, \zeta^{p-1}\}$$

그리고, $\rho_1, \cdots, \rho_p$로 표현되는 복소수는 ζ의 멱이다. 따라서, $\{\rho_1, \rho_2, \cdots, \rho_p\}$의 유리식표현은 ζ의 유리식 표현이다. 역으로는

$$Q(\mu_p) = \left\{ \frac{f(\zeta)}{g(\zeta)} | f, g \in Q[X]\ g(\zeta) \neq 0 \right\}$$

이다.

12.13 정리. $Q(\mu_p)$의 임의의 원소는 1이 아닌 단위원의 p차 제곱근의 유리계수들의 일차결합으로 유일한 방법으로 표현된다.

$$a_1\zeta + a_2\zeta^2 + \cdots + a_{p-1}\zeta^{p-1} \qquad (a_i \in Q)$$

이 증명에서 사용한 논증은 여러 책에서 편리하게 적용되며 우리는 충분하게 인용할 것이다.

12.14 보조정리. P, Q 는 한 체 F위에서 계수를 갖는 다항식들이라 하고, P가 $F[X]$에서 기약이라 하자. 만약 P, Q 가 F 를 포함하는 어떤 체 K에서 공통근을 갖는다면 P는 Q 를 나눈다.(가우스[24,Art.346]와 비교)

증명. 만약 P가 Q를 나누지 않는다면, P가 기약이기 때문에 P와 Q는 서로소이다. 따름정리 5.4(p.69)에 의해서 다항식 $U, V \in F[X]$가 존재하여

$$P(X)U(X) + Q(X)V(X) = 1$$

이 성립한다. 이 식에 P와 Q의 공통근 u를 대입하면, 우리는

$$P(u)U(u) + Q(u)V(u) = 1 \ \text{ in K}$$

$P(u) = Q(u) = 0$이므로 $0 = 1$이 성립하여 모순이다. P는 Q 를 나눈다. ■

이제, 한 체 F와 체 F를 품는 체 K의 한 원소 u에 대하여, 우리는 위의 $Q(\mu_p)$ 정의에서와 같이 $F(u)$는 F위에서 계수를 갖는 u에관한 유리식들로 표현된 원소들의 집

합이다.

$$F(u)=\left\{\frac{f(u)}{g(u)}\in K|f,g\in F[X]\ g(u)\neq 0\right\}$$

이 집합 $F(u)$은 분명히 사칙연산에 닫혀있어서 K의 부분체이다.

만약 u가 영이 아닌 다항식 $P\in F[X]$의 근이라면, 그것은 P의 어떤 모닉기약인수의 근이 된다. 사실상, $P=cP_1\cdots P_r$가 정리 5.8(p.70)에 의해서 소수인수들의 곱이된다.

따라서, 적당한 i에 대하여 $P_i(u)=0$이다. 그런 까닭에, 필요할때는 P를 모닉기약다항식으로 선택하여 사용할 수 있다.

12.15 명제. 만약 $u\in K$가 d 차수의 기약다항식 $P\in F[X]$의 한 근이라면, $F(u)$의 모든 원소는 다음과 같이 유일하게 표현된다.

$$a_0+a_1u+a_2u^2+\cdots+a_{d-1}u^{d-1}\ with\ a_i\in F$$

증명. $\frac{f(u)}{g(u)}$를 $F(u)$의 임의의 원소라 하자.$g(u)\neq 0$이므로, 다항식 g는 P로 나누어지지 않는다. 따라서 P가 기약이기 때문에 P와 서로소이다. 따름정리 5.4(p.69)에 의해서, 적당한 다항식 h와 U가 존재하여

$$g(X)h(X)+P(X)U(X)=1\ \in F[X]$$

이다.

이 식에 X에 u를 대입하면, $P(u)=0$임을 고려하면

$$g(u)h(u)=1\ \in K$$

이다.

이것은 $\frac{f(u)}{g(u)}$를 u의 다항식으로 표현할 수 있게 된다.

$$\frac{f(u)}{g(u)}=f(u)h(u)\ \in K$$

이제, fh를 P로 나눌 때 그 나머지를 R이라 하면,

$$fh = PQ + R \in F[X],\ with\ \deg R \leq d-1$$

$P(u) = 0$이므로,

$$f(u)h(u) = R(u) \in K$$

$R \in F[X]$의 차수가 기껏해야 $d-1$ 이므로, 우리는 임의의 원소 $\dfrac{f(u)}{g(u)}$를 다음과 같은 형태의 다항식 표현이 가능하다.

$$a_0 + a_1 u + a_2 u^2 + \cdots + a_{d-1} u^{d-1}\ \ with\ a_i \in F$$

다음은 이 표현 유일함을 증명하자. 만약,

$$a_0 + a_1 u + a_2 u^2 + \cdots + a_{d-1} u^{d-1} = b_0 + b_1 u + b_2 u^2 + \cdots + b_{d-1} u^{d-1}$$

여기서, $a_0, \cdots, a_{d-1}, b_0, \cdots, b_{d-1} \in F$ 이다.

각 항을 한쪽으로 이항하면, 우리는 u가 다음 다항식의 근이 됨을 알 수 있다.

$$V(X) = (a_0 - b_0) + (a_1 - b_1)X + \cdots + (a_{d-1} - b_{d-1})X^{d-1} \in F[X]$$

보조정리 12.14에 의해서, P 가 V 를 나눈다. 그러나, $\deg V \leq d-1$이므로 이것은 $V=0$ 가 아니면 불가능하다. 따라서,

$$a_0 - b_0 = a_1 - b_1 = \cdots = a_{d-1} - b_{d-1} = 0$$ ■

12.16 주목할 점. u를 근으로 갖는 모닉기약다항식 $P \in F[X]$는 유일하게 존재한다. 만약에 $Q \in F[X]$가 같은 성실을 갖는 다른 다항식이라면, 보조정리 12.14에 의해서 P가 Q 를 나눈다. P와 Q의 역할을 바꾸면 Q 또한 P 를 나눈다. 그런데, P와 Q는 모두 모닉이므로 $P = Q$ 이다.

더욱이나, u를 근으로 갖는 $F[X]$에서 영이 아닌 다항식으로, P 는 다른 모든 다항식들을 나누기 때문에 최소차수를 갖는다. 따라서, u를 근으로 갖는 이 유일한 모닉기약다항식 $P \in F[X]$를 F 위에서 u의 극소다항식*minimum polynomial*이라 부른다.

정리 12.13의 증명. 우리는 위에서 $Q(\mu_p)=Q(\zeta)$임을 밝혔다. ζ은 Φ_p의 근이고, 정리 12.10에 의해서 기약이고 차수가 $p-1$이다. 또한, 명제 12.15에 의해서 임의의 원소 $a\in Q(\mu_p)$는 다음과 같이 유일하게 표현된다.

$$a=a_0+a_1\zeta+a_2\zeta^2+\cdots+a_{p-2}\zeta^{p-2} \qquad a_i\in Q \tag{12.5}$$

정리의 증명을 위해서, 다음 사실을 사용하면 된다.

$$\Phi_p(\zeta)=1+\zeta+\zeta^2+\cdots+\zeta^{p-1}=0 \tag{12.6}$$

이식으로부터,

$$a_0=-a_0(\zeta+\zeta^2+\cdots+\zeta^{p-1})$$

이다. 따라서 (12.5)식에 대입하면,

$$a=(a_1-a_0)\zeta+(a_2-a_0)\zeta^2+\cdots+(a_{p-2}-a_0)\zeta^{p-2}+(-a_0)\zeta^{p-1}$$

이 표현의 유일성은 식 (12.5)의 유일성과 같다.

사실상, 만약에

$$a_1\zeta+a_2\zeta^2+\cdots+a_{p-1}\zeta^{p-1}=b_1\zeta+b_2\zeta^2+\cdots+b_{p-1}\zeta^{p-1}$$

라 하면, 식 (12.6)을 이용하여 ζ^{p-1}를 소거하면 우리는 다음식을 얻는다.

$$\begin{aligned}&-a_{p-1}+(a_1-a_{p-1})\zeta+\cdots+(a_{p-2}-a_{p-1})\zeta^{p-2}\\&=-b_{p-1}+(b_1-b_{p-1})\zeta+\cdots+(b_{p-2}-b_{p-1})\zeta^{p-2}\end{aligned}$$

(12.5)의 유일성에 의해서, $1,\zeta,\zeta^2,\cdots,\zeta^{p-2}$의 계수들이 같다. 따라서

$$a_{p-1}=b_{p-1},a_1=b_1,\cdots,a_{p-2}=b_{p-2}$$

이다. ■

12.17 주목할 점. 다음 사용을 위해서, 정리 12.13에 지시된 형식으로 유리수들로 표현된다.

(12.6)으로부터 임의 원소 $a\in Q$ 는 다음과 같이 표현된다.

$$a=(-a)\zeta+(-a)\zeta^2+\cdots+(-a)\zeta^{p-1}$$

12.4 원분방정식의 주기성

p를 한 소수라 하고 $\zeta \in C$ 를 단위원의 원시 p차 제곱근(1이 아닌 단위원의 제곱근, 따름정리 7.14, p.118 참조)이라 하자. 만약 두 정수 m과 n이 $m \equiv n \bmod p$이면 $\zeta^m = \zeta^n$이다.

이제, g를 p의 원시근이라 하자. 정수 $g^0, g^1, \cdots, g^{p-1}$가 p를 법으로 $1,2,3,\cdots,p-1$과 합동이다(적당한 순서로) 따라서, 복소수들

$$\zeta^{g^0}, \zeta^{g^1}, \cdots, \zeta^{g^{p-2}}$$

은 적당한 순서로 다음과 같다.

$$\zeta, \zeta^2, \cdots, \zeta^{p-1}$$

따라서, 표기를 좋게 하기 위해서 $i = 0,1,\cdots,p-2$에 대하여 $\zeta_i = \zeta^{g^i}$라 하자.

단위원의 p차 제곱근 집합은

$$\mu_p = \{1, \zeta_0, \zeta_1, \cdots, \zeta_{p-2}\}$$

이다.

이 원시 p차 원시제곱근의 새로운 순서는 11.3장의 반데르몬드 논증에서 바로 그 순서임을 알 수 있다. 더욱이나, 순환치환

$$\sigma : \zeta_0 \mapsto \zeta_1 \mapsto \cdots \mapsto \zeta_{p-2} \mapsto \zeta_0$$

은 $\sigma(1) = 1$으로 정하면, μ_p로 확장되어, 제곱근들 $\zeta_0, \zeta_1, \cdots, \zeta_{p-2}$사이의 관계가 보존된다. 이것은 다음 명제의 핵심사항이다.

12.18. 명제. $\rho, \omega \in \mu_p$에 대하여

$$\sigma(\rho\omega) = \sigma(\rho)\sigma(\omega)$$

가 성립 한다.

증명. $i = 0, 1, \cdots, p-3$에 대하여, 우리는 $\sigma(\zeta_i) = \zeta_{i+1}$임을 알 수 있다.

ζ_i 와 ζ_{i+1}의 정의에 따라서,

$$\sigma(\zeta_i) = \zeta_i^g$$

이다.

$\zeta_{p-2}^g = \zeta^{g^{p-1}}$이고 페르마 정리(정리 12.5, p.210)에 의해서 $g^{p-1} \equiv g^0 \bmod p$ 이므로 이식은 $i = p-2$인 경우에 성립한다.

또한 ζ_i대신에 1인 경우는 당연히 성립한다: 따라서

$$\sigma(\rho) = \rho^g \text{ for } all\ \rho \in \mu_p$$

$\rho, \omega \in \mu_p$에서 $\rho\omega \in \mu_p$이므로,

$$\sigma(\rho\omega) = (\rho\omega)^g = \sigma(\rho)\sigma(\omega)$$

이다. ■

예를 들어, $p = 11$라 하자. 우리는 정리 12.1, p.208에서 언급한 바와 같이 $g = 2$를 택할 수 있다. 단위원의 원시11차 제곱근들을 대응하는 순서는 다음과 같다:

$$\zeta_0 = \zeta,\ \zeta_1 = \zeta^2,\ \zeta_2 = \zeta^4,\ \zeta_3 = \zeta^8,\ \zeta_4 = \zeta^5$$
$$\zeta_5 = \zeta^{10},\ \zeta_6 = \zeta^9,\ \zeta_7 = \zeta^7,\ \zeta_8 = \zeta^3,\ \zeta_9 = \zeta^6$$

여기서 우리는 예를 들어 $\zeta = \cos\frac{2\pi}{11} + i\sin\frac{2\pi}{11}$로 택 할 수 있다.

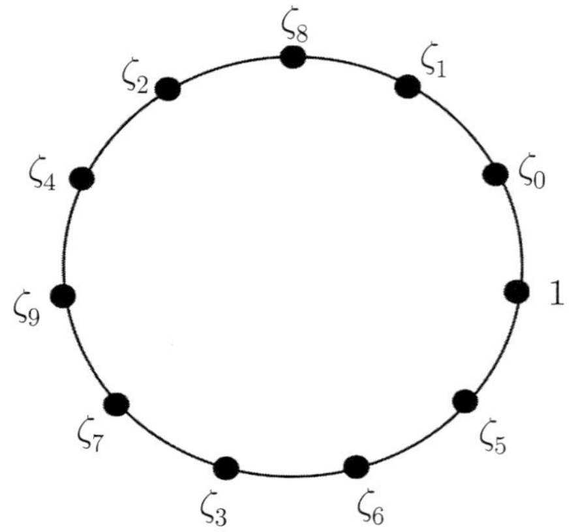

11.3장에서와 같이 $2\cos\dfrac{2k\pi}{11}$의 값을 a, b, c, d, e로 표기하자. 따라서

$$
\begin{aligned}
a &= 2\cos\frac{2\pi}{11} = \zeta_0 + \zeta_5 \\
b &= 2\cos\frac{4\pi}{11} = \zeta_1 + \zeta_6 \\
c &= 2\cos\frac{6\pi}{11} = \zeta_3 + \zeta_8 \\
d &= 2\cos\frac{8\pi}{11} = \zeta_2 + \zeta_7 \\
e &= 2\cos\frac{10\pi}{11} = \zeta_4 + \zeta_9
\end{aligned}
$$

이 치환 σ는 $\zeta_0 \mapsto \zeta_1 \mapsto \cdots \mapsto \zeta_9 \mapsto \zeta_0$이고, $a, b, \cdots, e$의 치환으로 대응관계를 보면,

$$a \mapsto b \mapsto d \mapsto c \mapsto e \mapsto a$$

이다.

이것은 11.3장에서 중요한 역할을 하는 치환이다.

따라서, $\Phi_{11}(X) = 0$의 반데르몬드 해들에 대한 언급에서의 논증을 모방하면, 임의의 소수 p에 대한 원분방정식 $\Phi_p(X) = 0$ 이 거듭제곱에 의해 푸는 것이 어렵지 않다.

그렇지만, 이 결과는 가우스의 고찰의 부차적인 것으로 얻어진다. 우리는 이것에 대한 증명은 다음 장에서 하겠다.

가우스의 주된 관심은 가능하면 단순한 절차에 따라 원분방정식의 해를 재구성 하는 것이다.

이 재구성은 다음과 같이 성취하게 된다: 임의의 두 양의정수 e, f 가 존재하여

$$ef = p - 1$$

라 하자.

가우스는 e개의 복소수와 소위 말하는 f항의 주기들(*periods of f terms*)을 들어가며하였다.

$$\begin{aligned}\eta_0 &= \zeta_0 + \zeta_e + \zeta_{2e} + \cdots + \zeta_{e(f-1)} \\ \eta_1 &= \zeta_1 + \zeta_{e+1} + \zeta_{2e+1} + \cdots + \zeta_{e(f-1)+1} \\ &\cdots \\ \eta_{e-1} &= \zeta_{e-1} + \zeta_{2e-1} + \cdots + \zeta_{p-2}\end{aligned}$$

특히, 1항의 주기들은 $\zeta_0, \zeta_1, \cdots, \zeta_{p-2}$ 근들이다. 그리고 $p-1$항의 유일한 주기들은 1을 제외한 단위원의 p차 제곱근들의 합이다. 이것은 바로 Φ_p의 모든 근들의 합이다.

이 주기는 따라서 유리수이다, 이것은 Φ_p의 첫번째 계수의 반대부호 값이다.

$$\zeta_0 + \zeta_1 + \cdots + \zeta_{p-2} = -1$$

더 많은 예로, $p \geq 3$인 경우, 2항의 주기들은 $k = 1, 2, \cdots, \dfrac{p-1}{2}$에 대한 $2\cos\dfrac{2k\pi}{p}$의 값들이다. 이것은 위에서 $p = 11$인 경우 이미 봤다. 이 주기들은 일반적으로 다음 계산으로 증명된다.

$$\eta_j = \zeta_j + \zeta_{j+\frac{p-1}{2}}$$

지표들의 계산으로,

$$\zeta_{j+\frac{p-1}{2}} = (\zeta_j)^{g^{(p-1)/2}}$$

이고, 주목할 점 12.9(a)에 의해서 $g^{(p-1)/2} \equiv -1 \bmod p$ 이다. 따라서

$$\eta_j = \zeta_j + \zeta_j^{-1}$$

따라서, 2항의 $\dfrac{p-1}{2}$주기들은 $Y = X + X^{-1}$로 주어진 $\Phi_p(X) = 0$로부터 얻어지는 $\dfrac{p-1}{2}$차의 방정식의 근들이다. 이것은 주목할 점 7.6, p.113의 관점을 증명한 것이다.

가우스는 f항의 주기들은 다음과 같은 훌륭한 성질들을 갖는다.

12.19 성질. 임의의 f항의 주기들은 다른 f항의 주기들로부터 분명하게 정해질 수 있다.

12.20 성질. 만약 f와 g를 두 개의 $p-1$항 주기들이라 하고, f가 g를 나누면, 임의의 f 항의 주기들은 그 계수들이 g 항의 주기들의 유리식으로 표현되는 g/f차수 방정식의 한 근이다.

이 성질들은 다음 보조정리 12.24(p.233)과 보조정리 12.26(p.234)에서 증명 할 것이다.

따라서, 주기들은 라그랑주에 의에서 밝혀진 바와 같이 단계적인 방정식의 해법의 훌륭한 예를 제공해 주었다.

한 정수열을 고정하자:

$$f_0 = p-1,\ f_1,\ \cdots,\ f_{r-1},\ f_r$$

여기서, $i=1,2,\cdots,r$에 대하여 f_i는 f_{i-1}를 나누고, $i=0,1,\cdots,r$에 대하여 V_i 를 f_i 항의 한 주기로 정의하자.

그러면 V_0은 유리수이고 $i=1,2,\cdots,r$에 대하여 복소수 V_i는 그 계수들이 V_{i-1}에서 유리수 표현인 f_{i-1}/f_i 차수의 방정식을 풀어서 결정할 수 있다.

V_r은 한 1항의 주기 이므로, 이 과정은 결과적으로 단위원의 원시 p 차 제곱근을 생기게 한다. 다른 단위원의 p차 제곱근들은 이것의 멱들로 구해진다.

f_i항의 주기들 중에서 V_i 를 선택하는 것은 해를 구하는데 결정적인 영향을 주는 것은 아니다.12.19 성질에서 f_i항의 주기들은 각각이 유리수표현임을 보여준다.

문론, f_{i-1}/f_i가 5자 이상일수 있기 때문에, V_{i-1}로 부터 V_i 를 결정하는 방정식을 거듭제곱에 의에 푼다는것은 명확하지는 않다. 그러나 가우스는 이 방정식들이 $p-1$차를 포함해서 f_{i-1}/f_i의 차수가 임의의 값일때도 거듭제곱에 의 풀린다는 것을 더 증명하였다.

만약 가능한 가장 낮은 차수의 방정식을 취급할려면, 우리는 계속되는 상 f_{i-1}/f_i 이 $p-1$의 소수인수가 되도록 수열 $f_0, f_1, \cdots, f_{r-1}, f_r$ 을 선택할 수 있다. 그러나 이것을 강제적으로 하는 방법을 없다.

예를 들어 $p=37$이라 하고, $p-1=2^2 \cdot 3^2$의 약수들의 격자를 보자.

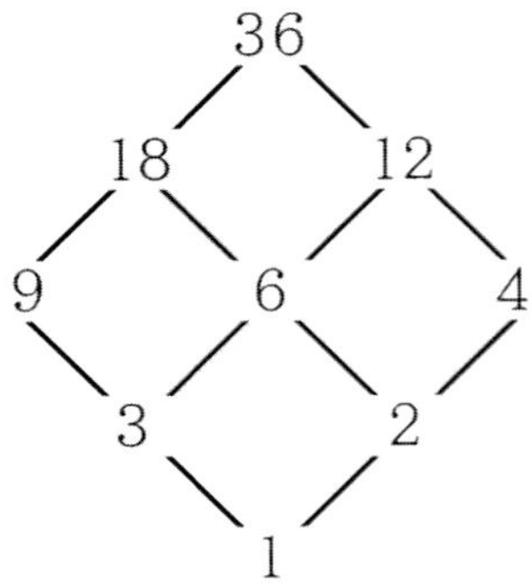

(이 그림에서 직선은 서로 나누어지는 관계를 말한다)

점 36에서 점1로 아래로 가는 모든 경로는(각 단계에서 위로 가지는 않는다) 그 차수가 계속되는 상들의 차수를 갖는 방정식들에 의해 $\Phi_{37}(X)=0$의 해를 구하는 형식에 대응된다.

예를 들어, 만약 한 경로를 36, 12, 6, 1로 택하고, 우리는 맨 처음 한 12항의 주기를 $36/12=3$차수의 방정식에 의해서 결정한다. 다음은, $12/6=2$차수의 방정식에 의해서 6항의 주기를 결정한다. 그리고, 맨 마지막으로 1항의 주기, 즉, 단위원의 원시 37차 제곱근를 6차 방정식에 의해서 결정한다.이 마지막 방정식을 직접 푸는 대신에, 우리는 $6/3=2$차의 방정식에 의해서 3항의 주기를 결정한다. 이경우는 생각한 경로는 $36, 12, 6, 3, 1$이다.

$p=17$인 경우, $p-1=2^4$의 약수의 격자는 훨씬 간단하다.

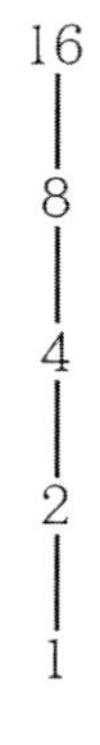

따라서, 단위원의 원시17차 제곱근은 계속되는 4개의 이차방정식들을 풀어서 결정될 수 있다. 이것은 자와 컴퍼스로 정17각형의 작도를 이끌어가는 중요 관점이다.(부록 참조).

우리는 이제 성질 12.19 와 12.20을 증명하기로 하자. 이것은 우리가 기초선형대수학의 충실한 도움으로 가우스 자신의 증명을 채택한다.

첫째로, 체 $Q(\mu_p)$에서 자신으로 가는 함수의 정의는, 함수 σ를 μ_p값을 정해서 선형적으로 확장해서 정의한다.(명제 12.18, p.223의 저반부에 있는 σ의 정의를 참조)

우리는 다음과 같이 정하자.

$$\sigma(a_0\zeta_0+\cdots+a_{p-2}\zeta_{p-2})=a_0\sigma(\zeta_0)+\cdots+a_{p-2}\sigma(\zeta_{p-2})$$

즉,

$$\sigma(a_0\zeta_0+\cdots+a_{p-2}\zeta_{p-2})=a_0\zeta_1+a_1\zeta_2+\cdots+a_{p-3}\zeta_{p-2}+a_{p-2}\zeta_0$$

정리 12.13은 이것이 σ를 $Q(\mu_p)$의 전체에서 정의 하는데 충분한 것이다.

12.21 명제. 체 $Q(\mu_p)$의 자기동형사상 σ는 Q의 원소는 불변이다.

증명. σ는 전단사함수이고, $a,b\in Q(\mu_p)$이고 $u,v\in Q$ 라 하자.(σ는 Q 선형이다)

$$\sigma(ua+vb)=u\sigma(a)+v\sigma(b)$$

더욱이나, 주목할 점 12.17에서 유리수 $a\in Q$ 에 대하여,

$$a=(-a)\zeta_0+(-a)\zeta_1+\cdots+(-a)\zeta_{p-2}$$

이 정의는 모든 유리수는 σ에서 불변이다.

따라서, $a,b\in Q(\mu_p)$에 대하여

$$\sigma(ab)=\sigma(a)\sigma(b)$$

을 밝히면 된다.

명제12.18에서 우리는 $a,b\in\mu_p$에 대해서는 증명했다. 일반적인 경우는 다음과 같다:

$$a = \sum_{i=0}^{p-2} a_i \zeta_i \qquad b = \sum_{j=0}^{p-2} b_j \zeta_j$$

여기서 모든 i, j에 대한 $a_i, b_j \in Q$ 이다.

그러면,

$$ab = \sum_{i,j=0}^{p-2} a_i b_j \zeta_i \zeta_j$$

σ는 Q - 선형이므로,

$$\sigma(ab) = \sum_{i,j=0}^{p-2} a_i b_j \sigma(\zeta_i \zeta_j)$$

한편,

$$\sigma(a)\sigma(b) = \sum_{i,j=0}^{p-2} a_i b_j \sigma(\zeta_i)\sigma(\zeta_j)$$

따라서, 명제12.18에 의해서,

$$\sigma(ab) = \sigma(a)\sigma(b)$$

가 성립한다. ■

주목할 점. 위에서 적용한 Φ_p의 기약성은 필수적인 것이지만 다소 불확실한 방법이다. 사실상,

사상σ는 $Q(\mu_p)$위에서 $Q(\mu_p)$의 원소가 $a_0\zeta_0 + a_1\zeta_1 + \cdots + a_{p-2}\zeta_{p-2}$ 꼴로 유일하게 표현되기 때문에 잘 정의된다. 정리12.13에서 이 사실에 대한 증명은 Φ_p의 기약성에 궁극적으로 의존하고 있다.

이제 e, f가 양의정수로서

$$ef = p - 1$$

라 하자.

K_f를 σ^e에 의해서 불변인 $Q(\mu_p)$의 집합이라 하자. σ 그리고 σ^e 또한 $Q(\mu_p)$에서 체의 자기동형사상이고 Q 위에서는 항등사상이다. K_f는 가감승제에 대하여 닫혀있으므로

$Q(\mu_p)$의 부분체이다. $Q(\mu_p)$의 원소들의 표준형으로부터 K_f의 원소도 다음 명제에서 표준형을 알 수 있다.

12.22 명제. K_f의 임의의 원소는 f항의 e 주기들과 유리계수들에 의한 일차결합에 의해서 유일하게 표현 할 수 있다.

증명. a 를 $Q(\mu_p)$의 임의의 원소라 하자. 이것은 다음과 같이 쓸 수 있다.

$$\begin{aligned} a = & a_0\zeta_0 + a_1\zeta_1 + \cdots + a_{e-1}\zeta_{e-1} \\ & + a_e\zeta_e + a_{e+1}\zeta_{e+1} + \cdots + a_{2e-1}\zeta_{e-1} \\ & + \cdots \\ & + a_{e(f-1)}\zeta_{e(f-1)} + a_{e(f-1)+1}\zeta_{e(f-1)+1} + \cdots + a_{p-2}\zeta_{p-2} \end{aligned}$$

그래서, σ의 정의에 따라,

$$\begin{aligned} \sigma^e(a) = & a_0\zeta_e + a_1\zeta_{e+1} + \cdots + a_{e-1}\zeta_{2e-1} \\ & + a_e\zeta_{2e} + a_{e+1}\zeta_{2e+1} + \cdots + a_{2e-1}\zeta_{3e-1} \\ & + \cdots \\ & + a_{e(f-1)}\zeta_0 + a_{e(f-1)+1}\zeta_1 + \cdots + a_{p-2}\zeta_{e-1} \end{aligned}$$

이다.

만약 $\sigma^e(a) = a$ 이므로, 정리12.13에 의해서, $i = 0, 1, \cdots, p-2$에 대하여 ζ_i의 계수들이 위 두가지 계산에서 일치한다.

따라서,

$$\begin{aligned} a_0 &= a_e = a_{2e} = \cdots = a_{e(f-1)} \\ a_1 &= a_{e+1} = a_{2e+1} = \cdots = a_{e(f-1)+1} \\ & \cdots \\ a_{e-1} &= a_{2e-1} = \cdots = a_{p-2} \end{aligned}$$

따라서, 임의의 원소 $a \in K_f$ 는 다음과 같이 표현된다.

$$\begin{aligned} a = & a_0(\zeta_0 + \zeta_e + \cdots + \zeta_{e(f-1)}) \\ & + a_1(\zeta_1 + \zeta_{e+1} + \cdots + \zeta_{e(f-1)+1}) \\ & + \cdots \\ & + a_{e-1}(\zeta_{e-1} + \zeta_{2e-1} + \cdots + \zeta_{p-2}) \end{aligned}$$

이것은 각 괄호 안이 f항의 주기들에 의해서 표현됨으로 a가 주기들에 의 일차 결합임을 말한다.

a표현의 유일성은 $Q(\mu_p)$의 모든 원소가 $\zeta_0, \cdots, \zeta_{p-2}$의 일차결합으로 유일하게 써진다는 정리12.13으로 부터 바로 알 수 있다. ■

12.23 명제. η를 f항의 한 주기라 하자. K_f의 임의의 원소는 적당한

$$a_0, a_1, \cdots, a_{e-1} \in Q$$

에 대하여 다음과 같이 표현된다.

$$a_0 + a_1\eta + a_2\eta^2 + \cdots + a_{e-1}\eta^{e-1}$$

증명. K_f는 Q를 품는 체이다. 따라서 K_f는 Q 위에서 벡터공간이다. 벡터공간에서의 연산은 체의 연산과 같다. 이 명제를 증명하기 위해 명제 12.22에서 f항의 e주기들은

Q 위에서 K_f의 기$basis$ 가 됨으로 $\dim_Q K_f = e$ 이다.

이제, $1, \eta, \cdots, \eta^{e-1}$가 일차독립임을 밝히면 충분하다.

$$a_0 + a_1\eta + a_2\eta^2 + \cdots + a_{e-1}\eta^{e-1} = 0 \tag{12.7}$$

라 가정하자. 여기서,$a_0, \cdots, a_{e-1}$은 유리수이다.

따라서, η는 다항식 $P(X) = a_0 + a_1X + \cdots + a_{e-1}X^{e-1}$의 근이된다.

자기동형사상 σ를 (12.7)식의 양변에 적용하고, 계속해서 $\sigma^2, \cdots, \sigma^{e-1}$를 적용하면, 우리는 $\sigma(\eta), \cdots, \sigma^{e-1}(\eta)$가 모두 $P(X)$의 근이 된다. 이제, $\eta, \sigma(\eta), \cdots, \sigma^{e-1}(\eta)$가 f항의 e주기들이므로 명제 12.22에 의해서 서로 다르다.

그런데, $P(X)$는 차수가 기껏해야 $e-1$이므로 $P(X)$는 영다항식이다.

따라서,

$$a_0 = a_1 = \cdots = a_{e-1=0}$$ ■

12.24. 보조정리. 만약 η, η'가 f 항의 주기들이라하면,

$$\eta' = a_0 + a_1\eta + a_2\eta^2 + \cdots + a_{e-1}\eta^{e-1}$$

이다. 여기서,$a_0, \cdots, a_{e-1}$은 유리수이다.

증명. 위의 명제에서 $\eta' \in K_f$ 이기 때문에 분명하다. ■

이 보조정리는 주기들에 대한 성질 12.19를 증명해준다.

성질 12.20를 증명하기 위해서는 우리는 다른 두쌍의 정수 g, h가 존재하여

$$gh = p-1$$

을 만족하고, f 가 g 를 나눈다고 하자. 그러면, $k = g/f = e/h$인 k에 대하여

$$\sigma^e = (\sigma^h)^k$$

이다.

따라서, σ^h에 의해서 불변인 원소는 σ^e에서도 불변이다.

이것은

$$K_g \subset K_f$$

을 말한다.

12.25 .명제, f 와 g 를 $p-1$의 약수라 하자. 만약 f 가 g 를 나누면, 모든 K_f의 원소는 K_g위에서 계수를 갖는 g/f 차수 다항식의 근이 된다.

증명. 임의의 $a \in K_f$ 에 대하여, 우리는 다음 다항식을 생각해보자.

$$P(X) = (X-a)(X-\sigma^h(a))(X-\sigma^{2h}(a)) \cdots (X-\sigma^{h(k-1)}(a))$$

여기서, 기호들의 설명은 위에서 한것과 같다.

이 다항식의 차수는 $k = g/f$ 이다.

그리고, 계수들은 $a, \sigma^h(a), \sigma^{2h}(a), \cdots, \sigma^{h(k-1)}(a)$의 기본대칭다항식이다. 그리고,

$$\sigma^h(\sigma^{h(k-1)}(a)) = \sigma^e(a) = a$$

이므로, σ^h는 $a, \sigma^h(a), \sigma^{2h}(a), \cdots, \sigma^{h(k-1)}(a)$를 자신으로 치환하여 P의 계수들은 불변이다. 따라서 P의 계수들이 K_g의 원소이다.

다항식P는 필요한 성질들을 다 만족한다.

이제 성질 12.30의 증명을 완전히 끝마치자. ■

12.26 보조정리. f와 g가 $p-1$의 약수이고 η, ζ는 각각 f, g항의 주기들이다. 만약 f가 g를 나누면, η는 그 계수들이 ζ의 유리식 표현인 한 g/f차수 다항식의 근이다.

증명. $\zeta \in K_g$ 이고 $\eta \in K_f$이므로, 명제 12.25와 명제 12.23에 의해서 곧바로 증명된다.

갈루아정리의 현대적 관점에서 언급하는 것이 유익하리라 생각한다. ■

부분체들 K_f가 $Q(\mu_p)$의 부분체들의 격자를 만드는 것과 $p-1$의 약수들이 반 동형적*anti-isomorphic* 한다는 것이다. 왜냐하면, $K_g \subset K_f$이기위한 필요충분조건은 f가 g를 나누는 것이다.

따라서, 예를 들어 $p=37$인 경우, 주기들이 다음과 같은 체 $Q(\mu_{37})$의 부분체들의 격자모양을 만든다.

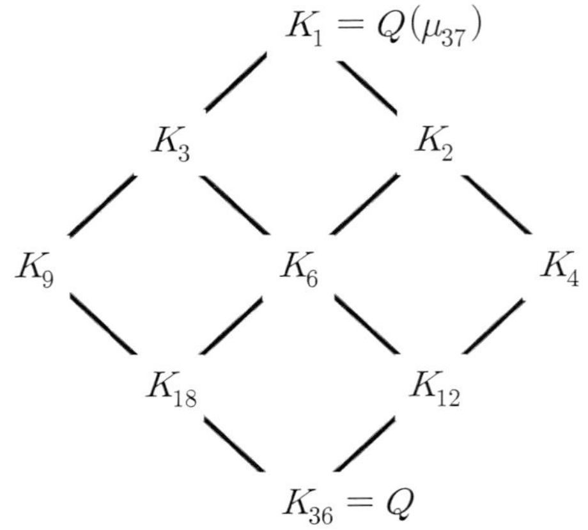

12.5 거듭제곱근에 의한 해법

그의 원분방정식의 주기들과 그 성질들에 대한 세심한 분석 후에, 가우스는 산술적인 탐구의 Art.359-360에서 주기들이 정해지는 방정식들이 거듭제곱근의 해를 풀 수 있음을 보였다. 이 분야에서 그의 설명은 아래에 꼭 집어낸 그리 간단하지 않는 여러 관점에 대하여 분명치 않게 대략적으로 되어있다.

우리는 앞장의 기호들을 사용한다. 특히, e, f 그리고 g, h를 두 종류의 정수들로써 다음조건을 만족한다고 하자.

$$ef = gh = p-1$$

우리는 f가 g를 나눈다 하고,

$$k = \frac{g}{f} = \frac{e}{h}$$

라 하자.

$\eta_0, \cdots, \eta_{e-1}(resp.\ \zeta_0, \cdots, \zeta_{h-1})$를 $f(resp.\ g)$항의 주기들을 표기한다고 하자. 그러면,

$$\eta_i = \zeta_i + \zeta_{e+i} + \zeta_{2e+i} + \cdots + \zeta_{e(f-1)+i}$$

$$\xi_j = \zeta_j + \zeta_{h+j} + \zeta_{2h+j} + \cdots + \zeta_{h(g-1)+j}$$

이다.

보조정리 12.26에서, 우리가 확인한 바와 같이 주기들 $\xi_0, \xi_1, \cdots, \xi_{h-1}$이 알려진 바와 같이 고려하면, 임의의 주기 η_i는 g/f차수의 방정식에 의해서 결정될 수 있다.

우리의 이 장의 목표는 이 방정식이 거듭제곱에 의해 풀 수 있음을 보이는 것이다.

η_0를 만드는 방정식의 예를 고려해보자.(다른 주기들에 대한 논증은 똑 같으나, 그 표기들은 더욱 복잡하다)

차수가 k인 이 방정식을 $P(X)=0$로 표시하자. P의 계수들은 K_g에 있기 때문에 그것들은 동형사상 σ^h에 대하여 불변이다: 따라서 계속적으로 σ^h를 $P(\eta_0)=0$의 양변에 적용하면, 우리는 다음 사실을 알 수 있다.

$$P(\sigma^h(\eta_0))=0,\ P(\sigma^{2h}(\eta_0))=0, \cdots, P(\sigma^{h(k-1)}(\eta_0))=0$$

따라서, P의 근은 η_0와 $\sigma^h, \sigma^{2h}, \cdots, \sigma^{h(k-1)}$의 상들*images*로 $\eta_h, \eta_{2h}, \cdots, \eta_{h(k-1)}$로 표기되는 것들이다.

$P(X)=0$가 거듭제곱근에 의해 풀 수 있음을 증명하기 위해서는, 라그랑주공식 *Lagrange's formular*(p.173)을 따라, 라그랑주 분해방정식*Lagrange resolvent*의 k차 멱이 g항의 주기들로 부터 계산될 수 있음을 보이면 충분하다.

$$t(\omega) = \eta_0 + \omega\eta_h + \omega^2\eta_{2h} + \cdots + \omega^{k-1}\eta_{h(k-1)}$$

여가서, ω는 단위원의 k차 근이다.

12.27 명제. 한 단위원의 k차 근 ω에 대하여, 복소수 $t(\omega)^k$는 ω와 g항들의 주기들의 항들로 만들어진 유리식 표현이다.

증명. 명제12.22에서 임의의 두 f항의 주기들을 곱은 f항들의 주기들의 한 일차결합이 됨을 알았다. 우리는 주기들에서 임의의 다항식표현의 차수가 1차인 것으로 유도 될 수 있는 주기들 사이의 관계를 갖는다. 특히,

$$\begin{aligned} t(\omega)^k &= \left(\eta_0 + \omega\eta_h + \cdots + \omega^{k-1}\eta_{h(k-1)}\right)^k \\ &= a_0\eta_0 + \cdots + a_{h-1}\eta_{h-1} \\ &\quad + a_h\eta_h + \cdots + a_{2h-1}\eta_{h-1} \\ &\quad + \cdots \\ &\quad + a_{h(k-1)}\eta_{h(k-1)} + \cdots + a_{e-1}\eta_{e-1} \end{aligned} \tag{12.8}$$

여기서 계수들 $a_0, \cdots, a_{e-1}$은 Q위에서 ω에 대한 유리다항식 표현이다.

주기들 $\eta_0, \eta_1, \cdots, \eta_{e-1}$ 사이의 관계는 명제 12.21에 의해서 σ^h에 의해 보존됨으로 우리는 위의 $t(\omega)^k$의 계산에서 η_0을 $\sigma^h(\eta_0) = \eta_h$로, η_1을 $\sigma^h(\eta_1) = \eta_{h+1}$ 로 대입하면, 우리는 다음식을 얻는다.

$$\begin{aligned} \left(\eta_h + \omega\eta_{2h} + \cdots + \omega^{k-1}\eta_0\right)^k &= a_0\eta_h + \cdots + a_{h-1}\eta_{2h-1} \\ &\quad + a_h\eta_{2h} + \cdots + a_{2h-1}\eta_{3h-1} \\ &\quad + \cdots \\ &\quad + a_{h(k-1)}\eta_0 + \cdots + a_{e-1}\eta_{h-1} \end{aligned} \tag{12.9}$$

이것은 $\left(\sigma^h(t(\omega))\right)^k$의 한 표현이다. 그러나,

$$\sigma^h(t(\omega))^k = \omega^{-1} t(\omega)$$

이므로, 우리는

$$\left(\sigma^h(t(\omega))\right)^k = t(\omega)^k$$

을 얻는다.

(12.8)과 (12.9)는 $t(\omega)^k$의 두 표현이다. $t(\omega)^k$의 초기 계산을 통해서 주기 η_i를 $\sigma^{2h}(\eta_i)$로, 다음은 $\sigma^{3h}(\eta_i)$, $\cdots$, $\sigma^{h(k-1)}(\eta_i)$ (for $i=0, \cdots, e-1$)으로 교체하면, 우리는 $t(\omega)^k$의 $k-2$개의 다른 표현을 만든다. 검사에서 이러한 다양한 표현들 속에서 한 주어진 주기 η_i의 계수들이 $a_i, a_{i+h}, a_{i+2h}, \cdots, a_{i+h(k-1)}$ 이다는 것을 보여준다.

따라서, 만약 이 표현들을 모두 합하면 다음식을 얻는다.

$$\begin{aligned} kt(\omega)^k = &(a_0 + \cdots + a_{h(k-1)})(\eta_0 + \cdots + \eta_{h(k-1)}) \\ &+ (a_1 + \cdots + a_{h(k-1)})(\eta_1 + \cdots + \eta_{h(k-1)+1}) \\ &+ \cdots \\ &+ (a_{h-1} + \cdots + a_{e-1})(\eta_{h-1} + \cdots + \eta_{e-1}) \end{aligned}$$

$i=0,\cdots,h-1$에 대하여, $\eta_i + \eta_{h+i} + \cdots + \eta_{h(k-1)+i} = \xi_i$ 임의로, $t(\omega)^k$은 ω와 $\xi_0,\cdots,\xi_{h-1}$의 항들의 유리식표현이 된다. 즉

$$t(\omega)^k = \frac{1}{k}((a_0 + \cdots + a_{h(k-1)})\xi_0 + \cdots + (a_{h-1} + \cdots + a_{h-1} + \cdots + a_{e-1})\xi_{h-1})$$

이다. ■

12.28 주목할 점. 위의 증명은 가우스의 그것과 아주 유사하다. 그러나 마지막 논증은 다르다. 가우스의 논법은 다음과 같다: (12.8)과 (12.9)의 우측을 보면 같다. 왜냐하면, 그는 두가지 표현에서 임의의 주어진 주기의 계수들이 같다는 결론을 끌어냈다. 따라서

$$
\begin{aligned}
a_0 &= a_h = a_{2h} = \cdots = a_{h(k-1)} \\
a_1 &= a_{h+1} = a_{2h+1} = \cdots = a_{h(k-1)+1} \\
&\cdots \\
a_{h-1} &= a_{2h-1} = a_{3h-1} = \cdots = a_{e-1}
\end{aligned}
$$

이 등식들은 (12.8)를 단순화하여 다음식을 얻을수 있다.

$$
\begin{aligned}
t(\omega)^k = & a_0(\eta_0 + \eta_h + \cdots + \eta_{h(k-1)}) \\
& + a_1(\eta_1 + \eta_{h+1} + \cdots + \eta_{h(k-1)+1}) \\
& + \cdots \\
& + a_{h-1}(\eta_{h-1} + \eta_{2h-1} + \cdots + \eta_{e-1})
\end{aligned}
$$

오른쪽의 괄호안의 표현들이 g항들의 주기들이므로, 이것으로 이 명제의 증명이 끝났다.

그러나, 위의 명제 12.22의 증명에 사용된 계수들의 비교를 통해서, $\eta_0, \cdots, \eta_{e-1}$(더 일반적으로 $\zeta_0, \cdots, \zeta_{p-2}$)의 일차결합의 원소로 단지 이제까지 정당화된다.

이것은 명제 12.22을 증명하는데 충분한 유리계수의 일차결합에 대하여 정리 12.13(p.219)에서 보여준다. 그러나 여기서 스카라라는 단위원의 k차 제곱근 ω의 유리식 표현이다. 그래서, 새로운 논증이 필요하다.

정리12.13의 증명으로부터, 유일성의 성질이 최종적으로 의존하는 결정적인 사실이 Φ_p의 기약성이라는 것이 확실하다. 따라서, 가우스의 논증을 정당화하기위해 우리는 Φ_p가 유리수체 Q 위에서 뿐만아니라 $p-1$을 나누는 적당한 정수 k에 대한 단위원의 k차 제곱근 ω에 대한 $Q(\omega)$위에서 기약임을 증명할 필요가 있다.

이것은 다음장 따름정리 12.33, p.244에서 이루어 질 것이다.

이 장을 끝내기 위해서 우리는 가우스[24,Art. 360]을 조사해서 만약 우리가 단지 단위원의 제곱근이 거듭제곱에 의해서 표현될 수 있기 위해서는 주기들의 충분한 일반화가 필요치 않다.

12.29 보조정리. 임의의 정수 n에 대하여, 단위원의 n차 제곱근은 거듭제곱에 의해 표현된다.

증명. n에 대한 수학적귀납법을 적용하자. 이 보조정리는 $n=1$or2일때는 분명하다. 따라서, $k<n$인 단위원의 k차 제곱근은 거듭제곱에 의해 표현된다고 가정하자. 만약 n가 소수가 아니라면, 정리 7.3(p.110)과 귀납법 가정에 의해서단위원의 n차 제곱근은 거듭제곱에 의해 즉시 표현된다. 우리는 n가 소수라고 가정하자. 우리는 1이 아닌 단위원의 n차 제곱근를 n의 원시근의 도움으로 12.4장의 서두에서와 같이 순서를 주고 우리는 라그랑주 분해방정식

$$t(\omega)=\zeta_0+\omega\zeta_1+\cdots+\omega^{n-2}\zeta_{n-2}$$

여기서 ω는 단위원의 $n-1$차 제곱근이다.

수학저귀납법에 의해서,ω는 거듭제곱근에 의해서 표현될 수 있다. 앞의 명제 $(k=g=n-1)$는 $t(\omega)^{n-1}$가 ω의 항들에 의해 유리식 표현을 가고, 거듭제곱에 의해 표현된다. 라그랑주 공식(p.158)은 단위원의 n차 제곱근에 대해서 거듭제곱표현을 가능하게한다.

$$\zeta_i=\frac{1}{n-1}\left(\sum_{\omega}\omega^{-i}\sqrt[n-1]{t(\omega)^{n-1}}\right) \qquad \blacksquare$$

12.6 원분다항식의 기약

이 장의 목표는 가우스의 논증(주목할 점 12.28 참조)응 정당화 하는 것이다. p가 소수이고 k가 p와 서로소인 정수라 할 때, 연분다항식 Φ_p가 $Q(\mu_p)$위에서 기약임을 증명하는 것이다.

이 결과의 한 증명은 1854년에 크로네커에 의해서 발표되었다. 우리가 소개할 증명은 데데킨트(벤데르베르덴*Van der Waerden*[61,60장])와 베버*Weber*[67, 174장]의 생각에 의해서 고무된 것이다. 이것은 사실상 소수 p 대신에 임의의 정수 n에 대하여 성립한다. 그것의 중요한 단계는 Φ_n가 Q위에서 기약임을 증명하는 것이다. 이것은 1808년 가우스(Buhler[9, p.74])에 의해서 비소수*non-prime* n에 대하여 성립한다는 것이다.

12.30 보조정리. f가 $Q[X]$에서 Φ_n의한 모닉 기약인수라 하고, p는 n을 나누지 않는 한 소수라 하자.

만약 $\omega \in C$ 가 f의 한 근이면, ω^p도 역시 f의 그이다, 즉

$$f(\omega)=0 \Rightarrow f(\omega^p)=0$$

증명. 귀류법을 사용하여, $f(\omega)=0$이지만 $f(\omega^p) \neq 0$이라 하자. Φ_n은 X^n-1를 나누기 때문에, 우리는 적당한 모닉다항식 $g \in Q[X]$에 대하여

$$X^n - 1 = fg \tag{12.10}$$

가 성립한다.

$f(\omega)=0$이므로, $\omega^n=1$가 성립한다, 양변에 p차 멱을 적용하면,

$$(\omega^p)^n = 1$$

이 성립한다.

한편, ω^p는 X^n-1의 한 근이다. 그러나 한편으로 $f(\omega^p) \neq 0$를 가정했으므로, 식 (12.10)은

$$g(\omega^p)=0$$

을 유도한다.

이 식은 ω가 $g(X^p)$의 한 근임을 보인다. 따라서, 보조정리 12.14(p.219)에 의해서, $f(X)$가 $g(X^p)$ 를 나눈다. $h(X) \in Q[X]$는 한 모닉다항식으로

$$g(X^p) = f(X)h(X) \tag{12.11}$$

가 성립한다.

가우스 보조정리(보조정리 12.11, p.215)와 식(12.10)과 (12.11)은 f, g 그리고 h가 모두 정수계수를 갖는다. 따라서, 우리는 다항식들 $\overline{f}$, $\overline{g}$ 그리고 $\overline{h}$를 그 계수들을 p를 법으로 계산한 것이다. 즉, 계수들을 $F_p(=Z/pZ)$에서 계산한 것이다.

위식 (12.10)과 (12.11)은 다음식이 된다.

$$X^n - 1 = \overline{f}(X)\overline{g}(X) \quad \in F_p[X] \tag{12.12}$$

$$\bar{g}(X^p) = \bar{f}(X)\bar{h}(X) \quad \in F_p[X] \tag{12.13}$$

이제, 페르마 정리(정리 12.5, p.210)에 의해서 모든 $a \in F_p$에 대하여 $a^p = a$이다.
따라서, 만약

$$\bar{g}(X) = a_0 + a_1 X + \cdots + a_{r-1} X^{r-1} + X^r$$

우리는 또한

$$\bar{g}(X) = a_0^p + a_1^p X + \cdots + a_{r-1}^p X^{r-1} + X^r$$

따라서,

$$\bar{g}(X^p) = a_0^p + a_1^p X^p + \cdots + a_{r-1}^p X^{p(r-1)} + X^{pr}$$

F_p에서 $(u+v)^p = u^p + v^p$임으로, 다음식이 성립한다.

$$\bar{g}(X^p) = (a_0 + a_1 X + \cdots + a_{r-1} X^{r-1} + X^r)^p = \bar{g}(X)^p \quad \text{in} \quad F_p[X]$$

따라서 식(12.13)은

$$\overline{g^p} = \bar{f}\bar{h}$$

이다.

이것은 $\bar{f}$와 $\bar{g}$가 서로소가 아니다. $\phi(X) \in F_p[X]$를 상수가 아닌 $\bar{f}$와 $\bar{g}$의 공통인수라 하자. 식 (12.12)는 ϕ^2이 $X^n - 1$를 나눈다. 따라서

$$X^n - 1 = \phi^2 \psi \ \in F_p[X]$$

양변의 도함수를 비교해 보자.

$$nX^{n-1} = \psi \cdot (2\partial\phi \cdot \psi + \phi \cdot \partial\psi)$$

따라서, ϕ가 $X^n - 1$과 nX^{n-1}를 나눈다. $X^n - 1$과 nX^{n-1}는 $F_p[X]$에서 서로소임으로, 이것은 모순이다. 이모순은 $f(\omega^p) = 0$임을 말한다. ■

12.31 정리. 임의의 정수 $n \geq 1$에 대하여, 연분다항식 Φ_n은 Q 위에서 기약이다.

증명. f를 $Q[X]$에서 Φ_n의 한 모닉기약인수라 하자. 우리는 C에서 Φ_n의 임의의 근이 f의 근이 됨을 보이자. Φ_n의 근들은 단순근*simple*이고, 명제 5.10(p.72)으로부터 Φ_n이 f를 나눈다. 따라서 f와 Φ_n은 서로 나누고 모닉이므로 $\Phi_n = f$이다.

ζ를 f의 한 근이라 하자. 그러면 ζ는 Φ_n의 한 근이다. 이것은 ζ가 단위원의 n차원시근임을 말한다. 명제 7.12(p.118)로 부터 다른 단위원의 n차원시근은 ζ^k 이다. 여기서, k는 0과 n사이의 값으로 n과 서로소이다. k를 소인수분해하여

$$k = p_1 p_2 \cdots p_s$$

라 하자.

위의 보조정리를 계속적으로 적용하면,

$$\begin{aligned} & f(\zeta) = 0 \Rightarrow f(\zeta^{p_1}) = 0 \Rightarrow f(\zeta^{p_1 p_2}) = 0 \Rightarrow \cdots \\ & \Rightarrow f(\zeta^{p_1 \cdots p_s}) = 0 \Rightarrow f(\zeta^k) = 0 \end{aligned}$$

따라서, f는 모든 단위원의 n차원시근들을 갖는다. 즉,f는 Φ_n의 모든 근을 갖는다. ■

12.32 정리. m과 n이 서로소이면 Φ_n은 $Q(\mu_m)$위에서 기약이다.

증명. f를 $Q(\mu_m)[X]$에서 Φ_n의 한 모닉기약인수라 하자. $\zeta \in C$를 f의 한 근이라 하자.

위의 증명에서와 같이 0과 n사이의 값으로 n과 서로소인 모든 k에 대하여

$$f(\zeta^k) = 0$$

임을 보이면 충분하다.

η를 한 단위원의 m차원시근이라 하자. 정리 12.13, p.219, 전에 논의한 바와 같이, 우리는 $Q(\mu_m) = Q(\eta)$임을 알 수 있다.따라서, 명제 12.15에 의해서 f의 모든 계수들은 유리계수를 갖는 η에 관한 다항식형식이다. 따라서, 적당한 다항식 $\phi(Y,X) \in Q[Y,X]$가 존재하여

$$f(X) = \phi(\eta, X)$$

가 성립한다.

이제 $\rho = \zeta\eta$라 하자. m 과 n이 서로소이므로, 명제 7.10(p.116)으로부터 ρ는 단위원의 mn차원시근이다. 더욱이나, m 과 n이 서로소이므로, 정리 7.8(p.114)은 적당한 두 정수 r과 s가 존재하여

$$mr + ns = 1$$

이 성립한다.

$\zeta^n = 1$이고 $\eta^m = 1$이므로, 다음식들을 유도한다.

$$\zeta = \zeta^{mr} = \rho^{mr} \text{ 이고 } \eta = \eta^{ns} = \rho^{ns}$$

이다.

$f(\zeta) = 0$이므로 $\phi(\eta, \zeta) = 0$이다. 즉

$$\phi(\rho^{ns}, \rho^{mr}) = 0$$

보조정리 12.14, p.219와 앞 정리로부터 $\Phi_{mn}(X)$는 $\phi(X^{ns}, X^{mr})$를 나눈다. 이것은 모든 단위원의 mn차원시근 ω에 대하여

$$\phi(\omega^{ns}, \omega^{mr}) = 0 \tag{12.14}$$

0과 n사이의 값으로 n과 서로소인 모든 k에 대하여

$$l = kmr + ns$$

라 하자.

$mr + ns = 1$ 이므로, 우리는 $mr \equiv 1 \bmod n$ 이고 $ns \equiv 1 \bmod m$ 이다. 따라서

$$l \equiv k \bmod n,\ l \equiv 1 \bmod m \tag{12.15}$$

따라서 $\zeta^l = \zeta^k$이고 $\eta^l = \eta$이다. 우리는 이미 $\zeta = \rho^{mr}$이고 $\eta = \rho^{ns}$임을 알고 있으므로,

$$\rho^{lmr} = \zeta^k\ ,\ \rho^{lns} = \eta$$

이다.

한편, (12.15)의 합동식은 l과 mn이 서로소임을 보여준다. 따라서, ρ^l는 단위원의 mn차원시근이고, 식 (12.14)은 다음식을 유도한다.

$$\phi(\rho^{lns}, \rho^{lms}) = 0$$

즉, $\phi(\eta, \zeta^k) = 0$이고, $f(\zeta^k) = 0$이다. ■

12.33 따름정리. p는 한 소수이고, k는 $p-1$를 나누는 한 정수이다. 또한 $\zeta \in C$는 단위원의 p차원시근이라 하자. 그러면 $Q(\mu_k)(\mu_p)$의 임의의 원소는 다음과 같이 유일하게 써진다. 적당한 $Q(\mu_k)$의 원소 $a_1, \cdots, a_{p-1}$에 대하여,

$$a_1\zeta + a_2\zeta^2 + \cdots + a_{p-1}\zeta^{p-1}$$

이다.

증명. 가정에서 k는 p와 서로소이고, 따라서, 앞 정리에 의해 Φ_p는 $Q(\mu_k)$위에서 기약이다.

정리 12.13, p.219의 증명에서와 같은 논증으로 이 따름정리는 증명된다. ■

부록: 정다각형의 자와 컴퍼스에 의한 작도

우리는 자와 컴퍼스 만을 사용하여 평면위에서 정다각형을 작도하는 과정을 발견하는 것을 목표로 한다. 이 작도는 다각형의 중심(즉, 원둘레의 중심)과 임의로 선택된 꼭지점 하나에 의해서 가능하다는 것은 분명하다. 따라서, 우리는 중심 O와 꼭지점중 하나를 A가 정하고, 우리는 다른 꼭지점들을 결정한다. 이 주어진 두점 O와 A로부터, 새로운 점들이 다음의 두 모형의 유한번 시행으로 작도된다.:

(1) 이미 주어진 두점을 지나는 직선을 긋는다.

(2) 이미 주어진 한점을 중심으로 하고 이미 주어진 두점 사이의 거리를 반지름으로 하는 원을 그린다.

새로운 점들은 (1)과 (2)에 따라 그려진 직선들과 원들의 교점들로 정해진다. 이와 같은 결정되는 점들을 작도가능한 점들이라 부른다.

문제는 어떤 n에 대하여 중심 O와 한 꼭지점 A로 n변을 갖는 정다각형을 작도할

수 있느냐? 하는 것 이다. 이 문제를 풀기위해서, 우리는 먼저 작도가능한 점에 대한 대수적 특성을 알아보려한다. 적당한 좌표계를 사용하여 좌표를 이용하여 다음과 같이 작도한다:

우리는 O 를 지나 OA에 수직인 직선과 반지름을 OA로 하고 중심을 O로 하는 원과의 교점을 B라 한다.

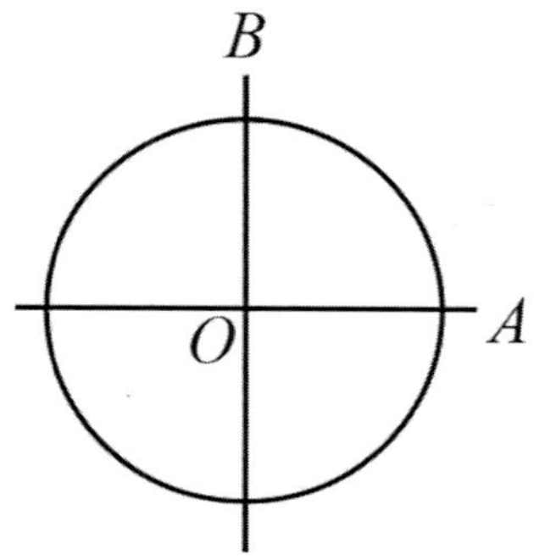

명제. 평면위 점이 자와 컴퍼스에 의해서 O와 A로부터 작도되기 위한 필요충분조건은 좌표계 (OA, OB)에서 그 좌표가 0과 1로 부터 다음 모형들의 유한번 시행으로 구해진다는 것이다

(i) 유리수 연산

(ii) 제곱근의 발췌

증명. 먼저, 위의 조건을 만족하는 좌표들의 점들을 작도한다는 것을 보여야 한다. 한 주어진 직선에 한 주어진 점을 지나 수직인 점을 자와 컴퍼스로 작도할수있기 때문에 좌표가 (a,b)인 점이 작도가능하다는 것은 점$(a,0)$와 $(0,b)$가 작도가능하다는 것이다. 더욱이나, $(0,b)$는 중심이 O 이고 $(b,0)$를 지나는 한 원으로 축 OB의 교점이기 때문에, 임의의 좌표 $(u,0)$의 점을 생각하면 충분하다. 따라서, 우리는 만약 u가 위의 (i), (ii)의 유한번 시행과 0과 1로 부터 구해지면, 좌표가 $(u,0)$인 점을 작도가능 함을 증명하면 된다.

우리는 연산의 횟수에 관해 귀납적으로 논의하겠다. 따라서, 우리가 만약 $(u,0)$와

$(v,0)$가 작도가능하면, $(u\pm v,0),(uv,0),(uv^{-1},0)(v\neq 0$를 가정)과 $(\sqrt{u},0)$도 작도가능함을 밝히자.

$(u\pm v,0)$에 대해서는 확실하고, $(uv,0)$와 $(uv^{-1},0)$을 작도하기위해서, 우리는 아래의 도형을 생각해보자:

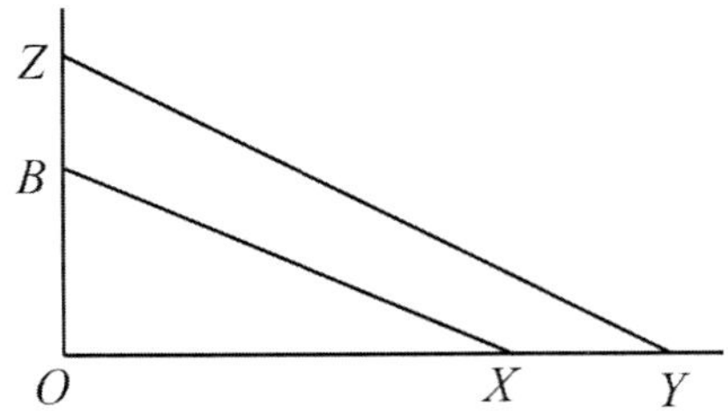

BX와 YZ가 평행하기 때문에,

$$\frac{OX}{OB}=\frac{OY}{OZ}$$

$B=(0,1)$이기 때문에, $X=(x,0)$, $Y=(y,0)$ 그리고 $Z=(0,z)$라 표시하고,

$$x=yz^{-1} \text{ 이거나 } y=xz$$

이 된다.

따라서, 만약 X와 Z가 주어지고, 우리가 Z를 지나 BX에 평행선을 그어 Y를 작도할 수 있다. 이 작도는 $(x,0)$과 $(0,z)$로부터 $(xz,0)$를 구하는 것이다. 한편, 만약 우리가 Y와 Z를 주어진것과 같이 고려할 때, 우리는 B를 지나 YZ에 평행선을 그어 X를 얻을 수 있다: 이것은 $(y,0)$와 $(0,z)$로부터 $(yz^{-1},0)$ 구한 것이다.

증명에서 필요조건을 완수하기위해서 이제 $(u,0)$로부터 $(\sqrt{u},0)$가 작도될 수 있다는 것을 보이는 것만 남았다. 이것은 다음과 같이 될 수 있다.

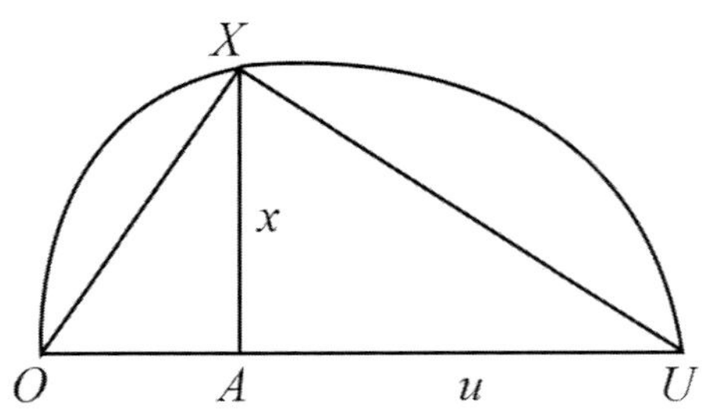

좌표가 $(1+u,0)$인 점을 U라 하자. 그리고 지름이 OU 인 원과 A를 지나 OU에 수직인 직선이 만나는 점을 X라 하자. 우리는 적당한 x에 대하여 $X=(1,x)$이다. 두 삼각형 OAX와 XAU 는 닮은꼴이므로,

$$\frac{AX}{OA}=\frac{AU}{AX}$$

이다. 따라서

$$\frac{x}{1}=\frac{u}{x} \text{ or } x=\sqrt{u}$$

이다.

점$(x,0)$이 $(1,x)$로 부터 용이하게 정해지므로, 이 작도는 $(u,0)$으로부터 $(\sqrt{u},0)$를 만든다.

우리는 좌표들이 0과 1로 부터 유리수 연산과 제곱근의 발췌에 의해서 작도가능하다는 것을 증명하였다.

그 역을 증명하기 위해서, 우리는 먼저 만약 한 직선이 두 점 (a_1,b_1)과 (a_2,b_2)을 지난다면, 이 방정식은 다음꼴이다.

$$\alpha X+\beta Y=\gamma$$

여기서 α,β,γ는 a_1,a_2,b_1,b_2의 유리식표현이다.

(특별히, $\alpha=b_2-b_1$, $\beta=a_1-a_2$, $\gamma=a_1b_2-b_1a_2$)

마찬가지로, 중심이 (a_1,b_1)이고 반지름이 (a_2,b_2)와 (a_3,b_3)까지의 거리인 원의 방정식은 다음 꼴이다.

$$(X-a_1)^2+(Y-b_1)^2=(a_2-a_3)^2+(b_2-b_3)^2$$

따라서 이것은 더음꼴이다.

$$X^2+Y^2=\alpha X+\beta Y+\gamma$$

여기서 α,β,γ는 a_1,a_2,a_3,b_1,b_2,b_3의 유리식표현이다.

이제, 두 직선

$$\alpha_1X+\beta_1Y=\gamma_1,\ \ \alpha_2X+\beta_2Y=\gamma_2,$$

의 교점의 좌표들은 직접 계산하면 $\alpha_1, \beta_1, \gamma_1, \alpha_2, \beta_2, \gamma_2$의 유리식 표현이다.

그래서, 만약 한 점이 주어진 점을 지나는 두 직선의 교점으로 작도될 때, 그 좌표들은 주어진 점들의 좌표들의 유리식 표현이다.

유사하게, 한 직선과 한 원의 교점의 좌표가 $\alpha_1, \beta_1, \gamma_1, \alpha_2, \beta_2, \gamma_2$오부터 유리수 연산과 제곱근의 발췌에 의해서 구해진다.

$$\alpha_1 X + \beta_1 Y = \gamma_1, \;\; X^2 + Y^2 = \alpha_2 X + \beta_2 Y + \gamma_2$$

따라서, 만약 주어진 점들을 지나는 한 직선과 주어진 두점을 거리를 반지름으로 하는 한 원과의 교점을 작도한다면, 그 좌표들은 주어진 점들의 좌표들로부터 유리수 연산과 제곱근의 발췌로부터 구해진다.

최종적으로, 두 원의 교점은

$$X^2 + Y^2 = \alpha_1 X + \beta_1 Y + \gamma_1, \;\; X^2 + Y^2 = \alpha_2 X + \beta_2 Y + \gamma_2$$

은 한원과 한직선의 교점으로 구해진다.

$$X^2 + Y^2 = \alpha_1 X + \beta_1 Y + \gamma_1 \quad \alpha_1 X + \beta_1 Y + \gamma_1 = \alpha_2 X + \beta_2 Y + \gamma_2$$

이러한 논증은 작도가능한 점들의 좌표들은 O 와A 즉, 0 과 1로 부터 유리수 연산과 제곱근의 발췌 두 연산에 의해서 얻어진다는 것이다. ■

이 작도가능성의 판별은 최초로 1837년에 완젤*Pierre Laurent Wantzel*(1814-1848)에 의해서 발표되었다. 그러나, 이것은 가우스(아마도 다른 사람들도) 에게는 1796에 의심할 여지없이 알려졌다고 생각된다.

정리. 한 소수 p가 $p = 2^m + 1 (m \in N)$ 형태라 하면,p개의 변을 갖는 정다각형은 자와 컴퍼스로 작도가능하다.

증명. $p-1$이 2의 멱이므로, $p-1$의 약수들의 격자는 한 사슬*chain*을 이룬다.

$$
\begin{array}{l}
2^m = P-1 \\
| \\
2^{m-1} \\
| \\
2^{m-2} \\
| \\
\vdots \\
| \\
2 \\
| \\
1
\end{array}
$$

따라서, 12.4장의 결과는 2항의 주기들은 일련의 이차방정식들을 푸는것에 의해서 정해짐을 보여준다. p.226에서 본바와 같이, 2항의 주기들은 $k=1,2,\cdots,\frac{p-1}{2}$에 대한 $2\cos\frac{2k\pi}{p}$값이다. 이차방정식의 해들은 단지 유리수 연산과 제곱근의 발췌에 의해서 구해지므로, 앞의 명제는 좌표 $(\cos\frac{2\pi}{p},0)$를 갖는 점은 작도가능함을 보여준다.

점 $P=\left(\cos\frac{2\pi}{p},\sin\frac{2\pi}{p}\right)$는 중심이 O이고 반경이 OA인 원과 $(\cos\frac{2\pi}{p},0)$를 지나 OA의 수직선과의 교점의 좌표이다. 점 P 는 p개의 변을 갖는 정다각형의 한 꼭지점이다. 사실상, 그것은 점 A 에 가장 가까운 두점 중의 하나이고, 다른 꼭지점들은 원주상에 AP 거리를 복사하여 만들어진다. ■

한 소수가$p=2^m+1$인 꼴일 때, m이 용이하게 2의 한 멱임을 알 수 있다. 사실, 만약 m이 어떤 홀수k에 의해서 나누어진다면, 2^m+1은 $2^{m/k}+1$로 나누어진다. $X=2^{m/k}$라 놓으면 관계식은

$$X^k+1=(X+1)(X^{k-1}-X^{k-2}+\cdots-X+1)$$

따라서, 이 명제의 가정을 만족시키는 소수들은 어떤 정수 n에 대하여 $p=2^{2^n}+1$이다. 이 소수들을 페르마소수*Fermat primes*라 부른다. 모든 정수 n 에 대해서

$$F_n=2^{2^n}+1$$

이 소수인가? 하는 질문을 던진 페르마*Fierre de Fermat*이름을 따라서 붙인 것이다.

$n=0,1,2,3,4,$에 대하여 이 공식은 $3,5,17,257$그리고 65537이다. 이것들은 정말로 소수들이다. 그러나, 1732년 오일러는 $F_5=641\cdot 6700417$임을 보였다.그 이래로, n의 여러값에 따라 F_n은 합성수가 된다. 그리고 다른 페르마소수가 존재하는지 모른다.

적어도 65538과 10^{39456}사이의 소수가 없다는 것이 알려졌다(즉, F_n은 에 대해서 $5\le n\le 16$소수가 아니다)

따름정리. n개의 변을 갖는 정다각형에서 만약 n가 2의 멱으로 된 서로 다른 페르마소수들의 곱으로 되면 자와 컴퍼스에 의해서 작도가능하다.

증명. n개의 변을 갖는 정다각형은 n(각의 계속적인 이등분에 의함)이 2의 멱이거나 n이 페르마소수(앞 정리)이면 작도가능하기 때문에, n_1와 n_2는 서로소이고, n_1변과 n_2변의 정다각형은 작도가능할 때 n_1n_2변을 갖는 정다각형이 작도가능한가를 보이면 충분하다.

n_1와 n_2는 서로소이므로 적당한 두 정수 m_1,m_2가 존재해서 $m_1n_1+m_2n_2=1$이다.

양변에 $\dfrac{2\pi}{n_1n_2}$을 곱하면,

$$m_1\frac{2\pi}{n_2}+m_2\frac{2\pi}{n_1}=\frac{2\pi}{n_1n_2}$$

따라서, 각 $\dfrac{2\pi}{n_1n_2}$은 각 $\dfrac{2\pi}{n_1}$와 $\dfrac{2\pi}{n_2}$ 에 적당한 수 만큼을 곱해서 구한 것이다. n_1n_2변을 갖는 정다각형은 n_1변과 n_2변의 정다각형으로부터 작도됨을 즉각 알 수 있을 것이다. ■

주목할 점. 앞 정리와 따름정리의 역명제도 증명될 수 있다. 따라서, n변 정다각형이 자와 컴퍼스로 작도되기 위한 필요충분조건은 n이 서로 다른 페르마 소수들과 2의 멱의 곱으로 될 때이다. 이 결과는 가우스[24,Art.366]에 의해서 명확히 정리되었다. 그러나, 자연스러운 역의 증명은 세밀한 체의 차수들의 분석이 요청된다. 따라서, 관심있는 독자들에게 증명을 위해서 케리가*Carrega*[12,4장] 또는 스튜워트*Stewart*[56, 17장]을 참조하기 바란다. 또한, 하디*Hardy*와 라이트*Wright*[29, 5.8장]에서 자와 컴퍼스로 정17다각형의 기하학적 작도를 명확히 설명하고 있다.

연습문제

01 $n \geq 2$인 모든 정수에 대하여 7장의 연습문제를 다시 보면, 0과 n 사이의 n과 서로소인 정수의 개수를 $\phi(n)$으로 표기한다.

페르마정리의 일반화(오일러정리) $n \geq 2$인 모든 정수에 대하여 n과 서로소인 모든 정수 a에 대하여 $a^{\phi(n)} \equiv 1 \bmod n$을 보여라.

02 가우스보조정리를 이용하여 질라르*Girard's* 정리(정리 6.1, p.91)를 즉시 설명됨을 보여라.

03 우수의 항들의 주기들이 실수임을 증명하라.

04 f항들의 주기들의 집합은p의 원시근의 선택에 의존하지 않고, 또한 단위원의 p차 원시근 의 선택에도 무관함을 증명하라. 더욱 자세하게 보면, ζ 와 $\zeta' \in C$ 은 단위원의 p차 원시근들이고, $g, g' \in Z$를 p의 원시근이라 하자. 그리고, 적당한 정수 e, f가 존재하여 $p-1=ef$가 성립한다. $i=0,1, \cdots, p-1$에 대하여 $\zeta_i = \zeta^{g^i}$, $\zeta_i' = \zeta'^{g'^i}$라 표기하자, 임의의 $i=0,\cdots,f-1$ 에 대하여, 0과 $f-1$사이에 정수 j가 존재하여

$$\zeta_i + \zeta_{e+1} + \cdots + \zeta_{e(f-1)+i} = \zeta_j' + \zeta_{e+j}' + \cdots + \zeta_{e(f-1)+j}'$$

05 명제 12.22, p.231,의 표기에 따라, 만약 $K_g \subset K_f$ 이면, f가 g를 나눔을 증명하라. 더욱이, 이 경우 $\dim_{K_g} K_f = g/f$임을 보여라.

06 다음 연습문제는 보조정리 12.29, p.238의 증명에 보충하는 설명을 제공한다. 따름정리 12.29의 기호를 따르기로 하자. $t(\omega) \neq 0$이고 $t(\omega^k)t(\omega)^{-k}$은 $k \in Z$에 대해 ω관한 항들의 유리식표현이 됨을 보여라.(10장의 연습문제4 비교). ζ_i를 정하기위해하나의 $n-1$차 근을 이끌어냄을 보이면 충분하다는 것을 결정하라.

07 단위원의 5차 제곱근들의 대수적 표현을 관찰하여, 자와 컴퍼스로 정오각형의 작도방법을 찾아라. 또한 정 20각형의 작도방법을 찾아라.

Chapter 13
일반방정식에 대한 루피니와 아벨

제13장 일반방정식에 대한 루피니와 아벨

13.1 들어가며

라그랑주의 연구는 일반방정식의 해법에 주된 목적을 두었다. 즉, 그 계수들이 문자들인 방정식,

$$X^n - s_1 X^{n-1} + s_2 X^{n-2} - \cdots + (-1)^n s_n = 0$$

이다.(정의 8.1, p.129)

가우스가 원의 분할로부터 제기된 특별한 방정식들의 집합들(원분방정식으로 알려진 것)의 풀이를 완성했을 같은 시기에, 라그랑주 노선의 연구는 루피니*Paolo Ruffini*(1765-1822)의 손을 거쳐 새로운 결실을 얻게 되었다. 1799년 루피니는 방대한 두 권의 논문 "방정식에 대한 일반이론*Teoria Generale delle Equazioni*"{51,t.1, p.1-324]을 발표하였다. 그는 여기서 5차 이상의 일반방정식은 거듭제곱근에 의해 풀리지 않는다는 증명을 하였다.

루피니의 증명은 수학계에 회의적인 평가를 받았다. 사실상, 그 증명은 516페이지나 되는 그의 책을 따라서 추적하기는 다소 어려웠다. 발표 후 수년이 지난 후, 부정적인 논평이 있었지만, 루피니의 실망과 불분명하게 집중된 반대가 제기되었다. 베이그*Vague*의 비판은 루피니가 그의 주장을 유효하게 증명했다는 믿음을 부정하는 것이었다. 부정적인 반작용은 루피니로 하여금 그의 증명을 단순화하도록 고무하였다. 그래서, 그는 결

과적으로 아주 간결한 논증을에 다다르게 되었다. 그러나, 루피니의 업적에 대한 불신은 쉽게 사라지지 않았다. 이 측면에서 대표적인것은 다음의 일화이다: 프랑스과학원으로부터 분명하고 자극을 주는 판정을 얻기 위해서 루피니는 1810년 과학원에 한 논문을 투고하였다. 일년 뒤, 심사원 라그랑주*Lagrange*, 라클로아*Lacroix*와 르장드르*Legendre* 아직 그들의 결정을 내리지 못했다. 루피니는 그때 과학원의 사무원인 델랑브르*Delambre*에게 그의 논문을 취소한다는 편지를 썼다. 그의 답장에서, 델랑브르는 심사원들의 입장을 설명하였다:

> 당신의 심판원들이 무슨 결정에 도달하더라도, 그들은 그들의 동의를 설명하거나 당신의 증명을 논박하는 사려 깊은 연구들을 해야만 했다. 당신은 확인을 위한 귀중한 것은 시간이고 대부분의 기하학자들이 각자의 작업들을 갖고 오랫동안 함께 그들 자신들이 집중한다는 것이 얼마나 마음 내키지 않겠는가 알아야한다. 그리고, 만약 그들이 당신의 생각과 우연히 다른 것이 발견된다면, 그들은 잘 다듬어지고 숙련된 한 기하학자를 대항하려 조목들을 작성하기위해 아주 위력적인 목적을 갖고 마음 쓰고 있었다고 본다.[51,t.3, p.59]

적어도, 확인된 것은 아니지만, 루피니의 증명은 일반방정식에 대한 그 시대의 의견과는 전도된 것을 완수한 것으로 보였다; 그러나 베주*Bezout*와 오일러*Euler*의 업적들에 의해 18세기 중렵에는 일반방정식은 풀린다는 의견이 확립되 있었다. 그리고, 5차방정식의 해법을 찾는 것은 단지 솜씨 좋은 변환의 문제로 봤다. 반대된 의견은 19세기 전반에야 상식화 되었다.(Ayoub[4, p.274]참조). 가우스의 몇 가지 언급은 이런 측면에서 영양력이 있을 것이다. 그의 대수학의 기본정리[23, 9장]에서 가우스는 다음과 같이 썼다:

> 많은 기하학자들의 업적에도 대수학적인 일반방정식의 해법에 도달하려는 희망은 거의 없었다. 가 일층 해법은 불가능하고 모순이 있는 것 같았다.

그는 수론 연구의 논설 359에서 제차 같은 회의적인 말을 했다.

루피니의 믿음은 그의 증명에 결정적인 역할을 한 치환의 이론의 발전을 또한 포함한다. 이 방면에서 루피니의 결과는 코시*Cauchy*에 의해 곧바로 일반화되었다. 우연히, 코시는 루피니를 매우 존중했으며 더욱 그는 그의 증명이 유효하다고 루피니의 주장을 지지하는 것은 주목 할만하다.([51, t.3, p.88-89]참조). 사실, 루피니의 증명 속에는 한 의미 있는 간극이 나타나있다. 우리는 아래에서 소개한다.

1824년에 루피니의 업적과는 독립적으로 새로운 증명이 아벨*Niels-Henrik Abel*(1802-1829)[1,n^0 3]에 의해서 발견되었다. Abel의 증명에 대한 발표된 것은 1826년 크레르*Crelle*의 잡지(순수 응용수학에 대한 잡지*Journal fur die reine und angrewandte Mathematik*)[1,n^0 7] 출간판에 발표되었다. 이 정리는 또한 약간의 사소한 결함을 품고 있지만([1,vol.2, p.292-293] 참조)그것은 일반방정식의해법에 대한 문제는 근본적으로 해결되었다. 해결되었다.

아벨의 접근방법은 주목 할만하게 조직적이다. 그는 일련의 논문"대수방정식의 풀이에 대하여*Sur la resolution algebrique des equations*" (1828)[1,n^0 18]을 소개함으로써 상당히 자세하게 설명했다.

> 이 방정식들(기껏해야 4차)을 풀기 위해, 일관된 방법이 발견되었고, 임의 차원의 방정식에 적용할 수 있을 것 이라고 믿었었다. 그렇지만, 라그랑주와 다른 유명한 기하학자들의 노력에도 불구하고 이 목표를 달성할 수가 없었다. 이것은 일반방정식의 대수적 해결이 불가능하다는 추측을 가져왔다. 그러나, 그것은 결정될 수 없었다. 왜냐하면, 사용된 방법이 방정식들이 풀릴 수 있는 경우를 제외하고 명확한 결론을 유도될 수 없기 때문이다.
>
> 정말로, 목적은 이것이 가능한가 불가능한가를 알 필요 없이 방정식을 푸는 것이었다. 이 경우, 그것에 대한 확신없이 사람들은 해를 구했다: 그러나, 만약 불행하게도 그 풀이가 불가능할 때, 사람들은 그것을 찾지 않고 해결 할려고 했다. 이 문제에 대하여 실패하지 않는 어떤 것을 얻기 위해서, 전혀 다른 방법이 필요 했다.
>
> 사람들이 항상 풀 수 있는 형태로 로 구 문제를 변형시켜야만 했다. 그래서 어떤 문제에도 적용될 수 있게 된다. 그것이 존재할지 않할지 알려지지 않는 한 관계를 찾는 대신에, 우리는 그 관계가 정말로 가능한지 탐색해야만 한다. 예를 들어, 미적분학에서, 미분공식들을 적분가능 하다는 것을 점을 치거나 시행착오를 거치는 대신에, 차라리 이 방법 또는 저 방법으로 그것들이 적분가능한지 어떤지 그 방법을 찾아야한다. 한 문제가 주어질 때, 그 명제 자신은 그 풀이의 실마리를 품고 있으며 적용될 방법을 보여주고 있다.: 그리고 나는 다소 중요한 명제들에 도달하지 못하는 경우는 비록 계산이 너무나 복잡하기 때문에 그 문제를 완전히 풀지 못했을 지라도 거의 없을 것이라 생각한다.

아벨에 의해서 주장되는 방법은 대수방정식의 영역에서 한 방법에 관한것으로 변형할 수 있다는 것이다. 예상되는 해의 가장 일반적인 형식을 찾아야 하고, 만약 그것이 일반방정식의 근이라면 어떤 종류의 정보가 이 표현으로부터 얻을수 있을까를 그것으로부터 탐구해야한다. 아벨은 섬세한 귀납적 논증으로, 만약거듭제곱에 의한 표현이 어떤 차수의 일반방정식의 한 근이라면, 그러면, 그것이 구성하는 모든 함수가 근들의 유리식 표현이라는 것을 증명하였다.(정리13.13, p.272 참조).이것이 루피니의 증명들의 간극을 채워준다. 약간의 변수들의 치환 아래서 함수들의 값들의 개수가 관여되는 섬세한 논증들과 특히, 루피니의 초창기 결과들을 일반화한 코시의 증명으로 그 증명을 완수했다. 이 증명의 마지막 부분은 루피니 증명의 마지막 부분으 논증을 이용하여 완젤이 나중에 밝힌 바와 같이 의미있게 정돈될 수 있다. 다음장에서는, 우리는 이 쉬운 논문을 소개할 것이다. 그러나 우리는 이 접근은 루피니의 초창기 업적에서 기인된 치환이론의 발전된 것을 불행하게도 하위 적용한 것이다.(치환군 S_n).

13.2 거듭제곱근 확대

우리가 5차이상의 일반방정식이 풀리지 않는다는 증명의 첫 단계로서 이장과 그 다음에서 논의한 아벨의 거듭제곱근의 표현에 의한 계산들은 체의 화대이론의 용어들에 적절하게 투사될 수 있다. 현대의 독자들에게 아마도 더욱 지식을 주고 있기 때문에 이런 관점은 계속 사용될 것이다.

거듭제곱근 에 의한 표현은 산술의 사칙연산과 제곱근의 발췌로 알려진 것으로 취급된 수량들로부터 구성된다. 이것은 임의의 그 같은 표현이 어떤 순서에 따라 그들의 계속적인 부가에 의한 알려진 수량들로 유리식 표현의 체로부터 얻어지는 체 안에 존재한다는 것이다. 사실상, 왜냐하면, 만약에 양의정수 n을 소인수분해하면 $n = p_1 p_2 \cdots p_r$임으로,

$$a^{1/n} = (\cdots((a^{1/p_1})^{1/p_2})\cdots)^{1/p_r}$$

이다. 따라서. 소수위수를 갖는 근들만 고려하면 충분히 명확해진다.

이것은 임의의 원소 a의 n제곱근이 a^{1/p_1}의 p_1차 제곱근을 뽑아내고, 다음은 a^{1/p_2}의 p_2차 제곱근, 같은 방법으로 계속 뽑아내 계산한다. 우리는 그렇게 해서 거듭제곱에 의한 체의 확대 개념에 다달을 수 있다. 이 개념을 수학적용어로 쓰기 전에, 어떤 기술적인 어려움을 피하기 위해서, 우리는 이장에서 체의 특성이0인 경우만 생각하자; 다른말로 하면, 우리는 $1+1+\cdots+1 \neq 0$ 이거나 취급하는 모든 체들이 유리수체 Q 를 품는다고 가정한다. 이것은 물론 단지 루피니와 아벨이 생각했던 고전적인 경우이다.

13.1 정의. 체 F를 품는 체 R에서 만약 소수 p가 존재하고, F 안에서 p차 멱이 되지않는 $a \in F$이고 한 원소 $u \in R$가 다음 조건을 만족하면, 즉

$$R = F(u), \ \ u^p = a$$

이면, R을 F의 높이*height*가 1인 거듭제곱근 확대*radical extension*이라 부른다.

이러한 원소u을 어떤 때는 $a^{1/p}$ 또는 $\sqrt[p]{a}$로 표기하며, 따라서

$$R = F(a^{1/p}) \text{ or } R = (\sqrt[p]{a})$$

로 표기하기도 한다.

이것은 사실상 불필요한 표기이다. 왜냐하면 원소 u는 a 와 p 에 의해서 유일하게 정해지지 않기 때문이다. 실제로 a의 서로 다른 p 차 제곱근이 p개 있다. 더욱 좋지 않는 것은 체 R 자신도 일반적으로 F, a 와 p 에 의해서 유일하게 결정되지 않는다. 예를 들어, C의 부분체로서 $Q(2^{1/3})$ 성질을 갖는 체가 3개가 있다. (연습문제 4,5 참조). 따라서, 이 위의 표기는 조심해서 사용해야한다.

임의의 양의 정수 h에 대한, 높이가 h인 거듭제곱근확대체는 귀납적으로 높이가 1인 거듭제곱근확대체와 높이가 $h-1$인 거듭제곱근확대체에 의하여 정의된다.

더욱 확실하게, 체 F 를 품는 체 R 가 만약 R 과 F사이에 체 R_1이 존재하여 R 이 R_1의 높이 1인 거듭제곱근에 의한 확대이고 R_1이 F의 높이 $h-1$인 거듭제곱근확대체일 때 체 R 를 F의 높이 h인 거듭제곱근확대체라 부른다. 따라서 ,이 경우 우리는 R과 F 사이에 한 확대체의 탑을 만들 수 있다. 즉,

$$R \supset R_1 \supset \cdots \supset R_{h-1} \supset F$$

이다. 여기서 $R = R_0$이고 $F = R_h$이다. 우리는 $i = 0, \cdots, h-1$에 대하여

$$R_i = R_{i+1}(a_i^{1/p_i})$$

이 성립한다. 여기서 어떤 소수 p_i와 R_{i+1}에서 p_i차 멱이 되지않는 원소 $a_i \in R_{i+1}$이다.

우리는 어떤 유한 높이의 거듭제곱에 의한 확대를 단순하게 거듭제곱근에 의한 확대라는 용어를 사용한다. 환벽하게 하기위해 임의의 체 F 를 자신의 높이 0인 거듭제곱에 의한 확대라 말한다.

위의 이 정의는 제곱근에 의한 표현에 관련한 질문들에 따라 수학적으로 다른 말로 바꾸면 매우 편리 하다. 예를 들어, 한 복소수 z가 거듭제곱근에 의해 표현된다는 것은 z를 품고 유리수체 Q의 거듭제곱에 의한 확대가 존재한다는 것을 말한다. 더욱 일반적으로, 체 L의 한 원소v가 만약 v를 품는 F의 거듭제곱확대가 있으면 L안에 품기는 체 F의 거듭제곱근에 의한 표현을 갖는다고 한다.

같은 방법으로, 체 F위의 다항방정식 $P(X)=0$가 만약 P의 한 근을 품는 F의 거듭제곱근 확대가 존재하면 F위의 거듭제곱근에 의해 풀어진다고 말한다. 이 경우 일반적인 방정식에서

$$P(X) = (X - X_1)\cdots(X - X_n) = X^n - s_1 X^{n-1} + \cdots + (-1)^n s_n = 0$$

우리는 단지 계수로 $s_1, s_2, \cdots, s_n$만으로 거듭제곱근으로 표현되고, 그래서 기저체*base field*는 $s_1, s_2, \cdots, s_n$ 의 유리식의 분수체가 될 것이다.(주목할 점 8.8(a) p.137에서 이것들은 독립된 부정원이 될 수 있다). 더욱 명확하게 하기 위해서, 그들의 계수들로 유리분수식이 허용되는 그런 체로 특정화해야 한다. 논리적 선택은 물론 유리수체Q이다, 그러나 사실상, 우리는 부정적인 것을 목적으로 하가 때문에, 고려하는 체가 임의의 큰 체일수도 있다. 정말, 만약 한 방정식이 어떤 체 F 위에서 거듭제곱근에 의한 풀어지면, F를 품는 임의의 체 L위 에서도 거듭제곱근에 의한 풀이가 가능하다; 따라서, n차 일반방정식이 $C(s_1, s_2, \cdots, s_n)$위에서 풀어지지 않는다면, 또한 $Q(s_1, s_2, \cdots, s_n)$ 위에서도 풀리지 않는다는 것이다.

물론, 루피니와 아벨이 언급하는 체를 할당하는 문제들에서 이런 용어들을 언급하고 있지는 않지만, 단위원의 제곱근의 자유로운 사용은 단위원의 모든 제곱근이 기저체에서 처리되는 것을 말한다. $F=C(s_1,s_2,\cdots,s_n)$의 선택은 루피니와 아벨의 논문의 상상에 가깝다.

기저체가 단위원의 모든 거듭제곱근들을 품는다는 가정은 기술적인 이점이 있고 그렇게 해서 다음 결과에서 보는바와 같이, 거듭제곱근에 의한 확대의 취급에서 더 많은 유연성을 허용한다;

13.2 명제. R 는 체 F 를 품는 한 체이다. 만약 어떤 원소 u가 적당한 정수 n에 대하여 $u^n\in F$ 를 만족하는 $R=F(u)$ 형식을 갖고, 만약 F 가 단위원의 한 n차 원시제곱근을 품는다면(따라서 모든 n차 단위원의 제곱근을 품는다, 왜냐하면 다른 제곱근들은 모두 이것의 멱이기 때문이다), R 은 F 의 거듭제곱근확대체이다.

다른 말로 하면, 거듭제곱근확대체의 정의에서, F 가 단위원의 n차 원시제곱근을 품는다고 가정하면, 지수 n가 소수일 필요도 없고 또한 u^n가 F 안에서 한 원소의 n 차 멱이 될 필요도 없다.

증명. n에 관한 수학적귀납법으로 증명하자. 만약 $n=1$이면, $u\in F$ 이므로, $R=F$ 이다. R 은 F의 0 높이의 거듭제곱확대이다. 우리는 $n\geq 2$라 자정하고 이 명제는 기껏해야 u의 지수가 $n-1$인 경우 성립을 가정하자.

먼저, n이 소수가 아니라 가정하자. 적당한 양의정수 $r,s<n$에 대하여 $n=rs$라 하자. 귀납법 가정에 의해서, u^r가 $(u^r)^s\in F$을 만족함으로 $F(u)$는 $F(u^r)$의 거듭제곱근 확대이고 $F(u^r)$는 F 의 거듭제곱근확대체이다. 따라서 정의에서 거듭제곱근확대체는 추이적이므로, $F(u)$는 F 의 거듭제곱근확대체이다.

이제, 만약 n가 소수이면, 우리는 u^n이 F 의 한 원소의 n차 멱이 되느냐? 되지 않느냐? 하는 두가지 경우를 생각하게 된다. 만약 되지 않으면, 정의에서 R 은 F 의 거듭제곱근 확대체이고. 만약 멱이 되면, 적당한 원소$b\in F$에 대하여

$$u^n = b^n$$

라 하자.

만약 $b=0$이면 $u=0$ 따라서 $R=F$, R 는 F의 높이 0인 거듭제곱근확대체이다.

만약, $b\neq 0$이면, 위식은

$$\left(\frac{u}{b}\right)^n = 1$$

이다.

따라서 $\frac{u}{b}$는 단위원의 n차 제곱근이다.

단위원의 n차 제곱근들은 모두 F안에 있으므로, $\frac{u}{b}\in F$이다. 따라서 $u\in F$이고, 다시 $R=F$이다. R는 F의 높이 0인 거듭제곱근확대체이다. ■

한 응용으로, 우리는 그것의 따름정리를 통해서 나중에 유효하게 적용되는 다음 결과를 얻을 수 있다;

13.3 명제. R 과 L은 부분체 F 를 품는 체 K의 부분체들이라 하자. 체 F 는 복소수체 C 를 품는다고 가정하고, 따라서 F 는 단위원의 모든 제곱근을 품는다.

만약 R 가 F 의 거듭제곱근 확대이면, R 을 품고 K 에 품기는 L 의 한 거듭제곱근 확대 S가 존재한다.

증명. R 의 높이에 대하 수학적귀납법으로 증명해보자. 만약 높이가 0 이라면 $R=F$ 이다. 우리는 $S=L$ 로 택할 수 있다. 따라서 우리는 R 의 높이를 $h\geq 1$라 하자. 그리고, 명제가 기껏해야 높이가 $h-1$인 거듭제곱근확대체라 하자. 높이가 h 인 거듭제곱근확대체의 정의에 따라, 우리는 R 에 안에 높이가 $h-1$인 F 의 거듭제곱근확대 R_1를 찾을 수 있고, 적당한 소수 p 에 대하여

$$R=R_1(u)\text{이고 } u^p\in R_1$$

이다.

귀납적 가정에 따라, R_1를 품는 K 안에서 L의 거듭제곱근 확대 S이 존재한다. 따라서, $u^p \in S_1$이고 명제 13.2는 $S_1(u)$은 L의 거듭제곱근 확대이다. 이 확대는 K 안에 있고, $u \in K$이고 $S_1 \subset K$ 이고, 그것이 R 를 품고 $R = R_1(u)$이고 $R_1 \subset S_1$이다. 이렇게 해서 주어진 조건을 만족하게 된다. ■

13.4 따름정리. $v_1, \cdots, v_n$를 체 F 를 품는 한 체 K의 원소라 하자. F가 C를 품고 $v_1, \cdots, v_n$의 각원소가 K 에 품기는 F 의 거듭제곱근확대체 안에 있다고 하면, 모든 $v_1, \cdots, v_n$을 품는 K 안에 F 의 단 하나의 거듭제곱근확대가 존재한다.

증명. n에 대한 수학적귀납법에 의해 증명하자. $n=1$인 경우는 확실하다. 우리는 $n \geq 2$라 하고 $n-1$개의 원소에 대해서는 성립을 가정하자. 따라서, K안에 $v_1, \cdots, v_{n-1}$을 품는 F의 거듭제곱근확대체가 존재한다. R를 K안에 v_n을 품는 F의 거듭제곱근확대체라 하자. 앞 명제에서 R을 품고 K에 품기는 L의 한 거듭제곱근 확대 S 가 존재한다. S 는 L과 R 둘다 품고 있기 때문에, 그것은 $v_1, \cdots, v_n$를 품는다. 더욱이나, S 는 F 의 거듭제곱근 확대체 L의 거듭제곱근 확대이므로, 그것은 F 의 거듭제곱근 확대체이다. ■

이제까지, 우리는 지금까지 단위원의 제곱근들이 기저체에 있는 경우만 취급하였다. 이 경우 좀더 일반적인 경우로 변환하기 위해서, 우리는 단위원의 모든 제곱근은 거듭제곱근의 표현을 갖는다는 가우스의 결과를 이용해야만 한다. 우리는 이제 “거듭제곱근에 의한 표현expr*ession by radicals*”에 대한 형식적인 정의를 해야 한다. 그것은 이 구조에서 가우스의 논증이 실제로 어떻게 적용되는지 이야기 할 값어치가 있다.

13.5 명제. 임의의 정수n와 임의의 체 F 에 대하여, 단위원의 n제곱근들은 F 의 한

거듭제곱근 확대체 안에 있다.

증명. 단위원의 한 n차 원시제곱근을 ζ가 F의 한 거듭제곱근 확대체 안에 있다는것만 보이면 충분하다. 왜냐하면, 단위원의 다른 n차 원시제곱근은 ζ의 멱이기 때문에 ζ와 같은 거듭제곱근 확대체 안에 있게 된다.

우리는 n에 대한 수학적귀납법에 의 증명하자. $n=1$일 때, $\zeta=1$이라하자. 그러면, $\zeta \in F$이다. 그것은 자신의 높이가 0인 거듭제곱근확대이다. 우리는 이제 $n \geq 2$라 가정하고 명제가 n보다 적은 지수의 단위원의 제곱근에 대해서 명제가 성립한다고 가정하자.

만약 n이 소수가 아니라면, 적당한 양의정수 $r, s < n$에 대하여 $n=rs$라 하자. 그러면, ζ^r는 단위원의 s제곱근이다. 귀납법 가정에 의해서, 우리는 ζ^r를 품는 F의 거듭제곱근확대 R_1를 찾을 수 있다. 다시금 귀납법 가정에 의해서, 우리는 단위원의 원시r차 제곱근을 품는 R_1의 거듭제곱근확대 R_2 를 찾을 수 있다. 그래서, $\zeta^r \in R_2$이므로, 명제 13.2에 의해서 $R_2(\zeta)$은 R_2의 거듭제곱근확대이다. 따라서, F 위에서 같다. 이 명제는 이 경우 증명되었다. 다음은, 만약 n이 소수라 하자. 그러면 우리는 가우스의 결과를 이용한다. 첫째로, 우리는 귀납법가정에 의해서, 단위원의 $n-1$차 제곱근을 품고 있는 F의 거듭제곱근확대체 R_1을 찾을 수 있다. 우리는 따름정리 12.29, p.238의 증명에서와 같이 라그랑쥐 분해함수 $t(\omega)$를 고려하자. 명제 12,27, p.236,에 의해서 단위원의 $n-1$차 제곱근 ω에 대하여 우리는

$$t(\omega)^{n-1} \in R_1$$

이다.

따라서, 명제 13,2에서 $R_1(t(\omega))$이 R_1의 거듭제곱근확대이다.$t(\omega)$의 나그랑쥐 분해함수를 계속적으로 붙여가면 우리는 R_1의 거듭제곱근확대 R_2 를 찾는다, 역시 F의 것도 된다. 이것은 모든 $\omega \in \mu_{n-1}$에 대하여$t(\omega)$를 품는다. 라그랑주 공식(p.158)으로부터, ζ는 라그랑주 분해함수로부터 유리식으로 계산될 수 있다. 따라서

$\zeta \in R_2$이고 증명은 끝났다. ■

우리는 앞서 언급한 어떤 체 F 위에서 거듭제곱근에 의한 방정식의 가해성이 더 확장된체 L 위의 거듭제곱근에 의한 가해성을 유도한다는 사실을 증명하는 것이 목표이다.

이 사실은 분명하게 보인다. 왜냐하면, F의 원소들이 관여된 거듭제곱근에 의한 모든 표현이 L 의 원소들이 관여된 거듭제곱근에 의한 표현이 되기 때문이다. 그러나, 거기에는 주의 깊은 정당화가 필요하다. 요점은 이것이다. 즉, 거듭제곱근 확대를 만들거나 또는 거듭제곱근에 의한 표현을 만드는데, 우리는 단지 F 안에 p차 멱이 않되는 원소들의 p차 제곱근의 추출을 허락한다., 그러나 이런 원소들은 확장된 체 L안에서 p차 멱들이 된다는 것이다.

13.6 보조정리. 체 L 은 체 F 품는다. F 의 임의의 거듭제곱근확대체 R 에 대하여, L의 한 거듭제곱근확대체 S 가 존재하여 R 이 S 의 부분체와 동형이 될 수 있다.

증명. R의 높이 h에 대한 수학적귀납법으로 증명하자.

만약 $h=0$ 이면 $R=F$ 이다. $S=L$ 이면 성립한다.

만약 $h=1$이라면, F 안에서 p차 멱이되지 않는 어떤 원소 $a \in F$ 에 대하여 $u^p=a$가되는 u로 $R=F(u)$라 하자. 역시 K 를 L 를 품고 다항식 X^p-a가 일차의 인수위 곱으로 분해되는 체라 하자.(이러한 체 K 의 존재성은 $Girard$정리(정리 9.3, p.150) 참조).

u가 X^p-a의 근들 중의 하나이므로, K 의 한 원소로 볼 수 있다. 모든 u와 F 에서 계수를 갖는 유리 분수식은 (즉, R 의 모든 원소)K 의 원소와 동일시된다. 우리는 R 이 K 에 포함된다.

만약 a가 L에서 p차 멱이 되지 않으면, $L(u)$은 L의 높이 1인 거듭제곱근확대체이고, 이 확대체는 F 와 u를 품기 때문에 R 를 품는다.

만약 a가 L에서 p차 멱이 된다면, $b \in L$이 a의 p차 멱이라면,

$$b^p = a$$

u와 b의 p차 멱이 같아져,

$$\left(\frac{u}{b}\right)^p = 1$$

따라서, $\frac{u}{b}$는 단위원의 p제곱근이 된다. 명제13.5에 의해서, $\frac{u}{b}$를 품는 L 의 거듭제곱확대체 S 가 존재한다. $b \in L$이므로, $u \in S$ 이다. 따라서 $R \subset S$이다. 이것으로 R의 높이 $h=1$인 겨우는 증명이 끝났다.

만약 $h \geq 2$이면, 이 보조정리는 앞 경우와 귀납법가정에 의해서 바로 증명된다.

사실상, 우리는 F의 높이가 $h-1$인 거듭제곱근확대체인 R안에서 부분체 R_1을 찾을 수 있고, 여기서 R은 R_1의 높이가 1인 거듭제곱근확대체이다. 귀납법가정에 의해서, 우리는 R_1이 L의 거듭제곱근확대체 S_1안에 품긴다고 가정할 수 있다. 그리고, $h=1$인 경우는 이기 고려했기 때문에, R는 S_1의 거듭제곱근확대체 S의 한 부분체와 동형이 됨을 알 수 있다. 체 S는 L의 거듭제곱근확대체가 되고 보조정리의 조건을 만족한다. ■

13.7 정리. P는 체 F 위에서 계수를 갖는 다항식이라 하자. 만약 $P(X)=0$가 F 위에서 거듭제곱근에 의해 풀린다면, 그것은 F 를 품는 임의의 체 L위에서 거듭제곱근에 의해 풀린다.

증명. R 를 P의 한 근 r을 포함하는 거듭제곱근확대체라 하자. 앞의 보조정리는 우리는 R이 L의 어떤 거듭제곱근확대체에 품긴다고 가정할 수 있다. 거듭제곱근확대체 S 는 근 r을 포함한다. 따라서 $P(X)=0$은 L위에서 거듭제곱근에 의해 풀린다. ■

다음의 이 정리의 특별한 경우가 이 장에 관련된다;

13.8 따름정리. 만약 차수가 n인 일반방정식

$$P(X)=(X-x_1)\cdots(X-x_n)=X^n-s_1X^{n-1}+\cdots(-1)^n s_n=0$$

이 $C(s_1,\cdots,s_n)$위에서 거듭제곱근에 의해 풀리지 않으면, 그것은 역시 $Q(s_1,\cdots,s_n)$위에서도 거듭제곱근에 의해 풀리지 않는다.

우리는 그렇기 때문에 기저체가 단위원의 모든 제곱근들을 품는다고 해도된다.

13.3 자연적 부조리에 대한 아벨의 정리

어떤 차원의 일반방정식이 거듭제곱근에 의해 풀리지 않는다는 어떠한 증명도 분명히 귀류법*ad absurdum*으로 나아가게 한다. 따라서, 우리는 일반방정식

$$(X-x_1)\cdots(X-x_n)=X^n-s_1X^{n-1}+\cdots(-1)^n s_n=0$$

의 한근 x_i을 품는 $C(s_1,\cdots,s_n)$의 한 거듭제곱근확대체 R이 존재한다는 모순을 목적으로 가정하게 된다.

아벨의 증명의 첫 단계는(루피니의 증명에서 빠진 부분) R이 $C(x_1,\cdots,x_n)$안에 있다고 가정할 수 있음을 보이는 것이다. 이것은 n차 일반방정식의 근에 대한 거듭제곱근에 의해 표현 된다는 부조리가 보조적인 부조리에 반대 개념으로 자연적으로 선택될 수 있다는 의미이다, 이것은 $C(x_1,\cdots,x_n)$ 밖에서 $C(s_1,\cdots,s_n)$의 확대체의 원소를 지적하는 것이다.(*Ayoub*[4, p.268]).(용어 자연적*natural*이고 보조적인*accessory* 부조리는 크로네커에 의해서 사용된 것).

이장의 목적은 아벨의 접근법[1,$n^0 7, 2$장]에 따라 그 결과를 증명하는 것이다.

13.9 보조정리. p는 소수이고, a를 어떤 체 F 의 원소라 하자, 그리고 그것은 F 안에서 p의 멱이 되지 않는다.

(a) $k=1,\cdots,p-1$에 대하여, k차 멱 a^k이 F 안에서 p차의 멱이 되지 않거나

(b) 다항식 X^p-a 가 F 위에서 기약이다.

증명. (a)만약 k가 1과 $p-1$사이의 한 정수라면, 그것은 p와 서로소이다. 따라서 우리는 적당한 정수 l과 q가 존재하여 $pq+kl=1$이 성립한다. 그러면,

$$a=(a^q)^p(a^k)^l$$

이다.

따라서, 만약 적당한 $b\in F$에 대하여 $a^k=b^p$이다. 그래서

$$a=(a^q b^l)^p$$

라 하면, a가 F안에서 p의 멱이 되지 않는다는 가정에 모순이 된다. 이 모순은 (a)를 증명하였다.

(b) P 와 Q 는 $F[X]$의 다항식으로

$$X^p-a=PQ$$

라 하자.

우리는 P 와 Q 가 모닉이라 가정하고, 우리는 P 나 Q 가 상수다항식 1이 됨을 증명하면 된다. X^p-a 를 일차의 인수의 곱으로 분해하는 F 의 확대체를 K 라 하자.(정리 9.3, p.150 참조). X^p-a의 근들은 a 의 p차 제곱근 이므로, 이것들은 단위원의 다양한 p차 제곱근의 곱의 형식으로 구해진다.(7.3장 참조), 우리는 $K[X]$에서,

$$\prod_{\omega\in\mu_p}(X-\omega u)=PQ$$

여기서 $u\in K$는 K안에서 a의 p차 제곱근 중의 한 원소이다.

이 방정식은 P 와 Q 가 $K[X]$안에서 $X-\omega u$ 인수들의 곱으로 분해됨을 말한다. 더욱 분명한 것은, μ_p가 서로 교가 없는 두 부분집합 I 와 J 의 합집합으로

$$P=\prod_{\omega\in I}(X-\omega u) \quad Q=\prod_{\omega\in J}(X-\omega u)$$

이다.

P의 상수항을 b로 표기하면, 위식의 P의 인수분해에서

$$b=\left(\prod_{\omega\in I}\omega\right)(-u)^k$$

여기서 k는 I의 원소개수이다. 임의의 $\omega \in I$에 대하여 $\omega^p = 1$ 이므로, 우리는 앞 등식의 양변을 p의 멱으로 표시하면 다음을 얻는다.

$$((-1)^k b)^p = a^k$$

보조정리(a)에서 따라 $k=0$이거나 $k=p$가 된다. 첫 번째는 $P=1$이고 두 번째는 $P=X^p - a$,따라서 $Q=1$이다. ■

이제 R을 어떤 체 F의 높이 1인 한 거듭제곱근확대체라 하자. 정의에 의해서, 이것은 $R=F(u)$이고 F에서 p차의 멱원이 되지 않는 어떤 원소 $a \in F$ 에 대하여 $u^p = a$가 되는 한 원소 $u \in R$ 가 존재한다. 앞의 보조정리를 이용하면 우리는 R 의 원소들에 대한 표준형식을 만들 수 있다.

13.10 따름정리. 임의의 $v \in R$ 은 다음과 같이 유일하가 표현된다.

$$v = v_0 + v_1 u + v_2 u^2 + \cdots + v_{p-1} u^{p-1}$$

여기서 원소들 $v_0, v_1, \cdots, v_{p-1} \in F$이다.

증명. 이것은 앞의 보조정리와 명제 12.15(p.220)로부터 곧 바로 증명된다. ■

사실상, $v \in R$가 사전에 F 밖에 주어진 때에, 원소 u는 위의 표현에서 $v_1 = 1$되도록 선택될 수 있다, 여기서 보이자;

13.11 보조정리. R 을 어떤 체 F 의 높이 1인 한 거듭제곱근확대체라 하고 $v \in R$이라 하자. 만약$v \notin F$이면, $R=F(u)$이고 $u^p \in F$인 원소$u \in R$은 다음과 같은 방법으로 선택된다.

$$v = v_0 + u + v_2 u^2 + \cdots + v_{p-1} u^{p-1}$$

여기서 $v_0, v_1, \cdots, v_{p-1} \in F$이다.

증명. u'은 R의 한 원소로서 $R=F(u')$이고 F안에서 p차 멱원이 되지않는 한 원소 $a' \in F$에 대하여 $u'^p = a'$이라 하자. 따름정리 13.10에 의해서, 우리는 다음과 같이 쓸 수 있다.

$$v = v'_0 + v'_1 u' + v'_2 u'^2 + \cdots + v'_{p-1} u'^{p-1}$$

여기서 $v'_0, \cdots, v'_{p-1} \in F$이다. $v \notin F$이므로 이 원소들은 전부는 0이 아니다. k 를 $v'_k \neq 0$인 1과 $p-1$사이의 지수라 하자.

$$u = v'_k u'^k \tag{13.1}$$

라 하면, 이 방정식의 양변에 p차 멱을 적용하면

$$u^p = v'_k a'^k$$

을 얻는다.

이 식은 u는 $a = v'^p_k a'^k \in F$인 방정식 $u^p = a$ 을 만족함을 보인다.

만약 a가 F안에서 한 원소의 p차 멱원이라 하면, 마지막 방정식은 a'^k는 역시 F 안에서의 p차 멱원이다. 그러나 그것은 보조정리 13,9(a)로부터 a' 자신이 F 안에서 p차 멱원이다. 이것은 u'에 대한 가정에 모순이다. 따라서, a는 F 안에서 p차 멱원이 아니다.

$u \in R$ 이므로, $F(u) \subset R$ 은 분명하고, $R=F(u)$를 증명하기 위해서, R 의 모든 원소가 u와 F에서의 계수들에 의한 유리식표현을 갖음을 보이면 충분하다. 우리는 먼저 u'의 멱원들이 그런 표현을 갖음을 보이자. $i=0,\cdots,p-1$에 대하여, 우리는 방정식 (13.1)에 i차 멱을 구하면,

$$u^i = v'^i_k u'^{ki} \tag{13.2}$$

이다.

이제, $\{0,1,\cdots,p-1\}$의 치환 σ_k을 보면, 0과 $p-1$사이의 임의의 정수 i를 0과 $p-1$사이의 유일한 정수 $\sigma_k(i)$ 로 사상이다.

$$\sigma_k(i) \equiv ik \mod p$$

$\sigma_k(i)$의 정의에 의해서, 정수 m이 존재하여

$$ik-\sigma_k(i)=pm$$

이다. 따라서,

$$u'^{ik}=(u'^{p})^{m}u'^{\sigma_k(i)}$$

따라서, $u'^p=a'$이고, $i=0,\cdots,p-1$에 대하여, $b_i=\left(v_k'^{i}a'^{m}\right)^{-1}$라 하자. 우리는 방정식(13.2)로부터, $i=0,\ \cdots,p-1$에 대하여

$$b_iu^i=u'^{\sigma_k(i)}$$

이제, 모든 $x\in R$은 다음 표현이 된다.

$$x=\sum_{i=0}^{p-1}x_iu'^{i}$$

여기서 $x_i\in F$이고 $i=0,\cdots,p-1$이다. $\{0,1,\cdots,p-1\}$의 치환 σ_k에 대한 다른 표현으로

$$x=\sum_{i=0}^{p-1}x_{\sigma_k(i)}u'^{\sigma_k(i)}$$

이다. $u'^{\sigma_k(i)}$을 b_iu^i을 대치하면, 우리는 다음식을 얻는다.

$$x=\sum_{i=0}^{p-1}x_{\sigma_k(i)}b_iu^i$$

이것은 R 의 임의의 원소는 u와 F 의 계수들로 유리식표현을 갖음을 보여준다. 따라서, $R=F(u)$이다. 주어진 $v\in R$에 대하여, 이 표현에서 u의 계수는 1이다. 왜냐하면, 위의 계산에서 $i=1$ 로 택하면, 우리는 $\sigma_k(1)=k$이고 $m=0$이다. 따라서, $b_1=v_k'^{-1}$이다. ■

13.12 보조정리. 보조정리 13.11과 같은 기호들을 그대로 하고, 더욱 F가 단위원의 p차원시근 ζ품는다고 가정하자(따라서, 단위원의 모든 p차 제곱근을 품는다. 왜냐하면, 다른 근들은 ζ의 멱이기 때문이다). 만약 v가 F 에서 계수를 갖는 방정식의 한 근이라

면, R 은 이 방정식에서 p개의 근들을 포함하고, $u, v_0, v_2, \cdots, v_{p-1}$은 이 근들과 $Q(\zeta)$의 계수들의 유리식표현 이다.

증명. $P \in F[X]$아고 $P(v)=0$라 하자. 보조정리 13.11와 같이 v의 표현을 이용하여, 우리는 P로부터 계수가 F위에 있는 다른 다항식 Q 를,

$$Q(Y) = P(v_0 + Y + v_2 Y^2 + \cdots + v_{p-1} Y^{p-1}) \in F[Y]$$

이 정의는 방정식 $P(v)=0$이면 $Q(u)=0$임을 유도한다. 한편, u는 역시 다항식 $Y^p - a$의 한 근이다. 여기서 이 식은 보조정리 13.9(b)에 의해서 기약이다.

따라서, 보조정리 12.14(p.219)는 $Y^p - a$가 $Q(Y)$를 나눈다는 것을 보여주고, 그것은 $Y^p - a$의 모든 근들이 $Q(Y)$의 근들이 된다. $Y^p - a$의 근들은 a의 p차 제곱근이므로, 그것은 $i=0, \cdots, p-1$에 대하여 $\zeta^i u$꼴이다.

$$i=0, \cdots, p-1\text{에 대하여 } Q(\zeta^i u) = 0 \text{ 이다.} \tag{13.3}$$

그래서, $i=0, \cdots, p-1$에 대해서,

$$z_i = v_0 + \zeta^i u + v_2 \zeta^{2i} u^2 + \cdots + v_{p-1} \zeta^{(p-1)i} u^{p-1}$$

방정식(13.3)은 $i=0, \cdots, p-1$에 대하여

$$P(z_i) = 0$$

이것은 R은 P의 p근들을 품고 있다는 것을 증명한 것이다.

증명을 마치기 위해, 우리는 $u,\ v_0, v_2,\ \cdots, v_{p-1}$가 $z_0,\ \cdots,\ z_{p-1}$의 유리식표현이라는 것을 라그랑주 공식(p.173)을 생각나게 하는 계산에 의해서 보인다. $\zeta^{-ik} z_i$의 합에서 주어진 인수 $v_j u^j$를 품는 항들을 모아서, 우리는

$$\sum_{i=0}^{p-1} \zeta^{-ik} z_i = \sum_{j=0}^{p-1} \left(\sum_{i=0}^{p-1} \zeta^{(j-k)i} \right) v_j u^j \text{ for } k=0, \cdots, p-1 \tag{13.4}$$

여기서 우리는 $v_1 = 1$이다. 만약 $j \neq k$이면, ζ^{j-k}는 1이 아닌 단위원의 p차 제곱근이다.

따라서

$$\Phi_p(X) = \sum_{i=0}^{p-1} X^i$$

의 한 근이다.

따라서,

$$\sum_{i=0}^{p-1} \zeta^{(j-k)i} = 0$$

따라서, 지수가 $j \neq k$인 모든 항들에 대하여 (13.4)의 우측이 없어진다. 이제 $k=0,\cdots,p-1$에 대하여

$$\sum_{i=0}^{p-1} \zeta^{-ik} z_i = p v_k u^k \text{ for } k = 0, \ldots., p-1$$

이다.

이것은 $v_k u^k$는 $z_0, \cdots, z_{p-1}$와 $Q(\mu_p)$에서 계수를 갖는 유리식표현(선형표현)임을 증명한 것이다. 특히, $k=1$일 때, 우리는 u가 그와 같은 표현이 되고, $v_k = (v_k u^k) u^{-k}$이므로, $v_0, v_2, \cdots, v_{p-1}$가 역시 $Q(\mu_p)$에서 계수를 갖는 $z_0, \cdots, z_{p-1}$의 유리식표현이 된다. ■

이제, $x_1, \cdots, x_n$은 C위에서 독립변수이고,

$$K = C(x_1, \cdots, x_n)$$

라 하자. 우리는 F 를 대칭식들로 된 부분체라 하자. 정리 8.3(p.130)에 의해서, 우리는

$$F = C(s_1, \cdots, s_n)$$

여기서, $s_1, \cdots, s_n$은 $x_1, \cdots, x_n$의 기본대칭다항식*elementary symmetric polynomials* 이다.

13.13 정리. 자연적인 부조리에 대한정리. 만약 한 원소 $v \in K$ 가 F 의 한 거듭제곱근확대체에 있다면 K 안에 v 를 품는 F 의 한 거듭제곱근확대체가 존재한다.

증명. v가 존재한다고 가정하고 v를 품는 F 의 한 거듭제곱근확대체 R 의 높이에 대한 수학적귀납법에 의해 증명하자. 만약 R 의 높이가 0이면 $R=F$이고 이 경우 R 이 K 안에 있으니 증명할 것이 없다. R 의 높이를 $h \geq 1$이라 가정하고, F 의 높이가 $h-1$인 거듭제곱근확대체 R_1과 R_1의 높이가 1인 거듭제곱근확대체로 R 를 생각해보자.

만약 $v \in R_1$이면, 귀납법가정에 의해서 증명이 된 것이다. 증명을 위해서, 우리는 v가 R_1밖에 있다고 가정하자. 보조정리 13.11에서 적당한 원소 u가 있어서 $u^p \in R_1$이며

$$R = R_1(u)$$

그리고, $v_0, v_2, \cdots, v_{p-1} \in R_1$에 대하여,

$$v = v_0 + u + v_2 u^2 + \cdots + v_{p-1} u^{p-1} \tag{13.5}$$

이제, 명제 10.1(p.167)는 K 의 모든 원소는 F 안에서 계수를 갖는 K 위에서 일차인수들의 곱으로 분해되는 한 다항식의 근이다.(그 근들은 $x_1, \cdots, x_n$의 치환에 의한 원소이다). 특별히, v는 F 에서 계수를 갖는 란 방정식의 근이다.(또한 R_1안에서도). 그 근들은 모두 K 안에 있다. 따라서, 우리는 보조정리 13.12를 적용하여 $u, v_0, v_2, \cdots, v_{p-1} \in K$ 임을 결정한다.

그러나, $u^p, v_0, v_2, \cdots, v_{p-1}$는 역시 R_1에 속한다. 여기서 R_1은 F의 높이가 $h-1$인 거듭제곱근확대체이다. 수학적귀납법에 의해서 $u^p, v_0, v_2, \cdots, v_{p-1}$ 모두 K안에 F의 한 거듭제곱근확대체 안에 있다. 따름정리 13.4, p.262에 의해서, 우리는 단하나의 $u^p, v_0, v_2, \cdots, v_{p-1}$를 품는 K안에 F의 한 거듭제곱근확대체 R'를 찾을 수 있다. $u^p \in R'$이므로, 체 $R'(u)$는 R'의 거듭제곱근확대체이다. 따라서 F의 거듭제곱근확대체이다.

더욱 우리는 이미 $u \in K$임을 알았고, $R'(u) \subset K$이고, 방정식 (13.5)는 $v \in R'(u)$이다. ∎

13.4 차수가 4보다 큰 일반방정식의 불가해성의 증명

차수가 4차 보다 더 큰 일반방정식은 거듭제곱근에 의한 불가해를 증명하기 위해서, 우리는 정의 13.1에 따라 $n \geq 5$일 때, n차의 일반방정식,

$$(X-x_1)\cdots(X-x_n) = X^n - s_1X^{n-1} + \cdots (-1)^n s_n = 0$$

은, 한근 x_i를 품는 $C(s_1,\cdots,s_n)$의 거듭제곱근확대체가 존재하지 않는다는 것을 보여야 한다. 여기서 소개한 증명은 루피니의 마지막 증명(1813)[51,vol.2, p.162-170]에 기초하고 있다. 그것은 어떤 때는 아벨 증명의 완젤의 수정이라 불린다.([51, vol.2, p.505]. 그리고 세레 *Serret*[53,$n^0$516], 비록 완젤은 루피니의 논문에 의존한다(*Ayoub*[4, p.270]참조).

13.14. 보조정리. u와 a를 $C(x_1,\cdots,x_n)$의 원소이고, 적당한 소수 p와 $n \geq 5$라 가정할 때,

$$u^p = a$$

라 하자.

만약 a가 치환아래서 불변이면

$$\sigma : x_1 \mapsto x_2 \mapsto x_3 \mapsto x_1\,;\, x_i \mapsto x_i \text{ for } i > 3$$

그리고,

$$\tau : x_3 \mapsto x_4 \mapsto x_5 \mapsto x_3\,;\, x_i \mapsto x_i \text{ for } i = 1,2, \text{ and } i > 5$$

u도 불변이다.

증명. σ를 방정식 $u^p = a$의 양변에 적용하면, $\sigma(u)^p = a$이다. 따라서

$$\sigma(u)^p = u^p$$

만약 $u = 0$이면 이 보조정리는 당연하다. 우리는 $u \neq 0$라 가정하고 u^p로 양변을

나누면,

$$\left(\frac{\sigma(u)}{u}\right)^p = 1$$

이다. 따라서, 단위원의 p차 제곱근 ω_σ에 대하여,

$$\sigma(u) = \omega_\sigma u$$

이다. 위 방정식의 양변에 σ를 적용하면,$\sigma^2(u) = \omega_\sigma^2 u$이고, 다음은 $\sigma^3(u) = \omega_\sigma^3 u$이다.

σ^3은 항등사상이므로, $\sigma^3(u) = u$, 따라서

$$\omega_\sigma^3 = 1 \tag{13.6}$$

σ 대신에 τ에게 유사하게 논의하면, 다음과 같다.

$$\tau(u) = \omega_\tau u$$

이고,

$$\omega_\tau^3 = 1 \tag{13.7}$$

이 방정식들에 의해서, 우리는

$$\sigma \circ \tau(u) = \omega_\sigma \omega_\tau u \quad \text{and} \quad \sigma^2 \circ \tau(u) = \omega_\sigma^2 \omega_\tau u$$

이다. 그러나,

$$\sigma \circ \tau : x_1 \mapsto x_2 \mapsto x_3 \mapsto x_4 \mapsto x_5 \mapsto x_1 ; x_i \mapsto x_i \text{ for } i > 5$$

이고,

$$\sigma^2 \circ \tau : x_1 \mapsto x_3 \mapsto x_4 \mapsto x_5 \mapsto x_2 \mapsto x_1 ; x_i \mapsto x_i \text{ for } i > 5$$

이다. 따라서, $(\sigma \circ \tau)^5 = (\sigma^2 \circ \tau)^5 = id$ 이 계산에 따라,

$$(\omega_\sigma \omega_\tau)^5 = (\omega_\sigma^2 \omega_\tau)^5 = 1 \tag{13.8}$$

그리고,

$$\omega_\sigma = \omega_\sigma^6 (\omega_\sigma \omega_\tau)^5 (\omega_\sigma^2 \omega_\tau)^{-5}$$

이고, 방정식 (13.6)과 (13.8)에 의해서,

$$\omega_\sigma = 1$$

이다. (13.8)로부터, $\omega_\tau^5=1$이고,

$$\omega_\tau=\omega_\tau^6\omega_\tau^{-5}$$

이므로, (13.7)에 의해서 $\omega_\tau=1$이다.

이것으로 u는 σ와 τ에 의해서 불변인 사상이다. ■

13.15 따름정리. R을 $C(x_1,\cdots,x_n)$안에 품기는 $C(s_1,\cdots,s_n)$의 한 거듭제곱근확대체라 하자.

만약 $n\geq 5$이면, R 의 모든 원소들은 보조정리 13.14의 치환들 σ와 τ에 의해서 불변이다.

증명. R 의 높이 h에 대한 수학적귀납법으로 증명하자. 만약 $h=0$이면, $R=C(s_1,\cdots,s_n)$ 이므로, 이 따름정리는 분명하다. 만약 $h\geq 1$, 한 원소 $u\in R$ 이고 $C(s_1,\cdots,s_n)$의 높이가 $h-1$인 거듭제곱근확대체 R_1이 존재하여, 적당한 소수 p에 대하여

$$R=R_1(u) \text{ 이고 } u^p\in R_1\text{이다.}$$

이다. 귀납법가정에 의해서, 우리는 R_1 의 모든 원소는 σ와 τ에 의해서 불변이고, 위의 보조정리에 의해서 u는 σ와 τ에 의해서 불변이다. 그리고, R의 원소들은 u에 관한 유리식 표현이므로, 모든 R 의 원소들은 σ와 τ에 의해서 불변이다. ■

우리는 결론에 도달하였다,

13.16 정리. 만약 $n\geq 5$이면, n차의 일반방정식,

$$P(X)=(X-x_1)\cdots(X-x_n)=X^n-s_1X^{n-1}+\cdots(-1)^n s_n=0$$

은 $Q(s_1,\cdots,s_n)$ 위에서 거듭제곱근에 의해 불가해이다. 또한, $C(s_1,\cdots,s_n)$에서도 그렇다.

증명. 따름정리 13.8에 따라서, $P(X)=0$가 $C(s_1,\cdots,s_n)$ 위에서 거듭제곱근에 의해 불가해임을 보이면 된다. 결론을 부정하면, P 의 한근 x_i를 품는 $C(s_1,\cdots,s_n)$의 거듭제곱근확대체 R 이 존재한다. 만약 필요하면 $x_{1,\ldots,}x_n$의 변수를 바꾸어, $i=1$이라 할 수 있다. 더욱, 정리13.13에 의해서, 거듭제곱근확대체 R은 $C(x_1,\cdots,x_n)$안에 있다고 가정할 수 있다. 그러면, 따름정리 13.15에 의해서, 모든 R의 원소들은 σ와 τ에 의해서 불변이다.

그러나, $x_1 \in R$이고, x_1은 σ에 의해서 불변이 아니다. 이것은 모순이다. ■

연습문제

01 실수 R과 복소수 C위에서 모든 차구의 방정식은 거듭제곱근에 의해 가해임을 보여라.

02 일반 3차 방정식

$$(X-x_1)(X-x_2)(X-x_3)=X^3-s_1X^2+s_2X-s_3=0$$

은 $Q(s_1,s_2,s_3)$위에서 거듭제곱근에 의해 가해임을 보여라.

03 $\zeta_7(\zeta_3)$은 단위원의 7차 원시근($resp.\ cube$)이라 하자. $Q(\zeta_7)$은 Q 의 거듭제곱근확대체가 아니고, $Q(\zeta_7,\zeta_3)$은 Q 의 거듭제곱근확대체 임을 보여라.

04 R이 한 체 F의 거듭제곱근확대체라 하자. 여기서, F 안에서 p차 멱원이 되지않는 어떤 원소 $a \in F$에 대하여, $R=F(a^{\frac{1}{p}})$이다. F 위에서 항등사상이 되는 한 동형사상을 찾아라.

$$F[X]/(X^p-a) \simeq R$$

$F(a^{\frac{1}{p}})$ 형식의 모든 체들은 F를 불변으로 하는 동형임을 결정하라.

05 C의 부분체로서 $F(a^{\frac{1}{3}})$ 형식과 동형인 체 3개를 보여라. 만약, C의 부분체가 단위원의 p차 원시근을 품는다면, F 안에서 p차 멱원이 되지않는 임의의 원소 $a \in F$는 $F(a^{\frac{1}{p}})$ 형식의 C의 유일한 부분체가 존재함을 보여라.

06 루피니와 코시의 초창기 군 이론에 대한 세밀함의 결여에 부분적으로 보충하기 위해, 다음 연습문제들은 부정원들의 치환 아래서 유리분수식의 값의 개수에 대한 코시의 결과를 소개한다. 이것은, 일반방정식이 거듭제곱근에 의해 불가해임을 보이는 아벨의 증명에서 사용한 것이다.

n은 한 정수이고, $n \geq 3$이다. $\Delta = \Delta(x_1, \cdots, x_n)$은 8.3장에서 정의한 다항식이다. $I(\Delta) \subset S_n$은 Δ의 아스트로피군 이라한다. 즉

$$I(\Delta) = \{\sigma \in S_n \mid \sigma(\Delta) = \Delta\}$$

(S_n의 이 부분군을 $\{1, 2, \cdots, n\}$의 교대군*alternating group*이라 하며, A_n으로 표기한다)

(a) n원소의 임의의 치환은 두 원소만 서로 교환하고 다른 원소는 불변인 치환들의 합성으로 표현됨을 보여라(이 치환을 호환이라 한다).

(b) 한 치환이 Δ을 불변으로 하기 위한 필요충분조건은 그것이 우수개의 호환들의 합성이 어야한다.

(c) p는 한 기수 소수이고,, $p \leq n$이라 하자. 길이가 p인 순환치환이 $I(\Delta)$를 생성함을 보여라.

$$i_1 \mapsto i_2 \mapsto \cdots \mapsto i_p \mapsto i_1$$

여기서 $i_1, \cdots, i_p \in \{1, 2, \cdots, n\}$이다.

(d) 다시 p는 한 기수 소수이고,, $p \leq n$이라 하자. V를 $x_1, \cdots, x_n$의 한 유리분수식이라 하고, $x_1, \cdots, x_n$의 치환들 중 p개 보다 적은변수로 된 식이라 하자.

V는 R과 S가 대칭 유리분수식일 때 $V = R + \Delta S$의 형식을 갖음을 보여라. 따라서, V값의 개수는 1이거나 2이다.

(e) 위의 결과를 다음에 소개한 순수한 군 이론의 용어로 변역하여라; 만약 $G \subset S_p$가 지표가 $< p$인 한 부분군이라면, G는 교대군 A_n을 품는다.[명제 10.5, p.183]

Chapter 14
갈루아

제14장 갈루아

14.1 들어가며

가우스 이후, 루피니와 아벨은 중요한 두가지 유형의 방정식들에 대하여 철저하게 연구하여, 다양한 결과들을 얻었다: 임의 차수의 원분방정식은 거듭제곱근에 의해 풀어지고, 반면에 5차 이상 일반방정식들은 풀리지 않는다는것이다. 따라서, 다음과 같음 확실한 질문이 제기된다: 어떤 방정식등이 거듭제곱근에 의해 풀어질까?

아벨은 그 자신 이 문제를 언급했고, 그의 마음에 드는 주제$theme\, favori$[1,t. II, p.260]라 불리는 방정식 이론에 여러번에 걸쳐 보고했다. 가우스로부터 한 실마리를 따라, 그는 특별한 원분방정식들을 포함하는 가해 방정식들의 큰 한 부류를 발견했다. 가우스는 [24,Art.335]에 다음과 같이 기술했다:

> 더욱, 우리가 설명할 이론의 원리들은 여기서 우리가 볼 수 있는 것 보다 훨씬 더 많은 것이다. 사실상, 원함수 뿐만 아니라 수많은 다른 초월함수들에도 적용했다. 예를 들어, 적분 $\int \frac{dx}{\sqrt{1-x^4}}$ 에 의존하는 것과 여러 종류의 합동식들이다.

적분 $\int \frac{dx}{\sqrt{1-x^4}}$은 연주선$lemniscate$의호의 길이의 계산에서 나온것인데, 적분

$\int \frac{dx}{\sqrt{1-x^2}} = \sin^{-1}x$은 원의 호의 길이에 대해서 나온것이다. 이 실마리에 따라서, 아벨은 원분방정식에 대한 가우스의 방법은 연주선을 분할하는 것으로부터 제기되는 방정식들에 적용할 수 있다는 것이다. 완전히 유사하게 자와 컴파스에 의한 정다각형의 작도가능성에 대한 가우스의 결과들과 같이, 아벨은 평범하게 연주선선을 자와 컴파스에 의해 2^n+1개로 등분하여 증명하였다. 여기서 2^n+1은 소수이다.([1,t. *II*, p.261] *Rosen*[49]).

그의 탐구를 더 해서 종국에 다음과 같은 위대한 일반화에 도달했다.(1829년 출판)[1,t.*I*, p.479]

정리(아벨). P를 $r_{1, \ldots}, r_n$을 근으로 갖는 한 다항식이라 하자. 만약 근들 $r_{2, \ldots,} r_n$가 r_1의 항들의 유리식으로 표현 될 수 있다면, 즉, 만약 유리분수식들 $\theta_2, \cdots, \theta_n$가 존재하여,

$$r_i = \theta_i(r_1) \quad \text{for } i = 2, \cdots, n$$

이고, 만약 더욱,

$$\theta_i\theta_j(r_1) = \theta_j\theta_i(r_1) \quad \text{for } all \ i, j$$

이면, 방정식 $P(X)=0$는 .

이 정리를 특별히 원분방정식에 적용한다. 소수 p에 대하여,

$$\Phi_p(X) = X^{p-1} + X^{p-2} + \cdots + X + 1 = 0$$

정말, Φ_p의 근들은 단위원의 p차 원시근 이고 근들 중 하나를 ζ로 표기한다. 다른 근들은 ζ의 멱들이다. 위에에서 말한 유리분수식 $\theta_2, \cdots, \theta_{p-1}$은 다음과 같이 선택된다.

$$\theta_i(X) = X^i \quad \text{for } i = 2, \cdots, p-1$$

위의 조건은 분명히 성립한다. 왜냐하면,

$$\theta_i\theta_j(\zeta) = \zeta^{ij} = \theta_j\theta_i(\zeta)$$

이기 때문이다.

이 결과를 다시 생각해보면, 아벨은 한 방정정식이 거듭제곱근에 의해 풀어진다는 일반적인 필요하고 충분한 조건에 가까이 가 있었다. 그는 그가 1829년에 폐결핵으로 일찍 죽어가고 있을때 이 주제에 대하여 포괄적인 논문을 연구하고 있었으며[1,t.$II.n^0$ 18].

이 문제에 대한 완전한 해법을 발견하는 영광은 또 다른 젊은 천재 갈루아*Evariste Galois* (1811-1832)에게 돌아갔다. 그는 1830년 단지 18살의 나이에 방정식 이론에 대한 한 논문을 파리과학원*Paris Academy of Sciences*에 투고 하였다. 이 논문에서, 방정식의 갈루아군으로 알려진 것에 대하여 서술하고, 그는 방정식이 거듭제곱근에 의해 풀어질 조건들을 유도하는 새로운 기법을 적용하였다.

논문의 심사자는 몇 주 후에 죽은 푸리에*Jean-Baptiste Joseph Fourier*(1768-1830)이 였고, 갈루아의 논문은 푸리에의 논문들 소게서 실종되었다.(갈루아의 수집된 논문들[21, pp.103-109]참조). 그 다음해에, 갈루아는 두 번째 논문을 투고했는데, 그것이 충분하게 서술되지 않았다고 학술원으로부터 거절당했다. 갈루아는 그 다음해에 그의 생각에 대한 좀 더 자세한 설명을 투고하는 기회도 갖지 못하고 한 결투에서 죽고 만다.

그의 “기묘한 방정식들의 해결가능 조건에 대한 학술논문 *Memorire sur* $\leq s$ *conditions de resolubilite des equations paradicaux*”[21, p.43ff](*Edward* [20, App.1])은 사실 매우 거칠고 읽기에 난해 했다. 다행이도, 루우빌*Joseph Liouville*(1809-1882)가 갈루아의 논문을 해독하는 어려움을 너그럽게 맡아서 1846년에 약간의 그 자신의 해설을 붙여 발표했다. 그래서 갈루아 이론은 완전히 잊혀질 운명에서 살아났다.

갈루아의 기본적인 생각은 임의의 방정식[14.2에서 사실, *almost any*]에 근들의 한 치환군을 대응시키는 것이다. 이 군은 근들 사이의 관계를 보존하는 모든 치환들로 구성 된다; 그것은 이와 같이 근들이 어떤 범위까지 교환가능한가를 보여 준다. 갈루아의 찬란한 탐구는 이 군들이 방정식의 어려움에 대한 효과적인 측정치를 제공했다. 특히, 방정정식이 거듭제곱근에 의한 가해성에 대응하는 군의 용어로 번역할 수 있었다. 이것은 기저체의 확대아래서 군의 행위를 서술함으로 이루어 졌다. 이 풍부한 새로운 생각으로, 갈루아는 단 하나의 응용문제를 제공했다. 그것은 소수차원의 기약방정식이 거듭제곱근에 의해 풀어질 필요충분조건은 임의의 근들이 두 개의 근들만의 항들의 유리식으로 표현될 수 있다는 것이다.

이 갈루아 논문의 간략한 설명은 그것이 갖고 있는 고귀한 생각을 정당화하지는 못할 것이다. 정말, 이런 일반적인 맥락에서 근들 사이의 관계를 보존하는 치환들을 어떻게 특정화 시켰을까 하는 것은 전혀 명확하지가 않다.(원분방정식의 특수한 경우 11.3과 12.4 참조). 만약 갈루아이론의 중심인 체의 개념을 사용하지 않았다면 어려움은 특별히 저항할 수 없었을 것으로 보인다. 그러나 갈루아가 그 논문을 쓸 당시는 잘 사용할 수가 없었다. 갈루아는 다항식의 기약성을 이용하여 경외감을 갖게 하는 예술적 대가로써 문제를 해결했다. 체의 개념(확대체)은 그의 논문의 처음 몇 줄에서 명확해진다. 그는 기약성의 논의에서 기저체를 임으로 택할 수 있다는 것을 강조하고 있다:

> 방정식이 가약이라함은 그것이 유리식의 인수들을 갖는 것이다; 그렇지 않으면 기약이다.
>
> 유리식이라는 단어는 그것이 자주 언급됨으로 무슨 뜻인지 설명할 필요가 있었다.
>
> 방정식이 모두 수식과 유리식인 계수를 갖을 때 이것은 단순히 방정식이 수시과 유리식인 계수를 갖는 인수들로 재구성 될 수 있다는 것을 의미한다.
>
> 그러나 방정식의 계수가 모두는 수식과 유리식이 아니라는 것은, 유리인수에 의한 것의 의미는 한 인수의 계수가 제시된 방정식의 계수의 유리함수로 표현될 수 있다는 것이다. 그리고 더욱 일반적으로, 유리식 수량 이란 제시된 방정식의 계수의 유리함수로 표현될 수 있는 수량을 말한다.
>
> 이것보다 더욱, 우리는 연역적으로 알려진 어떤 개수의 결정된 수량들의 유리함수들로 간주하는데 동의 할 수 있다. 예를 들어, 우리는 정수의 제곱근을 택할 수 있고, 이 거듭제곱근의 유리식을 간주할 수 있다.
>
> 우리가 이와 같이 아려진 어떤 수량을 취급하는데 동의한다면, 우리는 그 방정식이 풀리도록 그것들을 접했다고 말할 것이다. 우리는 이 수량들이 그 방정식들에 접했다고 말할 것이다.
>
> 이러한 관습에 따라, 우리는 유리적이란 임의의 수량이 방정식의 계수들의 유리함수와 접한 수량들이 제멋대로 동의하는 몇 개로 표현될 수 있다는 것을 말한다.
>
> 우리는 더욱이, 방정식의 성질들과 어려움들은 어떤 수량들이 접하고 있는냐에 따라 전혀 다를 수 있다는 것이다[20, p.101-102].

우리의 갈루아 논문에 대한 논의는 갈루아 자신이 택한 순서에 따른다. 우리는 맨 먼저 방정식의 갈루아군에 대한 정의로부터 시작하여, 다음은 기저체의 확장아래서 갈루아군들의 행위를 탐구한다. 그래서, 방정식이 거듭제곱근에 의해 풀어지는 필요충분조건을 갈루아군의 용어로 찾는다. 마지막장에서, 소수 차의 기약방정식들에 대한 조건들의 적용을 기술한다. 부록으로, 우리는 치환군의 갈루아 의 기호를 현대의 표기에 벗어난 것을 재조사 한다.

14.2 방정식의 갈루아군

이 장에서는, 앞장에서와 같이, 우리는 영이 아닌 정수에 의해서 태연히 나눌 수 있도록 특성이 0인 체 만을 취급한다. 주의해야할 다른 용어: 우리는 자주 유리분수식 $f \in F(x_1,\cdots,x_n)$에 부정원 $x_1,\cdots,x_n$에 F의 원소들 $a_1,\cdots,a_n$를 대입하여 $f(a_1,\cdots,a_n) \in F$가 된다. 이렇게 되면 언제나, 유리분수식 f은 암암리에 P와 Q가 $F[x_1,\cdots,x_n]$의 다항식이고 $Q(a_1,\cdots,a_n) \neq 0$인 $f=\dfrac{P}{Q}$꼴로 나타내질 수 있다는 것이다.

우리는 다음과 같이 쓴다.

$$f(a_1,\cdots,a_n)=\frac{P(a_1,\cdots,a_n)}{Q(a_1,\cdots,a_n)}$$

아래에서 지적할 기술적인 이유로(보조정리 14.6참조), 갈루아는 군을 단지 단순근들을 갖는 방정식에 연결시켰다. 이것은 심각한 제한은 아니다, 왜냐하면, 후데 *Hudde*의 방법에 따르면 임의의 방정식은 단순근을 갖는 방정식으로 변형시킬 수 있기 때문이다.(정리 5.21과 주목할 점 5.23, p.78) 이장 나머지에서는 우리는 F를 품는 어떤 체에서 n개의 서로 다른 근들을 갖는 체 F위의 차수 n인 모닉다항식 $P(X)$를 고려할 것이다.(지라르의 정리 (정리9.3, p.150)),

$$P(X)=X^n-a_1X^{n-1}+a_2X^{n-2}-\cdots(-1)^n a_n=(X-r_1)\cdots(X-r_n)$$

여기서, $a_1,\cdots,a_n \in F$ 이고 $r_1,\cdots,r_n$은 F를 품는 어떤 확대체위에 있다.

명제 12.15, p.220의 표기를 조금만 확장해서, 우리는 F에서 계수를 갖는 $r_1,\cdots,r_n$의 유리분수식들의 체를 $F(r_1,\cdots,r_n)$로 표기한다. 따라서,

$$F(r_1,\cdots,r_n)=\{f(r_1,\cdots,r_n) \mid f \in F(x_1,\cdots,x_n)\}$$

$r_1,\cdots,r_n$은 F위에서 독립부정원이 아니기 때문에 $F(r_1,\cdots,r_n)$의 원소는 유일하지 않게 $f(r_1,\cdots,r_n)$형식으로 여러 가지로 써질 수 있다. 예를 들어, 0은 임의의 $i=1,\cdots,n$에 대한 $P(r_i)$로 써진다.

이것은 우리가 $r_1,\cdots,r_n$의 치환 σ를 고려한다는 사실적인 관점에서 매우 중요한 것이다; 비록 그 분모가 $x_i=\sigma(r_i)$ 에 대하여 영이 되지 않는 임의의 유리분수식 $f \in F(x_1,\cdots,x_n)$는에 대하여 $f(\sigma(r_1),\cdots,\sigma(r_n))$이 잘 정의된다 할지라도, $\sigma(f(r_1,\cdots,r_n))$을 다음과 같이 정의하는 것은 주의를 요한다.

$$\sigma(f(r_1,\cdots,r_n))=f(\sigma(r_1),\cdots,\sigma(r_n)) \tag{14.1}$$

왜냐하면, 우변은 단지 $f(r_1,\cdots,r_n)$의 값에 의존하지 않고, 유리분수식 $f(x_1,\cdots,x_n)$에 의존하지 않기 때문이다.

더 확실하게, 만약 g가 다른 유리분수식으로

$$g(r_1,\cdots,r_n)=f(r_1,\cdots,r_n)$$

이면,

$$g(\sigma(r_1),\cdots,\sigma(r_n))=f(\sigma(r_1),\cdots,\sigma(r_n))$$

이다.

만약 그렇지 않으면, 식 (14.1)은 의미가 없다

원소 $f(r_1,\cdots,r_n)$의 한 형식*form*(유리분수식)과 그 값*value*$(F(r_1,\cdots,r_n))$ 사이의 분별이 갈루아 자신에 의해서 강조되었다.[21,p.50], [20, p.104]:

여기서 우리는 함수가 만약 근의 대입으로써 그 형식이 불변일 뿐만아니라 만약 그것의 수치적 값이 대입했을때 변하지 않는것도 함수가 불변이라고 말한다.

방정식 $P(X)=0$의 갈루아군을 정의하기 위해서, 약간의 예비가 필요하다. 이 결과들의 증명들이 논증과정의 상당히 긴 증명에 의해서 방해되는 것을 피하기 위해서 나중에 주어질 것이다.

결과 1 한 원소 $V \in F(r_1, \cdots, r_n)$가 존재하여 다음 조건을 만족한다.

$$r_i \in F(V) \text{ for } i = 1, \cdots, n$$

이것의 증명은 아래 명제 14.7(p.298)에서 할 것이다.

이 조건을 만족하는 원소 V 를 F 위에서 방정식 $P(X) = 0$의 갈루아 분해식 *Galois resolvents*이라 부른다. 이 용어는 (갈루아에 기인된 것은 아니다) P의 근들 $r_1, \cdots, r_n$이 V 안에서 유리분수식이기 때문에, 방정식 $P(X) = 0$을 풀기 위해서는 V를 결정하면 충분하다는 관찰에 연유한다.

결과 2 임의의 원소 $u \in F(r_1, \cdots, r_n)$에 대하여, $\pi(u) = 0$인 유일한 모닉 기약다항식 $\pi \in F[X]$가 존재한다. 이 다항식 π는 $F(r_1, \cdots, r_n)$위에서 일차인수들의 곱으로 분해된다.

이 증명은 명제 14.8 아래(p.299)에 주어진다.

이 다항식 π를 F 위에서 u의 극소다항식*minimum polynomia of u*라 부른다.(주목할 점 12.16, p.221과 비교).

F 위에서 방정식 $P(X) = 0$의 갈루아군이 이제 다음과 같이 기술될 수 있다: V를 갈루아 분해식이라 하자, $i = 1, \cdots, n$에 대하여, 어떤 유리분수식 $f_i(X) \in F(X)$

$$r_i = f_i(V)$$

이다.

$V_1, \cdots, V_m \in F(r_1, \cdots, r_n)$를 F 위에서 V의 극소다항식의 근들이라 하자(여기서, $V = V_1$).

결과 3 임의의 $j = 1, \cdots, m$에 대하여, 원소들 $f_1(V_j), f_2(V_j), \cdots, f_n(V_j)$은 적당한 순서에 따라 P의 근들 $r_1, \cdots, r_n$ 이다.

이 증명은 명제 14,10 아래(p.302)에 주어진다.

이 결과로부터, $j = 1, \cdots, m$에 대하여 사상은

$$\sigma_j : r_i \mapsto f_i(V_j) \text{ for } i = 1, \cdots, n$$

$r_1,\cdots,r_n$의 한 치환이다. 집합 $\{\sigma_1,\cdots,\sigma_m\}$은 F 위에서 $P(X)=0$의 갈루아군*Galois group*이라 부른다. 그리고, $Gal(P/F)$로 표기한다. 이 용어들을 정당화 하기위해서 다음을 증명하자.

결과 4 집합 $Gal(P/F)$은 $r_1,\cdots,r_n$의 모든 치환군의 한 부분군이다. 이것은 갈루아 분해식 V의 선택에 의존하지 않는다.

이 증명은 따름정리 14.13과 14.14 아래(p.306와 p.306)에 주어질 것이다.

갈루아군 $Gal(P/F)$의 위수는 갈루아 분해식 V의 극소다항식 π의 차수와 같이 m으로 나타내는 것은 주목할 만하다. P에 대한 더 많은 가정 없이, 이 위수는 P 의 차수 n과는 아무 관련이 없다.

결과 4(갈루아 논문 안에 명료하게 써 있지는 않았다), 우리는 갈루아 논문의 명제1 [21, p.51],[20, p.104]인 갈루아군의 다음의 중요한 성질을 수립할 것이다.

결과 5 $f(x_1,\cdots,x_n)$를 F에 계수를 갖고 n개의 부정원 $x_1,\cdots,x_n$의 한 유리분수식 이라 하자. 그러면,

$$f(r_1,\cdots,r_n)\in F$$

이기위한 필요충분조건은 모든 $\sigma\in Gal(P/F)$에 대하여,

$$f(r_1,\cdots,r_n)=f(\sigma(r_1),\cdots,\sigma(r_n))$$

이 증명은 정리 14.11 아래(p.303)에 주어진다.

이 결과는 다음 방정식에서 다음을 증명할 수 있게 할 것이다.

$$\sigma(f(r_1,\cdots,r_n))=f(\sigma(r_1),\cdots,\sigma(r_n))$$

여기서, $\sigma\in Gal(P/F)$에 대하여 σ의 확장으로 $F(r_1,\cdots,r_n)$에서의 자기동형사상으로 정의되고, F의 원소는 불변이다.

한 방정식의 갈루아군의 구성을 이끌어주는 각 단계를 설명해보자. 우리는 다음 쉬운

예를 들어:

$$P(X) = (X-1)(X^2-2)(X^2-3)$$
$$= (X-1)(X-\sqrt{2})(X+\sqrt{2})(X-\sqrt{3})(X+\sqrt{3})$$

우리는 P의 근들을 열거하자:

$$r_1 = 1,\ r_2 = \sqrt{2},\ r_3 = -\sqrt{2},\ r_4 = \sqrt{3},\ r_5 = -\sqrt{3}$$

Q 위에서 방정식 $P(X) = 0$의 갈루아군을 결정하기 위해서, 우리는 먼저 갈루아분해식을 선택하자. 우리는 다음 원소가 주어진 조건을 만족할 것을 보이자.

$$V = \sqrt{2} + \sqrt{3} = r_2 + r_3$$

증명을 위해서, $V - r_2 = r_4$ 이다. 양변을 제곱하면,

$$V^2 - 2r_2 V + 2 = 3 \tag{14,2}$$

우리는 r_2를 얻고, $r_3 = -r_2$이고, V의 유리식으로

$$r_2 = \frac{V^2-1}{2V},\ r_3 = \frac{1-V^2}{2V}$$

유사하게, $V - r_4 = r_2$에서,

$$r_4 = \frac{V^2+1}{2V}\ ,\ r_5 = -\frac{V^2+1}{2V}$$

$r_1 = 1$이므로, r_1은 유리식 표현이고, 모든 P는 V의 유리식표현을 갖는다. 따라서, V는 Q위에서 $P(X) = 0$의 갈루아 분해식이다.

다음단계로, Q위에서 V의 극소다항식을 찾아보자. (14.2)식에서, V의 한 유리방정식이 r_2를 품고 있는 항을 소거 시켜 V에 관한 유리방정식을 얻는다.

$$V^4 - 10V^2 + 1 = 0$$

따라서 V는 다항식 $X^4 - 10X^2 + 1 \in Q[X]$의 근이다. 이 다항식은 다음과 같은 일차 인수들로 분해된다.

$$X^4 - 10X^2 + 1 = (X-(\sqrt{2}+\sqrt{3}))(X-(\sqrt{2}-\sqrt{3}))(X-(-\sqrt{2}+\sqrt{3}))(X-(\sqrt{2}-\sqrt{3}))$$

따라서, X^4-10X^2+1은 기약이고, 그것은 Q위에서 V의 극소다항식이다.

우리는 이 방정식의 근들은

$$V_1=V=\sqrt{2}+\sqrt{3},\ V_2=\sqrt{2}-\sqrt{3}\quad V_3=-\sqrt{2}+\sqrt{3}\quad V_4=-\sqrt{2}-\sqrt{3}$$

$P(X)=0$의 갈루아군의 결정은 단지 직접적인 계산의 문제이다: 유리분수식들 $f_i(X)$는 $i=1,\cdots,5$에 대한, $r_i=f_i(V)$에서 구한다. 즉,

$$f_1(X)=1,\ f_2(X)=\frac{X^2-1}{2X},\ f_3(X)=-f_2(X)$$
$$f_4(X)=\frac{X^2+1}{2X},\ f_5(X)=-f_4(X)$$

우리는 계속적으로 X에 V_1, V_2, V_3, V_4, V_5을 대입하면 우리는 $Gal(P/Q)$을 다음과 같이 얻는다.

$$\sigma_j : r_i \mapsto f_i(V_j) \text{ for } j=1,2,3,4$$

분명하게,

$$\sigma_1=id \text{ (항등사상)}$$

$$\sigma_2:\begin{cases} r_1\mapsto r_1\\ r_2\mapsto r_2\\ r_3\mapsto r_3\\ r_4\mapsto r_5\\ r_5\mapsto r_4\end{cases}\quad \sigma_3:\begin{cases} r_1\mapsto r_1\\ r_2\mapsto r_3\\ r_3\mapsto r_2\\ r_4\mapsto r_4\\ r_5\mapsto r_5\end{cases}\quad \sigma_4:\begin{cases} r_1\mapsto r_1\\ r_2\mapsto r_3\\ r_3\mapsto r_2\\ r_4\mapsto r_5\\ r_5\mapsto r_4\end{cases}$$

따라서, Q 위에서 방정식 $P(X)=0$의 갈루아군은 $r_{1,\ldots,}r_5$의 치환들로 위와 같이 이루어진다.

이것은 갈루아군의 치환들이 근들 사이의 관계식들을 보존해주는 치환들임을 발견을 돕는 측면에서 예측가능하게 한다. 사실, 두근 $\sqrt{2}$와 $-\sqrt{2}$ 유리수에 대해서 톡 같은 역할을 한다, 유리수의 도움으로는 하나를 다른 하나와 전혀 구별할 방법이 없다. 그들은 갈루아군에 의해서 서로 교환된다. 유사한 논증이 $\sqrt{3}$과 $-\sqrt{3}$사이에도 성립한다. 그러나, 여러 인수들의 근들 사이에는 서로 교환할 수가 없다, 예를 들어, r_2는

$r_2^2-2=0$를 만족하지만 r_4는 만족하지 못한다. 치환들 $\sigma_1,\sigma_2,\sigma_3,\sigma_4$만 근들 사이의 관계를 보존해주는 유일한 치환들이다. 뒤돌아보면, 한 방정식의 갈루아군을 결정하는데 가장 다루기 힘든 요점들은 다음과 같다.

(a) 주어진 방정식의 근을 찾는 것

(b) 갈루아 분해식 찾는 것

(c) 그것의 극소다항식 결정하는 것

(d) 극소다항식의 근들을 찾는 것

사실상, (b)는 큰 문제는 아니다. 왜냐하면, 갈루아분해식의 존재성 증명은 (명제 14.7 p.298) 하나를 찾는 방법을 제공하는 충분하게 명확하다. 마찬가지로, 극소다항식의 존재성에 대한 증명(명제 14.8 p.299)은 갈루아분해식이 한 근이 되는 다항식이 생기게 할 수 있다. 따라서 한 근으로 갈루아 분해식을 갖는 다항식의 기약인수를 찾으면 충분하다.

그러나 두려운 과제이다. 유사하게, 주어진 방정식의 근들을 찾고 일련의 계산을 수행할 수 있도록 충분하게 명확히 극소다항식을 근들을 찾는 것은 기를 꺽는 문제 일수 있다.

물론, 갈루아는 이런 문제를 잘 알고 있었다:

> 만약 네가 아무렇게나 선택한 한 방정식을 나에게 주고, 그것의 거듭제곱근의 의한 해가 있는지 없는지 알기를 바란다면, 나는 다만 너에게 네 질문에 답변하는 방법을 지적하는 밖에는 아무것 할 수가 없다. 한미로 말하면, 계산은 실행이 불가능하다.
>
> 그런 이유로, 우리가 제안한 해로부터 얻을 수 있는 결과가 전혀 없는 것처럼 보인다. 사실상, 만약 질문이 이런 관점의 문제라면 그럴 것이다, 대수적해석학$Algebraic\ \ Analysis$의 적용에서, 사람들은 미리 모든 성질들을 알고 있는 방정식으로 유도된다: 우리가 설명하려고하는 규칙에 의해서 쉽게 그 질문에 항상 답변할 수 있는 방법들에 대한 성질들을 말한다. 이 이론을 아름답게 하고 동시에 어렵게 하는 모든 것은 우리가 분석과정을 항상 지시해주고 그 계산을 수행할 필요 없이 그 결과들을 예견해준다는 것이다.[21, p.39-40]

이 마지막 주목할 점은 다음 예로부터 분명해질 것이다.

14.1 예. 차수가 n인 $s_1,\cdots,s_n$의 유리분수식들의 체 F위에서 일반방정식의 갈루아군은

$$P(X)=X^n-s_1X^{n-1}+s_2X^{n-2}-\cdots(-1)^ns_n=(X-x_1)\cdots(X-x_n)$$

$x_1,\cdots,x_n$의 모든 치환군이다. 이것은 치환군 S_n과 같다.

정말, 만약 우리가 $Gal(P/F)$가 $x_1,\cdots,x_n$의 모든 치환군이 아니라하면, 명제 10.5(p.183)에서 우리는 대칭이 되지 않고 다음을 만족하는 유리분수식 $f(x_1,\cdots,x_n)\in F(x_1,\cdots,x_n)$를 찾을 수 있다.

$$f(\sigma(x_1),\cdots,\sigma(x_n))=f(x_1,\cdots,x_n)\ \text{for}\ all\ \sigma\in Gal(P/F)$$

이것은 결과 5에 모순이다.

14.2 예. 소수 지수를 갖는 원분다항식의 Q위에서의 갈루아군은

$$\Phi_p(X)=X^{p-1}+X^{p-2}+\cdots+X+1=0$$

(p는 소수) 위수가 $p-1$인 순환군이다.

이것을 증명하기 위해서, 우리는 갈루아군을 결정하는 단계를 재 추적하자.

ζ를 단위원의 p차 원시근($\Phi_p(X)$ 임의의 근)이라 하자. $\Phi_p(X)$의 다른 근들은 ζ의 멱이므로, 우리는 ζ 자신을 갈루아 분해식으로 택할 수 있다. $\Phi_p(X)$는 기약이므로, ζ의 극소다항식은 $\Phi_p(X)$이다.

소수 p의 원시근 g를 택하면, 우리는

$$\zeta_i=\zeta^{g^i}\quad \text{for}\ i=0,1,\cdots,p-2$$

로 12.4에서와 같이 쓸 수 있다.

따라서, $\Phi_p(X)$의 근들은 $\zeta_0,\zeta_1,\cdots,\zeta_{p-2}$이다. 그리고 유리분수식 f_i는

$$f_i(X)=X^{g^i}$$

정의(p.289)에 따라서, $Gal(\Phi_p/Q)$의 원소들은

$$\sigma_j : \zeta_i \mapsto f_i(\zeta_j) \text{ for } j=0,1,\cdots,p-2$$

이다.

$$f_i(\zeta_j) = (\zeta^{g^j})^{g^i} = \zeta^{g^{i+j}}$$

이고, 페르마 정리에 의해서, $g^{p-1} \equiv g^0 \bmod p$ 이다. 따라서 위의 σ_j는 단순히

$$\sigma_j : \zeta_i \mapsto \zeta_{i+j}$$

여기서 $i+j$은 $\bmod p-1$의 값이다.

따라서,

$$\sigma_j = \sigma_1^j \text{ for } j=0,\cdots,p-2$$

따라서 $Gal(\Phi_p/Q)$은 한 원소 σ_1에 의해서 생성된다. 이것은 위수 $p-1$인 순환군이다.

14.3 예. P는 아벨의 조건(14.1의 정리 참조)을 만족하는 단순근들 $r_1,\cdots,r_n$을 갖는 한 다항식이라 하자. 즉, 유리분수식들 $\theta_i(X) \in F(X)$이 존재하여

$$r_i = \theta_i(r_i) \text{ for } i=2,\cdots,n$$

이고,

$$\theta_i\theta_j(r_1) = \theta_j\theta_i(R_1) \text{ for } all\ i,\ j$$

이다.

그러면 F 위에서 방정식 $P(X)=0$의 갈루아군은 가환군 *Abelian group*이다.

정말, 이 경우 우리는 갈루아 분해식 r_1를 택할 수 있다. r_1은 P의 한 근이므로, 그것의 극소다항식은 P를 나눈다. 보조정리 12.14, p.219에 의해서, r_1의 극소다항식의 근들은 $r_1,\cdots,r_n$ 안에 있다. 필요하면, 번호를 바꾸기로 하면, 우리는 이 근들을 $Gal(P/F)$이라 하고,$r_1,\cdots,r_m$ $(m \le n)$이라 가정하자.

갈루아군의 정의에 따라, $\sigma_j \circ \sigma_k : r_i \mapsto \theta_j\theta_k(\tau_i) = \theta_j\theta_k\theta_i(\tau_1)$의 원소들은 $\sigma_1,\cdots,\sigma_m$이고,

$$\sigma_j : \tau_i \mapsto \theta_i(r_j) \text{ for } i=1,\cdots,n \text{ and } j=1,\cdots,m$$

이다.

$$\theta_i(\tau_j) = \theta_i\theta_j(r_1)$$

이고, 아벨의 조건을 만족하기 때문에,

$$\theta_i(r_j) = \theta_j\theta_i(r_1) = \theta_j(r_i)$$

이다.

따라서,

$$\sigma_j : r_i \mapsto \theta_j(r_i) \text{ for } i = 1, \cdots, n \text{ and } j = 1, \cdots, m$$

모든 j와 1과 m사이의 k에 대하여, 다음이 성립한다.

$$\sigma_j \circ \sigma_k : r_i \mapsto \theta_j\theta_k(\tau_i) = \theta_j\theta_k\theta_i(\tau_1)$$

이고

$$\sigma_k \circ \sigma_j : r_i \mapsto \theta_k\theta_j(\tau_i) = \theta_k\theta_j\theta_i(\tau_1)$$

이다. 따라서, $Gal(P/F)$의 가환성은 아벨의 조건으로부터 성립한다.

우리는 이제 위에서 언급한 결과의 증명으로 돌아가자. 먼저, 우리는 보조정리 12.14(p.219)에 대한 쉽고 정교한 작업을 통해 증명한다. 그것은 앞으로 계속 사용될 것이다:

14.4 보조정리. $f \in F(X)$는 체 F위에서 한 부정원에 의한 유리분수식 이라하고 V를 어떤 기약다항식 $\pi \in F[X]$(F를 품는 어떤 체)의 한 근이라 하자. 만약 $f(V) = 0$이면, π의 모든 근 W에 대하여 $f(W) = 0$이다.

증명. 적당한 다항식 $P, Q \in F[X]$에 대하여 $Q(V) \neq 0$이고 $f = \dfrac{P}{Q}$에 대하여 $P(V) = 0$이라 하자. 보조정리 12.14(p.219)에 의해서, 이 마지막 식 π가 P를 나눈다, 따라서, π의 모든 근 W에 대하여 $P(W) = 0$이다. 한편, 만약 π의 임의의 근 W에 대하여 $Q(W) = 0$이면, 똑 같은 논증으로 $Q(V) = 0$이다. 이것은 모순이다. 따라서, $P(W) = 0$이고 $Q(W) \neq 0$이다, 즉 $f(W) = 0$이다.

(갈루아 논문 보조정리 1 [21, p.47], [20, p.102]참조) ■

14.5 보조정리. g를 어떤 체 K위의 n개의 부정원 $x_1,\cdots,x_n$으로 된 한 다항식이라 하자.

만약$x_2,\cdots,x_n$의 한 다항식으로 써질 수 있다.

증명. 우리는 g 를 그 계수가 $K[x_1]$에 있는 $x_2,\cdots,x_n$의 한 다항식으로 생각하자. 정리 8.4(p.132)와 주목할 점 8.8 (b)(p.138)로부터 g는 그 계수가 $K[x_1]$에 있는 $x_2,\cdots,x_n$안에서 기본대칭식들 $s'^{1},\cdots,s'^{n-1}$의 한 다항식으로 쓸 수 있다. 따라서, 다항식

$$g' \text{가 존재하여 } g(x_1,\cdots,x_n)=g'(x_1,s_1',\cdots,s_{n-1}') \tag{14.3}$$

여기서,

$$s_1'=x_2+\cdots+x_n,\quad s_2'=x_2x_3+\cdots+x_{n-1}x_n,\quad \cdots,\quad s_{n-1}'=x_2x_3\cdots x_n$$

증명을 마무리하기위해, 이제 우리가 $s_1',\cdots,s_{n-1}'$에 대하여 x_1 그리고 $s_1,\cdots,s_{n-1}$로 대입할 수 있다는 것을 보이면 충분하다. $s_1',\cdots,s_{n-1}'$이 에 대한 명확한 공식을 얻기 위한 단순한 방법은 일반다항식

$$X^n-s_1X^{n-1}+s_2X^{n-2}-\cdots(-1)^ns_n=(X-x_1)\cdots(X-x_n)$$

를 $(X-x_1)$로 나누는 것이다.

그 결과로

$$X^{n-1}-s_1'X^{n-2}+\cdots(-1)^{n-1}s_{n-1}'=(X-x_2)\cdots(X-x_n)$$

우리는 다음을 얻는다.

$$\begin{aligned}
s_1' &= s_1-x_1\\
s_2' &= s_2-s_1x_1+x_1^2\\
s_3' &= s_3-s_2x_1+s_1x_1^2-x_1^3\\
&\cdots\\
s_{n-1}' &= s_{n-1}-s_{n-2}x_1+\cdots+(-1)^{n-1}s_{n-1}'
\end{aligned}$$

따라서, 식 (14.3)에 $s_1',\cdots,s_{n-1}'$를 대입하면, 우리는 다음을 얻는다.

$$g(x_1,\cdots,x_n)=g'(x_1,\ s_1-x_1,\ \cdots,\ s_{n-1}-s_{n-2}x_1+\cdots+(-1)^{n-1}x_1^{n-1})$$

그리고 우변은 x_1 과 $s_1,\cdots,s_{n-1}$으로된 다항식이다. ■

이제부터, 우리는 이장의 처음에 사용했던 표기들을 사용한다. 따라서, P는 어떤 체 F 위의 n차 다항식이다. 그리고 F를 품는 어떤 체에서 서로 다른 근들 $r_1,\cdots,r_n$를 갖는다.

$$P(X)=X^n-a_1X^{n-1}+a_2X^{n-2}-\cdots(-1)^n a_n=(X-r_1)\cdots(X-r_n)$$

14.6 보조정리. 한 다항식 $f\in F[x_1,\cdots,x_n]$가 존재하여 부정원 $x_1,\cdots,x_n$ 의 $n!$의 가능한 모든 방법에 대하여 $r_1,\cdots,r_n$ 를 대입하여 f로부터 얻어지는 $F(r_1,\cdots,r_n)$안에서 여러 가지 원소들이 모두 같은 것은 아니다.

증명. $L(x_1,\cdots,x_n)=A_1x_1+\cdots+A_nx_n$라 하고, 여기서 $A_1,\cdots,A_n$은 부정원이다. $r_1,\cdots,r_n$를 $x_1,\cdots,x_n$에 어떤 방법으로 대입하여 얻는 L의 두 값 사이의 등식은 $A_1,\cdots,A_n$의 일차방정식이다.(계수는 $F(r_1,\cdots,r_n)$에 있다). 모든 가능한 등식들은 $\binom{n!}{2}$가지의 $A_1,\cdots,A_n$의 재차 일차방정식*homogeneous linear equations*을 모두 쓰면, 여기서 $r_1,\cdots,r_n$이 서로 다르므로 영은 없다. F^n에서 이 방정식들의 해는 F^n의 진부분공간의 한 유한합집합 형태이다. 이제, F가 무한집합이므로($chF=0$), F^n은 진부분공간의 유한개의 합집합으로 될 수 없으므로, 우리는 $A_1,\cdots,A_n$ 안에서 방정식들이 성립하지 않는 n원소로 된 $(\alpha_1,\cdots,\alpha_n)\in F^n$ 울 찾을 수 있다. 결과적으로 다항식

$$f(x_1,\cdots,x_n)=\alpha_1x_1+\cdots+\alpha_nx_n$$

은 이 보조정리의 조건을 만족한다. ■

이 보조정리는 갈루아논문 의 보조정리 2 이다[21, p47],[20, p.102] 이것은 만약 중근을 허용하면 (즉, 만약 $r_1,\cdots,r_n$가 서로소가 아니라면) 갈루아 분해식의 존재성의 증명은 분명치 않다. 우리는 이제 결과 1를 증명할 것이다.

14.7 명제. 한 원소 $V\in F(r_1,\cdots,r_n)$가 존재하여

$$r_i \in F(V) \text{ for } i=1,\cdots,n$$

을 만족한다.

증명. $f\in F[x_1,\cdots,x_n]$ 보조정리 14.6에서와 같이 한 다항식이라 하자. 그리고

$$V=f(r_1,\cdots,r_n)\in F(r_1,\cdots,r_n)$$

라 하자.

우리는 $r_1,\cdots,r_n$이 $F(V)$에 속함을 보일 것이다. 물론 근들 $r_1,\cdots,r_n$중 하나를 커내서 논증하면 충분하다 예를 들어 r_1이라하자. 왜냐하면 다른 원소라면 첨수의 번호를 바꾸면 된다.

우리는 다항식

$$g(x_1,\cdots,x_n)=\prod_{\sigma}(V-f(x_1,\sigma(x_2),\ \cdots,\sigma(x_n)))\in F(V)[x_1,\cdots,x_n]$$

생각해 보자. 여기서 σ는 $x_2,\cdots,x_n$의 모든 치환이다.

g는 $x_2,\cdots,x_n$ 에서 대칭이므로, 보조정리 14.5에서 g는 x_1과 $x_1,\cdots,x_n$안에서 기본대칭식들 $s_1,\cdots,s_{n-1}$으로 쓸 수 있다. 계수가 $F(V)$에 있는 적당한 다항식 h에 대하여

$$g(x_1,x_2,\cdots,x_n)=h(x_1,s_1,\cdots,s_{n-1})$$

라 하자.

따라서, P의 근들 $r_1,\cdots,r_n$을 다양한 방법으로 부정원 $x_1,\cdots,x_n$ 에 대입한다. 그러면, $a_1,\ \cdots,a_{n-1}\in F$를 $s_1,\cdots,s_{n-1}$로 대입하는 결과를 갖는다. 우리는

$$g(r_1,r_2,\ \cdots,r_n)=h(x_1,a_1,\ \cdots,a_{n-1}) \tag{14.4}$$

그리고,

$$g(r_i, r_1, r_2, \cdots, r_{i-1}, r_{i+1}, \cdots, r_n) = h(r_i, a_1, \cdots, a_{n-1}) \tag{14.5}$$

이제, f는 보조정리 14.6의 성질을 만족하고 $V = f(r_1, \cdots, r_n)$임으로, 우리는 $i \neq 1$과 $\{r_1, \cdots, r_{i-1}, r_{i+1}, \cdots, r_n\}$의 임의의 치환 에 대하여

$$V \neq f(r_i, \sigma(r_1), \sigma(r_2), \cdots, \sigma(r_{i-1}), \sigma(r_{i+1}), \cdots, \sigma(r_n))$$

한편, g의 정의와 V가 즉각 다음을 보여준다.

$$g(r_1, \cdots, r_n) = 0$$

식 (14.4)와 (14.5)를 보면, 이 마지막 방정식들은 다항식

$$h(X, a_1, \cdots, a_{n-1}) \in F(V)[X]$$

$X = r_1$에 대해서는 0이고, $i \neq 1$인 $X = r_i$에 대해서는 0이 아니다. 따라서, 그것은 $X - r_1$으로 나누어지고, $i \neq 1$인 $X - r_i$로는 나눠지지 않는다.

우리는 $P(X)$의 $D(X)$와 $h(X, a_1, \cdots, a_{n-1}) \in F(V)[X]$의 모닉인 최대공약인수를 생각해보자. $F(r_1, \cdots, r_n)[X]$ 안에서

$$P(X) = (X - r_1) \cdots (X - r_n)$$

이므로, D는 $F(r_1, \cdots, r_n)$위에서 인수 $(X - r_i)$의 곱으로 분해된다. $X - r_1$이 $P(X)$와 $h(X, a_1, \cdots, a_{n-1})$를 나누므로, 그것은 D 를 나눈다.

한편, $h(X, a_1, \cdots, a_{n-1})$는 $i \neq 1$인 $X - r_i$를 나누지 않으므로, D는 $X - r_1$이 아닌 다른 인수는 없다. 따라서 $D = X - r_1$이다. $D \in F(V)[X]$이므로, $r_1 \in F(V)$이다. ■

이 명제는 갈루아논문 보조정리 3[21, p.49], [20, p.103]이다.

우리는 극소다항식의 존재성에 대한 결과 2(p.288)의 증명으로 돌아가자.

14.8 명제. (a) 임의의 원소 $u \in F(r_1, \cdots, r_n)$은 적당한 다항식 $\phi \in F[x_1, \cdots, x_n]$에 대하여

$$u = \phi(r_1, \cdots, r_n)$$

인 $r_1, \cdots, r_n$의 다항식표현을 갖는다.

(b) 임의의 원소 $u \in F(r_1, \cdots, r_n)$에 대하여, 한 유일한 모닉기약다항식 $\pi \in F[X]$가 존재하여 $\pi(u) = 0$이다. 이 다항식 π는 $F(r_1, \cdots, r_n)$ 위에서 일차인수의 곱으로 분해된다.

증명. 이 두 결과에 대한 증명은 서로 꼬여있다: 우리는 먼저 $r_1, \cdots, r_n$의 다항식 표현을 갖는 그 원소 u에 대한 (b)을 입증하고 그리고 나서 (a)를 유도한다. (b)에 대한 증명은 그때에 끝날 것이다.

단계1: $r_1, \cdots, r_n$의 다항식표현을 갖는 원소들에 대한 (b)에 대한 증명.

$u \in F(r_1, \cdots, r_n)$가 적당한 다항식 $\phi \in F[x_1, \cdots, x_n]$에 대하여

$$u = \phi(r_1, \cdots, r_n)$$

라 하자.

명제 12.15(p.220)와 주목할 점12.16(p.221) 전에 관찰한 것 따라서, u가 F안에서 계수를 갖는 어떤 다항식의 한 근임을 보이면 충분하다. 그것은 $F(r_1, \cdots, r_n)$위에서 일차인수의 곱으로 분해된다.

$$\Theta(X, x_1, \cdots, x_n) = \prod_{\sigma} (X - \phi(\sigma(x_1), \cdots, \sigma(x_n)))$$

여기서 σ는 $x_1, \cdots, x_n$의 모든 치환들이다. Θ는 $x_1, \cdots, x_n$ 안에서 대칭적이므로, 우리는 X와 $x_1, \cdots, x_n$안에서의 기본대칭다항식들 $s_1, \cdots, s_n$의 한 다항식으로 쓸 수 있다. [정리 8.4(p.131)와 주목할 점 8.8(b)(p.138) 참조]. 체 F위에서계수를 갖는 어떤 다항식 Ψ에 대하여

$$\Theta(X, x_1, \cdots, x_n) = \Psi(X, s_1, \cdots, s_n)$$

라 하자. $r_1, \cdots, r_n$을 부정원들 $x_1, \cdots, x_n$으로 대입하면, 우리는

$$\Theta(X, r_1, \cdots, r_n) = \Psi(X, a_1, \cdots, a_n) \in F[X]$$

을 얻는다.Θ의 정의에 따라서,

$$\Theta(u, r_1, \cdots, r_n) = 0$$

$\Psi(X, a_1, \cdots, a_n)$는 u를 근으로 같은 $F[X]$에서의 한 다항식이 된다. 왜냐하면 $\Theta(X, r_1, \cdots, r_n)$은 일차인수들의 곱이 되기 때문이다. 그래서 $\Psi(X, a_1, \cdots, a_n)$는 $F(r_1, \cdots, r_n)$

위에서 일차인수의 곱으로 분해된다.

단계2: (a)의 증명. $V \in F(r_1,\cdots,r_n)$을 명제 14.7의 증명에서와 같이 정의되었다 하자. $r_1, \cdots, r_n$은 V의 유리분수식임을 알았기 때문에, u도 역시 V의 유리분수식이 된다. 따라서, $u \in F(V)$이다. V가 $r_1, \cdots, r_n$의 다항식표현이므로, 우리는 단계1과 명제 12.15(p.220)를 적용하여 u가 V안에서 한 다항식으로 표현될 수 있도록 유도한다. 적당한 $Q \in F[X]$에 대하여

$$u = Q(V)$$

라 하자.

V에 $f(r_1,\cdots,r_n)$를 대입하면, 우리는

$$u = Q(f(r_1,\cdots,r_n))$$

을 얻는다.

Q와 f가 다항식이므로, 이것은 $r_1, \cdots, r_n$의 다항식표현이다. ■

14.9 따름정리. V를 F위에서 $P(X)=0$의 임의의 갈루아 분해식이라 하고 $V_1,\cdots,V_m$을 F위에서 그것의 극소다항식의 근들이라 하자.(V도 이중 하나이다). 그러면,

$$F(r_1, \cdots, r_n) = F(V) = F(V_1, \cdots, V_m)$$

이다.

증명. $r_1, \cdots, r_n$은 V의 유리분수식임으로,

$$F(r_1,\cdots,r_n) \subset F(V)$$

이다. 한편, 앞의 명제에 의해서, V의 극소다항식의 근들 $V_1,\cdots,V_m$가 $F(r_1,\cdots,r_n)$ 안에 있으므로,

$$F(V_1,\cdots,V_m) \subset F(r_1,\cdots,r_n)$$

이다. 그리고

$$F(V) \subset F(V_1,\cdots,V_m)$$

은 분명하다. 3개의 포함관계로부터,

$$F(r_1, \cdots, r_n) = F(V) = F(V_1, \cdots, V_m)$$

이 성립한다. ■

우리는 이제 결과 3(p.288)의 증명에 도달했다. 이것은 갈루아논문 [21,p.49], [20, p.104]에 있다. 우리는 V를 F위에서 $P(X)=0$의 임의의 갈루아 분해식이라 하고, 어떤 유리분수식 $f_i(X) \in F(X)$에 대하여

$$r_i = f_i(V) \text{ for } i = 1, \cdots, n$$

이다.

우리는 $V_1 = V, V_2, \cdots, V_m$를 F위에서 결과2에 의해서 $F(r_1, \cdots, r_n)$ 안에 있는 V의 극소다항식의 근들로 표기한다.

14.10 명제. $i = 1, \cdots, n$과 $j = 1, \cdots, m$에 대하여, $f_i(V_j)$는 P의 한 근이다. 더욱, 임의의 주어진 $j = 1, \cdots, m$에 대하여, 근들 $f_1(V_j), \cdots, f_n(V_j)$는 서로 다르다. 그리고,

$$\{f_1(V_j), \cdots, f_n(V_j)\} = \{r_1, \cdots, r_n\}$$

이다.

증명. $i = 1, \cdots, n$에 대하여 $f_i(V_1) = r_i$이므로, $P(f_i(V_1)) = 0$이다. 따라서, 보조정리 14.4에 의해서, 유리분수식 $P(f_i(X)) \in F(X)$에 적용하면

$$P(f_i(V_j)) = 0 \text{ for } j = 1, \cdots, m$$

가 성립한다. 더욱, 만약 어떤 $i,\ k = 1, \cdots, n$ 그리고 어떤 $j = 1, \cdots, m$에 대하여

$$f_i(V_j) = f_k(V_j)$$

이면, V_j는 유리분수식 $f_i - f_k$의 근이다 따라서, 보조정리 14,4에 의해서,

$$f_i(V_1) = f_k(V_1)$$

이것은 $r_i = r_k$, 즉, 근들 $r_1, \cdots, r_n$은 서로 다른 것으로 가정했기 때문에 $i = k$이다. ■

이 명제는 모든 $j = 1,\cdots,m$에 대하여, 사상

$$\sigma_j : r_i = f_i(V_1) \mapsto f_i(V_j) \text{ for } i = 1,\cdots,n$$

은 $r_1, \cdots, r_n$의 치환들이다. 우리는

$$Gal(P/F) = \{\sigma_1,\cdots,\sigma_m\}$$

라 표기하자.(그렇지만 이 단계에서 이 집합은 V의 갈루아분해식의 선택에 무관하다는 것은 아직은 분명하지 않다.) 그리고, 우리는 결과 5(p.289)에서 언급된 $Gal(P/F)$에 따른 중요한 성질을 증명한다.

14.11 정리. $f(x_1,\cdots,x_n)$은 F에서 계수를 갖는 n개의 부정원들 $x_1,\cdots,x_n$의 유리분수식이라 하자. $\sigma \in Gal(P/F)$에 대하여, 원소가

$$f(\sigma(\tau_1),\cdots,\sigma(\tau_n)) \in F(r_1,\cdots,r_n)$$

$f(r_1,\cdots,r_n)$이 정의 될 때 마다 정의된다.

더욱,

$$f(r_1,\cdots,r_n) \in F$$

이기위한 필요충분조건은 모든 $\sigma \in Gal(P/F)$에 대하여,

$$f(\sigma(\tau_1),\cdots,\sigma(\tau_n)) = f(r_1,\cdots,r_n)$$

이다.

증명. $\phi, \psi \in F[x_1,\cdots,x_n]$으로 $f = \dfrac{\phi}{\psi}$라 하자. 우리는 먼저 만약 $\psi(r_1,\cdots,r_n) \neq 0$이면 모든 $\sigma \in Gal(P/F)$에 대하여 $\psi(\sigma(r_1),\cdots,\sigma(r_n)) \neq 0$ $r_1, \cdots, r_n$을 그들의 V의 유리식표현으로 대입하면, 우리는 어떤 유리분수식 $g \in F(X)$에 대하여

$$\psi(r_1, \cdots, r_n) = \psi(f_1(V), \cdots, f_n(V)) = g(V)$$

따라서, 만약 $\psi(\sigma(r_1),\cdots,\sigma(r_n)) = 0$, V'는 g의 한 근이고 그리고 보조정리 14.4에 의해서 $g(V) = 0$이다. 따라서 $\psi(\sigma(r_1),\cdots,\sigma(r_n)) = 0$이다.

이것은 $f(r_1,\cdots,r_n)$이 정의 될 때 $f(\sigma(\tau_1),\cdots,\sigma(\tau_n))$가 정의 된다는 것을 보인다. 나머지를 증명하기위해서, 우리는 $f(r_1,\cdots,r_n)$안에서 $r_1,\cdots,r_n$을 그들의 V 의 유리식표현으로 대입하면,

$$f(r_1,\cdots,r_n)=f(f_1(V),\cdots,f_n(V)) = h(V)$$

이다. 여기서

$$h(X) = f(f_1(X),\cdots,f_n(X)) \in F(X)$$

만약 $f(r_1,\cdots,r_n) \in F$ 이면,

$$h(X) - f(r_1,\cdots,r_n) \in F(X)$$

이다.

이 유리분수식은 $X = V$로 대입하면 0이기 때문에, 보조정리 14.4에 의해서, 그것은 역시 $X = V_1,\ \cdots,\ V_m$ 일때도 0이다. 따라서,

$$h(V_j) = f(f_1(V_j),\ \cdots, f_n(V_j)) = f(r_1,\cdots,r_n) \ \text{ for } j = 1,\cdots,m$$

따라서, σ_j의 정의를 사용하여,

$$f(\sigma_j(\tau_1),\ \cdots,\sigma_j(\tau_n)) = f(r_1,\cdots,r_n) \ \text{ for } j = 1,\cdots,m$$

역으로, 만약 이 마지막 긱이 성립한고하면,

$$f(r_1,\cdots,r_n) = \frac{1}{m}(h(V_1)+\cdots+h(V_m)) \tag{14.6}$$

이다.

유리분수식 $h(x_1)+\cdots+h(x_m)$은 부정원 $x_1,\cdots,x_m$안에서 분명히 대칭적이므로, 그것은 기본대칭다항식들 $s_1,\cdots,s_m$의 유리분수식으로 표현될 수 있다.

따라서, $V_1,\cdots,V_m$을 $x_1,\cdots,x_m$에 대입하면, (14.6)의 우변이 $V_1,\cdots,V_m$을 근의로 갖는 다항식 π의 계수들로부터 유리식으로 계산할 수 있게 된다. 따라서, 식 (14.6)으로

$$f(r_1,\cdots,r_n) \in F$$

임을 알 수 있다. ■

14.12 따름정리. 각 치환 $\sigma \in Gal(P/F)$은 F의 모든 원소는 불변인 $F(r_1,\cdots,r_n)$의 한 자기동형사상으로 확장될 수 있다. $f(r_1,\cdots,r_n)$이 정의되는 임의의 유리분수식

$$f(x_1,\cdots,x_n)$$

에 대하여

$$\sigma(f(r_1,\cdots,r_n)) = f(\sigma(r_1),\cdots,\sigma(r_n))$$

로 주어진다.

증명. 이장 처음에서 지적한바와 같이, 우린 멎저 $\sigma(f(r_1,\cdots,r_n))$가 위의 방정식으로 잘 정의된다는것을 증명해야한다. 즉, 유리분수식 $f \in F(x_1,\cdots,x_n)$에 의존하지 않고 단지 $f(r_1,\cdots,r_n)$에만 의존한다는 것이다.

그래서, 유리분수식 $f,\, g \in F(x_1,\cdots,x_n)$에 대하여

$$f(r_1,\cdots,r_n) = g(r_1,\cdots,r_n)$$

라 하면, 유리분수식 $f-g$는 $x_i = r_i\,(i = 1,\cdots,n)$에서 0이다.

$$(f-g)(r_1,\cdots,r_n) = 0 \in F$$

앞 정리는 모든 $\sigma \in Gal(P/F)$에 대하여,

$$(f-g)(\sigma(r_1),\cdots,\sigma(r_n)) = (f-g)(r_1,\cdots,r_n) = 0$$

따라서,

$$f(\sigma(r_1),\cdots,\sigma(r_n)) = g(\sigma(r_1),\cdots,\sigma(r_n))$$

이것은 $f(\sigma(r_1),\cdots,\sigma(r_n))$은 원소 $f(r_1,\cdots,r_n) \in F(r_1,\cdots,r_n)$의 값에만 의존함을 보여준다.

그리고 그것을 나타내는 유리분수식 $f(x_1,\cdots,x_n)$의 선택과는 무관하다는 것이다.

σ는 $F(r_1,\cdots,r_n)$위에서 전단사이고, 사실상 $F(r_1,\cdots,r_n)$의 자기동형사상이다. 왜냐하면,

$$f(\sigma(r_1),\cdots,\sigma(r_n)) + g(\sigma(r_1),\cdots,\sigma(r_n)) = (f+g)((\sigma(r_1),\cdots,\sigma(r_n))$$

$$f(\sigma(r_1),\cdots,\sigma(r_n)) \cdot g(\sigma(r_1),\cdots,\sigma(r_n)) = (f \cdot g)((\sigma(r_1),\cdots,\sigma(r_n))$$

이 성립한다. ■

14.13 따름정리. 집합 $Gal(P/F)$은 V의 갈루아분해식의 선택에 무관하다.

증명. $V' \in F(r_1,\cdots,r_n)$를 $P(X)=0$의 다른 갈루라 분해식이라 하고, F위에서 극소다항식을 π'라 하자. 또한 모든 $i=1,\cdots,n$에 대하여 $f_i' \in F(X)$를 유리분수식으로

$$r_i = f_i'(V') \text{ for } i=1,\cdots,n \tag{14.7}$$

우리는 V의 도움으로 위와 같이 정의된 $Gal(P/F)$의 임의의 원소는, 또한 V'에 관해서 정의된 $Gal(P/F)$의 원소가 됨을 보여야한다. 그 역은 V와 V'를 교환하면 분명하다.

따라서 $\sigma \in Gal(P/F)$라 하자. 우리는 π'의 어떤 한근 W'에 대하여,

$$\sigma : r_i \mapsto f_i'(W')$$

임을 보여야 한다.

적절한 W'를 찾기 위해서, 우리는 σ를 $F(r_1,\cdots,r_n)$로 확장하여 사용한다. 식 (14.7)으로부터, 양변에 σ를 작용하면, 여기서 F의 원소는 σ에 의해서 불변이다.

$$\sigma(r_i) = f_i'(\sigma(V'))$$

유사하게, V'는 π'의 한 근 이므로, 다음이 성립한다.

$$\pi'(\sigma(V')) = 0$$

즉, $\sigma(V')$는 π'의 한 근이다. 원소 $W' = \sigma(V')$는 필요한 조건들을 만족한다. ■

우리는 이제 결과 4(p.289)의 증명을 완성했다. 그리고 이장의 처음에 이야기한 결과들의 증명을 끝냈다.

14.14 따름정리. $Gal(P/F)$는 $r_1, \cdots, r_n$의 모든 치환들로 된 군의 란 부분군이다.

증명. $Gal(P/F)$안에 잇는 항등사상은 분명하다. 갈루아군의 정의에서 이 사상은 σ_1이다.(p.237). 그래서, $Gal(P/F)$에서 사상의 합성과 역사상에 대하여 성립함을 보이는 것만 남았다.

$\sigma \in Gal(P/F)$라 하자. $Gal(P/F)$의 정의에서, 적당한 $j = 1, \cdots, m$에 대하여,

$$\sigma(r_i) = f_i(V_j)$$

이다. 명제 14.10은 V_j가 역시 $P(X) = 0$의 갈루아 분해식임을 보여준다. 따라서, 우리는 $Gal(P/F)$를 $V = V_1$ 대신에 V_j의 도움으로 정의할 수 있다. V_1과 V_j는 같은 극소다항식 π의 근들 이므로, 다음 사상

$$f_i(V_j) \mapsto f_i(V_1)$$

은 역시 $Gal(P/F)$의 원소이다. 아 사상은 σ의 여사상이고, 따라서 우리는 $Gal(P/F)$가 역사상에 대하여 성립*stable*한다.

임의의 $\tau \in Gal(P/F)$에 대하여, 사상의 합성 $\tau \circ \sigma$가 $Gal(P/F)$안에 있는가를 증명하기 위해서, 우리는 V_j에 대한 $Gal(P/F)$의 정의를 다시 생각해보자. 따라서,

$$\tau : f_i(V_j) \mapsto f_i(V_k) \quad \text{어떤} \quad k = 1, \cdots, m$$

이고,

$$\tau \circ \sigma : \tau_i \mapsto f_i(V_k)$$

따라서, $\tau \circ \sigma \in Gal(P/F)$이다. ■

14.3 확대체 아래서의 갈루아군

방정식의 갈루아군의 정의에서, 기저체F는 다소 두드러지지 않는 역할을 하지만 중요한 역할을 한다. 이장의 목적은 이것에 초점을 맞추어 기저체가 보조방정식*auxiliary polynomial*의 근들을 부가*adjunction*에 의해서 확장될 때 무슨 일이 일어나는지를 탐구하고자 한다.

거듭제곱근에 의한 해법에의 적용 측면에서 보면, 결정적인 경우는 원소들의 p차 제곱근들의 부가한 것이다. 즉, $X^p - a$형태의 보조방정식의 근들(p는 소수이고 13.2장 참조)

앞장에서와 같이, 우리는 P 를 어떤 체 F위에서 n차 차수를 갖는 한 모닉다항식 으로 표기하고, 여기서 P는 F 를 포함하는 어떤 체 S안에서 n개의 서로 다른 근들 $r_1, \cdots, r_n$을 갖는다.

$$P(X) = X^n - a_1X^{n-1} + a_2X^{n-2} - \cdots (-1)^n a_n = (X - r_1)\cdots(X - r_n)$$

그와같은 체 S의 존재는 질라르의 정리(정리 9.3, p.150)로부터 나왔다. 사실상, 체 S는 F위에서 $P(X)=0$의 갈루아군의 결정에 대한 일이라면 단지 부분체 $F(r_1,\cdots,r_n)$이므로, 임의적으로 확대시킬 수 있다. 따라서, 만약 F 를 품는 어떤체 K가 주어지면, 우리는 S가 K를 품는다고 가정할 수 있다. 사실, 우리는 F 대신에 기저체 K로 질라르의 정리에 적용하면 충분하다. 이것은 우리가 K의 원소들과 $F(r_1,\cdots,r_n)$의 원소들을 섞어 사용하는 계산을 허용한다는 것이다. 그리고 특히, K에서 계수를 갖는 $r_1, \cdots, r_n$의 유리분수식의 체 $K(r_1,\cdots,r_n)$ 를 생각하자. 우리는 앞장의 방법에 따라 F 뿐만 아니라 K위에서도 $P(X)=0$의 갈루아군을 결정할 수 있다.여기서 이 갈루아군들을 비교해보자:

14.15 명제. 만약 F 를 품는 어떤 체 K가 주어지면, $Gal(P/K)$는 $Gal(P/F)$의 부분군이다.

증명. V를 F위에서 $P(X)=0$의 임의의 갈루아 분해식이라 하자. 모든 $i=1,\cdots,n$에 대하여

$$r_i \in F(V)$$

이고, $F(V) \subset K(V)$이기 때문에, P의 임의의 근 r_i는 K 에서 계수를 갖는 V의 한 유리분수식이다. 따라서 V는 역시 K 위에서 $P(X)=0$의 임의의 갈루아 분해식이다. 만약, $i=1,\cdots,n$와 어떤 유리분수식 $f_i \in F(X)$에 대하여

$$r_i = f_i(V)$$

이면, 같은 분수식 f_i가 $Gal(P/K)$와 $Gal(P/F)$를 결정하는데 사용될 수 있다.

단지 차이점은 F위에서 V의 기약다항식 π가 K위에서는 기약이 안될 수 있다. K위에서 V의 기약다항식은 θ로 표기하기로 하고, 그러면 π와는 다르지만 어떻든지 보조정리 12.14, p.219 에 의해서 θ는 π를 나눈다. 따라서, θ의 근들은 π의 근들 속에 있다.

$Gal(P/K)$의 치환들은 다음 형식이다.

$$\sigma : r_i \mapsto f_i(V') \quad \text{for } i=1,\cdots,n$$

여기서 V'는 θ의 한 근이고, $Gal(P/F)$안에서의 치환은 같은 형식이고, 그것은 V'가 π의 한 근이다. 이것으로 $Gal(P/K) \subset Gal(P/F)$이다. ■

이장의 나머지 부분에서의 목표는 K에 적절한 가정 아래서 $Gal(P/K)$와 $Gal(P/F)$ 사이의 관계에 대한 추가적인 정보를 얻는 것이다.

더욱 분명하게, 우리는 만약 K가 한 기약보조방정식 $T(X)=0$의 한 근을 부가함으로써 얻어진다면, 다음 상

$$\frac{|Gal(P/F)|}{|Gal(P/K)|}$$

즉, $Gal(P/F)$에서의 $Gal(P/K)$의 지표index라 하고, 이것은 T의 차수를 나눈다. 만약 한편으로 체 K가 방정식 $T(X)=0$의 모든 근들을 모두 다 부가함으로써 얻어진 것이라면, 다음이 성립한다:

$$\sigma \circ \tau \circ \sigma^{-1} \in Gal(P/K) \text{ for } \sigma \in Gal(P/F),\ \tau \in Gal(P/K)$$

이 성질은 $Gal(P/K)$가 $Gal(P/F)$의 정규부분군*normal subgroup* 이라는 말로 표현된다.

14.16 보조정리. π를 한 체 F위에서의 기약다항식이라 하자. 그리고 K를 F를 품는란 체로서 π가 K위에서 일차인수들의 곱으로 분해된다고 하자. 또한 $f, g, h \in F[X, Y]$라 하고, 만약 K안에서 π의 어떤 근 V에 대하여,

$$f(X, V) = g(X, V)\, h(X, V) \quad \in K[X]$$

이면, π의 임의의 근 W에 대하여

$$f(X, W) = g(X, W)\, h(X, W) \quad \in K[X]$$

이다.

증명. f, g 그리고 h 를 $F[Y]$ 위에서 한 부정원 X의 다항식으로 간주하자. 우리는 주어진 다항식들 $c_r(Y), \cdots, c_0(Y)$에 대하여

$$f(X, Y) - g(X, Y)h(X, Y) = c_r(Y)X^r + \cdots + c_0(Y)$$

으로 쓸 수 있다. 가정에서 $f(X, V) = g(X, V)h(X, V)$ 임으로,

$$c_i(V) = 0 \text{ for } i = 0, \cdots, r$$

따라서, 보조정리 14.4(p.295)에서 π의 임의의 근 W에 대하여

$$c_i(W) = 0 \text{ for } i = 0, \cdots, r$$

따라서,

$$f(X, W) = g(X, W)h(X, W)$$

이다. ■

이제부터, 우리는 T 를 F위에서 차수가 t인 기약다항식으로 표기한다. 따름정리 5.22(p.78)로부터, F 를 품는 임의의 체 안에서 단순근들을 갖는다. 따라서 적당한 체 위에서 $u_1, \cdots, u_t$가 서로 다른 값으로,

$$T(X) = (X - u_1) \cdots (X - u_t)$$

가 성립한다.

14.17 정리. $Gal(P/F)$안에서 $Gal(P/F(u_1))$의 지표는 t 를 나눈다.

증명. V 를 F위에서 $P(X) = 0$의 임의의 갈루아 분해식이라 하자. 명제 14.15의 증명에서 본바와 같이, V는 역시 $F(u_1)$위에서 $P(X) = 0$의 갈루아 분해식이다. 우리는 θ(resp.π)로 $F(u_1)$(resp. F)위에서 각각 극소다항식을 표기한다. $Gal(P/F)$의 치환들은 π의 근들의 $1-1$대응이고, θ의 근들에 대해서도 $Gal(P/F(u_1))$안에서 $1-1$대응이므로, 우리는

$$\frac{\deg \pi}{\deg \theta} \text{가 } t\text{를 나눈다.}$$

를 증명해야 한다.

보조정리 12.14, p.219에서, 우리는 θ가 π를 나눈다. 그래서 적당한 다항식 $\lambda \in F(u_1)[X]$에 대하여

$$\pi = \theta\lambda \tag{14.8}$$

이다. 또한

$$\theta(X) = X^r + b_{r-1}X^{r-1} + \cdots + b_1X + b_0$$

이다. $b_0, \cdots, b_{r-1} \in F(u_1)$이므로, 이 원소들은 명제 12.15, p.220에 의해서 u_1의 다항식표현을 갖는다. 어떤 다항식 $\theta_i \in F[Y]$에 대하여

$$b_i = \theta_i(u_1) \text{ for } i = 0, \cdots, r-1$$

이다. 그래서

$$\Theta(X, Y) = X^r + \theta_{r-1}(Y)X^{r-1} + \cdots + \theta_1(Y)X + \theta_0(Y) \in F[X, Y]$$

이고, 그래서

$$\Theta(X, u_1) = \theta(X)$$

이다.

λ에 대해서 유사하게 작용하면, 우리는 한 다항식 $\Lambda(X, Y) \in F[X, Y]$를 구성하여

$$\Lambda(X, u_1) = \lambda(X)$$

가 성립한다.

식 (14.8)은 다음과 같이 다시 쓸 수 있다.

$$\pi(X) = \Theta(X, u_1)\Lambda(X, u_1)$$

이고 앞 보조정리에 의해서

$$\pi(X) = \Theta(X, u_i)\Lambda(X, u_i) \quad \text{for } i = 1, \cdots, t$$

이 식들을 모두 곱하면, $F(u_1, \cdots, u_t)[X]$에서

$$\pi(X)^t = \Theta(X, u_1) \cdots \Theta(X, u_t)\Lambda(X, u_1) \cdots \Lambda(X, u_t) \tag{14,9}$$

이다.

우리는 사실 곱 $\Theta(X, u_1) \cdots \Theta(X, u_t)$은 F안에서 계수를 갖는 한 다항식임을 밝히겠다. 사실상, 다항식

$$\Theta(X, Y_1) \cdots \Theta(X, Y_t)$$

은 부정원 $Y_1, \cdots, Y_t$에 대하여 분명히 대칭적이다. 그것은 X와 $Y_1, \cdots, Y_t$의 기본대칭다항식들의 한 다항식으로 표현될 수 있다. 따라서, $u_1, \cdots, u_t$를 $Y_1, \cdots, Y_t$에 대입하여 X의 다항식을 만든다. 여기서 그 계수들은 $u_1, \cdots, u_t$를 근으로 갖는 방정식 $T(Y)=0$의 계수들로부터 계산될 수 있다. T의 계수들은 F안에 있으므로, $\Theta(X, u_1) \cdots \Theta(X, u_t) \in F[X]$이 밝혀졌다.

식 (14.9)는 이 곱이 $\pi(X)^t$를 나눈다. π는 F위에서 기약이므로, 어떤 정수 k가 1과 t사이에 존재하여,

$$\Theta(X, u_1) \cdots \Theta(X, u_t) = \pi(X)^k \tag{14.10}$$

양변의 차수들을 비교하면, 우리는

$$tr = k \deg \pi$$

$$tr = k \deg \pi$$

가 성립하고, $r = \deg \theta$이므로,

$$\frac{\deg \pi}{\deg \theta}\text{는 } t\text{를 나눈다.}$$ ■

같은 표기로, 우리는 이제 이장의 처음에서 말한 다른 성질을 증명하자.

14.18 정리. $Gal(P/F(u_1, \cdots, u_t))$는 $Gal(P/F)$의 한 정규부분군이다.

즉, 만약 $\sigma \in Gal(P/F)$ 이고 $\tau \in Gal(P/F(u_1, \cdots, u_t))$이면,

$$\sigma \circ \tau \circ \sigma^{-1} \in Gal(P/F(u_1, \cdots, u_t))$$

이다.

증명. V를 F위에서 $P(X)=0$의 한 갈루아 분해식이라 하자.(또한 (역시 $F(u_1, \cdots, u_t)$에서도 성립한다). $\phi(resp. \pi)$를 $F(u_1, \cdots, u_t)$와 $(resp. F)$ 위에서 각각 V의 극소다항식이라 하자. 그리고 $f_1, \cdots, f_n \in F(X)$를 유리분수식이라 하자.

$$r_i = f_i(V) \text{ for } i = 1,\cdots,n$$

임의의 치환 $\tau \in Gal(P/F(u_1,\cdots,u_t))$에 대하여,

$$\tau : r_i = f_i(V) \mapsto f_i(V') \text{ for } i = 1,\cdots,n \tag{14.11}$$

이 된다. 여기서, V'는 ϕ의 한 근이다.

만약 $\sigma \in Gal(P/F)$이면, 따름정리 14.12에 의해서 σ는 F의 모든 원소가 불변인 $F(r_1,\cdots,r_n)$에서 자기동형사상으로 확장된다. 따라서, 이 식의 양변에 σ를 적용하면,

$$\pi(V) = 0$$

우리는

$$\pi(\sigma(V)) = 0$$

이다.

이것은 $\sigma(V)$가 π의 근이다.

따라서, 명제 14.10에 의해서, P의 모든 근들 $r_1, \cdots, r_n$은 $\sigma(V)$의 유리분수식이다. 다른 말로, $\sigma(V)$는 F위에서 $P(X)=0$의 한 갈루아 분해식이다. 따라서, $F(u_1,\cdots,u_t)$위에서도 마찬가지이다.

$Gal(P/F(u_1,\cdots,u_t))$는 임의의 갈루아 분해식에 의한 선택에 무관함으로(따름정리 14.13) 그 원소들을 기술함에 있어서 우리는 편리하게 임의의 갈루아 분해식을 선택할 수 있다. 그래서 $\sigma(V)$는 $\sigma \circ \tau \circ \sigma^{-1}$을 기술하는데 아주적절하게 된다. 사실, (14.11)은

$$\sigma \circ \tau \circ \sigma^{-1}: f_i(\sigma(V)) \mapsto f_i(\sigma(V'))$$

이 된다.

따라서, $\sigma \circ \tau \circ \sigma^{-1} \in Gal(P/F(u_1,\cdots,u_t))$을 증명하기 위해서, $\sigma(V')$가 $F(u_1,\cdots,u_t)$ 위에서 $\sigma(V)$의 극소다항식 의 한 근이 됨을 증명하면 충분하다.

W를 $T(X)=0$의 갈루아 분해식이라 하고 $W_1,\cdots,W_s$를 F 위에서 의 극소다항식의 근들이라 하자(W 도 이중 하나이다). 따름정리 14.9에 의해서, 우리는

$$F(u_1,\cdots,u_t) = F(W) = F(W_1,\cdots,W_s)$$

을 얻는다.

사실상, W 는 $W_1,\cdots,W_s$중 어느 것이나 될 수 있다. 우리는 역시

$$F(u_1,\cdots,u_t) = F(W_i) \text{ for } i=1,\cdots,s$$

확장 $F(u_1,\cdots,u_t)$는 한 원소 W_1에 의한 F의 확대체로 간주할 수 있다. 위의 정리 14.17의 증명에서 중복되는 논증에서, 우리는 한 다항식 $\Phi(X,Y)\in F[X,Y]$을 만들어

$$\phi(X) = \Phi(X,W_1)\in F(u_1,\cdots,u_t)[X]$$

이고, 우리는 (14.10)과 유사한 식을 이 증명 안에서 구한다. 즉,

$$\Phi(X,W_1)\cdots\Phi(X,W_s) = \pi(X)^l$$

여기서 l은 1과 s사이의 값이다. $\sigma(V)$는 π의 한 근이므로, 이 식은 $\sigma(V)$는 $\Phi(X,W_k)$의 어떤 인수의 한 근이다.

$\Phi(X,W_k)$가 $F(u_1,\cdots,u_t)$위에서 $\sigma(V)$의 극소다항식임을 보이기 위해서, 이 다항식이 기약임을 증명하면 충분하다. 만약 $F(u_1,\cdots,u_t)$위에서 인수분해 된다면, $F(u_1,\cdots,u_t) = F(W_k)$이기 때문에 인수분해는 다음과 같은 형식으로 쓸 수 있다.

$$\Phi(X,W_k) = \Gamma(X,W_k)\Delta(X,W_k)$$

여기서, Γ와 Δ는 F에서 계수를 갖는 어떤 다항식이다.

따라서, 보조정리 14.16에 의해서,

$$\Phi(X,W_1) = \Gamma(X,W_1)\Delta(X,W_1)$$

$\Phi(X,W_1)=\phi(X)$는 기약이므로, 위의 인수분해는 자명$trivial$하다. 따라서 $\Phi(X,W_k)$도 마찬가지이다. 따라서, $\Phi(X,W_k)$는 $F(u_1,\cdots,u_t)$위에서 $\sigma(V)$의 극소다항식이다.

따라서, $\sigma(V')$이 $\Phi(X,W_k)$의 한 근임을 증명해야하는 것이다. $\sigma(V)$에서와 같이 V'는 $\Phi(X,W_1)(=\phi(X))$라 가정하면 V와 같다.

떠름정리 14.9(p.301)에 의해서, $F(r_1,\cdots,r_n) = F(V)$이기 때문에, 우리는 어떤 유리분수식 $g(X)\in F(X)$에 대하여

$$V' = g(V)$$

이다.

사실, 명제 12.15, p.220, 우리는 $F[X]$에서 한 다항식 g를 선택할 수 있다.

$\Phi(V', W_1) = 0$이므로, 우리는

$$\Phi(g(X), W_1) = 0$$

따라서 V는 $\Phi(g(X), W_1) \in F(u_1, \cdots, u_t)[X]$의 한 근이다. 그리고, 보조정리 12.14, p.219에 의해서, $\Phi(X, W_1)$는 $\Phi(g(X), W_1)$을 나눈다. 어떤 다항식 $\Psi \in F[X.Y]$에 대하여

$$\Phi(g(X), W_1) = \Phi(X, W_1)\Psi(X, W_1)$$

보조정리 14.16(p.309)은 다음이 성립한다.

$$\Phi(g(X), W_k) = \Phi(X, W_k)\Psi(X, W_k)$$

그리고, $\sigma(V)$가 $\Phi(X, W_k)$의 근 이므로 다음이 성립한다.

$$\Phi(g(\sigma(V)), W_k) = 0$$

이제, (14.12)의 양변에 σ를 작용하면

$$\sigma(V') = g(\sigma(V))$$

따라서, 앞 식은 $\sigma(V')$가 $\Phi(X, W_k)$의 근이다. ■

14,19 주목할 점. 이 정리는 $Gal(P/F)$에서 $Gal(p/F(u_1, \cdots, u_t))$의 지표를 구할 수는 없으나, 정리 14.17로부터, 적절한 정보를 얻을 수 있다. 사실상, u_2가 다항식

$$\frac{T(X)}{X-u_1} \in F(u_1)[X]$$

의 한 근이고, 차수는 $t-1$이다. $F(u_1)$위에서 u_2의 극소다항식의 차수는 기껏해서 $t-1$이다.

따라서, 정리 14.17에 의해서,

$$(Gal(P/F(u_1)) \colon Gal(P/F(u_1, u_2))) \leq t-1$$

같은 방법으로, u_3는

$$\frac{T(X)}{(X-u_1)(X-u_2)} \in F(u_1, u_2)[X]$$

의 한 근이고, 그 차수가 $t-2$이다. 우리는

$$(Gal(P/F(u_1,u_2)) : Gal(P/F(u_1,u_2,u_3))) \le t-2$$

드으등, 이제 $Gal(P/F)$에서 $Gal(p/F(u_1,\cdots,u_t))$의 지표는 다음과 같이 계산할 수 있다.

$$\frac{|Gal(P/F)|}{|Gal(P/F(u_1,\cdots,u_t)|} = \frac{|Gal(P/F)|}{|Gal(P/F(u_1))|} \cdots \frac{|Gal(P/F(u_1,\cdots,u_{t-1}))|}{|Gal(P/F(u_1,\cdots,u_t))|}$$

따라서, 위의 상계와 정리14.17은

$$(Gal(P/F) : Gal(P/F(u_1,\cdots,u_t))) \le t!$$

14.20 예. 정리 14.17과 14.18의 설명에서와 같이, 우리는 4차의 일반방정식의 갈루아 군이 어떻게 한 개 또는 분해3차식의 모든 근을 부가함으로써, 작용하는지 보일 것이다.

$$P(X) = (X-x_1)\cdots(X-x_4) = X^4 - s_1X^3 + s_2X^2 - s_3X + s_4 = 0$$

를 차수가 4차인 일반방정식이라 하자. 여기서 $s_1,\cdots,s_4$의 유리분수식의 체를 기저체로 한다

$$F = k(s_1,s_2,s_3,s_4)$$
$$(k = Q \text{ or } C)$$

예 14.1에 의해서(p.287), 갈루아군 $Gal(P/F)$는 x_1, x_2, x_3, x_4의 모든 치환으로 된군으로

$$Gal(P/F) = S_4$$

이다.

라그랑주의 4차방정식의 해법에 대한 논의로부터(10.2 참조), 페라리 *Ferrari*의 분해 3차방정식 근들은 다음과 같다.

$$\begin{aligned} u_1 &= -\frac{1}{2}(x_1+x_2)(x_3+x_4) \\ u_2 &= -\frac{1}{2}(x_1+x_3)(x_2+x_4) \\ u_3 &= -\frac{1}{2}(x_1+x_4)(x_2+x_3) \end{aligned}$$

이근들은 모두 F안에 있지 않으므로, 3차분해식은 따름정리 5.13, p.73에 의해서 F위에서 기약이다.

우리는 정리 14.17과 14.18(주목할 점 14.19)을 적용하여 $Gal(P/F(u_1))$이 $Gal(P/F)$의 지표가3인 부분군(위수는 8)임을 결정할 수 있다. 그리고 $Gal(P/F(u_1, u_2, u_3))$은 $Gal(P/F)$의 지표가 기껏해서 6인 정규부분군이다.

사실상, 이 군들을 명확하게 결정하기는 어렵지 않다. 정리14.11에서 본바와 같이, $Gal(P/F(u_1))$의 치환들에 의해 u_1은 불변이다. 따라서, 10.3에서와 같이 S_4의 u_1을 불변으로 하는 모든 치환들로 된 부분군을 $I(u_1)$로 표기하면, 우리는

$$Gal(P/F(u_1)) \subset I(u_1)$$

임을 알 수 있다.

라그랑주정리(정리 10.2, p.174)에 의해서, S_4에서 $I(u_1)$의 지표는 3(즉, S_4의 치환들 아래서 u_1값의 개수)이기 때문에,

$$|I(u_1)| = |Gal(P/F(u_1))|$$

이고, 따라서,

$$Gal(P/F(u_1)) = I(u_1)$$

이다.

더욱 확실하게, $I(u_1)$에서의 치환들은 정사각형의 꼭지점들에서 정사각형을 동형으로 불변이 되도록 하는 등장변환들에 의해서 유도되는 것들이다.

이 군을 위수 8인 이면체군*dihedral group*이라 부른다. S_4의 부분군들 $I(u_1)$, $I(u_2)$,과 $I(u_3)$은 정사각형의 꼭지점의 3개의 동형이 않되는 번호을 메김하는 방법들에 대응된다.

부분군 $I(u_1)$은 S_4의 정규가 아니다. 사실, 만약 $\sigma \in S_4$를 u_1를 u_2로 사상하는 치환이라면,

$$\sigma \circ I(u_1) \circ \sigma^{-1} = I(u_2) \quad (\neq I(u_1))$$

대조적으로, 부분군 $Gal(P/F(u_1, u_2, u_3))$은 S_4의 정규이다. 그리고 정리 14.11은 이 군의 치환들에서 $u_1, u_2,$ 와 u_3가 모두 불변임을 보여준다. 따라서,

$$Gal(P/F(u_1, u_2, u_3)) \subset I(u_1) \cap I(u_2) \cap I(u_3)$$

이다.

$I(u_1) \cap I(u_2) \cap I(u_3)$에서의 치환들은 용이하게 찾을 수 있다. 그것들은 Id(항등원)과 1,2,3,4를 쌍으로 교환한 치환들이다:

$$\sigma_1 : \begin{cases} 1 \leftrightarrow 2 \\ 3 \leftrightarrow 4 \end{cases} \qquad \sigma_2 : \begin{cases} 1 \leftrightarrow 3 \\ 2 \leftrightarrow 4 \end{cases} \qquad \sigma_3 : \begin{cases} 1 \leftrightarrow 4 \\ 2 \leftrightarrow 3 \end{cases}$$

따라서,

$$|Gal(P/F(u_1, u_2, u_3))| \leq |I(u_1) \cap I(u_2) \cap I(u_3)| = 4$$

한편, $Gal(P/F(u_1, u_2, u_3))$은 S_4의 지표가 기껏해서 6이므로, 우리는

$$|Gal(P/F(u_1, u_2, u_3))| \geq 4$$

이므로, 따라서

$$Gal(P/F(u_1, u_2, u_3)) = \{Id, \sigma_1, \sigma_2, \sigma_3\}$$

이다.

이 장을 끝마치기 위해서, 우리는 정리 14.17과 14.18에서 곧바로 되는 다음 결과를 소개한다.

14.21 따름정리. K를 F의 높이가 1인 거듭제곱근확대체라 하자. 어떤 소수 p와 F안에서 p차의 멱원이 되지 않는 한 원소 $a \in F$ 에 대하여,

$$K = F(u) \ with \ u^p = a$$

만약 F가 단위원의 p차원시근을 포함한다면, $Gal(P/K)$는 $Gal(P/F)$안에서 지표가 1 또는 p인 정규부분군이다.

증명. 우리는 위의 결과를 보조정리 13.9, p.266에 의해서 기약인 다항식

$$T(X) = X^p - a$$

에 적용하자.

F는 단위원의 p차원시제곱근 ζ 를 품고 있기 때문에, T의 한 근인 u를 부가하게 된다. 그래서 다른근들은 $\zeta u, \zeta^2 u, \cdots, \zeta^{p-1} u$이다. 따라서,

$$K = F(u) = F(u, \zeta u, \zeta^2 u, \cdots, \zeta^{p-1} u)$$

이고, 정리 14.17에 의해서 $Gal(P/K)$는 $Gal(P/F)$안에서 지표가 1 또는 p인 부분군이다. 그리고 정리 14.18에 의해서 정규이다. ■

주목할 점. 거듭제곱근에 의한 방정식의 해법에 대한 적용들은 위의 따름정리를 통해서만 정리 14.17과 14.18을 사용한다. 사실상, 따름정리의 특수한 경우로 정리 14.18 대신에 갈루아논문의 원본의 증명의 소개로 기술되었다. 그것은 후반부에 아마도 결투 전날 저녁에 "*one will find proof*" 라는 말과 함께 정리 14.18의 일반적인 서술에 의해서 대치되었다. 위의 증명은 에드워드*Edwards*[20]으로부터 인용된 것이다.

14.4 거듭제곱근에 의한 방정식의 해법

거듭제곱근에 의한 방정식의 해법은 이제 방정식의 갈루아군의 한 조건으로 변역될 수 있다. 그러나, 갈루아논문의 거듭제곱근에 의한 방정식의 해법의 개념은 13.2의 그것과는 약간 다르다. 거기서 갈루아는 방정식의 모든 근들(그들 중의 하나 대신에)이 거듭제곱근의 표현을 갖는 것을 요구했다. 이 조건을 13.2의 그것과 구별하여, 우리는 F위에서 계수를 갖는 다항방정식이 만약 방정식의 근들을 품는 F의 거듭제곱근확대체이 존재할때 F위에서 거듭제곱근에 의해 완전히 풀이를 갖는다*completely solvable by radical*

고 말했다.

이 구별은 임의 방정식에서 그리고 더욱 특수하게 방정식 $P(X)=0$의 좌변이 가약일 때를 취급한데 의미를 갖는다. 이 경우에, 방정식의 해법은 P의 한 인수에 대한 한 근을 찾는 것이고, 그런 근들을 찾는 어려움은 인수들에 따라 완전히 다른 문제이다. 예를 들어, $C(s_1,\cdots,s_n)$위에서 방정식

$$(X-1)(X^n-s_1X^{n-1}+s_2X^{n-2}-\cdots+(-1)^ns_n=0$$

이 거듭제곱근에 의해 풀린다. $X-1=0$은 가해이지만, 만약 $n\geq 5$이면 그것은 거듭제곱근에 의해 완전히 풀어질 수 없다. 왜냐하면 5차 이상의 일반방정식은 거듭제곱근에 의해 풀리지 않기 때문이다(정리13.16, p.276)

우리는 그러나 만약 다항식 P가 F위에서 기약이면, 방정식 $P(X)=0$이 F위에서 거듭제곱근에 의해 풀이를 갖기 위한 필요충분조건은 F위에서 거듭제곱근에 의해 완전히 풀이를 갖는다는 것이다.

그의 논문에서, 갈루아는 단지 중근을 갖지 않는 방정식의 완전한 해법을 생각했다. 결정적인 것은 기약방정식의 해법(주어진 방정식을 인수분해해서 택한 하나)과 이 두 개념이 동등함으로, 갈루아의 결과는 실제적으로 더 일반적인 거듭제곱근에 의한 방정식의 해법으로 충분하다. 이장의 중심적인 결과는 다음정리 이다.

14.22 정리. P는 F위의 한 다항식이고, P는 F 를 포함하는 임의의 체 안에서 단지 단순근*Simple group*들을 갖는다고 가정하자. 방정식 $P(X)=0$가 F위에서 완전한 해를 갖기 위한 필요충분조건은 그것의 갈루아군 $Gal(P/F)$가 일련의 부분군들을 포함하고 각 $i=1,\cdots,t$에 대하여

$$Gal(P/F)=G_0\supset G_1\supset G_2\supset\cdots\supset G_t=\{Id\}$$

이고, 각 부분군 G_i는 G_{i-1}안에서 소수의 지표를 갖는 정규부분군이다.

$$(t=0\text{이면 } Gal(P/F)=\{Id\})$$

따라서, 한 유한군 G가 만약 이 정리의 조건을 만족하면 가해라한다. 즉, 만약 그것이 G에서 출발하는 일련의 부분군을 품고, 끝이 $\{Id\}$이고, 각 부분군은 앞의 그것에

소수 지표를 갖는 정규부분군이다.

위의 결과는 갈루아논문 명제5[21, p.57], [20, p.108-109]이다. 그것의 증명은 P의 근들 r중에 하나가 거듭제곱근의 표현을 갖어야 한다는 필요하고 충분한 조건을 만족한다는 것을 실질적으로 갖추는 것이다. 그 조건은 G_t가 항등원 만으로 축약되어야 한다고 요구하지 않는 것만 제외하면 똑 같다. 그러나, τ를 불변으로 하는 어떤 치환들로만 포함 할 조건을 대신 요구한다. 그렇지만, 충분조건 부분은 앞으로의 결과로부터 다소 용이하게 설명된다. 그리고 필요조건은 약간의 준비가 요구된다.

먼저, 우리는 정리 10.3(p.177)한 군 G에서 한 부분군 H의 좌측잉여류들은 다음 형식을 갖는 G의 부분집합들이다.

$$\sigma H = \{\sigma\xi \mid \xi \in H\} \text{ for } \sigma \in G$$

그리고 G안에서 한 부분군 H의 서로 다른 잉여류집합의 개수를 지표$index(G: H)$로 표기하고, 그것은 만약 G가 유한집합이면, 라그랑주정리에 의해서(정리 10.3 p.177) $\frac{|G|}{|H|}$와 같다.

14.23 보조정리. $\sigma H = \tau H$ 이기위한 필요충분조건은 $\sigma^{-1}\tau \in H$.

증명. 만약 $\sigma H = \tau H$ 이면, 그러면, 특히, $\tau \cdot 1 \in \sigma H$, 따라서 적당한 $\xi \in H$에 대하여, $\tau = \sigma\xi$이다. 그리고,

$$\sigma^{-1}\tau = \xi \in H$$

역으로, 만약 $\sigma^{-1}\tau \in H$.이면, 그러면 그 식은

$$\sigma\xi = \tau((\sigma^{-1}\tau)^{-1}\xi) \text{ for } \xi \in H$$

은 $\sigma H \subset \tau H$, 식

$$\tau\xi = \sigma((\sigma^{-1}\tau)\xi) \text{ for } \xi \in H$$

은 $\tau H \subset \sigma H$ 이다. ■

14.24 보조정리. $G_1 \supset G_2 \supset G_3$은 부분군들의 사슬*chain*이라 하자. 만약 G_1이 유한이면,

$$(G_1 : G_3) = (G_1 : G_2)(G_2 : G_3)$$

특히, 만약 G_3가 G_1에서 소수 지표를 갖는 한 부분군이라 하면 $G_2 = G_1$이거나 $G_2 = G_3$이다.

증명. 만약 G_1에서의 G_3의 지표가 계산된다면,

$$\frac{|G_1|}{|G_3|} = \frac{|G_1|}{|G_2|}\frac{|G_2|}{|G_3|}$$

이다. ■

주목할 점. 이 보조정리는 G_1이 유한이라는 가정이 없어도 역시 성립한다. 그러나, 그 증명은 더 미묘하다. 이러한 일반적인 경우는 필요하지 않다

14.25. 명제. H와 N를 한 군 G의 부분군들이라 하자. 그리고 G의 부분집합 $H \bullet N$을

$$H \bullet N = \{\xi\nu | \xi \in H, \nu \in N\}$$

라 정의하자.

만약 N이 G의 정규이면, $H \bullet N$은 G의 한 부분군이고 $H \cap N$은 H의 한 정규부분군이다.

만약 더욱 N이 G안에서 소수 지표를 갖고, G가 유한이면, $H \bullet N$는 N이거나 G가 된다.

만약 $H \bullet N = N$이면, $H \subset N$, 따라서 $H \cap N = H$ 이다.

만약 $H \bullet N = G$ 이면, H 안에서 $H \cap N$ 의 지표는 G안에서 N의 지표와 같다.

$$(H : H \cap N) = (G : N)$$

더욱, 이 경우에, G안에서 N의 임의의 잉여류집합은 적당한 $\xi \in H$에 대하여 ξN형이다.

증명. H에서 $H\cap N$의 정규성은 G에서 N의 정규성으로 부터 바로 밝혀진다. 그리고, $H\cdot N$이 G의 한 부분군이 된다는 것을 보이는 것은 곧바로 밝힐 수 있다. 첫째로, G의 항등원 1은 $H\cdot N$에도 있다 왜냐하면 그것은 $1\in H$와 $1\in N$의 곱으로 쓸 수 있기 때문이다. 다음은, $H\cdot N$는 곱셈에 닫혀있다. 왜냐하면, 임의의 $\xi_1,\xi_2\in H$와 $\nu_1,\nu_2\in N$ 에 대하여,

$$(\xi_1\nu_1)(\xi_2\nu_2)=(\xi_1\xi_2)\left((\xi_2^{-1}\nu_1\xi_2)\nu_2\right)$$

이고, $\xi_2^{-1}\nu_1\xi_2\in N$이기 때문이다.

끝으로, $H\cdot N$은 각 원소의 역원을 포함한다. 왜냐하면, 임의의 $\xi\in H,\ \nu\in N$ 에 대하여,

$$(\xi\nu)^{-1}=\xi^{-1}(\xi\nu^{-1}\xi^{-1})$$

이기 때문이다.

우리는 다음과 같은 부분군들의 포함관계를 얻는다.

$$G\supset H\cdot N\supset N$$

만약 G에서 N의 지표가 소수이면, 보조정리 14.24에 의해서, $H\cdot N=N$이거나 $H\cdot N=G$이다. 첫번째 경우는,H는 $H\cdot N$에 속하므로, $H\subset N$이고, 뒤의 경우는, 우리는 임의의 원소 $\sigma\in G,\ \xi\in H,\ \nu\in N$에 대하여,

$$\sigma=\xi\nu$$

이다.

보조정리 14.23으로부터, $\sigma N=\xi N$이다. 따라서, G에서 N의 임의의 잉여류는 $\xi\in H$에 대한 ξN형식이다.

나머지 부분을 증명하기 위해서, 우리는 H안에서 $H\cap N$의 잉여류집합과 G안에서 N의 잉여류집합사이에 전단사사상을 정의한다.

$$\xi(H\cap N)\mapsto \xi N \text{ for } \xi\in H$$

이 사상은 전사이다. 왜냐하면, 앞에서 밝힌바와 같이, N의 임의의 잉여류는 $\xi\in H$에 대한 ξN형식이기 때문이다. 단사임을 보이기위해서, 우리는 $\xi_1,\ \xi_2\in H$ 이고

$\xi_1 N = \xi_2 N$라 가정 하면, 보조정리 14.23에 의해서,

$$\xi_1^{-1}\xi_2 \in N$$

이다. 따라서, ξ_1, ξ_2는 둘다 H의 원소이므로,

$$\xi_1^{-1}\xi_2 \in H \cap N$$

보조정리 14.23을 다시 적용하면, 우리는

$$\xi_1 (H \cap N) = \xi_2 (H \cap N)$$

을 얻는다. 따라서 우리는 다음을 증명하였다.

$$(G : N) = (H : H \cap N)$$ ■

주목할 점. 이 명제의 결과는 정규부분군에 의한 군의 상군*factor group*의 개념을 사용하는 약간 더 좋은 관계식으로 정리 할 수 있다.근본적으로, 이 명제는 $H \cdot N$안에 H의 포함관계가 상군들의 한 동형사상을 유도 하는 것을 주장하는 명제이다.

$$\frac{H}{H \cap N} \cong \frac{H \cdot N}{N}$$

이 결과는 G가 무한인 경우도 성립한다.

그러나, 상군에 대한 개념은 갈루아의 논문에는 보이지 않아 아마도 갈루아는 알려지지 않았던 것 같다는 이유에서. 우리는 이 소개를 피했다.

14.26. 따름정리. 한 유한군 G안에서 N을 지표가 p인 한 정규부분군 이라하자. 만약 σ를 $G - N$의 한 원소라면, $\sigma^p \in N$이다.

증명. $p+1$개의 잉여류집합

$$N, \sigma N, \sigma^2 N, \cdots, \sigma^p N$$

을 생각해보자.

G안에서 N을 지표가 p이므로, 이 잉여류집합들은 서로다 다를 수는 없다. 따라서 우리는 적당한 정수 m, n를 $m < n$되게 0과 p사이에서 택하여

$$\sigma^m N = \sigma^n N.$$

되게 할 수 있다.

보조정리 14.23에 의해서,

$$\sigma^{n-m} \in N$$

이다.

우리는 $\sigma^k \in N$가 되는 가장적은 정수 $k > 0$을 택하자. 위의 논증에서 $k \le p$임을 알 수 있다. 증명을 끝마치기 위해, $k \ge p$임을 보이면 충분하다. 이것을 보이기 위해, G안에서 N의 임의의 잉여류집합은 다음중 하나이다.

$$N, \sigma N, \sigma^2 N, \cdots, \sigma^{k-1} N$$

그러면 곧바로 G안에서 N의 지표 p는 기껏해서 k임을 알 수 있다.

$H = \{\sigma^i | i \in Z\}$라 하자. 이것은 G의 한 부분군이고, $\sigma \notin N$이므로, $H \cdot N \neq N$이다. 따라서, 앞의 명제에서

$H \cdot N = G$ 이고 G안에서 N의 임의의 잉여류은 적당한 $i \in Z$에 대한 $\sigma^i N$꼴이다. i를 k로 나누면, 적당한 두 정수 q, r가 존재하여 $0 \le r < k$ 인 $i = kq + r$가 성립한다. 그러면

$$\sigma^{i-r} = (\sigma^k)^q \in N$$

이다. 보조정리 14.23에 의해서,

$$\sigma^i N = \sigma^r N$$

이다. r는 0과 $k-1$사이의 값이므로, $k \ge p$가 성립한다. ■

명제 14.25의 더 좋은 결과로, 우리는 다음 결과를 소개한다. 이것은 수학적귀납법의 적용에 아주 편리 할 것이다.

14.27. 따름정리. 한 (유한) 가해군 G의 모든 부분군은 가해군이다.

증명. $$G = G_0 \supset G_1 \supset \cdots \supset G_t = \{1\}$$

를 G의 부분군들의 한 열이고, 각각은 앞의 것의 정규부분군이고 소수 지표를 갖는다고 하자. 우리는 H에서 다음과 같이 한 유사한 열을 찾을 수 있다.

$$H = H \cap G_0 \supseteq H \cap G_1 \supseteq \cdots \supseteq H \cap G_t = \{1\} \tag{14.13}$$

명제 14.25를 G 대신에 G_i, N 대신에 G_{i+1}, 그리고 H 대신에 $H \cap G_i$를 적용하면, 우리는 $H \cap G_{i+1}$이 $H \cap G_i$의 한 정규부분군이고,

$$H \cap G_{i+1} = H \cap G_i \text{ 이거나 } (H \cap G_i : H \cap G_{i+1}) = (G_i : G_{i+1}) \text{이다.}$$

따라서, 열 (14.13)에서 중복된 것을 제외시키면, 우리는 주어진 성질을 갖는 H안에서의 열을 얻을 수 있다. ■

군 이론에 대한 이 모든 예비지식으로, 우리는 이제 거듭제곱근에 의한 방정식의 해법으로 돌아가자. 우리는 전 장에서 사용한 같은 기호들을 사용한다. 따라서, 우리는 다음 다항식을 생각하자.

$$P(X) = X^n - a_1 X^{n-1} + a_2 X^{n-2} - \cdots (-1)^n a_n = (X - r_1) \cdots (X - r_n)$$

여기서 계수 $a_1, \cdots, a_n$은 체 F안 있고, 서로 다른 근들 $r_1, \cdots, r_n$은 F를 포함하는 어떤 체 안에 있다. 다음 결과는 따름정리 14.21의 역명제의 하나이다.

14.28. 보조정리. N을 $Gal(P/F)$안에서 소수지표 p를 갖는 한 정규부분군이라 하자. 만약 F가 단위원의 p차 원시제곱근을 갖는다고 하면, $F(r_1, \cdots, r_n)$안에서 F의 한 거듭제곱근확대체 K가 존재한다, 그것은, 적당한 $a \in F$에 대하여

$$K = F(a^{1/p})$$

꼴이다. 그리고,

$$Gal(P/K) = N$$

이다.

증명. 우리는 몇 단계로 나누어 진행할 것이다. 첫째, 우리는 N에 속하지 않는 $Gal(P/F)$의 한 치환 σ를 택한다.

단계1, $x \in F(r_1, \cdots, r_n)$는 모든 $\nu \in N$에 대하여 $\nu(x)=x$라 하자. 우리는

- 만약 $\sigma(x)=x$ 이면, $x \in F$이다.
- 만약 $\sigma(x) \neq x$ 이고, 만약 $\tau(x)=x$가 성립하는 $\tau \in Gal(P/F)$이면 $\tau \in N$이다.

X를 x를 불변으로 하는 $Gal(P/F)$의 치환들의 집합이라 하자. 즉,

$$X = \{\tau \in Gal(P/F) \mid \tau(x) = x\}$$

이 집합은 가정에서 N을 품는 한 군이다. 포함관계

$$Gal(P/F) \supset X \supset N$$

와 $Gal(P/F)$안에서 N의 지표가 소수라는 가정으로부터, 우리는 보조정리 14.24에 의해서

$$X = N \text{ or } X = Gal(P/F)$$

이다.

만약 $\sigma(x)=x$ 이면 $\sigma \in X$이고, 따라서 $\sigma \notin N$이므로 $X \neq N$이다. 그것으로 $X = Gal(P/F)$이고 따라서 정리 14.11(p.303)에 의해서 $x \in F$이다.

만약 $\sigma(x)=x$ 이면 $\sigma \notin X$이다. 따라서 $X \neq Gal(P/F)$이다. 따라서, $X=N$이다. 이것은 x가 불변인 $Gal(P/F)$안에서의 모든 치환은 N안에 있다는 의미이다.

단계2, N안에서 모든 치환아래서 불변인 F의 원소가 아닌 한 원소 $\nu \in F(r_1, \cdots, r_n)$가 존재한다.

$f(x_1, \cdots, x_n)$를 보조정리 14.6(p.297)의 성질을 갖는 $F[x_1, \cdots, x_n]$안에서의 한 다항식이라 하자. 즉, 부정원들의 서로 다른 가능한 모든 방법에 대해 $r_1, \cdots, r_n$를 대입하여 얻은 $F(r_1, \cdots, r_n)$의 $n!$개의 원소이다. 그리고 $V = f(r_1, \cdots, r_n)$라 하자.

명제 14.7(p.298)의 증명은 V가 F위에서 $P(X)=0$의 갈루아 분해식임을 보인다. 따라서, F위에서 그것의 극소다항식의 차수가 $|Gal(P/F)|$와 같다. 다항식

$$\prod_{\nu \in N}(X-\nu(V))$$

을 생각해 보자.

이 다항식의 계수들은 N아래서 분명히 불변이다. 만약 그들이 모두 F안에 있다면, V는 F위에서 차수 $|N|$의 한 다항식의 한 근이다. 이것은 F위에서 V의 극소다항식이 $|N|$보다 더 큰 차수를 갖는다는 것으로 불가능하다. 따라서, 계수들 중 적어도 하나가 N 아래서 불변이고 F에서는 불변이 아니다. 이 계수가 ν로 선택될 수 있다.

모든 단위원의 p차 제곱근 $\omega \in F$에 대하여, 우리는 라그랑주 분해식의 하나를 정의 하자,

$$t(\omega)=\nu+\omega\sigma(\nu)+\cdots+\omega^{p-1}\sigma^{p-1}(\nu)$$

단계3, $\sigma(t(\omega))=\omega^{-1}t(\omega)$, 이고 모든 $\nu \in N$에 대하여 $\nu(t(\omega))=t(\omega)$이다.

ω의 멱들은 F안 있고, 정리 14.11(p.303)에 의해서, $Gal(P/F)$안에서 모든 치환 아래서 불변이다. 따라서,

$$\sigma(t(\omega))=\sigma(\nu)+\omega\sigma^2(\nu)+\cdots+\omega^{p-1}\sigma^p(\nu)$$

이고, 또는 동등하게,

$$\sigma(t(\omega))=\omega^{-1}(\sigma^p(\nu)+\omega\sigma(\nu)+\cdots+\omega^{p-1}\sigma^{p-1}(\nu))$$

그리고, 모든 $v \in N$에 대하여,

$$\nu(t(\omega))=\nu(v)+\omega\nu\sigma(v)+\cdots+\omega^{p-1}\sigma^{p-1}(v)$$

이다.

따름정리 14.26은 $\sigma^p \in N$임을 보여주고, 따라서 $\sigma^p(v)=v$이고

$$\sigma(t(\omega))=\omega^{-1}t(\omega)$$

가 유도된다.

한편, N은 $Gal(P/F)$의 한 정규부분군이므로, 우리는 모든 $\nu \in N$과 모든 $i=0,1,\cdots,p-1$에 대하여,

$$\sigma^{-i} \circ \nu \circ \sigma^i \in N$$

이고, 모든 $\nu \in N$과 모든 $i=0,1,\cdots,p-1$에 대하여,

$$\sigma^{-i} \circ \nu \circ \sigma^i(v) = v$$

σ^i를 이 식의 양변에 적용하면, 우리는, 모든 $\nu \in N$과 모든 $i=0,1,\cdots,p-1$에 대하여,

$$\nu \circ \sigma^i(v) = \sigma^i(v)$$

이고, 모든 $\nu \in N$에 대하여,

$$\nu(t(\omega)) = t(\omega)$$

이다.

단계4, 단위원을 갖는 p차 제곱근 ω에 대하여 $t(\omega)^p \in F$이고, $t(\omega) \neq 0$인 단위원을 갖는 p차 제곱근 $\omega \neq 1$이 존재한다.

단계3으로부터 $t(\omega)^p$이 σ아래서 불변이고, N안의 모든 치환아래서도 불변이다. 단계1은 $t(\omega)^p$는 F속에 포함됨을 보인다.

만약, 단위원을 갖는 모든 p차 제곱근 $\omega \neq 1$에 대하여, $t(\omega)=0$라 가정하면, 라그랑주공식(p.173)

$$v = \frac{1}{p}\left(\sum_{\omega} t(\omega)\right)$$

삭은 다음을 유도한다.

$$v = \frac{1}{p} t(1)$$

그리고 이 등식은 단계3에 의해서, v는 σ 아래서 불변이다. 그것은 또한 N 아래서 단계1에 의해서, 불변이다. 이것은 v는 단계2안에서 F 밖에서 선택된 것 이므로 모순이다.

따라서 ω를 단위원을 갖는 모든 p차 제곱근이고 $\omega \neq 1$라 하자. $t(\omega) \neq 0$이고,

$$K = F(t(\omega))$$

라 하자.

단계4와 명제 13.2(p.260)는 K가 $F(a^{1/p})$ 꼴로 F의 한 거듭제곱근확대체임을 보인다. 증명을 마치기 위해 이제 다음을 보이면 충분하다:

단계5. $Gal(P/K)=N$ $t(\omega)\neq 0$이고 $\omega\neq 1$이므로, 단계3은 $t(\omega)$는 σ아래서 불변이 아니다. 따라서, $K\neq F$이다, 따라서, K는 따름정리 14.21(p.318)으로 부터 F의 높이가 1인 거듭제곱근확대체이다. 그래서 $Gal(P/K)$는 $Gal(P/F)$의 지표가 p인 한 부분군이 된다. 따라서,

$$|Gal(P/K)| = |N|$$

더욱, $\sigma(t(\omega))\neq t(\omega)$와 같이, 단계1은 $t(\omega)$를 불변으로 하는 $Gal(P/F)$의 임의의 원소가 N에 속함을 보인다. $t(\omega)\in K$와 같이, $Gal(P/K)$ 안에서 치환들은 정리 14.11(p.303)에 의해서 $t(\omega)$를 불변으로 한다. 따라서

$$Gal(P/K)\subseteq N$$

이 군들은 같은 위수를 갖기 때문에, $Gal(P/K)$는 N의 진부분집합이 될 수 없다. 따라서

$$Gal(P/K)=N$$

이다. ■

정리. 14.22의 증명. 우리는 먼저 $|Gal(P/F)|$의 수학적귀납법에 의해 증명하자. 만약 방정식 $P(X)=0$이 F위에서 완전하게 풀수있다면, $Gal(P/F)$는 가해이다. 만약 $|Gal(P/F)|=1$이면 $Gal(P/F)=\{Id\}$이므로, 이군은 당연히 가해이다. 따라서, 우리는 F위에서 $P(X)=0$의 갈루아군의 위수가 더 작은 갈루아군을 갖는 방정식은 완전하게 풀 수 있다고 가정하자. R을 P의 모든 근들을 품는 F의 거듭제곱근확대체라 하자. 정리 14.11(p.303)으로 부터, R안에 있는 임의의 원소는 $Gal(P/R)$아래서 불변이다. 따라서, P의 모든 근들은 $Gal(P/R)$아래서 불변이다. 그것은 $Gal(P/R)=\{Id\}$이다. 이것은 K를 F의 거듭제곱근확대체가 존재하여 다음조건을

만족한다.

$$|Gal(P/K)| < |Gal(P/F)|$$

우리는 P의 갈루아군의 위수를 감소시키는 p차 제곱근의 발췌$extraction$에 대한 가장 작은 소수 p를 생각할 수 있다.확실하게, 우리는

$$Gal(P/L) = Gal(P/F)$$

이고, L안에서 p차 멱원이 되지 않는 어떤 $a \in L$에 대하여,

$$|Gal(P/L(a^{1/p}))| < |Gal(P/F)|$$

인 F의 한 거듭제곱근확대체 L가 존재하는 p를 가장 작은 소수라 하자.

명제 13,5(p.262)에 의해서, 단위원의 한 원시p차 제곱근을 품는 L의 거듭제곱근확대체가 존재한다. 더욱, 이 명제의 탐색은 소수 $q < p$에 대한 q차 제곱근들의 발췌에 의해서 L로부터 얻어지는 한 확대체 R'가 존재한다는 것을 보여준다.

따라서, p의 정의로부터, 우리는

$$Gal(P/R') = Gal(P/L) = Gal(P/F)$$

더욱, 명제 14.15(p.308)에 의해서

$$Gal(P/R'(a^{1/p})) \subset Gal(P/L(a^{1/p}))$$

따라서,

$$|Gal(P/R'(a^{1/p}))| \subset |Gal(P/F))|$$

이다.

R'는 단위원의 원시p차 제곱근을 품기 때문에, $Gal(P/R'(a^{1/p}))$은 $Gal(P/R') = Gal(P/F)$안에서 따름정리 14.21(p.318)에 의해서 지표가 p인 한 정규부분군이다. 따라서, 귀납법 가정에 의해서, 우리는 부분군들의 항 열을 찾을 수 있다.

$$Gal(P/R'(a^{1/p})) \supset G_2 \supset \cdots \supset G_t = \{Id\}$$

여기서, 각각은 앞의 것의 정규부분군이고 소수 지표를 갖는다.

따라서, 다음 열이 존재한다.

$$Gal(P/F) \supset Gal(P/R'(a^{1/p})) \supset G_2 \supset \cdots \supset G_t = \{Id\}$$

따라서, $Gal(P/F)$가 가해이다.

우리는 이제 역으로, $Gal(P/F)$의 가해성이 F위에서 $P(X)=0$가 거듭제곱근에 의해 완전히 가해임을 밝히는것을 증명한다. 우리는 역시 $|Gal(P/F)|$에 관한 수학적귀납법을 따른다.

만약 $|Gal(P/F)|=1$이면, $Gal(P/F)$은 모든 근들을 불변으로 하는 항등치환 뿐이다. 따라서, 정리 14.11(p.303)에 의해서 P의 모든 근들은 자기 자신의 높이 0인 거듭제곱근확대체 F안에 있다.

우리는 수학적귀납법 가정에 따라, F위에서 P의 갈루아군의 위수보다 그 위수가 더 작은 가해인 갈루아군을 갖는 방정식은 완전히 가해임을 가정하자. $Gal(P/F)$이 가해이므로, 그것은 소수지표를 갖는 한 정규부분군 N를 품는다.

$$p = (Gal(P/F) : N)$$

라 하자. 명제 13.5(p.262)에 의해서, 단위원의 p차제곱근을 모두 품는 F의 한 거듭제곱근확대체 R을 갖는다. 만약

$$|Gal(P/R)| < |Gal(P/F)|$$

이면 우리는 따름정리 14.27(p.325)에 의해서 수학적귀납법 가정에 호소한다. $Gal(P/R)$은 가해군이다. 방정식 $P(X)=0$은 R위에서 완전히 가해이다, 따라서 P의 모든 군들을 포함하는 R의 거듭제곱근확대체 R'이 존재한다. 체 R'는 역시 F의 거듭제곱근확대체이므로, 증명이 이 경우에는 끝난다. 만약 가정을 부정해서,

$$Gal(P/R) = Gal(P/F)$$

이라 하면, 우리는 보조정리 14.28에 호소해서, $Gal(P/R'') = N$인 R의 거듭제곱근확대체 R''이 존재함을 알 수 있다. 그래서,

$$|Gal(P/R'')| < |Gal(P/F)|$$

이다. 우리는 수학적귀납법에 의해서 위와 같이 결론 맺는다. ■

14.29 주목할 점. 단위원의 모든 제곱근들을 기저체 F가 품고 있다고 가정하자. 위의 마지막 부분의 증명은 만약 갈루아군 $Gal(P/F)$이 가해이면, 즉, 부분군들의 열이 존재하여 $i=1,\cdots,t$에 대하여, G_i가 G_{i-1}안에서 소수지표를 갖는 정규부분군으로,

$$Gal(P/F) = G_0 \supset G_1 \supset \cdots \supset G_t = \{Id\}$$

가 성립한다면, P의 근들을 모두 품는 F의 한 거듭제곱근확대체가 근들의 t번 발췌에 의해서 얻어질 수 있음을 말한다. 첫째는, 그 갈루아군을 G_1으로 유도하는 $(G_0 : G_1)$차 제곱근의 발췌이고, 다음은, 갈루아군을 G_2으로 유도하는 $(G_1 : G_2)$차 제곱근의 발췌이다. 이것은 갈루아군을 G_2로 유도한다. 등등.

14.30. 예. 정리 14.22(p.320)는 차수가 3과 4인 경우 거듭제곱근에 의해 우리가 지금 본 것과 같이 방정식의 해법을 설명해준다.

먼저, 우리는 임의의 정수 $n \geq 2$에 대하여, 치환군 S_n의 한 부분군 A_n를 정의하자: 그것은 판별식(8.3장 참조)의 정의에서 사용된 다항식 $\Delta(x_1,\cdots,x_n)$을 불변으로 하는 S_n의 모든 치환들로 된 군으로 정의한다.

$$\Delta(x_1,\cdots,x_n) = \prod_{1 \leq i < j \leq n} (x_i - x_j)$$

그래서, 10.2장의 기호에 따르면,

$$A_n = I(\Delta)$$

이다.

군 A_n을 $\{1,2,\cdots,n\}$의 교대군*alternating group*이라 부른다.(13장의 연습문제 6번 참조)

8.3에서와 같이, 부정원들의 임의의 치환은 Δ를 불변으로 하거나, 그것을 반대로 $-\Delta$로 변환하기도 한다. 따라서, 라그랑주정리에 의해서(정리 10.2, p.174)부분군 A_n은 S_n안에서 지표가 2이다.

$$|A_n| = \frac{n!}{2}$$

이다.

더욱, A_n이 S_n의 정규부분군임을 쉽게 알 수 있다. 임의의 $\sigma \in S_n$과 임의의 $\tau \in A_n$에 대하여 $\sigma \circ \tau \circ \sigma^{-1} \in A_n$이다. 이것은 분명하다. 만약 $\sigma \in A_n$이면 A_n이 곱에서 보존되고, 만약 $\sigma \notin A_n$이면, $\sigma^{-1} \notin A_n$이다. 따라서,

$$\sigma(\Delta) = \sigma^{-1}(\Delta) = -\Delta$$

이다. 따라서,

$$\sigma \circ \tau \circ \sigma^{-1}(\Delta) = -\sigma \circ \tau(\Delta) = -\sigma(\Delta) = \Delta$$

이것으로, $\sigma \circ \tau \circ \sigma^{-1} \in A_n$이 성립한다.

이제 차수가 n이고 $F = C(s_1, \cdots, s_n)$(F 안에서 항등원의 거듭제곱근을 모두 포함하도록 체를 택한 것임) 위에서 일반방정식

$$P(X) = X^n - s_1 X^{n-1} + s_2 X^{n-2} - \cdots (-1)^n s_n = (X - x_1) \cdots (X - x_n) = 0$$

예 14.1 (p.293)에 의해서, 갈루아군 $Gal(P/F)$는 S_n이 된다. Δ^2이 판별식이므로,

$$\Delta^2 = D(s_1, \cdots, s_n) \in F$$

Δ는 다항식 $X^2 - D(s_1, \cdots, s_n) \in F[X]$의 근이 된다.

따라서, 정리 14.17(p.310)에 의해서, $Gal(P/F(\Delta))$은 $Gal(P/F) = S_n$의 지표가 2인 한 부분군이다. $Gal(P/F(\Delta))$의 원소들은 Δ가 불변함으로(정리 14.11, p.303) 우리는

$$Gal(P/F(\Delta)) \subseteq A_n$$

이고, 또한, S_n에서 두 군 모두 지표가 2이므로, 같은 원소개수를 갖는다. 따라서,

$$Gal(P/F(\Delta)) = A_n$$

이제 $n = 3$이라 하자. 부분군들의 열

$$S_3 \supset A_3 \supset \{Id\}$$

은 S_3가 가해군임을 보여준다. 왜냐하면, S_3에서 A_3의 지표는 2이고 A_3에서 $\{Id\}$의 그것은 $|A_3| = 3$이다. 따라서, 3차일반방정식은 거듭제곱근에 의해 완전히 풀어진다. 더욱, 모든 근들을 품는 F의 거듭제곱근확대체는 근들의 2번의 발췌에 의해서 구해 진다:

처음은, 갈루아군 S_3에서 A_3로 유도하는 한 제곱근의 발췌와 갈루아군을 $\{Id\}$로 유도하는 세제곱근의 발췌로 된다. 더 명확하게는, 위의 논의는 처음 발췌된것의 제곱근은 판별식 $D(s_1, s_2, s_3)$의 발췌임을 보여준다. 사실, $Gal(P/F(\Delta)) = A_3$이기 때문이다.(카르다노 *Cardano* 공식)

이제, $n=4$인 경우를 생각해보자. 예 14.20(p.316)에서, 우리는 F에 페라리의 3차분해식의 모든 근들을 부가해서 갈루아군

$$V = \{Id, \sigma_1, \sigma_2, \sigma_3\}$$

을 유도함을 알았다. 여기서, σ_1, σ_2,와 σ_3은 서로 교환이고 $\sigma_1^2 = \sigma_2^2 = \sigma_3^2 = Id$ 가 성립한다.

따라서, $\{Id, \sigma_1\}, \{Id, \sigma_2\}, \{Id, \sigma_3\}$는 V에서 지표가 2인 정규부분군들이다. 더욱, σ_1, σ_2,와 σ_3는 Δ를 불변케함을 직접계산으로 보일 수 있다. 따라서

$$V \subset A_4$$

원소개수을 보면,

$$(A_4 : V) = 3$$

이다. 더욱, V는 S_4에서 정규이고(예 14.20) 그것은 연역적으로 A_4에서도 정규이다. 열

$$S_4 \supset A_4 \supset V \supset \{Id, \sigma_1\} \supset \{Id\}$$

는 S_4가 가해군임을 보여준다. 결과적으로, 4차일반방정식은 F위에서 거듭제곱근에 의해 완전히 풀어진다. 위의 부분군들의 열은 더욱 모든 근들을 품고있는 F의 거듭제곱근확대체를 다음 연산들에 의해 얻어진다:

(1) 갈루아군을 A_4로 유도하는 판별식 $D(s_1, s_2, s_3, s_4)$의 제곱근의 발췌

(2) 갈루아군을 V로 유도하는 3 제곱근의 발췌*extraction*

(3)과(4) 갈루아군을 $\{Id, \sigma_1\}$로 그리고 $\{Id\}$로 유도하는 두 번의 2제곱근의 계속적인 발췌

사실상, 앞의 두 단계는 먼저 그것의 판별식의 제곱근의 발췌를 요구하는 페라리의

3차분해식의 해로부터 얻어진다. 따라서, 3차분해식의 판별식의 한 제곱근을 발췌하는 것은 판별식 $D(s_1,s_2,s_3,s_4)$의 제곱근의 발췌이다. 정말, 직접적인 계산에 의해서 이 두 판별식이 같다는 것을 곧바로 밝힐 수 있다.(8장 연습문제 3 참조).

위의 논의로부터, 그것은 동시에 차수가 3또는 4인 모든 방정식이 거듭제곱근에 의해 완전히 풀어진다는 것과 그 방정식의 갈루아군이 근들의 치환에 의한 군으로 S_3 또는 S_4의 부분군으로 동일화 될 수 있으므로 그것이 가해군이라는 것 두가지이다(따름정리 14.27).

이 단원을 마치기 위해, 우리는 거듭제곱근에 의한 방정식의 해법으로 돌아간다.

14.31. 정리. r를 어떤 체 F위에서 한 다항식 P의 한 근이라 하자. 그리고, P가 F를 품는 임의의 체 안에서 단하나의 단순근을 갖는다고 가정하자. 근 r가 F 위에서 거듭제곱근에 의한 표현을 갖기 위한 필요충분조건은 $Gal(P/F)$가 아래와 같은 한 부분군들의 열을 포함한다.

$$Gal(P/F) = G_0 \supset G_1 \supset G_2 \supset \cdots \supset G_t$$

여기서, G_i는 $i=1,\cdots,t$ 에 대하여 G_{i-1}안에서 정규이고 소수지표이고 r가 $G_t(t=0$ 가능)안에서 모든 치환 아래서 불변이다.

이 증명은 정리 14.22(p.320)와 같다. 다만, $|Gal(P/F)|$보다는 정수에 대한 수학적귀납법을 사용한다는 것이다. 충분조건에 대해서는 집합

$$\{\sigma(r) | \sigma \in Gal(P/F)\} (Gal(P/F)\text{의 } r\text{의 궤도}orbit\text{라 한다})$$

안에 있는 원소들의 개수에 수학적귀납법을 사용한다. 그리고, 필요조건부분에서는 $Gal(P/F)$의 부분군들의 열의 길이t에 관한 수학적귀납법을 사용한다. 자세한 것은 독자에게 남긴다.

이 정리와 정리 14.22(p.320)을 사용하여, 우리는 이제 이장에 들어가며에서 주장한바와 같이 거듭제곱근에 의한 가해성의 두 개념이 기약다항식들에 대하여 동등함을 보일 수 있다. 우리는 갈루아군을 통한 기약방정식들의 다음 특성들이 필요하다.

14.32. 명제. F의 임의의 확대체안에서 중근을 갖지 않는 상수가 아닌 한 다항식 $P\in F[X]$가 F위에서 기약이기위한 필요충분조건은 갈루아군 $Gal(P/F)$가 P의 근들 사이에 추이적*transtive*이다. 즉, P의 임의의 두 근 r_i, r_j 에 대하여, 한 치환 $\sigma\in Gal(P/F)$가 존재하여

$$\sigma(r_i) = r_j$$

이다.

증명. 만약 P가 기약이 아니라고 가정하면. 어떤 상수가 아닌 $P_1, P_2\in F[X]$에 대하여

$$P= P_1P_2$$

가 성립한다. 만약 r_1이 P_1의 한 근이라면,

$$P_1(r_1)=0$$

따라서, 이 식의 양변에 $\sigma\in Gal(P/F)$를 적용하면,

$$P_1(\sigma(r_1))=0 \text{ for } all\ \sigma\in Gal(P/F)$$

따라서, $Gal(P/F)$의 어떤 치환도 r_1를 P_2의 한 근으로 이동하지 못한다. 따라서, 이 구은 P의 근들에 대해서 추이적이 아니다.

역으로, $Gal(P/F)$가 P의 근들에 대해서 추이적이 아니라 가정하자. 그러면, P의 두 근 r_i, r_j 이 존재하여, 임의의 치환 $\sigma\in Gal(P/F)$에 의해서 r_i가 r_j위로 사상되지 않는다.

$$R = \{\sigma(r_i) | \sigma\in Gal(P/F)\}$$

이고,

$$P_1 = \prod_{r\in R}(X-r)$$

라 하자.

정리 14.11(p.303)에 의해서 P_1의 계수들은 $Gal(P/F)$아래서 불변이므로, F 안에 있다. 더욱, R의 원소들은 P의 근들이다. 따라서, P_1는 P를 나눈다. 한편, r_i, r_j 에

대한 가정은 $r_j \notin R$ 이다. P_1의 근이 아닌 P의한 근이 존재한다. 따라서, P_1의 차수가 P의 차수보다 작다. 이것은 P가 $F[X]$ 안에서 기약이 아님을 말한다. ■

14.33. 명제. P가 어떤 체 F 위에서 한 기약다항식이하 하자. 방정식 $P(X)=0$가 F 위에서 거듭제곱근에 의한 완전한 해를 갖는다는 것의 필요충분조건은 F위에서 거듭제곱근에 의해 풀린다는 것이다.

증명. 충분조건만 밝히면 충분하다. 우리는 먼저 정리 5.21(p.77)에 의해서, 기약다항식은 기저체의 임의의 확대체 안에서도 중복 근을 갖지 않는다는 것을 알 수 있다. 따라서, 정리 14.22(p.320)와 14.31 그리고 명제14.32를 함께 사용하여 이 명제를 다음과 같이 순수한 구의 이론의 서수로 변역할 수 있다. ■

주장: G를 한 집합 $\{r_1,\cdots,r_n\}$의 치환들의 추이적인 군 이라 하자. 만약 G가 부분군들의 한 열로, $i=1,\cdots,t$에 대하여, G_i가 G_{i-1}안에서 소수지표를 갖는 정규부분군으로,

$$G=G_0 \supset G_1 \supset G_2 \supset \cdots \supset G_t \qquad (S)$$

이고, 마지막 부분군 G_t안에서 모든 치환이 한 원소(예로 r_1)을 불변으로 하면 G는 가해군이다.

G가 추이적이므로, 우리는 $i=2,\cdots,n$에 대하여 한 치환 $\sigma_i \in G$를 찾아서

$$\sigma_i(r_1)=r_i$$

우리는 이때 G의 자기내부동형사상*inner automorphism* $\tau \mapsto \sigma_i \circ \tau \circ \sigma_i^{-1}$을 사용하면 주어진 부분군들의 열을 다음 열로, 각 부분군은 앞에 있는 것의 정규소수지표를 갖고, 마지막 부분군 $\sigma_i \circ G_t \circ \sigma_i^{-1}$은 r_i를 불변하게 한다.

$$G=G_0 \supset (\sigma_i \circ G_1 \circ \sigma_i^{-1}) \supset \cdots \supset (\sigma_i \circ G_t \circ \sigma_i^{-1}) \qquad (S_i)$$

열 (S_2)의 모든 부분군들 G_t를 삽입하면.

$$G_t \supseteq (G_t \cap (\sigma_2 \circ G_1 \circ \sigma_2^{-1})) \supseteq (G_t \cap (\sigma_2 \circ G_2 \circ \sigma_2^{-1})) \supseteq \qquad (S_2')$$
$$\cdots \supseteq (G_t \cap (\sigma_2 \circ G_t \circ \sigma_2^{-1}))$$

명제 14.25(p.322)(따름정리 14.27, p.325)에 의해서, 각 부분군은 앞의 부분군의 지표가 1이거나 소수인 정규부분군이다. 주어진 열(S)은 아래로 $G_t \cap (\sigma_2 \circ G_t \circ \sigma_2^{-1})$까지 연결시킬 수 있다. 그래서, 끝에

$$G_t \cap (\sigma_2 \circ G_t \circ \sigma_2^{-1}) \cap (\sigma_3 \circ G_t \circ \sigma_3^{-1})$$

r_1, r_2와 r_3를 불변으로 하는 한 부분군이다.

이 열은 앞에 만들어진 열을 확장하여 사용한다. 같은 방법으로 계속해서, 우리는 G의 부분군들의 열을 각 부분군은 앞의 부분군의 지표가 소수인 정규부분군이다. 끝은

$$G_t \cap (\sigma_2 \circ G_t \circ \sigma_2^{-1}) \cap \cdots \cap (\sigma_n \circ G_t \circ \sigma_n^{-1})$$

이다.

이 군은 $r_1, \cdots, r_n$전체를 불변으로 하며, 그것은 $\{Id\}$가 된다, 이와 같이 구성된 부분군들의 열이 G가 가해군임을 보여준다.

14.5 응용

우리는 두 가지의 갈루아 이론을 소개 하겠다: 첫번째는 갈루아 자신이 만든 것이다. 소수차원을 갖는 기약다항식을 다룬다: 두 번째는 14.1에서 언급한 아벨의 정리를 증명할 것이다. 소위 아벨의 조건을 만족하는 방정식은 거듭제곱근의 의해 풀어진다는 것이다.

그의 논문의 마지막부분에서, 갈루아는 거듭제곱근의 의해 풀어진다(완전하게 또는 아니거나, 명제 14.32에 의해서 이 성질들은 동등하다)는 소수 차원을 갖는 기약다항식의 갈루아군을 결정했다. 정리 14.22(p.320)와 명제 14.32의 관점에서 보면, 소수 p에 대한 p원소의 치환들로 된 가해 추이적군들*solvable transitive groups*을 결정하는 일이 된다.

즉, S_p의 가해추이적군을 말한다.

갈루아의 결과를 논의하기 전에, 우리는 앞으로 결정적인 역할을 할 치환군들에 대한 약간의 기초적 내용들을 소개한다.

14.34. 정의. G를 한 집합 E의한 치환군이라 하자. 임의의 $a \in E$에 대하여, 우리는 G아래에서 a의 궤도*orbit*를 a가 G의 치환들에 의해서 사상되는 원소들의 집합으로 정의한다. 즉,

$$G(a) = \{\sigma(a) \mid \sigma \in G\}$$

우리는 또한 G안에서 a의 등방 부분군*isotropy subgroup*을 a를 불변으로 하는 G안에서의 치환들의 집합으로 정의한다.

$$I_G(a) = \{\sigma \in G \mid \sigma(a) = a\}$$

라그랑주 정리(정리 10.2, p.174)의 증명에서와 같은 논증으로 다음 결과를 얻는다:

14.35. 정리. 만약 G가 유한이면, 임의의 $a \in E$에 대하여,

$$|G| = |G(a)| \cdot |I_G(a)|$$

증명. $b \in E$에 대하여,

$$I_G(a \mapsto b) = \{\sigma \in G \mid \sigma(a) = b\}$$

라 하자.

G의 원소를 a의 사상에 따라 정돈하면, 우리는 교가 없는 부분집합으로 G의 한 재구성을 얻을 수 있다.

$$G = \sum_{b \in G(a)} I_G(a \mapsto b)$$

따라서,

$$|G| = \sum_{b \in G(a)} |I_G(a \mapsto b)|$$

이제, 만약 $b \in G(a)$이면, 적당한 $\sigma \in G$에 대하여, 이고 즉시 다음을 확인할 수 있다.

$$I_G(a \mapsto b) = \sigma \circ I_G(a) b = \sigma(a)$$

따라서, $b \in G(a)$에 대한 모든 집합들 $I_G(a \mapsto b)$은 $I_G(a)$와 같은 원소개수를 갖는다. 그리고, (14.14)에서

$$|G| = |G(a)| \cdot |I_G(a)|$$

가 성립한다. ■

G 아래에서의 궤도들에 대한 관찰은 계속적으로 가끔 유용할 것이다.

14.36. 명제. 정의 14.34에서와 같은 기호를 사용하면,

(a) 임의의 $x \in G(a)$에 대하여 $G(x) = G(a)$;

(b) G 아래에서 임의의 두 궤도는 서로 교가 없거나 일치 한다;

(c) 집합 E는 G 아래에서의 서로 교가 없는 궤도들의 합집합으로 재구성 된다.

증명. (a) 적당한 $\sigma \in G$에 대하여 $x = \sigma(a)$라 하자. 그러면,

$$G(x) = G(\sigma(a)) = (G \circ \sigma)(a)$$

우측에 σ에 대한 를 합성은 G에서 G로의 전단사이므로, $G \circ \sigma = G$이다. 따라서,

$$G(x) = G(a)$$

이다.

(b) $G(a) \cap G(b)$이 공집합이 아닌 $a, b \in E$라 하자. 한 원소 $x \in G(a) \cap G(b)$가 존재한다. (a)에 의해서, 우리는 $G(x) = G(a)$이고 $G(x) = G(b)$이다. 따라서, $G(a) = G(b)$이다.

(c) 이것은 (b)로부터 바로 밝혀진다. 사실상, 만약 A가 G아래에서 각 궤도로부터 한 원소를 품는 E의 한 부분집합이라 하면,

$$E = \cup_{\alpha \in A} G(a)$$

이다. 여기서 궤도 $G(a)$능 서로 교가 없다. ■

우리는 그래서 S_p의 첫번째 결과를 얻는다:

14.37. 따름정리. G를 p개의 원소를 갖는 한 집합 E의 치환들에 의한 한 추이적군이라 하고 N를 G의 한 정규부분군이라 하자. 만약 $N \neq \{Id\}$ 이면, N은 E위에서 추이적이다.

증명. E를 N 아래서 서로교가 없는 궤도들의 합집합으로 재구성된다.

$$E = \cup_{a \in A} N(a)$$

원소개수를 세면,

$$p = \sum_{a \in A} |N(a)|$$

증명을 끝마치기 위해서, 그것은 임의의 두 궤도가 같은 원소개수를 갖음을 보이면 충분하다. 사실상, 이 개수를 n으로 쓰면, 등식은 다음식이 된다.

$$p = n \cdot |A|$$

p가 소수이므로, 단 두가지 경우가 있다: $n=1$인 경우는, N E의 모든 원소를 불변하게 한다, 따라서, $N=\{Id\}$이다. 다음은 $n=p$인 경우는 , $|A|=1$이다. 이것은 N이 E위에서 추이적임을 의미한다. 따라서, 그것은 다만 다음을 증명하면 된다:

주장: 임의의 $a, b \in E$에 대하여 $|N(a)| = |N(b)|$이다.

G가 E위에서 추이적 이므로, 한 치환 $\sigma \in G$ 가 존재하여 $\sigma(a) = b$이다.

그래서,

$$\sigma \circ N \circ \sigma^{-1}(b) = \sigma \circ N(a)$$

이다.

한편, N이 G의 정규부분군이므로, $\sigma \circ N \circ \sigma^{-1} = N$ 이다. 따라서,

$$N(b) = \sigma \circ N(a)$$

따라서, 치환 σ의 합성은 $N(a)$에서 $N(b)$ 위로 가는 전단사사상 이다. 이것으로 증명이 끝났다. ■

S_p의 가해 추이적 부분군들의 갈루아의 분류를 언급하기 위해서, 우리는 정리 10.7,

p.185앞에서 정의된 군 $GA(p)$을 생각해 보자. 표시의 편리를 위해서, 우리는 S_p를 집합

$\{0,1,\cdots,p-1\}$($\{1,2,\cdots,p\}$대신에 사용한다).의 치환들의 군으로 보자. 우리는

$$\tau : 0\mapsto 1\mapsto \cdots \mapsto p-1\mapsto 0$$

라 정의 하자.

p를 법으로 합동관계에 의해서, 우리는 τ를 다음 정의와 같이 다시 쓸 수 있다.

$x\in\{0,1,\cdots,p-1\}$에 대하여, $(p-1)+1\equiv 0 \bmod p$이므로,

$$\tau\,; x\mapsto x+1 \mod p$$

$i=1,\cdots,p-1$에 대하여, 우리는 치환 σ_i를 다음과 같이 정의하자.

$$\sigma_i : x\mapsto ix \mod p$$

군 $GA(p)$는 S_p의 부분군으로 $\sigma_1,\cdots,\sigma_{p-1}$과 τ에 의해서 생성된다. 그래서 $GA(p)$의 원소들은 다음과 같은 치환으로 표현 됨이 곧바로 밝혀진다.

$$x\mapsto ax+b \mod p$$

여기서, $a\in\{1,\cdots,p-1\}$ 이고 $b\in\{0,1,\cdots,p-1\}$ 이다.

(이것은 10.3에서 $|GA(p)|=p(p-1)$이다).

갈루아의 결과(논문의 명제7 [21, p.65], [20, p.111-112])는 $GA(p)$가 S_p의 본질적으로 단하나의 가해 추이적 부분군이다.

14.38. 정리. S_p의 임의의 가해 추이적부분군은 $GA(p)$한 부분군과 공액*conjugate*이다.

즉, 어떤 $\alpha\in S_p$와 $GA(p)$의 어떤 부분군에 대하여, 그것은 $\alpha\circ H\circ\alpha^{-1}$꼴이다.

특히, 그 군의 위수는 $p(p-1)$를 나눈다.

역으로, $GA(p)$의 한 부분군에 공액인 S_p의 모든 부분군은 가해군이다.

라그랑주의 탐구에 비추어, 이 정리의 해석은 정리 10.7, p.185의 $(p-2)!$ 차수를 넘는 방정식에 대해서는 축약방법이 없다는 것이다. 다음 $GA(p)$에 대한 성질은 위 정리

를 증명하는데 결정적인 것이다.

14.39. 보조정리. $\tau \in GA(p)$를 앞에서와 같이 정의한

$$\tau(x) = x+1 \bmod p \text{ for } x \in \{0,1,\cdots,p-1\}$$

$\theta \in S_p$이다.

만약 $\theta \circ \tau \circ \theta^{-1} \in GA(p)$이면, $\theta \in GA(p)$이다.

증명. 우리는 먼저 $\theta \circ \tau \circ \theta^{-1}$ 가 τ의 멱임을 보이자. 결과를 부정하면,, 적당한 $a \neq 0,1 \bmod p$에 대하여,

$$\theta \circ \tau \circ \theta^{-1} : x \mapsto ax+b \bmod p$$

라 할 수 있다.

그래서, i에 대한 수학적귀납법으로 용이하게 다음을 알 수 있다.

$$(\theta \circ \tau \circ \theta^{-1})^i : x \mapsto a^i x + (a^{i-1} + \cdots + a + 1)b \bmod p$$

특히,

$$(\theta \circ \tau \circ \theta^{-1})^{p-1} : x \mapsto a^{p-1}x + (a^{p-2} + \cdots + a + 1)b \bmod p$$

이제, $a \neq 0 \bmod p$ 이므로, 우리는 페르마 정리에서 (정리 12.5, p.210) $a^{p-1} \equiv 1 \bmod p$ 이다. 더욱, b의 계수에 $a-1$를 곱하면, 우리는

$$(a-1)(a^{p-2} + \cdots + a + 1) = a^{p-1} - 1 \equiv 0 \bmod p$$

이다. $a-1 \neq 0 \bmod p$ 이므로, b의 계수는 $0 \bmod p$ 이다. 따라서,

$$(\theta \circ \tau \circ \theta^{-1})^{p-1} = Id$$

이다.

$$(\theta \circ \tau \circ \theta^{-1})^{p-1} = \theta \circ \tau^{p-1} \circ \theta^{-1}$$

이므로, 이 마지막 식은 $\tau^{p-1} = Id$ 이 되어 모순이다. 따라서 증명되었다. 즉, 적당한 정수 i가 1과 $p-1$사이에 있어서,

$$\theta \circ \tau \circ \theta^{-1} = \tau^j$$

라 하자

양변의 우측에 θ를 합성하면, 우리는

$$\theta \circ \tau = \tau^{i} \circ \theta$$

이다. 이것은 모든 $x = 0, 1, \cdots, p-1$에 대하여

$$\theta(x+1) = \theta(x) + i \bmod p$$

이다. x에 대한 수학적귀납법으로 추리하면, 모든 $x = 0, 1, \cdots, p-1$에 대하여,

$$\theta(x) = ix + \theta(0) \bmod p$$

이다. 이것은 $\theta = \tau^{\theta(0)} \circ \sigma_i$ 이다. 따라서 $\theta \in GA(p)$이다. ■

정리.14.38의 증명. G를 S_p의 가해 추이적부분군이라 하자. 그리고

$$G = G_0 \supset G_1 \supset \cdots \supset G_t = \{Id\} \tag{14.15}$$

를 부분군들의 한 열로, 각 $i = 1, \cdots, t$에 대하여, G_i가 G_{i-1}안에서 소수 지표를 갖는 정규부분군이다. G가 추이적이므로, 따름정리 14.37(p.341)에 의해서 G_1도 추이적이다 (그렇지 않으면 $G_1 = \{Id\}, t = 1$). 따라서 역시 G_2도 추이적이다.(그렇지 않으면 $G_2 = \{Id\}, t = 2$), 마찬가지로 G_{t-1}도 그렇다.

정리 14.35(p.340)에 의해서, $\{0, 1, \cdots, p-1\}$안의 임의의 원소의 궤도의 원소 개수는 $|G_{t-1}|$를 나눈다. G_{t-1}은 $\{0, 1, \cdots, p-1\}$위에서 추이적이므로, p는 $|G_{t-1}|$를 나눈다; 그러나, G_{t-1}의 위수는 G_{t-1}안에서 G_t의 지표이므로 소수이다. 따라서,

$$|G_{t-1}| = p$$

이다.

G_{t-1}의 Id가 아닌 임의의 원소로 생성되는 부분군은, 그 위수가 p의 한 약구이므로 G_{t-1}자신이다. 따라서 G_{t-1}는 그 기리가 p인 순환치환으로 생성된다. 즉,

$$\gamma : i_1 \mapsto i_2 \mapsto \cdots \mapsto i_p \mapsto i_1$$

여기서, $i_1, i_2, \cdots, i_p$는 $0, 1, \cdots, p-1$의 재배열이다. $\alpha \in S_p$를 치환

$$\alpha \ : \begin{cases} 0 \mapsto i_1 \\ 1 \mapsto i_2 \\ \cdots \\ p-1 \mapsto i_p \end{cases}$$

라 하자, 그러면

$$\alpha^{-1} \circ \gamma \circ \alpha : 0 \mapsto 1 \mapsto \cdots \mapsto p-1 \mapsto 0$$

즉, 위에서와 같은 기호를 사용하면,

$$\alpha^{-1} \circ \gamma \circ \alpha = \tau$$

$i = 0, 1, \cdots, t$에 대하여, G_i'를 S_p의 내부자기동형사상*inner automorphism*

$$\xi \mapsto \alpha^{-1} \circ \xi \circ \alpha$$

에 대한 G_i의 상이라 하자. 즉,

$$G_i' = \alpha^{-1} \circ G_i \circ \alpha$$

이다.

이 내부자기동형사상에 의해서 주어진 열(14.15)을 변환시키면, 우리는 다음과 같이 유사한 열을 얻는다.

$$G_0' \supset G_1' \supset \cdots \supset G_t' = \{Id\}$$

여기서, 각각은 앞의 것의 정규부분군이고 소수 지표를 갖는다고 하자.

더욱, G_{t-1}는 γ에 의해서 생성되기 때문에 부분군 G_{t-1}'은 τ에 의해서 생성된다. 따라서,

$G_{t-1}' \subset GA(p)$이다.

부분군 G_{t-1}'는 G_{t-2}'의 정규부분군이고, 따라서, 임의의 $\theta \in G_{t-2}'$에 대하여,

$$\theta \circ \tau \circ \theta^{-1} \in G_{t-1}'$$

결과적으로, $G_{t-1}' \subset GA(p)$이므로,

$$\theta \circ \tau \circ \theta^{-1} \in GA(p) \ \text{ for } all \ \ \theta \in G_{t-2}'$$

보조정리 14.39는 $G_{t-2}' \subset GA(p)$임을 보여준다. 우리는 G_{t-1}'와 G_{t-2}' 대신에 G_{t-2}'

와 G'_{t-3}에 같은 논증을 반복하면, $G'_{t-3} \subset GA(p)$가 된다. 계속해가면 우리는 결과적으로 $G'_0 \subset GA(p)$를 얻는다. $G = \alpha \circ G'_0 \circ \alpha^{-1}$이므로, 이것은 G가 $GA(p)$의 부분군 G'_0에 공액이다.

역으로, 임의의 $GA(p)$의 한 부분군에 공액인 S_p의의 부분군이 가해군임을 증명하기 위해서, 따름정리 14.27에 의해서, $GA(p)$자신이 가해인가를 보이면 충분하다. 이것을 목적으로, 우리는 p의 한 원시제곱근 g를 택하자.(정리 12.1, p.208), 그리고, 임의의 $p-1$의 인수 e에 대하여, 우리는 $GA(p)$의 한 부분집합 H_e를 다음과 같이 정의하자.

$$H_e = \{x \mapsto g^{ei}x + c \mod p \mid c = 0, \cdots, p-1,\ i = 0, \cdots, (p-1)e^{-1} - 1\}$$

직접적인 계산으로 이 집합이 $GA(p)$의 한 정규부분군임을 보일 수 있다,
더욱, 우리는

$$|H_e| = \frac{p(p-1)}{e}$$

임을 알 수 있다.

만약 e, e'가 e가 e'를 나누는 $p-1$의 약수들이라 하면,

$$H_e \supset H_{e'}$$

이다. 그리고, 이 군들의 위수를 비교하면, H_e안에서 $H_{e'}$의 지표는 e'/e이다.

이제,

$$p-1 = q_1 \cdots q_r$$

라 하자. 즉, $p-1$를 소수들의 곱(꼭 서로 다르지 않아도 된다)이라 하자.

$$e_0 = 1, e_1 = q_1, e_2 = q_1q_2, \cdots, e_{r-1} = q_1 \cdots q_{r-1}, e_r = p-1$$

라 하고, $i = 1, \cdots, r$에 대하여 e_{i-1}이 e_i를 나누고, 상 $e_i/e_{i-1} = q_i$라 하자.

부분군들의 열

$$GA(p) = H_{e_0} \supset H_{e_1} \supset \cdots \supset H_{e_r} \supset \{Id\}$$

은 $GA(p)$가 가해임을 증명한 것이다. ■

S_p의 가해 추이적부분군의 또 다른 특성화는 다음 정리로부터 유도될 수 있다.

14.40. 정리. S_p의 한 추이적부분군이 가해이기 위한 필요충분조건은 $\{0,\cdots,p-1\}$의 두 원소을 불변하게 하는 G안에서의 치환은 항등사상을 제외하고 없다는 것이다.

증명. 먼저 G가 가해군 이라 가정하자. 정리 14.38에 의해서, 한 치환 $\alpha\in S_p$가 존재하여

$$\alpha^{-1}\circ G\circ\alpha\subset GA(p)$$

라 하자.

만약 $\theta\in G$가 두 원소 u, v를 불변하게 한다면, $\alpha^{-1}\circ\theta\circ\alpha\in GA(p)$는 $\alpha^{-1}(u)$와 $\alpha^{-1}(v)$를 불변하게 한다. 그러나,

$$x\mapsto ax+b \quad with\ a\in\{1,\cdots,p-1\} \text{ and } b\in\{0,1,\cdots,p-1\}$$

의 꼴의 치환이 존재할 수 없음을 쉽게 확인할 수 있다. 즉, 항등사상을 제외한 $GA(p)$안에서 두 원소를 불변하게 하는 치환이 없다. 따라서, $\alpha^{-1}\circ\theta\circ\alpha=Id$, 바로, $\theta=Id$이다.

역으로, 만약 항등사상을 제외한 G 안에서 두 원소를 불변하게 하는 치환이 없다면. $u, v\in\{0,\cdots,p-1\}$ $with\ u\neq v$ 에 대하여,

$$I_G(u)\cap I_G(v)=\{Id\}$$

따라서, Id 가 아닌 G 안에서 한 원소를 불변게 하는 치환들의 집합은 다음과 같이 G의 서로 교가 없는 부분집합들의 합집합으로 재구성된다.

$$\bigcup_{u\in\{0,\cdots,p-1\}}(I_G(u)-\{Id\}) \tag{14.16}$$

이 집합에서 치환들의 원소개수를 계산하기 위해서, 우리는 G가 추이적 이므로 다음을 관찰하자.

$$G(u)=\{0,\cdots,p-1\} \text{ for } all\ \ u\in\{0,\cdots,p-1\}$$

따라서, 정리 14.35에 의해서,

$$p \cdot |I_G(u)| = |G| \text{ for } all \ u \in \{0, \cdots, p-1\}$$

이다.

$q = |I_G(u)|$ for $u \in \{0, \cdots, p-1\}$라 하면, 우리는

$$|G| = pq$$

임을 안다. 재구성(14.16)를 이용하여, Id 가 아닌 G 안에서 한 원소를 불변하게 하는 원소들의 개수는 $p(q-1)$임을 알 수 있다. G안에서 어떤 원소도 불변하게 하는 원소는 $p-1$개의 치환들이다. 이러한 치환을 θ라 하자.

주장: θ는 길이가 p인 순환치환,

$$\theta : i_1 \mapsto i_2 \mapsto \cdots \mapsto i_p \mapsto i_1$$

이다. 여기서, $i_1, \cdots, i_p$는 어떤 순서에 따라 $0, 1, \cdots, p-1$이고, 원소가 불변하지 않는 G의 원소들은 $\theta, \theta^2, \cdots, \theta^{p-1}$이다.

T를 θ가 생성하는 G의 부분군이라 하자.

$$T = \{\theta^k | k \in Z\}$$

우리는 먼저 모든 $u \in \{0, \cdots, p-1\}$에 대하여, $I_T(u) = \{Id\}$임을 보이자. 정말, 만약

$$\theta^k(u) = u$$

라 하면, 양변에 θ를 적용하면, 우리는

$$\theta^k(\theta(u)) = \theta(u)$$

을 얻는다. 따라서, $I_T(u)$안에서 모든 치환들은 두 원소 $u, \theta(u)$을 불변하게 한다. G에서의 가정에 의해, $I_T(u)$는 $\{Id\}$로 축약된다.

정리 14.35에 의해서, 이 결과는 다음을 성립하게 한다.

$$|T(u)| = |T| \text{ for } all \ u \in \{0, \cdots, p-1\}$$

$\{0, \cdots, p-1\}$의 재구성은 T아래서의 서로 교가 없는 합집합으로 재구성되는 것을 생각하자.

$$\{0, \cdots, p-1\} = \bigcup_{u \in U} T(u)$$

이다.

원소개수를 세보면, 우리는

$$p = n \cdot |T|$$

이다. 여기서 n는 서로 다른 궤도들의 개수이다. p는 소수이고 $|T| > 1$이므로, $|T| = p$이고 $n = 1$이다. 따라서, θ는 길이가 p인 순환치환이다. 그러면, $\theta, \theta^2, \cdots, \theta^{p-1}$은 아무 원소도 불변하게 하지 않고, G안에 있다. G안에는 앞에서 논의한대로 전체의 수가 $p-1$이기 때문에 이런 성질을 갖는 원소가 없다. 이것으로 주장이 증명되었다.

$\alpha \in S_p$가 다음과 같이 정의되었다 하자.

$$\alpha \ : \ \begin{cases} 0 \mapsto i_1 \\ 1 \mapsto i_2 \\ \cdots \\ p-1 \mapsto i_p \end{cases}$$

위에서와 같이 같은 기호를 사용하면,

$$\alpha^{-1} \circ \theta \circ \alpha = \tau$$

ρ를 G의 임의의 원소라 하자. $\rho \circ \theta \circ \rho^{-1}$는 E의 원소를 아무것도 불변하게 하지 못하는 원소이므로, 그것은 θ의 어떤 멱이다. 적당한 1과 $p-1$사이의 k에 대하여,

$$\rho \circ \theta \circ \rho^{-1} = \theta^k$$

이다. 이 등식에 S_p의 내부자기동형사상 $\xi \mapsto \alpha^{-1} \circ \xi \circ \alpha$의 변환을 시행하면, 우리는

$$(\alpha^{-1} \circ \rho \circ \alpha) \circ \tau \circ (\alpha^{-1} \circ \rho \circ \alpha)^{-1} = \tau^k$$

보조정리 14.39는 $\alpha^{-1} \circ \rho \circ \alpha \in GA(p)$임을 보여준다.

우리는 그래서 $\alpha^{-1} \circ G \circ \alpha \in GA(p)$을 증명하였다.

따라서 G는 $GA(p)$의 한 부분군과 공액관계이다, 따라서 G는 가해이다. ■

물론, 군의 들어가며로 새로운 도구의 힘과 유용성을 정당화 하기 위해서, 우리는 그

들의 설명에서 군에 대해 언급되지 않는 그들의 증명에 약간의 군이론이 요구되는 약간의 새로운 결과를 생각해야 한다. 단지 군에 대한 두 가지 결과가 갈루아에 의해서 인용되었다. 다음 내용은 그의 논문 명제8 이다[21,p.69],[20, p.113]:

14.41. 따름정리. P 를 한 체 F위에서 소수 차수의 한 기약다항식이라 하자. 방정식 가 F위에서 $P(X)=0$에서 거듭제곱근에 의한 완전한 해를 갖기 위한 필요충분조건은 P의 모든 근들이 F위에서 그것들 중에 임의의 두 개를 갖고 유리식 표현이 가능 하다는 것이다.

증명. P의 근들을 $r_1,\cdots,r_p$로 표기하자(F의 확대체에서도 가능)그리고 $P(X)=0$에서 거듭제곱근에 의해 푼다는 조건을 정리 14.22, p.320(명제 14.33, p.338)에 의해서 군에 대한 조건으로 변환한다. 우리는 $Gal(P/F)$가 가해 이기 위한 필요충분조건은

$$r_1,\cdots,r_p \in F(r_i,r_j) \text{ for } any \quad i,\, j=1,\cdots,p \ with\ i \neq j$$

이다.

먼저, 우리는 P위에서의 기약성의 가정은 명제 14.32에 의해서 $Gal(P/F)$가 $r_1,\cdots,r_p$위의서 추이적임을 내포한다. 우리는 그래서 S_p의 추이적부분군들에 대한 앞의 결과들을 적용할 수 있다.

만약 $r_1,\cdots,r_p$가 F위에서 r_i, r_j의 유리식 표현을 갖는다면 r_i와 r_j를 불변으로 하는 $Gal(P/F)$안에서 임의의 치환은 $r_1,\cdots,r_p$를 불변하게 해야만 한다. 그것은 단지 항등사상 뿐이다. 정리 14.40에서 p개의 원소의 치환들의 가해추이적군들의 특성으로부터, $Gal(P/F)$가 가해임을 설명할 수 있다.

역으로, 만약 $Gal(P/F)$가 가해군 이라면, 같은 특성화에 의해서,

$$Gal(P/F(r_i,r_j)) = \{Id\} \text{ for } any \quad i,j=1,\cdots,p \ with\ i \neq j$$

이고, 정리 14.11 때문에 $GAL(P/F(r_i,r_j))$은 단지 r_i와 r_j를 불변으로 하는 치환들

만 포함하게 된다. 따라서, 정리 14.11에 의해서,

$$r_1, \cdots, r_p \in F(r_i, r_j)$$ ■

이 따름정리는 유리수체 Q 위에서 불가해한 방정식의 예를 판단하는데 효율적으로 적용될 수 있다. 이제 그것을 보이자;

14.42. 따름정리. P 를 Q 위에서 소수 차의 한 기약다항식이라 하자. 만약 적어도 P의 적어도 두 근이, 전부는 아니고, 실수 이면, $P(X)=0$는 Q 위에서 거듭제곱근에 의해 풀리지 않는다.

증명. $r_1, \cdots, r_p$를 P의 근들이라 하자., 그리고 $r_1, r_2 \in R$이고 $r_p \notin R$이라 가정하자. 그러면, $Q(r_1, r_2) \subset R$이다. 따라서 $r_p \notin Q(r_1, r_2)$이다. 그래서 앞의 따름정리에 따르면, $P(X)=0$는 Q위에서 거듭제곱근에 의해 풀리지 않는다. ■

위의 P의 근들에 대한 조건은 특수한 예들에서 확인하는데 어려움이 없다. 만약 P의 차수가 소수 $p \equiv 1 \bmod 4$ 이라 가정하자. 판별식의 도움으로 순수하게 산술적으로 판별 할 수가 있다. 다음 보조정리에서 보여준다.

14.43. 따름정리. P 를 Q위에서 소수 p 차수의 한 모닉 기약다항식이라 하자. $p \equiv 1 \bmod 4$ 이라 가정하자. 만약 P의 판별식이 음수이면, $P(X)=0$는 Q위에서 거듭제곱근에 의해 풀리지 않는다.

증명. 8장 연습문제 4에 의해서, 판별식에 대한 조건은 P의 실수근들의 개수가 1도 아니고 p도 아님을 곧바로 알 수 있다. ■

특별한 예로, 방정식

$$X^5 - pqX + p = 0$$

여기서, p는 소수이고 q는 한 정수이고, $q \geq 2(\text{or } q \geq 1 \text{ and } p \geq 13)$은 Q위에서 거듭제곱근에 의해 풀리지 않는다. 왜냐하면 $X^5 - pqX + p$은 Q위에서 기약이다. 아이젠슈타인 판별법에(아이젠슈타인 정리 12.12, p.217)의해서 곧바로 밝혀지고, 그것의 판별식이 음수이다(8장 연습문제 1 참조).

소수 차 방정식의 갈루아 탐구의 마지막 응용으로, 우리는 루피니 - 아벨정리(정리 13.16, p.276)의 다른 증명을 이제 하기로 하자.

14.44. 따름정리. $n \geq 5$에 대하여, 차수 n인 일반방정식은 $k(s_1, \cdots, s_n)$위에서 거듭제곱근에 의해 풀리지 않는다.

증명. 우리는 예 14.1(p.293)에서 차수 n인 일반방정식의 근들의 모든 치환으로 된 갈루아군은 S_n이다. 이 군은 군들 위에서 분명히 추이적이므로, 명제 14.32(p.336)로부터 차수 n인 일반방정식은 $k(s_1, \cdots, s_n)$위에서 기약임을 알 수 있다. 따라서 이 방정식의 가해성은 그것의 완전한 해법을 유도한다.(명제 14.33, p.338) 그것은 S_n의 가해성을 말한다.(정리 14.22, p.320)

먼저 $n=5$인 경우를 생각해보자. 이 경우 정리14.38을 적용하면, $|S_5| > 4 \cdot 5$이므로, S_5는 비가해이다.

따름정리 14.27(p.325)로 부터, $n \geq 5$에 대해 S_n은 비가해이다. 왜냐하면, S_5는 $\{1, \cdots, 5\}$를 제외하고 $\{1, \cdots, n\}$의 모든 원소들을 불변하게 하는 S_n의 부분군으로 볼 수있기 때문이다. ■

우리는 이제 14.1에서 인용한 아벨정리로 돌아간다.

14.45. 정리. P 를 한 체 F위에서 한 n 차 다항식이라 하자. F 를 품는 어떤 체는 근들 $r_1,\cdots,r_n$을 품는다 하자. 만약 유리분수식들 $\theta_2,\cdots,\theta_n \in F(X)$가 존재하여,

$$r_i = \theta_i(r_1) \text{ for } i = 2,\cdots,n$$

이고,

$$\theta_i(\theta_j(r_1)) = \theta_j(\theta_i(r_1)) \text{ for } all \ \ i, j$$

이면, 방정식 $P(X) = 0$은 F위에서 거듭제곱근에 의해 완전히 가해이다.

증명. 정리 5.21(p.77)에서 *Hudde*의 기법을 사용하여, 우리는 일반성을 잃지 않고 근들 $r_1,\cdots,r_n$가 서로다르다고 가정할 수 있다. 예14.3에 의해서, 갈루아군 $Gal(P/F)$ 응 가환이다. 따라서, 정리14.22에 의해서 다음 군이론의 명제를 따라 증명하면 충분하다: ■

14.46 명제. 임의의 (유한) 가환군은 가해이다.

증명. 가환군의 임의의 부분군은 정규이므로, 임의의 가환군 $G \neq \{1\}$가 소수지표를 갖는 한 부분군 G_1을 품고 있음을 보이면 충분하다. G의 위수에 대한 수학적귀납법에 의해서, 우리는 부분군들의 열을 구성하여,

$$G \supset G_1 \supset \cdots \supset G_r = \{1\}$$

여기서, 각각은 앞의것의 소수지표를 갖는 정규부분군들이다. 이 열이 G가 가해임을 보여준다.

만약, 영이 아닌 유한가환군에서 소수지수를 갖는 한 부분군의 존재성을 증명하는 것만 남았다. 이것은 다음 결과의 특수한 경우($H = \{1\}$)이다. ■

14.47.보조정리. H 를 한 유한가환군 G의 한 부분군이라 하자. 만약 $H \neq G$ 이라 하면, G안에 H 를 포함하는 소수지표를 갖는 한 부분군 G_1이 존재한다.

증명. 우리는 적어도 2라고 가정되는 지표 $(G: H)$에 대한 수학적귀납법에 따라 증명하자. 만약 $(G: H)=2, 3$ 또는 임의의 소수라면, $G_1 = H$는 요구되는 조건을 만족한다. $(G: H)$가 소수가 아니라고 가정하자. σ 를 $G-H$ 안에서 택하면, 최소 지수 $e>0$가 존재하여 $\sigma^e \in H$가 된다고 하자. 또한, e의 소수인수 p라 하자. 그리고,

$$\rho = \sigma^{e/p}$$

라 하자. 그러면, $\rho \notin H$ 이다.(그렇지 않으면, e가 극소가 아님) 그리고, $\rho^p \in H$이다. 이제

$$H' = \{\rho^i \mu | i = 0, \cdots, p-1; \mu \in H\}$$

를 생각해 보자.

H'가 H를 포함하는 G의 한 부분군임을 용이하게 확인 할 수 있다. 그리고, H'안에서 H의 잉여류집합은 $H', \rho H', \cdots, \rho^{p-1}H'$이다. 따라서

$$(H' : H) = p$$

따라서, $H' \neq G$이다. $(G: H)$은 소수가 아니라는 가정과,

$$(G: H') < (G: H)$$

이다. 수학적귀납법 가정에서, G 안에 H'를 포함하는 소수지표를 갖는 부분군 G_1이 존재한다. 따라서, H 도 품는다. ■

주목할 점. 명제14.46은 무한군에서도 똑 같이 의미를 갖는 유한군의 경우에 동등한 공식에 적용된 정리14.22의 설명에 주어진 가해성의 정의를 보여줄 수 있다.

각 군 G에 대하여, 우리는 한 유도부분군 G'를 정의하자: 그것은 G의 부분군으로 교환자*commutators*들 $\sigma\tau\sigma^{-1}\tau^{-1}$ for $\sigma, \tau \in G$에 의해서 생성된 것이다. 임의의 양의정수 $n \geq 2$에 대하여, n차유도군 $G^{(n)}$은 귀납법에 의해 유도부분군 $G^{(n-1)}$으로부터 정의된다.

명제. 한 군 G에 대란 다음 조건들은 동등하다.:

(a) 적당한 정수 n이 존재하여 $G^{(n)} = \{1\}$이다:

(b) G는 한 부분군들의 열을 품는다.

$$G = G_0 \supset G_1 \supset \cdots \supset G_t = \{1\}$$

여기서, 각 부분군 G_i는 앞의 부분군 G_{i-1}의 정규이고, 각 $i = 1, \cdots, r$에 대하여 G_{i-1}/G_i는 가환군이다.

더욱, 만약 G가 유한이면, 이 조건들은 역시 동등하다:

(c) G는 한 부분군들의 열을 품는다.

$$G = G_0 \supset G_1 \supset \cdots \supset G_r = \{1\}$$

여기서, 각 부분군 G_i는 앞의 부분군 G_{i-1}의 정규이고 소수지표를 갖는다.

증명. $(a) \Rightarrow (b)$ 그 열을 $G_i = G^{(i)}$로 정의하면, 주어진 조건을 만족한다.

$(b) \Rightarrow (a)$ G_{i-1}/G_i가 가환이므로, $G_{i-1}' \subset G_i$이다. 귀납법에 의해서, $G^{(t)} \subset G_t$이다. 따라서, $G^{(t)} = \{1\}$이다.

$(c) \Rightarrow (b)$ 각 $i = 1, \cdots, r$에 대하여 상군 G_{i-1}/G_i 은 소수위수를 갖는다. 따라서 가환이다.

$(b) \Rightarrow (c)$ 만약 G가 유한이라면, 명제14.46에 의해서, 각 상군 G_{i-1}/G_i은 한 부분군들의 열

$$G_{i-1}/G_i \supset H_{i1} \supset \cdots \supset H_{ir_i} = \{1\}$$

여기서, 각 부분군는 앞의 부분군에 정규이고 소수지표를 갖는다. 사영사상 $\pi : G_{i-1} \to G_{i-1}/G_i$에서 $H_{i1}, \cdots, H_{ir_i}$의 역상들을 택하면, 우리는 한 부분군들의 열

$$G_{i-1} \supset \pi^{-1}(H_{i1}) \supset \cdots \supset \pi^{-1}(H_{ir_i}) = G_i$$

여기서, 각 부분군들은 앞의 부분군의 정규이고 소수지표를 갖는다. 이 열은 양 끝에 G에서 시작하여 각각 위의 열을 붙여서, $\{1\}$로 끝나는 한 열을 얻는다. 따라서, 각 부분군들은 앞의 부분군의 정규이고 소수지표를 갖는다. 이것으로 (c)를 보였다. ■

주목할 점. 이 보조정리는 G_1이 유한이라는 가정이 없어도 역시 성립한다. 그러나, 그 증명은 더 미묘하다. 이러한 일반적인 경우는 필요하지 않다

부록: 갈루아의 치환군에 대한 논의

치환군은 갈루아의 결과의 많은 논의를 통해서 폭넓게 사용됨에도 불구하고, 갈루아의 논문의 표시는 현대의 그것과 약간 다르다는 것을 유의 해야만 한다. 사실, 갈루아는 한 집합 E의 치환군에 접근하는 데, 중심역할은 E의 원소들의 배열*arrangements*[19)]인데, 이것은 E를 한 줄로 원소들을 여러 가지 방법으로 배열하는 것이다. 그러나, 요사이에는 근본적인 대상은 치환*permutations*이다. 즉, E에서 자기 자신 위로의 $1-1$사상이다.

이 부록의 목적은 갈루아의 군에 대한 서술을 설명한 것이고, 갈루아의 정의가 현대의 그것과 어떻게 연결되어있는가를 지적한 것이다.

E를 한 유한집합이라 하고, Ω를 E의 원소들의 배열의 집합이라 하자.

따라서, 만약 예를들어, $E=\{a,b,c\}$이면,

$$\Omega=\{abc,\ acb,\ bac,\ bca,\ cab,\ cba\}$$

우리는 E의 치환들의 집합을 $Sym(E)$로 표시한다.(E의 치환들로 부른다). E의 치환들은 Ω에서의 치환들을 한 분명한 방법으로 만든다: 한 치환 σ가 한 배열 $\alpha=abc\cdots$을

19) 갈루아가 사용한 용어로 여기서 "배열*arrangement*"와 "대치 substitution"라 불리 우는 "치환*permutation*"에 대한 용어는 보통 요사이 "치환*permutation*"이라 불리운다. 혼란이 있을 수있기 때문에, 우리는 이 부록에서 가능한 한 "치환*permutation*"이라는 용어를 사용하는 것을 피했다. 그리고 대신에 "배열*arrangement*"와 "대치substitution"를 사용한다.

$\sigma(\alpha)=\sigma(a)\sigma(b)\sigma(c)\cdots$로 변환한다. $Sym(E)$의 Ω위에 이 작용은 다음의 의미있고 분명한 성질: 임의의 $\alpha,\beta\in\Omega$에 대하여, 단 하나의 치환 $\sigma\in Sym(E)$가 있어서 $\sigma(\alpha)=\beta$가 성립한다.(여기서, Ω 는 $Sym(E)$아래서 한 주 제차집합*principal* homo*geneous set*이라 한다).

정의. E의 배열들의 군은 Ω의 공집합이 아닌 부분집합 A로서, 다음 성질을 갖는다: 임의의 $\xi,\eta,\zeta\in A$에 대하여, ξ를 η로 변환하는 치환은 ζ를 A안에 속하는 한 배열로 변환하는 것이다.

다른 말로는, 만약 $\sigma\in Sym(E)$이 어떤 $\xi\in A$에 대하여 $\sigma(\xi)\in A$가 되면, 모든 $\zeta\in A$에 대하여 $\sigma(\zeta)\in A$이다. 즉, $\sigma(A)\subset A$ ($\sigma(A)$에서의 배열의 개수는 A에서의 그것과 같다. 사실 $\sigma(A)=A$이다)

E의 한 치환군은 통상적으로 $Sym(E)$의 한 부분군이다

명제. E의 치환들의 군들과 주어진 한 배열 α을 품는 E의 배열들의 군들 사이에는 $1-1$대응이 존재한다. 이 대응은 임의의 치환군 G에 그 궤도 $G(\alpha)\subset\Omega$가 대응하고, 임의의 배열에 의한 군 A에 집합 $\{\sigma\in Sym(E)|\sigma(\alpha)\in A\}$가 대응한다는 것이다.

증명. 먼저, 우리는 $G(\alpha)$가 E의 배열들의 한 군임을 보이자. $\alpha\in Sym(E)$이 적당한 $\xi\in G(\alpha)$에 대하여 $\sigma(\xi)\in G(\alpha)$라 하자, 우리는 $\sigma(G(\alpha))=G(\alpha)$ 를 증명해야 한다. 가정에서 ξ와 $\sigma(\xi)$가 G안에 있어서,

$$\xi=\tau(\alpha)\text{ and }\sigma(\xi)=\theta(\alpha)\text{ for }some\ \ \tau,\theta\in G$$

따라서, $\sigma\circ\tau(\alpha)=\theta(\alpha)$이고 따라서,

$$\sigma\circ\tau=\theta$$

이 등식은 $\sigma\in G$임을 보이고, 따라서 $\sigma\circ G=G$ 이고 $\sigma(G(\alpha))=G(\alpha)$이다.

다음은, 만약 A가 α를 품는 배열들의 한 군 이라면, 집합

$$S_\alpha(A)=\{\sigma\in Sym(E)|\sigma(\alpha)\in A\}$$

은 $Sym(E)$의 부분군이다. 이 집합은 항등원을 품는다. 왜냐하면,

$$Id(\alpha) = \alpha \in A$$

이기 때문이다. 만약 $\sigma, \tau \in S_\alpha(A)$이면, .

배열들의 군의 성질에 의해, $\xi = \alpha$, $\eta = \sigma(\alpha)$, $\zeta = \tau(\alpha)$를 적용하면,

$$\sigma \circ \tau(\alpha) \in A$$

이다. 따라서, $\sigma \circ \tau \in S_\alpha(A)$이다. 같은 방법으로, 만약 $\sigma \in S_\alpha(A)$이면, 같은 성질 , $\xi = \alpha$, $\eta = \sigma(\alpha)$, $\zeta = \tau(\alpha)$를 적용하면,

$$\sigma^{-1}(\alpha) \in A$$

이다. 따라서,

$\sigma^{-1} \in S_\alpha(A)$이다. 이것으로 $S_\alpha(A)$가 치환들의 군이다.

증명을 마치기 위해, 두 사상들,

$$G \mapsto G(\alpha) \text{ and } A \mapsto S_\alpha(A)$$

이 서로 전단사인 역사상이다. 즉,

$$S_\alpha(G(\alpha)) = G \tag{14.17}$$

이고,

$$S_\alpha(A)(\alpha) = A \tag{14.18}$$

이 등식들은 정의들로부터 바로 확인된다.(Ω 는 $Sym(E)$아래서 한 주 제차집합 *principal* homo*geneous set*이다). ■

따름정리. 만약 α와 β 둘다 한 배열들의 군 A에 속한다면,

$$\{\sigma \in Sym(E) \mid \sigma(\alpha) \in A\} = \{\sigma \in Sym(E) \mid \sigma(\beta) \in A\}$$

즉, 앞 증명의 기호로 표기하면,

$$S_\alpha(A) = S_\beta(A)$$

증명. 식 (14.18)에 의해서

$$\beta \in S_\alpha(A)(\alpha)$$

이다. 이것은 β가 군 $S_\alpha(A)$아래서 α의 궤도임을 말한다. 따라서, 명제14.36(a)에 의해서,

$$S_\alpha(A)(\alpha) = S_\alpha(A)(\beta)$$

이다. 따라서, 식 (14.18)에 의해서,

$$A = S_\alpha(A)(\beta)$$

이다. S_β아래에서 양변의 상을 택하고 (14.17)를 적용하면,(α대신에 β를 택하고 G 대신에 $S_\alpha(A)$를 택한다). 우리는

$$S_\beta(A) = S_\alpha(A)$$

이다. ■

이 따름정리는 주어진 한 배열들의 군 A에 대응되는 치환들의 군 $S_\alpha(A)$가 A안에서 특별히 참고로 택한 한 배열 α의 선택에 무관하다는 것을 보여준다. 대조적으로, 특별히 참고로 택한 한 배열 α는 치환들의 군들로부터 배열들의 군들로 전환하는 중요한 역할을 한다. 왜냐하면, 다른 배열에 의한 군들이 같은 치환들의 군으로 대응될 수 있기 때문이다.

예를 들어, 만약, 위에서와 같이 $E = \{a, b, c\}$이고, 만약 $G = \{Id, \tau\}$라 하면, 여기서 τ는 a와 b를 바꾸고 c는 불변이다. 그러면, 참고로 택한 α의 배열 abc으로 우리는 다음 군을 얻는다.

$$\{abc, bac\}$$

그래서, 참고로 택한 bca 로는, 여기서 τ는 a와 b를 바꾸고 c는 불변이므로,

$$\{bca, acb\}$$

을 얻는다.

이것은 치환들에 의한 군들이 배열들에 의한 군들보다 더 자연스럽다는 것을 보여준다.

이것은 치환들에 의한 군들이 배열들에 의한 군들보다 더 자연스럽다는 것을 보여준다. 왜냐하면, 그것들이 참고로 택한 한 배열의 선택에 무관하기 때문이다. 그의 학술논문의 몇 구절에서 갈루아의 기본개념은 종국적으로 배열이 아니고 치환이라는 사실을 알고 있었다는 의심의 여지를 남기지 않았다. 그러나, 그는 다음 인용문에서 말 한 대로, 더 구체적이고 실체가 있는 까닭에 배열들로 결정해서 사용했던 것 같다.

> 다음은 도입의 원리들 이다. [21, p.47],[20, p.102]:
> 사람들이 치환을 서술하기 위해서 별 이유 없이 한 문자를 한 위치에서 다른 곳으로 옮기는 함수들을 취급할 때 최초의 치환을 사용했다. 그렇지만, permutation치환의 생각 없이 한 substitution치환의 생각을 이해할 수 없으므로, 우리는 치환을 자주 이야기할 것이며, 우리는 한 substitution치환은 단지 한 permutation치환에서 다른 것으로 변경하는 것으로 생각할 것이다.

명제1[21, p.53], [20, p.106] 후에, 갈루아는 다음과 같이 쓰고 있다:

> 주석*Scholium*. 분명하게 문자들의 배치를 논의하는 것은 permutation치환군에서는 중요하지 않고, 단지 한 permutation치환에서 다른 것으로 옮기는 문자들의 substitution 치환이 더 중요하다.

갈루아의 배열의군에 대한 언급의 긍정적인 점은 부분군의 개념이고, 특히 매우 자연스럽게 발생하는 정규부분군에서 이다. 우리는 이제 그것을 보일 것이다.

만약 H를 한 치환군 G의 한 부분군이라 하면, 배열들의 군 $H(\alpha)$(한 참고 배열 α로부터 얻어지는 것) 는 분명히 $G(\alpha)$의 부분군이다. 더욱, H의 좌측 잉여류집합으로 된 G의 분해

$$G = \bigcup_{\alpha \in R} \sigma \circ H$$

여기서, R는 G에서 H의 각 잉여류집합에서 대표원을 뽑은 집합이다. 즉, G의 한 부분집합으로 각 잉여류에서 단지 한 원소씩 택한 것이다. 이것은 다음과 같이, 배열들에 의한 군 $G(\alpha)$들의 분해를 만든다.

$$G(\alpha) = \bigcup_{\alpha \in R} \sigma(H(\alpha))$$

$\sigma \in R$에 대한 부분집합 $\sigma(H(\alpha))$은 서로교가 없고 사실 $G(\alpha)$의 부분군이다. 왜냐하면, 등식

$$\sigma(H(\alpha)) = (\sigma \circ H \circ \sigma^{-1})(\sigma(\alpha))$$

는 $\sigma(H(\alpha))$가 치환군 $\sigma \circ H \circ \sigma^{-1}$아래서 $\sigma(\alpha)$의 궤도임을 보여 준다. 집합 $\sigma(H(\alpha))$은 그래서 $\sigma(\alpha)$를 품는 배열들의 군이고 치환군 $\sigma \circ H \circ \sigma^{-1}$와 관계하고 있다. G안에서 H의 정규성은 다음과 같이 변역된다: 각 $\sigma(H(\alpha))$의 치환군들은 모두 H와 같다. 정말, 이 조건은 다음과 같다.

$$\sigma \circ H \circ \sigma^{-1} = H \text{ for } all \ \sigma \in R$$

그리고, G 임의의 원소는 $\sigma \in R$에 대한 $\sigma \circ \tau$꼴을 갖는다. 그것은 다음과 같다.

$$\rho \circ H \circ \rho^{-1} = H \text{ for } all \ \rho \in R$$

예를 들어, $E = \{a, b, c\}$, $G = Sym(E)$ 그리고 $H = \{Id, \tau\}$라 하자. 여기서, τ는 a와 b를 바꾸고 c는 불변이다. $\alpha = abc$로 참고배열로 택하자. 그러면 $G(\alpha)$는 3개의 부분군들로 분해하는 a, b, c의 모든 배열들의 군이다: $H(\alpha)$와 $H(\alpha)$의 모든 배열에 단 하나의 치환을 적용하여 얻어지는 $\sigma(H(\alpha))$꼴의 두 개의 다른 부분군을 말한다:

$$\begin{array}{ccc} & & a\ b\ c \\ & & b\ a\ c \\ a\ b\ c & & \\ a\ c\ b & \nearrow & \\ b\ a\ c & & a\ c\ b \\ b\ c\ a & \longrightarrow & c\ a\ b \\ c\ a\ b & & \\ c\ b\ a & \searrow & \\ & & b\ c\ a \\ & & c\ b\ a. \end{array}$$

우리는 첫 번째 배열의 부분군(여기서 $H(\alpha)$)의로부터, 두 번째 것은 모든 배열에 치환 $b \leftrightarrow c$(동등하게, 치환 $a \mapsto c \mapsto b \mapsto a$)와 세번째는 $a \mapsto b \mapsto c \mapsto a$ $(a \leftrightarrow c)$을 적용한 것이다.

H는 G의 정규가 아님이 배열들의 3개의 배열군들이 같은 치환군이 되지 않는다는 것을 반영한다. 정말, 첫 번째 치환군은 H이고, 두 번째는 $\{Id, a\leftrightarrow c\}$이고 세 번째는 $\{Id, b\leftrightarrow c\}$이다.

만약 우리가 H대신에 군 $N = \{Id,\ a\mapsto b\mapsto c\mapsto a,\ a\mapsto c\mapsto b\mapsto a\}$을 택하면, $G(\alpha)$의 대응하는 분해는

$$\begin{array}{ccc} & & \begin{matrix} a & b & c \\ b & c & a \\ c & a & b \end{matrix} \\ & \nearrow & \\ \begin{matrix} a & b & c \\ a & c & b \\ b & a & c \\ b & c & a \\ c & a & b \\ c & b & a \end{matrix} & & \\ & \searrow & \\ & & \begin{matrix} a & c & b \\ c & b & a \\ b & a & c. \end{matrix} \end{array}$$

두 번째의 배열들의 부분군은 첫 번째로부터 치환 $b\leftrightarrow c$의 적용으로 얻어진 것이고, 두 부분군들 모두 N를 치환군으로 갖는다.

연습문제

01 P를 어떤 체 F위에서 한 다항식이라 하자. 만약 P가 F위에서기약이면, $|Gal(P/F)|$은 P의 차수에 의해서 나누어진다.

02 V를 F위에서 한 방정식 $P(X)=0$의 한 갈루아 분해식이라 하자. 임의의 $\sigma\in Gal(P/F)$에 대하여, 함수 $\sigma(V)$는 역시 한 방정식 $P(X)=0$의 한 갈루아 분해식이다.

03 한 체 F위에서 한 방정식 $P(X)=0$가 거듭제곱근에 의한 완전한 풀이를 갖기 위한 필요충분조건은 P의 각 기약인수 Q에 대한, 방정식 $Q(X)=0$가 F위에서 거듭제곱근에 의해 풀이가 있다는 것이다.

04 어떤 수 체 k위에서 차수가 n인 일반방정식을

$$P(X)=X^n-s_1X^{n-1}+s_2X^{n-2}-\cdots(-1)^n s_n=(X-x_1)\cdots(X-x_n)$$

라 하자. 그리고, $F = k(x_1,\cdots,x_n)$라 하자. $u\in k(x_1,\cdots,x_n)$이고, $x_1,\cdots,x_n$의 치환들 아래서,u의 다양한 서로 다른 값 $u_1,\cdots,u_r$이라 하자.$(u=u_1)$.

다항식 $(X-x_1)\cdots(X-x_r)$은 F위에서 기약임을 보여라. 예14.30(p.333)에서와 같이, $Gal(P/F(u))=I(u)$을 유도하라.

05 한 유한 집합 E의 한 치환군이라 하자. H를 G의 한 부분군이라 하고, α를 E의 원소들의 한 배열이라 하자. 배열들의 군 $G(\alpha)$는 H가 치환군이 되는 부분군들로 분해될 수 있음을 보여라. 이 분해가 $G(\alpha)=\bigcup_{\sigma\in R}\sigma(H(\alpha))$이 되기(여기서 R는 G안에서 H의 좌잉여류집합의 대표원들의 한 집합이다)위한 필요충부조건은 H가 G안에서 정규이다.

Chapter 15
끝맺음

제15장

끝맺음

갈루아의 논문이 요사이는 대수방정식에 대하여 수세기동안 최상의 연구업적으로 간주되지만, 갈루아이론에 대한 최초의 반향은 부정적이었다. 그것은 그 논증이 명료하지도 못하고 충분하게 전개되지도 못한 것으로 심사자들에 의해 거절당했다(*Taton*[57, p.121]), 그러나 다른 사람들 에게는 또한, 깊은 동기유발이 되었다: 그것은 한 방정식 거듭제곱근에 의한 풀이가 가능한지 불가능한지 결정하는 어떠한 활용가능한 판별법도 제공하지도 못했다.

이런 관점에서, 갈루아에 의해 지적한 소수차수 방정식에의 응용에 까지(따름정리 14.41, p.351)유용하지 못했다. 심사자들의 지적한 내용:

> 그러나, 우리는 이 논문은 그 제목이 약속한, 거듭제곱근들에 의한 방정식의 해법의 조건을 포함하지 않고 있다; 사실, 갈루아의 명제가 참인 것으로 가정하고, 우리는 거기서 소수차수의 한 주어진 방정식이 거듭제곱근에 의해 풀어질지 안 풀어 질지 결정하는 좋은 방법도 끌어낼 수가 없었다. 왜냐하면, 우리는 먼저 이 방정식의 기약여부를 밝히고 다음은 그것의 근들이 두 개의 다른 계수들의 유리분수식으로 표현 될지를 알아야했다. 방정식 가해성은 ,만약 그것이 존재한다면, 한 주어진 방정식의 계수들의 탐구에 의해서 확인될 수 있는 구체적 특성을 갖고 있어야 한다. 또는, 적어도, 주어진 방정식의 차수보다는 더 낮은 차수의 다른 방정식을 풀어야 했다.(*Taton*[57, p.121])

갈루아의 판별법(정리 14.22, p.320])은 구체적인 것과는 거리가 한참 멀다: 정말, 갈루아는 제시된 방정식의 근들을 다루었고, 그것의 계수들은 결코 다루지 않았다. 따라서 갈루아의 이론은 예상했던 그런 것이 아니었으며, 즉각 받아드리기에는 너무 고상한 것이었다.

루우빌에 의한 갈루아논문의 발표 후, 그것의 중요성은 수학 세계를 동트게했다. 그리고, 그것은 갈루아가 해가 있는 방정식을 어떤 가설적으로 구체적인 특성화 시키는 것보다도 훨씬 더 값진 수학적 보배를 발견했다는 것을 결과적으로 깨달았다. 결국, 거듭제곱근에 의한 방정식해법문제는 아주 부자연스럽게 되었다. 그것은 약간 이상하고 그것은 신비롭고 깊은 감명을 주는 것들을 품고 있다. 그것은 어려운 상황을 연출하였기 때문에 수세기에 걸친 유창한 수학자들의 노력이 집중되었다. 갈루아는 이 문제의 중요성을 꺼내서, 방정식의 어려움이 그 근들의 모호함에 연결되 있음을 보여주고, 이 모호성이 군을 사용하여 어떻게 측정될 수 있는지 지적했다. 그는 그렇게 해서 방정식이론을 대수학의 주제로 바꾸어, 전혀 다른 방법으로 해결했다.

> 이제, 나는 우아한 계산(내가 말하는 지적인 단순화는 구체적인 단순화를 말하는 것이 아니다)에 의해서 만들어진 단순화는 한계가 있다고 생각 한다; 나는 예견된 대수적 변환들이 더 이상 존재할지 모르는 그 시간과 장소는 발견하지 못하는 해석학자들의 사색에 의해서 나타날 것이라 생각 한다; 그래서 우리는 그것들을 보게 될 것에 만족해야만 할 것이다.
>
> 계산을 뛰어 넘어; 군의 연산들은 그들의 출현보다도 그들의 복잡성들에 따라 그것들을 분류하고, 나는 미래 수학자들의 사명이라 생각한다, 즉, 나는 이것이 이 작업을 정박한 이 길위라 생각한다.[21, p.9]

따라서, 방정식의 이론은 서서히 사라지고, 반면에 군들의 이론과 다양한 대수적 구조들 같은 새로운 주제들이 나타났다, 이 수학적 이론 진화의 마지막 단계는 베유*A. Weil*에 의해서 아름답게 기술되었다[68, p.52]:

> 모든 수학자들이 아는 바와 같이 어떤것도 더 효과적일 수는 없다, 이 어두운 유사성과 한 이론에서 다른 것을 보는 안개 낀 일별과 이 몰래하는 애무와 이 불가해한 뒤

> 죽박죽들; 연구자에게 더 이상의 즐거움을 주는 것은 없다. 착각이 사라지고; 막연함이 확신으로 변한다; 두 가지 이론이 없어지기 전 공통의 원천을 공개하고; 기타 선생님 같이, 동시에 지식과 변별역에 도달한다. 형이상학은 수학에서, 차가운 아름다움이 우리를 더 이상 움지기지 못하게 하는 논문의 요지를 준비한다.

갈루아 이론으로부터 제기되는 이어지는 발전들은 이 강의의 범위를 벗어난다. 따라서 더 자세한 설명들은 우리는 키에넌*Kiernan*[37]과 베르덴*Van der Waerden*[63]의 논문들과 노비*Novy*[47]의 책에 의존한다. 그러나 이 진화에서 우리가 알아야할 중요한 경향은; 갈루아이론의 근원으로부터 나온 다항식과 방정식의 점진적인 소거법이다. 사실, 그것은 다양한 교재들을 통해서 갈루아를 알수 있는 근본을 밝히는 것이다. 그러나 이 이론들이 원래 내용에서 나온 방정식에 대한 해답을 초기에 어떻게 고안하느냐 하는 것이다.

이 방향의 첫 단계는 체의 개념에서 크로네커와 데데킨트의 업적을 통해서 출현했다. 그들의 접근은 매우 서로 다르지만 서로 보완하는 것이었다. 크로네커의 관점은 구성주의적이다. 이 관점에 따라 한 체를 구성하는 것은 체의 원소들이 구성될 수 있는 한 과정을 기술하고 있다. 반면에, 데데킨트의 접근은 집합론적이다. 그는 복소수의 한 집합 P에 의해서 생성되는 체를 P를 포함하는 모든 체들의 교집합으로 정의하기를 주저하지 않았다.

이 정의는 한 주어진 복소수가 그렇게 정의된 체에 속하는지의 여부를 결정하는 것은 별로 쓸모가 없다. 그렇지만, 데데킨트의 접근법은 요세는 통상적인 관점이 되었고, 크로네커의 구성주의도 역시 다항식이 일차인수로 분해하는 체를 대수적으로 구성하는경우에 중요한 결과로 되었다.(9.2참조) 다음 단계는 데데킨트의 관찰이다. 19세기 말경에 방정식의 갈루아군에서의 치환들은 근들의 유리분수식의 체에서 자기동형사상으로 간주할 수 있다.(따름정리 14.12, p.305). 더욱, 새롭게 발전된 선형대수는 체의 이론에 결실을 가져왔고, 확대체의 큰 체는 작은 체위의 한 벡터공간으로 볼 수 있다.

이 생각은 20세기초반 몇 세기에 베르덴(1930)의 현대대수학의 유명한 논문에 의해서 확인된것과 같은 성과를 갖어왔다. 이 책에서의 갈루아 이론의 취급은 알틴*E. Artin*의 강의에 기초한다. 그것은 "기본정리*fundamental theorem*"이라 말하는, 요사이는 갈루아 확대체라 불리는 어떤 확대체(중근을 갖지 않는 다항식의 모든 근들을 부가해서 얻어지는 체)의 부분체들과 갈루아군 에서의 부분군들 사이에 $1-1$대응이 성립한다는 것이다. 이 대응은 갈루아논문에는 아주 명확하지는 않다. 그것은 따름정리 14.21(p.318)와 보조정리 14.28(p.326)의 명제의 쌍대개념으로 관찰되고 있다. 그리고, 거듭제곱근에 의해 방정식 가법성에 대한 판별증명에서, 그러나 이 증명에서, 단위원의 제곱근이 기저체에 있다고 가정하는 것은 명확하지는 않다. 그러나 따름정리 14.21 또는 보조정리 14.28의 응용에 에서는 필요했다. 베르텐의 책에서, 갈루아 이론은 체와 군을 명확하게 강조하고 있다. 그러나, 다항식과 방정식은 부차적인 역할을 한다. 그들은 그 증명에서 수단으로 사용되며, 그 중요한 정리는 그 서술에서 다항식이 관련되있지않다.

수년후에, 갈루아 이론의 설명은 알틴의 영향아래 깊게 간여 되있다.[3, p.380]:

> 나의 수학적 젊은 때에, 나는 고전적 갈루아 이론의 매력에 사로잡혀있었다. 이 매력은 반복적으로 내가 되돌아가게 했다. 그리고 이 기본정리을 증명하는 새로운 방법을 찾기 위해서 노력했다.

그의 책 "갈루아 이론"[2}(1942), 알틴은 새롭고, 고차의 정통성이 있는 갈루아 확대체의 정의를 제안했다. 확대체는 작은 것 대신에 큰 체의 관점에서 보자. 체의 확대가 갈루아라 부르는 것은 만약 작은 체가 큰 체의 자기동형사상의 군 아래서 불변 일때를 말한다. 이 정의와 증명 안에서 약간의 발전은 알틴이 갈루아 이론의 기초적 결론 안에서 다항식의 역할을 더 축소시켰다. 그래서, 기본정리가 다항식에 대한 언급 없이 이제 증명할 수 있게 되었다. (부록 참조).

알틴의 해설은 요사이는 기초적 관점에서 갈루아정리의 고전적인 취급이 되었다. 그러나, 관련 영역에서 갈루아 이론의 응용들에 고무되어 최근에 더욱 여러 가지 다른 해설이 제기 되었다. 예를 들어, 제이콥슨-부르바키 $Jacobson-Bourbaki$의 대응[33, p.22]은 고전 갈루아 이론과 높이 1인 순수 비분리 확대체에 대한 갈루아 이론 둘 다 일관된 취급을 가져왔다. 여기서는, $p-Lie$대수가 군에 대치해서 사용된다. 또 다른 방향으로, 체이스$Chase$, 해리슨$Harrison$, 로젠베르그$Rosenberg$[13]에 기인한 가환환들의 갈루아 이론은 체의 확대와 국소조밀위상공간들의 피복들 사이의 관계를 유추한 새로운 설명이다. 두아디 *Douady*[19](*Bourbaki*의 논문[7]의 새판을 비교하라).

여러 영역과 새로운 탐색에 대한 영감의 자료로 다양한 영역 , 갈루아 이론은 한 가지 끝난 주제가 결코 아니다.

부록: 갈루아 이론의 기본정리

이 강의를 마치기 위해서, 우리는 이제 알틴의 고전적 논문[2]에 따라, 이제 갈루아 이론의 기본정리로 간주되는 1－1대응 관계를 설명하고자 한다.

15.1 정의. K를 한 부분체 F를 품고 있는 한 체라 하자. K를 F위에서의 한 벡터 공간으로 그 차원을 F위에서 K의 차원 이라 부르며 $[K:F]$로 표기 한다. 그래서

$$[K:F] = \dim_F K$$

이다.

F의 원소들을 불변으로 하는 K의 자기동형사상들의 군을 $Gal(K/F)$로 표기하고 F 위에서 K의 갈루아군 이라 하고,

$$Gal(K/F) = Aut_F K$$

확대체 K/F 를 갈루아 확대체라 하는 것은, 만약 F가 K의 자기동형사상들의 어떤 유한군 아래서 불변인 원소들인 체 일때이다. 다른 말로는, K^G는 K의 자기동형사상들의 한 군 G아래서 불변인 체를 표시한다. 즉,

$$K^G = \{x \in K \mid \sigma(x) = x \text{ for } all\ \sigma \in G\}$$

확대체 K/F가 갈루아 이기위한 필요충분조건은 K의 자기동형사상들의 한 유한군 G가 존재하여 $F = K^G$가 성립할 때이다.

예를 들어, 만약 F 가 특성이 0이고 만약 $r_1, \cdots, r_n$이 F위 계수를 갖는 한 다항식의 근들이라면, 정리 14.11, p.303(따름정리 14.12, p.305)는 $F(r_1, \cdots, r_n)$가 F위에서 갈루아 확대체임을 보인다.

15.2. 정리(갈루아의 기본정리). K 를 한 부분체 F 를 품고 있는 한 체라 하자. 만약 K의 자기동형사상들의 한 유한군 G에 대하여 $F = K^G$가 성립하면,

$$|K:F| = |G| \text{ 이고 } G = Gal(K/F) \text{ 이다}$$

체 K는 F 를 품는 임의의 부분체들의 갈루아 확대체이다. 더욱, F 를 품는 K의 부분체들과 G의 부분군들 사이에 $1-1$대응이 성립한다. 여기서, 임의의 부분체 L에 대하여 갈루아군 $Gal(K/L) \subset G$가 대응하고, 임의의 부분군 $H \subset G$ 에 고정체 K^H를 대응시킨다. 이 대응관계 아래서, K의 한 부분체의 F위에서의 차원은 대응하는 부분군의 G에 대한 지표와 같다.

$$[L:F] = (G: Gal(K/L)) \text{ and } (G:H) = [K^H : F]$$

이다.

더욱이나, K의 한 부분체 L은 F위에서 갈루아 이기위한 필요충분조건은 대응하는 부분군 $Gal(K/L)$이 G안에서 정규이다. 그 갈루아군 $Gal(L/F)$이 G의 자기동형사상들의 L에 대한 축약으로 얻어지는 사상이고,

축약된 준동형사상은 한 동형사상 $G/Gal(K/L) \cong Gal(L/F)$ 을 유도한다.

따라서, 정리 14.11(p.303)로 부터, 14.12안에서 정의된 군 $Gal(P/F)$은 F위에서 $F(r_1,\cdots,r_n)$의 갈루아 군이다. 여기서, 그 원소들은 $r_1,\cdots,r_n$의 치환들 대신에 $F(r_1,\cdots,r_n)$의 체 자기동형사상 으로 간주한다.

이 정리의 증명은 약간의 준비가 필요하다. 우리는 보조정리 14.24(p.322)와 평행으로 아주 단순한 관찰부터 해보자.

15.3. 보조정리. $K \supset L \supset F$ 의 체의 포함관계가 있다면,

$$[K:F] = [K:L]\,[L:F]$$

가 성립한다.

증명. $(k_i)_{i\in I}$를 L위에서 K의 한 기라하고, $(l_j)_{j\in J}$를 F위에서 L의 한 기라하자. 만약, 우리는 $(k_i l_j)_{(i,j)\in I\times J}$가 F위에서 K의 한 기임을 증명하자. 그러면 이 보조정리는 바로 증명된다.

임의의 원소 $x\in K$ 가 $x_i\in L$에 대하여,

$$x = \sum_{i\in I} k_i x_i$$

라 쓸 수 있고,

$$x_i = \sum_{j\in J} l_j y_{ij}$$

여기서, $y_{ij}\in F$ 이다. 따라서 우리는

$$x = \sum_{i\in I, j\in J} (k_i l_j) y_{ij}$$

이므로, 우리는 $(k_i l_j)_{(i,j)\in I\times J}$가 F위에서 K를 생성함을 알 수 있다.

$(k_i l_j)_{(i,j)\in I\times J}$가 F위에서 일차독립임을 보이자.

$$\sum_{i\in I, j\in J} (k_i l_j) y_{ij} = 0$$

라 하자. 여기서, $y_{ij}\in F$이다.

지수i 을 갖는 항들을 함께 모아서 쓰면,

$$\sum_{i\in I} k_i \left(\sum_{j\in J} l_j y_{ij}\right) = 0$$

이다. 따라서, $i\in I$에 대하여.

$$\sum_{j\in J} l_j y_{ij} = 0$$

이다. $(k_i)_{i\in I}$는 L위에서 일차독립이므로, 모든 $i\in I$, $j\in J$에 대하여,

$(l_j)_{j\in J}$가 F위에서 일차독립이므로,

$$y_{ij} = 0$$

이다. ■

기본정리의 증명의 중심에 있는 기본 관찰은 준동형사상의 일차독립에 대한 보조정리로 알려져있다. 그것은 알틴에 기인하고, 초창기 데데킨트의 결과에서 일반화된 것이다.

15.4 보조정리. 한 체 L에서 한 체 K로 가는 서로 다른 준동형사상들 $\sigma_1,\cdots,\sigma_n$를 생각하자. 그러면, $\sigma_1,\cdots,\sigma_n$를 L에서 K로 가는 모든 사상들 $\Gamma(L,K)$의 원소로 볼 수 있으며, 그것들은 K 위에서 일차독립이다. 다시 말하면, 만약, $a_1,\cdots,a_n \in K$ 가

$$a_1\sigma_1(x)+\cdots+a_n\sigma_n(x)=0 \text{ for } all\ x\in L$$

이면, $a_1=\cdots=a_n=0$ 이다.

증명. 결론을 부정하여, $\sigma_1,\cdots,\sigma_n$가 일차독립이 아니라하자. 그러면, $a_1,\cdots,a_n \in K$을 모두는 0이 아닌 원소들을 택하여,

$$a_1\sigma_1(x)+\cdots+a_n\sigma_n(x)=0 \text{ for } all\ x\in L \tag{15.1}$$

가 성립한다고 하자. 그러나, 원소가 $a_i \neq 0$인 극소라 하자. 그러면, 지수는 기껏해서 2이다. 그렇지않으면, σ_i는 L를 $\{0\}$으로 사상한다. 체의 준동형사상은 모든 i에 대하여, $\sigma_i(1)=1$이므로 모순이다. $\sigma_1,\cdots,\sigma_n$의 순서를 바꾸면, 우리는 일반성을 잃지않고, $a_1\neq 0$, $a_2\neq 0$라 가정하자.

$\sigma_1(l)\neq\sigma_2(l)$인 $l\in L$에서 택하자.($\sigma_1\neq\sigma_2$이므로 가능하다)

(15.1)의 양변에 $\sigma_1(l)$를 곱하면, 우리는

$$a_1\sigma_1(l)\,\sigma_1(x)+\cdots+a_n\sigma_1(l)\sigma_n(x)=0 \text{ for } all\ x\in L \tag{15.2}$$

한편, 식 (15.1)에 x대신에 lx을 대입하자. σ_i의 곱셈보존에 의해서, 우리는,

$$a_1\sigma_1(l)\,\sigma_1(x)+\cdots+a_n\sigma_n(l)\sigma_n(x)=0 \text{ for } all\ x\in L \tag{15.3}$$

을 얻는다. (15.3)에서 (15.2)를 빼면, 우리는

$$a_2(\sigma_1(l)-\sigma_2(l))\sigma_2(x)+\cdots+a_n(\sigma_1(l)-\sigma_n(l))\sigma_n(x)=0 \text{ for } all\ x\in L$$

$\sigma_1(l)\neq\sigma_2(l)$이므로, 모든 계수들은 모두 0이 아니다. 그러나, (15.1)보다도 더 적은 항들로 된 일차결합이 되므로 모순이다. ■

주목할 점. 단지 $\sigma_1,\cdots,\sigma_n$의 곱셈에 대한 성질만 사용하였다. 같은 방법으로, 한 곱셈군에서 한 체의 곱셈군으로 가는 서로 다른 준동형사상들의 일차독립을 만들 수도 있다.

15.5 따름정리. $\sigma_1,\cdots,\sigma_n$가 보조정리 15.4에서와 같다고 하자. 그리고

$$F=\{x\in L \mid \sigma_1(x)=\cdots=\sigma_n(x)\}$$

라 하면, $|L:F| \geq n$ 이다.

증명. 결론을 부정하여, $|L:F| < n$라 가정하자. $|L:F|=m<n$라 하자. F 위에서 L의 한 기 $l_1,\cdots,l_m$를 택하자. 그리고 행렬 $(\sigma_i(l_j))_{\substack{1\leq i\leq n \\ 1\leq j\leq m}}$ 에서 원소들은 K에 있다고 하자.

이 행렬의 계수($rank$)는 기껴해서 m이다. 왜냐하면 열의 수가 m이므로, 그 행들은 일차 종속이다. 우리는 $a_1,\cdots,a_n\in K$ 이고, 모두는 0이 아니고,

$$a_1\sigma_1(l_j)+\cdots+a_n\sigma_n(l_j)=0 \text{ for } j=1,\cdots,m \quad (15.4)$$

이제, 임의의 $x\in L$은 어떤 $x_j\in F$에 대하여,

$$x=\sum_{j=1}^{m} l_j x_j$$

이다. 식 (15.4)에 $\sigma_1(x_j)$를 곱하여($x_j\in F$이므로, 모든 i에 대하여 $\sigma_i(x_j)$와 같다),그리고, 식들을 모두 합하면, 우리는

$$a_1\sigma_1(x)+\cdots+a_n\sigma_n(x)=0$$

을 얻는다. 이것은 보조정리15.4에 모순이다. ■

정리15.2의 증명. 우리는 이제 정리15.2를 증명할 준비가 되었다. 우리는 체 K의 자기동형사상들로 된 유한군 G에 대하여. $F=K^G$라 하자.

단계1: $|K:F| = |G|$

$L = K$ 그리고 $\{\sigma_1,\cdots,\sigma_n\} = G$ 라 하고, 따름정리15.5를 적용하면 우리는

$$[K:F] \geq |G|$$

이다.

만약, $[K:F] > |G|$라 가정하면, 적당한 $m > n(=|G|)$에 대한 F위에서 일차독립인 K의 원소들 $k_1,\cdots,k_m$을 택할수 있다. 행렬

$$(\sigma_i(k_j))_{\substack{1 \leq i \leq n \\ 1 \leq j \leq m}}$$

은 기껏해서 n의 계수를 갖는다. 따라서, 열백터들은 K위에서 일차종속이 된다.

$a_1,\cdots,a_m \in K$ 는 전부는 0 이 아니고,

$$\sigma_i(k_1)a_1 + \cdots + \sigma_i(k_m)a_m = 0 \text{ for } i = 1,\cdots,n \tag{15.5}$$

이 성립한다고 하자.

만약 필요하면, $k_1,\cdots,k_m$ 의 순서를 바꾸어, 우리는 $a_1 \neq 0$ 라 할 수 있다.

더욱, $a_1,\cdots,a_m$에 영이 아닌 적당한 원소를 곱하여, 우리는 a_1를 K의 영이 아닌 다른 원소로 변형시킬 수 있다. 따라서, 우리는 a_1이 다음조건을 갖는 원소라 가정하자.

$$\sigma_1^{-1}(a_1) + \cdots + \sigma_n^{-1}(a_1) \neq 0$$

(보조정리15.4에 의해서, $\sigma_1^{-1},\cdots,\sigma_n^{-1}$ 은 K위에서 일차독립이므로, 우리는 $\Gamma(K,K)$에서 $\sigma_1^{-1} + \cdots + \sigma_n^{-1} \neq 0$ 이다. 따라서, 위의 성질을 만족하는 $a_1 \in K$ 가 존재한다).

식 (15.5)에 σ_i^{-1}를 적용하고, 식들을 모두 합하여 다음을 얻는다.

$$k_1(\sigma_1^{-1}(a_1) + \cdots + \sigma_n^{-1}(a_1)) + \cdots + k_m(\sigma_1^{-1}(a_m) + \cdots + \sigma_n^{-1}(a_m)) = 0$$

즉, $G = \{\sigma_1,\cdots,\sigma_n\} = \{\sigma_1^{-1},\cdots,\sigma_n^{-1}\}$ 이므로,

$$k_1(\sum_{\sigma \in G} \sigma(a_1)) + \cdots + k_m(\sum_{\sigma \in G} \sigma(a_m)) = 0$$

$k_1,\cdots,k_m$ 의 계수들은 G아래서 불변이고 a_1의 가정에 의해서 전부는 영이 아니다.

따라서, 이식은 $k_1,\cdots,k_m$ 이 K위에서 일차독립이라는 가정에 모순이다. 따라서,

$$|K:F| = |G|$$

단계2: $G = Gal(K/F)$

$G = \{\sigma_1,\cdots,\sigma_n\}$라 하자. 정의에서 우리는 이미 $G \subseteq Gal(K/F)$을 알고 있다.

결론을 부정해서, $Gal(K/F)$에 속하는 원소 τ가 있어서 G에는 속하지 않는다고 가정하자.

분명히,

$$\{x \in K | \sigma_1(x) = \cdots = \sigma_n(x)\} \supseteq \{x \in K | \sigma_1(x) = \cdots = \sigma_n(x) = \tau(x)\}$$

그런데, $F = K^G$ 이므로, $F = \{x \in K | \sigma_1(x) = \cdots = \sigma_n(x)\}$ 이고

$\sigma_1, \cdots, \sigma_n, \tau \in Gal(K/F) = Aut_F K$ 이므로,

$$\{x \in K | \sigma_1(x) = \cdots = \sigma_n(x) = \tau(x)\} \supseteq F$$

따라서 따름정리 15.5에서

$$[K:F] \geq n+1$$

단계1에서 $|K:F| = n$ 이므로 모순이다.

단계3: $Gal(K/K^H) = H$ 이고, G 의 임의의 부분군 H에 대하여 $(G:H) = |K^H : F|$

첫 번째 등식은 단계2에서 G 대신에 H를 택하면 얻어진다.

두 번째 등식을 얻기위해, 우리는 단계1로부터 다음 등식들을 비교하자

$$|K:F| = |G| \text{ 이고, } |K:K^H| = |H|$$

확대체의 차원들은 곱셈을 만족하므로,

$$|K:F| = |K:K^H|\,|K^H:F|$$

따라서, 다음이 성립한다.

$$|K^H : F| = \frac{|G|}{|H|} = (G : H)$$

단계4: F 를 품는 K의 임의의 부분체 L에 대하여,

$K^{Gal(K/L)} = L$이고 $[L : F] = (G : Gal(K/L)))$ 이다.

L로 제한하면, 각 $\sigma \in G$는 체에서의 한 준동형사상이 된다.

$$\sigma|_L : L \rightarrow K$$

만약, 두 개의 준동형사상이 일치하면, 즉, 어떤 $\sigma, \tau \in G$ 에 대하여,

$$\sigma|_L = \tau|_L$$

라 하면, 모든 $l \in L$에 대하여 $\sigma(l) = \tau(l)$ 이다. 따라서, 모든 $l \in L$에 대하여 $\tau^{-1} \circ \sigma(l) = l$ 이다. 따라서,

$$\tau^{-1} \circ \sigma \in Gal(K/L)$$

이것은, 보조정리 14.23, p.321에 의해서,

$$\sigma \circ Gal(K/L) = \tau \circ Gal(K/L)$$

따라서, 만약 $(G : Gal(K/L))) = r$ 라 하고, 만약 $\sigma_1, \cdots, \sigma_r$ 를 $Gal(K/L)$의 서로 다른 잉여류집합의 원소들 이라 하면, 그 준동형사상들 $\sigma_i|_L$ 은 서로 다르다.

임의의 $x \in F$ 에 대하여, $\sigma_1(x) = \cdots = \sigma_r(x)$이므로, 따름정리 15.5에서

$$[L : F] \geq r \ (= (G : Gal(K/L)))$$

한편, 포함관계 $L \subseteq K^{Gal(K/L)}$와 단계3에서

$$[L : F] \leq [K^{Gal(K/L)} : F] = (G : Gal(K/L))$$

따라서, 앞 부등식으로부터,

$$[L : F] = (G : Gal(K/L))$$

더욱, $L \subseteq K^{Gal(K/L)}$이므로, 그리고 양변의 두 체는 F위에서 같은 차원을 갖기 때문에,

$$L = K^{Gal(K/L)}$$

단계3 과 단계4 는 G의 부분군들의 집합과 F를 품는 K의 부분체들의 집합 사이에,

$H \mapsto K^H$ 와 $L \mapsto Gal(K/L)$은 가역적인 전단사 사상들이다.

이 사상들은 역의 포함관계를 갖는다.

$$H \subseteq J \Rightarrow K^H \supseteq K^J \text{ and } L \subseteq M \Rightarrow Gal(K/L) \supseteq Gal(k/M)$$

더욱, 단계4로 부터, $Gal(K/\sigma(L)) = \sigma \circ Gal(K/L) \circ \sigma^{-1}$은 어떤 자기동형사상들의 유한군의 불변체가 된다,($viz.of\ Gal(K/L)$). 따라서, K 는 L위에서 갈루아확대체 이다.

기본정리의 증명을 마치기 위해서, 정규부분군들이 F위에서 갈루아인 확대체들에 대응하는 것을 보이면 충분하다.

단계5: 임의의 $\sigma \in G$ 와 F 를 품는 K의 각 부분체 L 에 대하여,

$$Gal(K/\sigma(L)) = \sigma \circ Gal(K/L) \circ \sigma^{-1} \text{ 이다.}$$

이것은 다음 포함관계에 따라서

$$\sigma \circ Gal(K/L) \circ \sigma^{-1} \subseteq Gal(K/\sigma(L))$$

이고,

$$\sigma^{-1} Gal(K/\sigma(L)) \circ \sigma \subseteq Gal(K/L)$$

이다. 두 포함관계는 명확하다.

단계6: 만약 L이 F를 품는 K의 한 부분체라 하고 $Gal(K/L)$이 G안에서 갈루아이면, L은 F위에서 갈루아이다. 그리고, G의 자기동형사상들을 L로 제한하여 얻은 한 동형사상 $G/Gal(K/L) \rightarrow Gal(L/F)$이 존재한다.

단계5에서, $Gal(K/L)$이 G안에서 정규라는 가정에 의해서, 임의의 $\sigma \in G$는 L로 제한하여 한 자기동형사상,

$$\sigma|_L : L \rightarrow L$$

를 얻는다. 우리는 제한사상을 갖는다.

$$res : G \rightarrow Gal(L/F)$$

이 사상의 핵(kernel)은 $Gal(K/L)$이므로, 한 단사사상이 유도된다.

$$res' : G/Gal(K/L) \rightarrow Gal(L/F)$$

이제, 단계4와 1에 의해서,

$$(G : Gal(K/L)) = [L : F] = |Gal(L/F)|$$

이다. 따라서, 군들 $G/Gal(K/L)$과 $Gal(L/F)$은 같은 유한 위수를 갖는다, 그리고 res'는 한 동형사상이다.

단계7: 만약 L를 K안에서 F의 갈루아확대체라 하면, $Gal(K/L)$은 G의 한 정규 부분군이다.

단계4에 의해서, $(G : Gal(K/L)) = r\,(= [L : F])$이고, $Gal(K/L)$의 r의 서로 다른 잉여류집합에서 G의 원소들을 $\sigma_1, \cdots, \sigma_r$ 이라 하자.

우리는 단계4에서 제한사상들 $\sigma_i|_L : L \rightarrow L$ 은 F로 제한할 때 항등사상이 되는 K 안에서 서로 다른 L에서의 준동형사상들이 된다.

한편, 따름정리15.5로 부터, F로 제한할 때 항등사상이 되는 K 안에서 L에서의 기껏해서 r개의 준동형사상들이 존재한다. 따라서, 이런 준동형사상은 어떤 $i = 1, \cdots, r$에 대하여 $\sigma_i|_L$ 꼴이다.

이제, L를 F위에서 갈루아라 가정했기 때문에, 우리는 F의 원소들을 불변하는 L의 r개의 자기동형사상들을 찾을 수 있다. 이 자기동형사상들은 $L \subseteq K$이므로, L에서 K로 가는 준동형사상으로 볼수있음으로, 그것들은 $\sigma_i|_L$꼴을 갖는다. 따라서,

$$Gal(L/F) = \{\sigma_1|_L, \cdots, \sigma_r|_L\}$$

이고, 결과적으로 $\sigma_1, \cdots, \sigma_r$ 은 L에서 L로 가는 사상.

$$\sigma_i(L) = L \text{ for } i = 1, \cdots, r$$

이다. 단계5에 의해서,

$$\sigma_i \circ Gal(K/L) \circ \sigma_i^{-1} = Gal(K/L) \text{ for } i = 1, \cdots, r$$

임의의 $\sigma \in G$는 어떤 $i=1,\cdots,r$와 그리고 어떤 $\tau \in Gal(K/L)$에 대하여, 우리는

$$\sigma \circ Gal(K/L) \circ \sigma^{-1} = Gal(K/L) \text{ for } all\ \sigma \in G$$

따라서, $Gal(K/L)$은 G에서 갈루아 이다.

연습문제

01 $G=\{\sigma_1,\ \cdots,\sigma_n\}$를 한 체 K의 자기동형사상들로 된 한 군이라 하고 $e_1,\cdots,e_n$을 K^G위에서 K의 한 기라하자. 행렬 $(\sigma_i(e_j))_{1 \le i,j \le n}$ 이 K위에서의 $n \times n$ 행렬환 안에서 정칙$\in$ | $ible$ 임을 보여라.

다음 연습문제의 목표는 기본대응정리(정리15.2) 증명의 또 다른 접근 방법을 소개하는 것이다.

K/F 를 갈루아 군 G에 대한 체들의 갈루아확대체라 하고 $\Gamma(G,K)$를 G에서 K로 가는 모든 사상들을 $K-$벡터공간이라 하자.

(a) 다음 잘 정의된 $F-$선형사상이 존재함을 보여라. 임의의 $a,\ b \in K$에 대하여

$$\phi : K \otimes_F K \rightarrow \Gamma(G,K)$$

$\phi(a \otimes b)(\sigma) = \sigma(a)b$ 이다.

(b) $K \otimes K$는 K위에서 스칼라곱이 $(a \otimes b) \bullet k = a \otimes bk$로 정의된 한 벡터공간이다. ϕ는 $K-$선형이고 전단사임을 보여라.[Hint:$K \otimes K$의 적당한 기에 대한 ϕ의 행렬과 연습문제1의 K위에서 $\Gamma(G,K)$의 행렬을 보여라]

(c) G는 $K \otimes K$위에서 $\sigma(a \otimes b) = \sigma(a) \otimes b$로 작용한다 하자. 대응하는 $\Gamma(G,K)$위에서의 작용이 ${}^{\sigma}f(\tau) = f(\tau\sigma)$임을 보여라.

(d) G는 $K \otimes K$위에서 $\sigma(a \otimes b) = a \otimes \sigma(b)$로 작용한다 하자. 대응하는 $\Gamma(G,K)$위에서의 작용이 ${}^{\sigma}f(\tau) = \sigma(f(\sigma^{-1}\tau))$임을 보여라.

(e) $K \otimes K$의 한 $K-$부분대수가 (d)에서 정의된 G의 작용 아래서 대국적으로 불변이기 위한 필요충분조건은 그것이 F를 품는 K의 어떤 부분체 L에 대한 $L \otimes_F K$ 꼴이다.[Hint:$K \otimes K$의 임의의 $K-$부분대수 A에 대하여, $L = \{x \in K | x \otimes 1 \in A\}$이

라 정의하고, 항의 수 r에 대한 귀납법으로 임의의 $\sum_{i=1}^{r} a_i \otimes b_i \in A$가 $L \otimes K$ 안에 있음을 보인다.

(f) $\Gamma(G,K)$의 $K-$부분대수들과 G의 임의의 분할로써, $G=\bigcup_{i\in I} G_i$에서 부분대수 $\{f : G \to K \mid f(\sigma)=f(\tau)$ 만약 $\sigma, \tau \in G_i\}$로 가는 사상은 $1-1$대응을 만들어라.

$\Gamma(G,K)$의 부분대수는 (d)안에서 G의 작용아래서 대국적으로 불변이기 위한 필요충분조건은 대응하는 분할*partition*이 어떤 부분군의 좌측잉여류로 G의 한 재구성*decomposition*이라는 것이다

(g) 전단사 ϕ와 (e)와 (f)의 부분들을 F를 포함하는 K의 부분체들과 G의 부분군들 사이에 한 $1-1$대응을 만들어라.

(c)안에서 정의된 G의 작용을 사용하여, 이 대응이 정리15.2의 그것과 같다는 것을 보여라.

연습문제 풀이

연습문제 풀이

Chapter 10

Exercise 1. For $i=1,2,3$, the permutations of x_1, x_2, x_3, x_4 which leaves u_i invariant are the same as those which leave v_i invariant. Therefore, v_i is a rational fraction in u_i with symmetric coefficients. Denoting by s_1, s_2 the first two elementary symmetric polynomials(see equation (8.2). p.128), it is easily checked that $v_i = s_2 - u_i$ for $i=1,2,3$, and

$$w_1 = s_1^2 - 4u_2,\ w_2 = s_1^2 - 4u_1,\ w_3 = s_1^2 - 4u_3$$

Therefore, If $P(X)$ $(resp.\ Q(X), resp.\ R(X))$is the monic cubic polynomial with roots $u_1, u_2, u_3($ $resp. v_1, v_2, v_3,$ $resp.\ w_1, w_2, w_3)$, then

$$P(X) = -Q(s_2 - X) = -\frac{1}{64}R(s_1^2 - 4X)$$

$$Q(X) = -P(s_2 - X),\ R(X) = -64P(\frac{s_1^2 - X}{4}).$$

Exercise 2. In order to reproduce the notation of Theorem10.4,p178, let

$$g_1 = x_1 + x_2,\ g_2 = x_1 + x_3,\ g_3 = x_2 + x_3$$

$$f_1 = x_1x_2,\ f_2 = x_1x_3,\ f_3 = x_2x_3$$

Then

$$a_0 = s_2,\ a_1 = s_1s_2 - 3s_3,\ a_2 = s_1^2s_2 - 5s_1s_3$$

and

$$\theta(Y) = Y^3 - 2s_1Y^2 + (s_1^2 + s_2)Y - (s_1s_2 - s_3),$$

$$\psi(Y) = Y^2 + (g_1 - 2s_1)Y + (g_1^2 - 2s_1 g_1 + s_1^2 + s_2).$$

and

$$f_1 = \frac{s_2 g_1^2 - s_1 s_2 g_1 - 3s_3 g_1 + s_2^2 - s_1 s_3}{3g_1^2 - 4s_1 g_1 + s_1^2 + s_2}$$

This expression is not unique. Indeed, it is clear that $f_1 = s_3/X_3$ and $g_1 = s_1 - X_3$, hence $f_1 = s_3(s_1 - g_1)^{-1}$. This non-uniqueness stems from the fact that $\theta(g_1) = 0$. Indeed, it is easy to check that

$$\frac{s_2 Y^2 - s_1 s_2 Y - 3s_3 Y + s_2^2 - s_1 s_3}{3Y^2 - 4s_1 Y + s_1^2 + s_2} =$$

$$\frac{s_3}{s_1 - Y} - \frac{s_2 \theta(Y)}{(3Y^2 - 4s_1 Y + s_1^2 + s_2)(s_1 - Y)}$$

Exercise 3. Let $\sigma : x_1 \mapsto x_2 \mapsto x_3 \mapsto x_1$. If $\sigma(f^3) \neq f^3$ then $f^3, \sigma(f^3)$ and $\sigma^2(f^3)$are pairwise distinct. This contradicts the hypothesis that f^3 takes only two values. Therefore $\sigma(f^3) = f^3$ and it follows that $\sigma(f) = \omega f$ for some cube root of unity ω. Comparing coefficients in $\sigma(f)$ and f, we obtain $A = \omega B = \omega^2 C$. whence

$$f = A(x_1 + \omega^2 x_2 + \omega x_3)$$

Moreover, $\omega \neq 1$ since x_1, x_2 and x_3 can be rationally expressed from f.

Exercise 4. By theorem10.4(p.178), it suffices to prove that $t(\omega)^k t(\omega)^{-k}$ is invariant by permutations which leave $t(\omega)^n$ invariant, I.e. by $\tau : x_1 \mapsto x_2 \mapsto \cdots \mapsto x_n \mapsto x_1$ (and its powers) (compare Proposition 10.8, p.186). this is clear, since $\tau(t(\omega^k)) = \omega^{-k} t(\omega^k)$.

Exercise 5. Identifying $\{0, 1, 2, \cdots, n-1\}$ with F_n, we can represent σ_i and τ as follows:

$$\sigma_i(x) = ix,\ \tau(x) = x+1 \ \text{ for } x \in F_n$$

Then $\tau \circ \sigma_i(x) = ix+1$ and $\sigma_i \circ \tau^k(x) = i(x+k)$, hence $\tau \circ \sigma_i = \sigma_i \circ \tau^k$ if $ik \equiv 1 \bmod n$. One easily checks that if $\sigma_i \circ \tau^j = \sigma_k \circ \tau^l$, then $i = k$ and $j = l$ (for $i = 1, 2, \cdots, n-1$ and $j = 0, 1, \cdots, n-1$), and it follows that $|GA(n)| = n(n-1)$.

Chapter 11

Exercise 1.

$$\begin{bmatrix} \alpha & \beta & \gamma & \delta & \epsilon \\ 5 & 3 & 4 & 1 & 2 \end{bmatrix} = a^\alpha b^\beta c^\gamma d^\delta e^\epsilon + a^\delta b^\epsilon c^\beta d^\gamma e^\alpha + a^\gamma b^\alpha c^\epsilon d^\beta e^\delta + a^\beta b^\delta c^\alpha d^\epsilon e^\gamma + a^\epsilon b^\gamma c^\delta d^\alpha e^\beta$$

$$\begin{bmatrix} \alpha & \epsilon & \delta & \beta & \gamma \\ 5 & 3 & 4 & 1 & 2 \end{bmatrix} = a^\alpha b^\epsilon c^\delta d^\beta e^\gamma + a^\beta b^\gamma c^\epsilon d^\delta e^\alpha + a^\delta b^\alpha c^\gamma d^\epsilon e^\beta + a^\epsilon b^\beta c^\alpha d^\gamma e^\delta + a^\gamma b^\delta c^\beta d^\alpha e^\epsilon$$

$$\begin{bmatrix} \alpha & \gamma & \beta & \epsilon & \delta \\ 5 & 3 & 4 & 1 & 2 \end{bmatrix} = a^\alpha b^\gamma c^\beta d^\epsilon e^\delta + a^\epsilon b^\delta c^\gamma d^\beta e^\alpha + a^\beta b^\alpha c^\gamma d^\epsilon e^\delta + a^\gamma b^\epsilon c^\alpha d^\delta e^\beta + a^\delta b^\beta c^\epsilon d^\alpha e^\gamma$$

$$\begin{bmatrix} \alpha & \delta & \epsilon & \gamma & \beta \\ 5 & 3 & 4 & 1 & 2 \end{bmatrix} = a^\alpha b^\delta c^\epsilon d^\gamma e^\beta + a^\gamma b^\beta c^\delta d^\epsilon e^\alpha + a^\epsilon b^\alpha c^\beta d^\delta e^\gamma + a^\delta b^\gamma c^\alpha d^\beta e^\epsilon + a^\beta b^\epsilon c^\gamma d^\alpha e^\delta$$

The sum of these four partial types is a partial type corresponding to the subgroup generated by the permutations $\tau: a \mapsto e \mapsto b \mapsto c \mapsto d \mapsto a$ and $\sigma: a \mapsto a, b \mapsto d \mapsto c \mapsto e \mapsto b$. If a, b, c, d, e are numbered as $a = 0$, $b = 2$, $c = 3$, $d = 4$, $e = 1$, then the subgroup is $GA(5) \subset S_5$(see p.185)

Exercise 2. Applying $a \mapsto b \mapsto c \mapsto d \mapsto e \mapsto a$ to both sides of $a^2 = b+2$ (for instance) one gets $b^2 = c+2$, a relation which does not hold.

Exercise 3. The relations between a, b, c are the following:

$$a^2 = b+2, \quad b^2 = c+2, \quad c^2 = a+2$$

$$ab = a+c, \quad bc = b+a, \quad ca = c+b$$

It is readily verified that these relation are preserved under $a \mapsto b \mapsto c \mapsto a$.

Exercise 4. Using the fact that 2 is a primitive root of 13, it follows from Proposition 12.18. p.223(see also Proposition 12.21. p.229) that

$$2\cos\frac{2\pi}{13} \mapsto 2\cos\frac{4\pi}{13} \mapsto 2\cos\frac{8\pi}{13} \mapsto 2\cos\frac{10\pi}{13} \mapsto 2\cos\frac{6\pi}{13} \mapsto 2\cos\frac{12\pi}{13} \mapsto 2\cos\frac{2\pi}{13}$$

preserves the relations among $2\cos\frac{2\pi}{13}, \cdots, 2\cos\frac{12\pi}{13}$.

Chapter 12

Exercise 3. Periods with an even number of terms are sums of periods of two terms, which are real numbers, see p.226.

Exercise 4. Let $\zeta = \zeta'_k (= \zeta^{'g'^k})$ for some $k = 0, 1, \cdots, p-2$ and let $g = g'^l$ for some integer l, which is prime to $p-1$ since g is a primitive root of p(see Proposition 7.12, p.118). A straightforward computation yields $\zeta_i = \zeta'_{\sigma(i)}$, where$\sigma : \{0, 1, \cdots, p-2\} \to \{0, 1, ..., p-2\}$ is defined by $\sigma(\alpha) = l\alpha + k \bmod p-1$, for $\alpha = 0, \cdots, p-2$. The same arguments as in Proposition 10.6. p.184, where that σ is a permutation. Moreover, $\alpha \equiv i \bmod p-1$ implies $\sigma(\alpha) \equiv \sigma(i) \bmod p-1$, hence

$$\sum_{\alpha \equiv i \bmod e} \zeta_\alpha = \sum_{\beta \equiv \alpha(i) \bmod e} \zeta'_\beta .$$

Exercise 5. let $ef = gh = p-1$. If $K_g \subset K_f$, then

$$\sigma^v(\zeta_0 + \zeta_h + \cdots + \zeta_{h(g-1)}) = \zeta_0 + \zeta_h + \cdots + \zeta_{h(g-1)}.$$

In particular, $\sigma^{v}(\zeta_0) = \zeta_0$ is of the form ζ_{hl} for some l. It follows that $e = hl$, hence h divdes e and f divides g.

Let η be a power of f terms. From Proposition 12.23. p.232, it follows that $K_f = K_g(\eta)$. Now, Proposition 12.25 (p.233) shows that η is a root of a polynomial of degree $k = g/f$ over $P \in K_g$. It is not a root of a polynomial of smaller degree, since if $P(\eta) = 0$ with $P \in K_g[X]$, then

$$P(\sigma^{h}(\eta)) = P(\sigma^{2h}(\eta)) = \cdots = P(\sigma^{h(k-1)}(\eta)) = 0.$$

Therefore, g/f is the degree of the minimum polynomial of η over K_g (see Remark 12.16, p.221)., and it follows from Proposition 12.15. p.220, that

$$\dim_{K_g} K_f = g/f.$$

Chapter 13

Exercise 1. The fundamental theorem of algebra(Theorem9.1, p.148) shows that all the roots of any polynomial equation $P(X) = 0$, with $P \in \mathbb{R}[X]$(resp. $\mathbb{C}[X]$)), are in $\mathbb{C}$, which is a radical extension of $\mathbb{R}$ (resp. $\mathbb{C}$).

Exercise 2. From Lagrange's result (Theorem 10.4, p.178), it is known that x_1, x_2 and x_3 can be rationally expressed from $t = x_1 + \omega x_2 + \omega^2 x^3$, where $\omega = \frac{1}{2}(-1+\sqrt{-3})$. Explicitly,

$$x_1 = \frac{1}{3}(s_1 + t + (s_1^2 - 3s_2)t^{-1}).$$

A straightforward computation yields

$$t^3 = s_1^3 - \frac{9}{2}(s_1 s_2 - 3s_3) + \frac{3\sqrt{-3}}{2}\Delta,$$

where $\Delta = (x_1 - x_2)(x_1 - x_3)(x_2 - x_3) = \sqrt{D(s_1, s_2, s_3)}$, where $D(s_1, s_2, s_3)$ is discriminant (see §8.3). Therefore, a radical extension of $\mathbb{Q}(s_1, s_2, s_3)$ containing x_1 can be constructed as follows:

$$R_0 = \mathbb{Q}(s_1, s_2, s_3),$$

$$R_1 = R_0(\sqrt{-3D(s_1, s_2, s_3)})$$

$$R_2 = R_1\left(\sqrt[3]{s_1^3 - \frac{9}{2}(s_1 s_2 - 3s_3) + \frac{3}{2}\sqrt{-3D(s_1, s_2, s_3)}}\right).$$

The field R_2 is not contained in $\mathbb{Q}(x_1, x_2, x_3)$, since $\sqrt{-3D(s_1, s_2, s_3)}$ is not in $\mathbb{Q}(x_1, x_2, x_3)$. In order to show that $\mathbb{Q}(x_1, x_2, x_3)$ does not contain any radical extension of $\mathbb{Q}(s_1, s_2, s_3)$ containing x_1(or x_2 or x_3), one can argue as in §13.4: if $u \in \mathbb{Q}(x_1, x_2, x_3)$ has th e property that some power u^p (with p prime) is invariant under $\sigma : x_1 \mapsto x_2 \mapsto x_3 \mapsto x_1$, then u is invariant under σ. Indeed, from $\sigma(u^p) = u^p$, it follows that $\sigma(u) = \omega u$ for some p-th root of unity ω. Since $\sigma^3 = Id$, one has $u = \sigma^3(u) = \omega^3 u$, hence $p = 3$. But 1 is the only cube root of unity in $\mathbb{Q}(x_1, x_2, x_3)$, so $\sigma(u) = u$.

In order to obtain a solution of the general equation of degree 4, one first solves a resolvent cubic equation, for instance the equation with root $u = (x_1 + x_2)(x_3 + {}_4)$,i.e.

$$X^3 - a_1 X^2 + a_2 X - a_3 = 0$$

with $a_1 = 2s_2$, $a_2 = s_2^2 + s_1 s_3 - 4s_4$, $a_3 = s_1 s_2 s_3 - s_1^2 s_4 - s_3^2$이다. (See Exercise 3 of Chapter 8.) Then, $v = x_1 + x_2$ is obtained as a root of the equation of the quadratic equation

$$X^2 - s_1 X + u = 0.$$

(The other root is $x_3 + x_4$.) Then x_1 and x_2 are obtained as root of

$$X^2 - vX + \frac{(s_1 - 2v)s_4}{(s_1 - v)(s_2 - u) - s_3} = 0.$$

(Observe that the constant term is $x_1 x_2$, expressed as a function of v, u and the symmetric polynomials.) Therefore, a radical extension of $\mathbb{Q}(s_1,s_2,s_3,s_4)$ containing x_1 can be constructed as follows:

$$R_0 = \mathbb{Q}(s_1,s_2,s_3,s_4)$$

$$R_1 = R_0(\sqrt{-3D(a_1,a_2,a_3)})$$

$(= R_0(\sqrt{-3D(s_1,s_2,s_3,s_4)})$, 제8장 연습문제 3을 보라,)

$$R_2 = R_1(t)$$

where

$$t=\sqrt[3]{a_1^3-\frac{9}{2}(a_1a_2-3a_3)+\frac{3}{2}\sqrt{-3D(a_1,a_2,a_3)}}\ .$$

Then

$$u=\frac{1}{3}(a_1+t+(a_1^2-3a_2)t^{-1})\in R_2.$$

Let then

$$R_3 = R_2(\sqrt{s_1^2-4u});$$

then $v=\frac{1}{2}(s_1+\sqrt{s_1^2-4u})\in R_3$ and

$$x_1\in R_4 = R_3(\sqrt{v^2-4(s_1-2v)s_4((s_1-v)(s_2-u)-s_3)^{-1}}).$$

Exercise 3. Since 3 is a primitive root of 7, Proposition 12.21(p.229) shows that there is an automorphism σ of $\mathbb{Q}(\zeta_7)$ defined by $\sigma(\zeta_7)=\zeta_7^3$. Suppose $\mathbb{Q}(\zeta_7)$ is radical over $\mathbb{Q}$; then there is a tower of extensions

$$\mathbb{Q}(\zeta_7)=R_0\supset R_1\supset\cdots\supset R_h=\mathbb{Q}$$

where $R_i=R_{i+1}(u_i)$ with $u_i^{p_i}=a_i$ for some prime number p_i and some element $a_i\in R_{i+1}$ which is not a p_i-th power in R_{i+1}.

We are about to prove tha if a_i is invariant under σ^2, then u_i is invariant under σ^2 too. Therefore every element in R_i is invariant under σ^2. By induction, it follows that every element in $R_0 = \mathbb{Q}(\zeta_7)$ is invariant under σ^2, a contradiction.

From $\sigma^2(a_i) = a_i$, it follows that $\sigma^2(u_i)^{p_i} = u_i^{p_i}$, whence $\sigma^2(u_i) = \omega u_i$ for some p_i-th root of unity $\omega \in \mathbb{Q}(\zeta_7)$. By Theorem 12.32, p.242, the cyclotomic polynomial Φ_{p_i} is irreducible over $\mathbb{Q}(\zeta_7)$ if $p_i \neq 7$. Therefore, the only prime numbers p_i such that $\mathbb{Q}(\zeta_7)$ contains a p_i-th root of unity other than 1 are $p_i = 2$ or 7.

Now, Corollary 13.10(p.268) shows that $\dim_{R_{i+1}} R_i = p_i$. Therefore, it is impossible that $p_i = 7$, since $\dim_{\mathbb{Q}} \mathbb{Q}(\zeta_7) = 6$, by Theorem 12.13, p.219. If $p_i = 2$, then $\omega = 1$ or -1. However, it is impossible that $\sigma^2(u_i) = -u_i$, since by applying σ^2 twice to both sides of this equation one gets $\sigma^6(u_i) = -u_i$, a contradiction since $\sigma^6 = Id$. Therefore, the only possibility is that $\sigma^2(u_i) = u_i$, and the claim is proved. On the other hand, $\mathbb{Q}(\zeta_7, \zeta_3)$ is radical over $\mathbb{Q}$. Indeed, let

$$\eta_0 = \zeta_7^{3^0} + \zeta_7^{3^2} + \zeta_7^{3^4} = \zeta_7 + \zeta_7^2 + \zeta_7^{-3}$$

$$\eta_1 = \zeta_7^{3^1} + \zeta_7^{3^3} + \zeta_7^{3^5} = \zeta_7^3 + \zeta_7^{-1} + \zeta_7^{-2}$$

be the periods of three terms of $\Phi_7 = 0$. It is readily checked that $\eta_0 + \eta_1 = -1$ and $\eta_0\eta_1 = 2$, hence $\eta_0,\ \eta_1 = \frac{1}{2}(1 \pm \sqrt{-7})$. Now, let $t = \zeta_7 + \zeta_3\zeta_7^2 + \zeta_3^2\zeta_7^{-3}$이라고 하면; then

$$\zeta_7 = \frac{1}{3}(\eta_0 + t + (2\eta_0 + 1)t^{-1})$$

and $t^3 = 8 + 2\eta_0 + 3\zeta_3 + 6\zeta_3\eta_0 \in \mathbb{Q}(\zeta_3, \eta_0) = \mathbb{Q}(\sqrt{-3}, \sqrt{-7})$,

hence $\mathbb{Q}(\zeta_3, \zeta_7) = \mathbb{Q}(\zeta_3, \eta_0, t) = \mathbb{Q}(\sqrt{-3}, \sqrt{-7}, t)$ is a radical extension of $\mathbb{Q}$.

Exercise 4. If $R = F(u)$ with $u^p = a$, an isomorphism $f : F[X]/(X^p - a) \simeq R$ is given by $f(P(X) + (X^p - a)) = P(u)$.

Exercise 5. The cube roots of 2 in $\mathbb{C}$ are $\sqrt[3]{2} \in \mathbb{R}$, $\frac{1}{2}(-1+i\sqrt{3})\sqrt[3]{2}$ and $\frac{1}{2}(-1-i\sqrt{3})\sqrt[3]{2}$. Since the last two are not in $\mathbb{R}$, the field $\mathbb{Q}(\sqrt[3]{2}) \subset \mathbb{R}$ contains only one cibe root of 2. Since, by the preceeding exercise, all the fields obtained from $\mathbb{Q}$ by adjoining a cube root of 2 are isomorphic, they all contain only one cube root of 2. Therefore,

$$\mathbb{Q}(\sqrt[3]{2}), \quad \mathbb{Q}(\tfrac{1}{2}(-1+i\sqrt{3})\sqrt[3]{2}) \text{ and } \mathbb{Q}(\tfrac{1}{2}(-1-i\sqrt{3})\sqrt[3]{2})$$

are pairwise distinct subfield of $\mathbb{C}$.

Chapter 14

Exercise 1. By Proposition 14.32, p.336, $\mathrm{Gal}(P/F)$ acts transitively on the roots of P. By Theorem 14.35, p.340, it follows that the number of roots of P divides $|\mathrm{Gal}(P/F)|$.

Exercise 2. Applying σ to the expressions $r_i = f_i(V)$, we get $\sigma(r_i) = f_i(\sigma(V))$, and since $\{\sigma(r_i), \cdots, \sigma(r_n)\} = \{r_1, \cdots, r_n\}$ it follows that $r_1, \cdots, r_n$ have a rational expression in $\sigma(V)$.

Exercise 3. This follows from Propositon 14.33, p.338, by induction on the number of irreducible factors of P.

Exercise 4. Irreducibility of $(X-u_1)\cdots(X-u_r)$ over F readily follows from Proposition 14.32, p.336.

Exercise 5. If T is a set of representatives of the right cosets of H in G, then

$$G(\alpha) = \cup_{\tau \in T} H_{\tau}(\alpha)$$

is a decomposition of $G(\alpha)$ into subgroups which have H as group of substitutions. If this decomposition is the same ad $G(\alpha) = \cap_{\sigma \in R} \sigma(H(\alpha))$, then for each $\sigma \in R$ there is a $\tau \in T$ such that $\sigma \circ H = H \circ \tau$. In particular, $\sigma = \sigma \circ Id = \eta \circ \tau$for some $\eta \in H$. Therefore, for all $\xi \in H$,

$$\sigma \circ \xi \circ \tau^{-1} = \sigma \circ \xi \circ \sigma^{-1} \circ \eta \in H,$$

hence $\sigma \circ \xi \circ \sigma^{-1} \in H$. This proves that H is normal in G. The converse is clear, since if H is normal, then $\sigma \circ H = H \circ \sigma$ for all $\sigma \in G$.

참고문헌

참고문헌

[1] N.-H. Abel, Œuvres *complétes,* (2vol.) (L.Sylow and S. Lie,eds.),Grondahl & Son, Christiania, 1881.

[2] E. Artin, Galois Theory, Notre Dame Math. Lectures, Norte Dame Univ. Press, Ind., 1948.

[3] __________, *Collected papers* (S. Lang and J. Tate, eds.), Addison-Wesley, Reading, Mass., 1965.

[4] R.G. Ayoub, *Paolo Ruffini's contributions to the quintic*, Arch. Hist. Exact Sci.,23 (1980/81), 253-277.

[5] H. Bosmans, *Sur le "Libro de algebra" de Pedro Nuñez*, Biblioth. Mathem, (Sér.3) 8 (1908), 154-169.

[6] N. Bourbaki, *Algébre, chapitres 4 et 5*, Hermann, Paris, 1981.

[7] ______, *Algébre, chapitres* 4 a 7, Masson, Paris, 1981.

[8] C.B. Boyer, A *History of Mathematics*, J. Wiley & sons, New York, N.Y., 1968

[9] W.K. Bühler, *Gauss. A Biographical Study*, Springer, Berlin, 1981.

[10] F. Cajori, A *History of Mathematical Notations, vol 1: Notations in Elementary Mathematics,* Open Court, La Salle, Ill., 1974.

[11] G. Cardano, *The Great Art, or the Rules of Algebra*, translated and edited by T.R. Witmer, MIT Press, Cambridge, Mass., 1968.

[12] J.-C. Carrega, T*héorie des corps, La régle et le compas*, Coll.formation des enseignants et formation continue, Hermann, Paris, 1981

[13] S.U. Chase, D.K. Harrison, A. Rosenberg, *Galois theory and Galois cohomology of commutative rings,* Mem, Amer. Math. Soc. 52 (1968), 1-19.

[14] P.M. Cohn, *Algebra, vol.* 2, J. Wiley & sons, London, 1977.

[15] R. Cotes, *Theoremata tum Logometrica tum Trigonometrica Datarum Fluxionum Fluentes exhibentia, per Methodum Mensurarum ulterius extensam, PP· 111-249 in Harmonia Mensurarum, sive Analysis & Synthetis per Rationum & Angulorum Mensuras promotae: Accedunt Alia Opuscula Mathematica per Rogerum Cotesium* (R. Smith, ed.) Cantabrigiae, 1722.

[16] R. Descartes, The *Geometry*, translated from the French and Latin by D.E. Smith and M.L. Latham, Dover, New York, 1954.

[17] _______, *Geometria*(2 vol.), trad. F. Van Schooten, Ex typographia Blaviana, Amstelodami, 1683 (ed. tertia).

[18] J. Dieudonné, *Abrégé d'histoire des mathématiques* 1700-1900 (2 vol.), Hermann, Paris, 1978.

[19] R. Douady, A. Douady, *Algébre et théories galoisiennes* (2 vool.) Cedic-Fernand Nathan, Paris, 1977, 1979.

[20] H.M. Edwards, Galois Theory, Graduate Texts in Math. **101**, Springer, New York, N.Y., 1984.

[21] É. Galois, *Écrits et mémoires mathématiques d'Évariste Galois*, (R. Bourgneet J.-P. Azra,éd.), Gauthier-Villars, Paris, 1962.

[22] S. Gandz, The origin and development of the quadratic equations in Baby-lonian, Greek and early Arabic algebra, Osiris 3 (1937), 405-557.

[23] C.F. Gauss, *Demonstratio nova theorematis omnem functionem algebraicam rationalem integram unius variabilis in factores reales primi vel secundigradus resolvi posse*, Aqud C.G. Fleckeisen, Helmstadii, 1799. (Werke BdⅢ, Georg Olms, Hildesheim, 1981, pp. 1-30.)

[24] _______, *Disquisitiones Arithmeticae*, Apud Gerh. Fleischer Iun. Lipsiae, 1801. (Werke Bd I, Herausg. König. Ges. Wiss. Göttingen, 1870.)

[25] _______, *Demonstratio nova altera theorematis omnem functionem algebraicam rationalem integram unius variabilis in factores reales primi velsecundi gradus*

resolvi posse, Comm. soc. regiae scient. Gottiongensis reen-tiores 3 (1816). (Werke Bd Ⅲ, Georg Olms, Hildesheim, 1981, pp. 31-56.)

[26] A. Girard, *Invention Nouvelle en I'Algébre*, réimpression par D. Bierens De Haan, Muré Fréres, Leiden, 1884.

[27] N.H. Goldstine, A History of Numerical Analysis from the 16th through the 19th century, Studies in the History of Math. and Phys. Sciences 2, Springer, New York, N.Y., 1977.

[28] H. Hankek, Zur *Geschichte der Mathematik in Alterthum und Mittelalter*, Teunbner, Leipzig, 1874.

[29] G.H. Hardy, E.M. Wright, *An Introduction to the Theory of Numbers, Clarendon* Press, Oxford, 1979.

[30] T.L. Heath, *The Thirteen Books of Euclid's Elements*, Cambridge Univ. Press, Dover, New York, N.Y., 1956.

[31] J. Hudde, *Epistola prima, de Reductione Aequationum*, in [17, vol. 1], pp. 406-506.

[32] ______, *Epistola secunda, de Maximis et Minimis*, in [17, vol. 1], pp. 507-516.

[33] N. Jacobson, *Lectures in Abstract Algebra, Vol. Ⅲ,* Van. Nostrand, New York, N.Y., 1964.

[34] ______, *Basic Algebra I,* Freeman, San Francisco, Ca., 1974.

[35] I. Kaplansky, *Fields and Rings*, Chicago Lectures in Math., Univ. Chicago Press, Chicago, Ⅲ., 1972.

[36] L.C. Karpinski, *Robert of Chester's Latin Translation of the Algebra of Al-Khowarizm*i, Univ. of Michigan Studies, Humanistic series 11, MacMillan, New York, N.Y., 1915.

[37] B.M. Kiernan, *The development of Galois Theory from Lagrange to Artin, Arch.* Hist. Exact Sci., 8(1971), 40-154.

[38] M. Kline, *Mathematical Thought from Ancient to Modern Times*, Oxford Univ. Press, New York, N.Y., 1972.

[39] W.R. Knorr, *The Evolution of the Euclidean Elements*, Synthese Historical Lib. 15, D. Reidel, Dordrecht, 1975.

[40] J.-L. Lagrange, *Réflexions sur la résolution algébrique des équations*, Nou-veaux Mémoires de I'Acad. Royale des sciences et belles-lettres, avec I'histoire pour la méme année, 1 (1770), 134-215; 2(1771), 138-253. (Œuvres de Lagrange, vol. 3 (J.-A. Serret, éd.) Gauthier-Villars, Paris, 1869, pp. 203-421.)

[41] H. Lebesgue, *L'*Œuvre *mathématique de Vandermonde*, Enseignement Math. Sér. Ⅱ, 1(1955), 201-223.

[42] G.W. Leibniz, *Mathematische Schriften*, Bd V, herausg. von C.I. Gerhardt, Georg Olms, Hildesheim, 1962.

[43] _______, *Der Briefwechsel von Gottfried Wilhelm Leibniz, mit Mathematikern, herausg.* von C.I. Gerhardt, Georg Olms, Hildesheim, 1962.

[44] P.Morandi, *Field and Galois Theory*, Graduate Texts in Math. 167, Springer, New York, N.Y., 1996.

[45] I. Newton, *The Mathematical Papers of Isaac Newton*, ed. by D.T. White-side, vol. I: 1664-1666, Cambridge Univ. Press, Cambridge, 1967; vol. IV:1674-1684, Cambridge Univ. Press, Cambridge, 1971; vol. V: 1683-1684, Cambridge Univ. Press, Cambridge, 1972.

[46] _______, *The Mathematical Works of Isaac Newton, vol.* 2, assembled with an introduction by D.T. Whiteside, The sources of science, Johnson Reprint Corp., New York, London, 1967.

[47] L. Nový, *Origins Of Modern Algebra*, Noordhoff, Leyden, 1973.

[48] A. Romanus, *Ideae Mathematicae Pars Prima, sive Methodus Polygonorum*, apud Ioannem Masium, Lovanii, 1593.

[49] M. Rosen, *Abel's theorem on the lemniscate*, Amer. Math. Monthly 88(1981), 387-395.

[50] J. Rotman, *Galois Theory* (2d edition), Universitext, Springer, New York, N.Y., 1998.

[51] P. Ruffini, *Opere Matematiche* (3 vol.), E. Bortolotti, ed., Ed. Cremonese della Casa Editrice Perrella, Roma, 1953-1954.

[52] P. Samuel, *Théorie algébrique des nombres*, Coll. Méthodes, Hermann, Paris, 1971.

[53] J.-A. Serret, *Cours d'algébre supérieure* (2 vol.), Gauthier-Villars, Paris, 1866 (3éme éd.).

[54] D.E Smith, *A Source Book in Mathematics* (2 vol.), Dover, New York, N.Y., 1959.

[55] S. Stevin, *The Principal Works of Simon Stevin. Volume Ⅱ B: Mathematics*, D.J. Struik, ed., C.V. Swets end Zeitlinger, Amsterdam, 1958.

[56] I. Stewart, *Galois Theory*, Chapman and Hall, London, 1973.

[57] R. Taton, *Les relations d'Évariste Galois avec les mathématiciens de son temps*, Rev. Hist Sc. 1(1948), 114-130.

[58] E.W. Tschirnhaus, *Methodus Anferendi Omnes Terminos intermedios ex data aequatione*, Acta Eruditorum (Leipzig)(1683), 204-207.

[59] A.T. Vandermonde, *Mémoire sur la résolution des équations,* Histoire de I'Acad, Royale des Sciences (avec les mémoires de Math. & de Phys. pour la méme année, tirés des registres de cette Acad.) (1771), 365-416.

[60] A. Van der Poorten, *A proof that Euler missed ... Apéry's proof of the irrationality of* $\zeta(3)$, Math. Intel 1(1979), 195-203.

[61] B.L. Van der Waerden, *Algebra (2 vol.), (7th ed. of Moderne Algebra),* Heidelberger Taschenbücher 12 & 23, Springer, Berlin, 1966 & 1967.

[62] ______, *Science Awakening* I, Noordhoff, Leyden, 1975.

[63] ______, *Die Galoissche Theorie von Heinrich Weber bis Emil Artin, Arch.* Hist Exact Sci. 9(1972), 240-248.

[64] F. Vieta, *Ad Problema quod omnibus Mathematicis totius orbis construendum proposuit Adrianus Romanus Francisci Vietae Responsum*, apud Iametium Mettayer, Parisiis, 1595.

[65] ______, *The Analytic Art*, translated by T.R. Witmer, Kent State Univ. Press, Kent, Ohio, 1983.

[66] E. Waring, *Meditationes Algebraicae*, translated by D. Weeks, Amer. Math. Soc., Providence, RI, 1991.

[67] H. Weber, *Lehrbuch der Algebra, Bd.* I, F. Vieweg u. Sohn, Braunschweig, 1898.

[68] A. Weil, *De la métaphysique aux mathématiques*, Sciences (1960), 52-56.(Œuvres Scientifiques-Collected Papers, vol. 2, Springer, New York, N.Y., 1979, pp. 408-412.)

[69] ______, *Two lectures on number theory, past and present*, Enseignement Math. 20(1974), 87-110. (Œuvres Scientifiques-Collected Papers, vol. 3, Springer, New York, N.Y., 1979, pp. 279-302.)

찾아보기

찾아보기

ㄱ

가우스Gauss, Carl Friedrich ··· 206
대수학의 기본정리on the fundamental theorem of algebra ··· 136,138,149,154,255
원분방정식on cyclotomic equations ··· 215-239,282
정다각형on regular polygons ··· 250
정수론on number theory ··· 207-214
가해군sovable group ··· 320,355
가환군abelian group ··· 294
간쯔Gandz, Solomon ··· 18
갈루아Galois, Evariste ··· 284-286,288,292,319,360,366-367
갈루아군Galois group ··· 286
갈루아 분해식Galois resolvent ··· 288,298
갈루아 이론의 기본정리 Galois theory ··· 178,370-381
갈루아 확대Galois extension of fields ··· 370
거듭제곱근radical ··· 235
거듭제곱근에 의한 완전한 가해성complete solvability by radicals ··· 319
거듭제곱근에 의한 표현expression (solution) by radicals ··· 257,319
거듭제곱근의 확대체의 높이height of a radical extension ··· 258
거듭제곱에 의한 가해성solvability by radicals ··· 110,196-204,235-339
궤도orbit ··· 336
교대군alternating group ··· 278,333
군group ··· 174
군의 배열arrangements ··· 357
군의 위수order ··· 174
군의 치환substitutions ··· 358

그리스 대수Greek algebra ···· 19-22,39
극소다항식minimum polynomial ···· 221,288
근root ···· 220
기본대칭다항식elementary symmetric polynomial ···· 131
기본정리fundamental theorem ···· 148
기약다항식irreducible polynomial ···· 69
기약성irreducibility ···· 215-218,230,239-244
기약인 경우casus irreducibilis ···· 34, 142
기하작도ruler and compass constructions ···· 206,244-251,283

ㄴ

노비Novy, Lubos ···· 368
누네스Nunes, Pedro ···· 46,57
뉴턴Newton, isaac ···· 58,101,102,121-122
뉴턴의 공식Newton's formulas ···· 58-60,143

ㄷ

다항식의 근roots of a polynomial ···· 73
단위원의 근roots of unity ···· 114
단위원의 근의 지수index of a root unity ···· 114
단위원의 원시근primitive root of unity ···· 114
달랑베르Alembert, Jean Le Rond d ···· 149
대수학의 기본정리Fundamental theorm of algebra ···· 56,101,107,136,148-156
대칭군symmetric group ···· 174
대칭다항식(또는 대칭 유리분수)symmetric polynomial ···· 130
대칭다항식의 기본정리 symmetric fractions or polynomials ···· 130-138
데데킨트Dedekind, Richard ···· 239,368,373

데카르트Descartes, Rene ························ 39,48,49,57
델랑브르Delambre, Jean-Baptiste ························ 255
도함수derivative (of a polynomial) ························ 45
두 다항식의 공통근common root of two polynomials ························ 79
드무아브르de Moivre, Abraham ························ 104-108,110,112,148,158,196
드무아브르의 공식de Moivre's formula ························ 101
드폰센스Foncenex, Daviet Francois de ························ 149
등방성군isotropy group ························ 174,340
디오판투스Diophantus of Alexandria ························ 22,48

ㄹ

라그랑주Lagrange, Joseph-Louis ························ 131,149,162-183,170,254,343
라그랑주 분해방정식Lagrange resolvent ························ 173,183-186,193,236,239,328
라이프니츠Leibniz, Gottfried Wilhelm ························ 93,101-102,121-122,142
라클로아Lacroix, Sylvestre-Francois ························ 255
란도우Landau, Edmumd ························ 215
레코드Recorde, Robert ························ 45
로마누스Romanus, Adrianus ························ 49
루피니Ruffini, Paolo ························ 254-257,266,274
르베그Lebesgue, Henri ························ 190,202
르장드르Legendre, Adrien-Marie ························ 255
리우빌Liouville, Joseph ························ 284

ㅁ

메르텐스Mertens, Frazn ························ 215
모닉 다항식monic polynomial ························ 63

ㅂ

바빌로니아 대수Babylonian Algebra ······ 15-19,20,39
바셰Bachet de Meziriac, Claude ······ 115
반 데르 베르덴Van der Waerden, Bartl Leendert ······ 305
반 루멘Van Roomen, Adriaan ······ 49-54
반데르몬드Vandermonde, Alexandre-Theophile ······ 131,190-203,223
베르누이Bemoulli, Jacques ······ 142
베르누이Bemoulli,Nicholas ······ 102
베유Weil, Andre ······ 18,367
베주Bezout, Etienne ······ 95
  베주의 방법Bezout's method ······ 158-161,170-173
  베주의 소거이론elimination theory ······ 95
  베주의 정리Bezout's theorem ······ 115
복소수근root of a complex number ······ 107,108
볼차노Bolzano, Bernhard ······ 154
봄벨리Bombelli, Rafaele ······ 35,46
부르바키Bourbaki,Nicolas ······ 369
분해 삼차방정식resolvent cubic equation ······ 41,316-319,335
비에트Viete, Francois ······ 15,48,52-54,60,86-89

ㅅ

사차방정식quartic equation ······ 38-42,89-90,161,169-170,194,316-318,335
사차방정식의 데카르트 해법Descartes' method for quartic equations ······ 89-90
상환quotient ring ······ 150
선행계수leading coefficient ······ 63
소거이론elimination theory ······ 79,93,115,159
소수 합동에 대한 지수index of an integer modulo a prime ······ 212

소수의 근root of a prime number ········ 208
순환군cyclic group ········ 117
스테빈Stevin, Simon ········ 15,45-47,60

| ㅇ |

아라비아 대수Arabic Algebra ········ 22-25,39
아벨Abel, Niels-Henrik ········ 256-257
　　아벨의 조건Abel's condition ········ 282-283,294-295,353
아이젠슈타인Eisenstein, Ferdinand Gotthold Max ········ 215,217
아페리Apery,Poger ········ 144
알크와리즈미al-Khowarizmi, Mohammed ibn Musa ········ 22-24,39
알틴Artin,Emil ········ 368-369,373
원분방정식의 주기Period of a cyclotomic equation ········ 225-226
오일러Euler, Leonhard ········ 79,100,107,125,142,149,210,250,251
　　오일러의 방법Euler' method ········ 210
완젤Wantzel, Pierre Laurent ········ 248,257,274
원분cyclotomy ········ 110
원분다항식cyclotomic polynomial (or equation) ········ 119-120,282
원시primitive ········ 114
웨어링Waring , Eaward ········ 132-135,162
위수order ········ 174
유리방정식rational equation ········ 90-92
유클리드Euclid ········ 19-21,24,39
　　유클리드 호제법Euclid's algorithm ········ 47,64
이데알 ideal (in a commutative ring) ········ 150
이차방정식quadratic equation ········ 14-25
일반적 방정식gencral equation ········ 129,254,293,334,353

잉여류coset ········· 177

❙ ㅈ ❙

자연적 부조리에 대한 정리theorem on natural irrationnalities ········· 266-274
작도가능한 점constructible point ········· 244
정규부분군normal subgroup ········· 309
정다각형regular polygon ········· 110,206,244-251
제곱차 방정식equation of squared differences ········· 145
제이콥슨Jacobson, Nathan ········· 369
종결식resultant ········· 79,94,135,146
중근multiple root ········· 74,140
지라르Girard, Albert ········· 47,55-58,90
지라르의 정리Girard's throrem ········· 55,150
지수exponent ········· 114
지표index (of a subgroup) ········· 178,321

❙ ㅊ ❙

체의 확대 차수 degree of a field extension ········· 370
최대공약수greatest common divisor(GCD) ········· 65
추이군transitive group of permutations ········· 337
치른하우스Tschirnhaus, Ehrenfried Walter ········· 92-93
　　치른하우스의 방법Tschirnhaus' method ········· 93-97,168-169

❙ ㅋ ❙

카르다노Cardano,Girolamo ········· 28-35,38,44-45,60
　　카르다노의 공식Cardano's formula ········· 31-35.105,163-168,335
카얌Khayyam, Omar ········· 24

코시Cauchy, Augustin-Louis ········ 151,255-257,278
코테스Cotes, Roger ········ 101-104
코테스-드무아브르 공식Cotes-de Moivre formula ········ 100,104-108,110,123
크노르Knorr, Wibur Richard ········ 19
크로네커Kroncker, Leopold ········ 70,151,239,266,368
키에넌Kiernan, Melvin ········ 368

| ㅌ |

타르탈리아Tartaglia ········ 28-30,33

| ㅍ |

파치올리pacioli, Luca ········ 25
판별식discriminant ········ 138,144-146,333-335,352
페라리Ferrari, Ludovico ········ 38
  페라리의 방법Ferrari's method ········ 39-42,169-170,316,335
페로Ferro, Scipione del ········ 28
페르마Fermat, Pierre de ········ 210
  페르마 소수Fermat Prime ········ 250-251
  페르마 정리Fermat's theorem ········ 210,214,251
폰타나Fontana, Niccolo ········ 28
푸리에Fourier, jean-Baptiste joseph ········ 284
피오르Fior, Antonio Maria ········ 28
피타고라스Pythagoras ········ 19

| ㅎ |

합동congruence (modulo an integer) ········ 207
헤로Hero ········ 22

확대체의 갈루아군galois group of a field extension ········· 307
후데Hudde, Johnn ········· 75
히파수스Hippasus of Metapomtum ········· 19